"十一五"国家重点图书出版规划项目

中国有色金属丛书

CNMS

铝用炭素生产技术

中国有色金属工业协会组织编写

刘风琴 主 编
罗英涛 副主编

中南大学出版社
www.csupress.com.cn
·长沙·

王海东	中南大学出版社
乐维宁	中铝国际沈阳铝镁设计研究院
许　健	中冶葫芦岛有色金属集团有限公司
刘同高	厦门钨业集团有限公司
刘良先	中国钨业协会
刘柏禄	赣州有色冶金研究所
刘继军	茌平华信铝业有限公司
李　宁	兰州铝业股份有限公司
李凤轶	西南铝业(集团)有限责任公司
李阳通	柳州华锡集团有限责任公司
李沛兴	白银有色金属股份有限公司
李旺兴	中铝郑州研究院
杨　超	云南铜业(集团)有限公司
杨文浩	甘肃稀土集团有限责任公司
杨安国	河南豫光金铅集团有限责任公司
杨龄益	锡矿山闪星锑业有限责任公司
吴跃武	洛阳有色金属加工设计研究院
吴锈铭	中国有色金属工业协会镁业分会
邱冠周	中南大学
冷正旭	中铝山西分公司
汪汉臣	宝钛集团有限公司
宋玉芳	江西钨业集团有限公司
张　麟	大冶有色金属有限公司
张创奇	宁夏东方有色金属集团有限公司
张洪国	中国有色金属工业协会
张洪恩	河南中孚实业股份有限公司
张培良	山东丛林集团有限公司
陆志方	中国有色工程有限公司
陈成秀	厦门厦顺铝箔有限公司
武建强	中铝广西分公司
周　江	东北轻合金有限责任公司
赵　波	中国有色金属工业协会
赵翠青	中国有色金属工业协会
胡长平	中国有色金属工业协会
钟卫佳	中铝洛阳铜业有限公司
钟晓云	江西稀有稀土金属钨业集团公司
段玉贤	洛阳栾川钼业集团有限责任公司
胥　力	遵义钛厂
黄　河	中电投宁夏青铜峡能源铝业集团有限公司
黄粮成	中铝国际贵阳铝镁设计研究院
蒋开喜	北京矿冶研究总院
傅少武	株洲冶炼集团有限责任公司
瞿向东	中铝广西分公司

尹晓辉	西南铝业(集团)有限责任公司
邓吉牛	西部矿业股份有限公司
吕新宇	东北轻合金有限责任公司
任必军	伊川电力集团
刘江浩	江西铜业集团公司
刘劲波	洛阳有色金属加工设计研究院
刘昌俊	中铝山东分公司
刘侦德	中金岭南有色金属股份有限公司
刘保伟	中铝广西分公司
刘海石	山东南山集团有限公司
刘祥民	中铝股份有限公司
许新强	中条山有色金属集团有限公司
苏家宏	柳州华锡集团有限责任公司
李宏磊	中铝洛阳铜业有限公司
李尚勇	金川集团有限公司
李金鹏	中铝国际沈阳铝镁设计研究院
李桂生	江西稀有稀土金属钨业集团公司
吴连成	青铜峡铝业集团有限公司
沈南山	云南铜业(集团)公司
张一宪	湖南有色金属控股集团有限公司
张占明	中铝山西分公司
张晓国	河南豫光金铅集团有限责任公司
邵 武	铜陵有色金属(集团)公司
苗广礼	甘肃稀土集团有限责任公司
周基校	江西钨业集团有限公司
郑 莆	中铝国际贵阳铝镁设计研究院
赵庆云	中铝郑州研究院
战 凯	北京矿冶研究总院
钟景明	宁夏东方有色金属集团有限公司
俞德庆	云南冶金集团总公司
钱文连	厦门钨业集团有限公司
高 顺	宝钛集团有限公司
高文翔	云南锡业集团有限责任公司
郭天立	中冶葫芦岛有色金属集团有限公司
梁学民	河南中孚实业股份有限公司
廖 明	白银有色金属股份有限公司
翟保金	大冶有色金属有限公司
熊柏青	北京有色金属研究总院
颜学柏	陕西有色金属控股集团有限责任公司
戴云俊	锡矿山闪星锑业有限责任公司
黎 云	中铝贵州分公司

总 序

中国有色金属丛书
CNMS

　　有色金属是重要的基础原材料，广泛应用于电力、交通、建筑、机械、电子信息、航空航天和国防军工等领域，在保障国民经济建设和社会发展等方面发挥了不可或缺的作用。

　　改革开放以来，特别是新世纪以来，我国有色金属工业持续快速发展，已成为世界最大的有色金属生产国和消费国，产业整体实力显著增强，在国际同行业中的影响力日益提高。主要表现在：总产量和消费量持续快速增长，2008 年，十种有色金属总产量 2 520 万吨，连续七年居世界第一，其中铜产量和消费量分别占世界的 20%和 24%；电解铝、铅、锌产量和消费量均占世界总量的 30%以上。经济效益大幅提高，2008 年，规模以上企业实现销售收入预计 2.1 万亿以上，实现利润预计 800 亿元以上。产业结构优化升级步伐加快，2005 年已全部淘汰了落后的自焙铝电解槽；目前，铜、铅、锌先进冶炼技术产能占总产能的 85%以上；铜、铝加工能力有较大改善。自主创新能力显著增强，自主研发的具有自主知识产权的 350 kA、400 kA 大型预焙电解槽技术处于世界铝工业先进水平，并已输出到国外；高精度内螺纹铜管、高档铝合金建筑型材及时速 350 km 高速列车用铝材不仅满足了国内需求，已大量出口到发达国家和地区。国内矿山新一轮找矿和境外矿产资源开发取得了突破性进展，现有 9 大矿区的边部和深部找矿成效显著，一批有实力的大型企业集团在海外资源开发和收购重组境外矿山企业方面迈出了实质性步伐，有效增强了矿产资源的保障能力。

　　2008 年 9 月份以来，我国有色金属工业受到了国际金融危机的严重冲击，产品价格暴跌，市场需求萎缩，生产增幅大幅回落，企业利润急剧下降，部分行业已出现亏损。纵观整体形势，我国有色金属工业仍处在重要机遇期，挑战和机遇并存，长期发展向好的趋势没有改变。今后一个时期，我国有色金属工业发展以控制总量、淘汰落后、技术改造、企业重组、充分利用境内外两种资源，提高资源保障能力为重点，推动产业结构调整和优化升级，促进有色金属工业可持续发展。

实现有色金属工业持续发展，必须依靠科技进步，关键在人才。为了全面提高劳动者素质，培养一大批高水平的科技创新人才和高技能的技术工人，由中国有色金属工业协会牵头，组织中南大学出版社及有关企业、科研院校数百名有经验的专家学者、工程技术人员，编写了《中国有色金属丛书》。《丛书》内容丰富，专业齐全，科学系统，实用性强，是一套好教材，也可作为企业管理人员和相关专业大学生的参考书。经过编写、编辑、出版人员的艰辛努力，《丛书》即将陆续与广大读者见面。相信它一定会为培养我国有色金属行业高素质人才，提高科技水平，实现产业振兴发挥积极作用。

康义

2009 年 3 月

前　言

铝用炭素材料主要包括铝电解生产所必需的阳极炭块、阴极炭块及阴极糊料等,是炭素材料中生产量和消耗量最大的一种炭素制品,是铝电解产业链中重要的组成部分。2000年以来我国铝电解工业的迅速发展,有力地推动了铝用炭素工业的发展和生产技术的进步。我国现有铝用炭素材料生产企业一百余家,年产量超过两千万吨,与铝用炭素工业相关联的从业人员超过十万人。

目前,有关铝用炭素材料生产的专业类书籍较少,尤其是面向基层技术和管理人员学习的基础理论书籍更是缺乏。本书理论与实践相结合,介绍了铝用阳极炭块、阴极炭块生产的基础理论及技术、主要设备的工作原理和工艺操作知识,对提高生产管理及操作人员的专业理论水平具有较好的指导作用。

本书第1章介绍了炭素材料的基础知识,第2章介绍了生产铝用炭素材料的原料、燃料的知识,第3章到第8章分别介绍了原料的煅烧、破碎筛分和制粉、混捏、成型和焙烧等工艺过程的基本原理、生产设备和操作的有关知识;第9章介绍了阳极炭块的组装和阴极炭块的机械加工;第10章介绍了石墨化阴极炭块的生产技术,第11章介绍了铝用炭素生产的环境保护。本书由北京科技大学的刘风琴主编,中铝郑州有色金属研究院有限公司的罗英涛副主编,中铝郑州有色金属研究院有限公司的李庆宏、杨宏杰、贵州分公司的柏登成参加了本书部分章节的编写,在此表示衷心的感谢。

本书适合于铝用炭素材料生产企业从事技术、管理的人员学习使用;可以作为企业职工的培训教材,可以作为大中专院校相关专业的教学用书;同时,也适合于从事铝用炭素的教学、科研、设计、生产等相关人员参考。再版重印过程中,对生产原料及铝用炭素产品的质量标准进行了更新。

本书在编写与再版重印过程中得到北京科技大学、中铝郑州有色金属研究院有限公司、贵州分公司各级领导的大力支持,在此表示深深的谢意! 由于作者水平有限,加之时间匆忙,有不当之处,敬请批评指正。

编　者

目　录

NMS

第 1 章　铝用炭素概述

1.1　自然界中的碳

碳是化学元素周期表中第二周期、第四主族元素，元素符号为 C，相对原子量为 12.01，原子序数为 6，原子核外有 6 个电子，电子分布状态为 $1s^2 2s^2 2p^2$。碳元素在自然界分布很广，在地壳元素总量中的丰度为 0.08%，在地壳中元素含量排序它居第 13 位。碳的资源以两种形式存在，一种是循环型资源，碳被视为组成一切动、植物体的基本元素，如动、植物体中的脂肪、蛋白质、淀粉和纤维素等，这种由植物和动物所代表的生物碳和大气、海洋中的 CO_2 不断进行着迁移和循环，形成了生物循环圈。另一种是循环速度很慢，数量极大的堆积物，这种堆积物均为化合物，如碳酸盐矿物和有机质堆积物等，因为碳是地球上形成化合物最多的元素，而天然的近于纯碳的物质数量非常少，如天然金刚石和石墨。无烟煤是最接近纯碳的天然物质。此外，碳含量高的原始物质还有煤、石油等，这些都是与铝用炭素生产原料密切相关的物质。

从自然界中取得的纯碳（如煤炭、石墨）是历经漫长的转化过程的生成物。作为这些近乎纯碳的原始物，可以是煤、石油、植物等。它们是 H、O、N、S 等有机物的混合体。煤含碳为 60%~90%，木材含碳约 50%，石油含碳为 80%~90%，天然石墨含碳近 100%。因此，炭素原料的来源是非常广泛的。

碳氢化合物转化炭的过程称为炭化，其反应机理为热解。热解的概念泛指有机化合物在受热时所发生的分解或分解的重合而生成最终产物的过程。石油、煤一般认为是在亿万年以前被埋入地层下的动物和植物，在隔绝空气、受地球热和地层高压等条件下转化的结果。

炭化将使碳氢化合物中的碳保留下来，而氢和其他元素通过受热分解被排除逸出。表 1-1 列出了各种有机物炭化生成的炭。

表 1-1　炭素材料的生成

初始原料	中间原料	炭化时形态	生成的炭素材料
石油	重油	液相	石油焦
煤		固相	冶金焦
煤	煤焦油、沥青	液相	沥青焦
植物体		固相	木炭、活性炭
木材		气相	纤维状炭
天然气		气相	炭黑、热解炭、石墨
有机合成高分子物		固相	硬质炭、纤维状炭

1.2 炭素工业的发展史

炭素材料是一种古老的材料，又是一种新型材料。早在史前，人类就与炭有密切的关系。公元前 8000 年，人类就已经用木炭取暖、煮食等；公元前 3000 年开始，就用炭加热或还原制取有色金属；公元 2 世纪，中国汉代已经开始用煤烟制墨，16 世纪中国明代的冶炼工业已使用天然石墨和黏土制成耐火坩埚，这是人类最早的炭素制品；但作为高质量的工业材料使用仅有 100 多年的历史，1810 年，英国戴维用木炭粉和煤焦油混合，经成型、焙烧制成碳棒，作为伏特电池的正极，炭制品开始用作电极和导电材料。1842 年德国人本生（R. H. Bunsen）用 2 份能结焦的煤粉和 1 份焦炭粉混合在钢模中加压成型，然后焙烧制成炭质电极，这是近代炭素制品工业的先驱。19 世纪 70 年代以后，随着蒸汽机、发电机的出现，开辟了炭材料在电化学、电热等领域的应用，电工电刷、电话用炭粒、电解电极、导电碳棒等大量的炭素制品得到广泛的使用。但这些制品都属于无定形碳，其容量、耐蚀性及抗热震性等使用性能是不够理想的。近代炭素制品生产史上重要的里程碑是人造石墨电极（石墨化电极）的发明，1886 年美国人卡斯特纳（H. Y. Castner）和爱奇逊（E. G. Acheson）分别用产生高温的不同方法使无定形碳转化为石墨晶体，从而使炭质电极转变为人造石墨电极。1895 年、1896 年相继出现了艾奇逊石墨化炉（Acheson furnace）和卡斯特纳石墨化炉（Castner furnace），经过 10 年左右的时间，人造石墨终于实现工业规模生产。20 世纪 70 年代又研制出以针状焦为原料的高功率和超高功率电炉用的优质石墨电极，称为"高功率石墨电极"和"超高功率石墨电极"。人造石墨的出现为炭素工业的发展揭开了新的一页。

自从 1893 年英国科学家法拉第（M. Faraday）发现了电解定律，打下了电化学理论基础以后，1886 年美国人霍尔（C. M. Hall）和法国人埃鲁特（P. L. T. Heroult）分别发明了从冰晶石－氧化铝电解质中制取金属铝的方法，电解制铝需要大量炭质导电材料作为电解槽的内衬及炭质阳极（预焙阳极或自焙阳极），电解铝工业的迅速发展带动了铝用炭素制品的大规模生产。从数量上看，铝用炭素制品远大于钢铁冶金所用的石墨电极和高炉炭块，铝用炭素已成为数量最大的炭素制品。

元素碳是法国科学家拉瓦锡（A. L. Lavoisier）于 1776 年发现并列入元素周期表中，1797 年法国科学家特纳尔（L. J. Thenard）通过实验，证实了金刚石和石墨都是碳元素的同素异形体，到 20 世纪末，已经发现的碳的同素异形体有 5 种，即金刚石、石墨、炔（卡宾）碳和富勒烯碳及碳纳米管（巴基管）等中间型碳，后 2 种主要来自人工合成。5 类碳元素的同素异形体，由于晶体结构不同，其物理化学性质也有很大区别。根据近代材料结构分析研究，证明无定形碳也是一种晶体，只是晶体尺寸很小，属于微晶形碳，某些品种的无定形碳（如石油焦、沥青焦、无烟煤）在 2500℃ 左右的高温下可转化为较完善的石墨晶体结构，其导电及导热等物理化学性能明显提高，纯净的石墨在高温高压下可转化为金刚石晶体结构。

材料一直是人类社会进化的重要推动力，有史以来，人类社会的发展和进步，总是与新材料的出现和使用分不开的。如石器时代、青铜时代、铁器时代都是以材料作为时代的主要标志。材料又是技术进步的先导和基础。例如，若没有半导体材料的工业化生产，就不可能有目前的计算机技术，没有现代的高温、高强度结构材料，也就没有今天的宇航工业。材料和元件的突破会导致新技术产业的诞生，对国民经济甚至对人类生活产生重大影响。炭素材料是无机非金属材料，它具有很多独特的物理、化学性质，还具有将其他固体材料(如金属、陶瓷、有机高分子材料)的性质巧妙地结合起来的特点。图 1-1 表示了炭素材料与金属、陶瓷、有机高分子材料性质的比较。

由上图可见，炭素材料在导电性、导热性方面与金属材料有相似之处，在耐热性、耐腐蚀性方面与陶瓷材料有共同性，而在质量轻、具有还原性和分子结构多样性方面又与有机高分子材料有相同之处。由此说明，炭素材料兼有金属、陶瓷和有机高分子三种主要固体材料的共同特性。

1.3　自然界碳的存在形式

在自然界里，单质碳有三种变体：金刚石、石墨以及无定形碳。另外还有富勒烯和

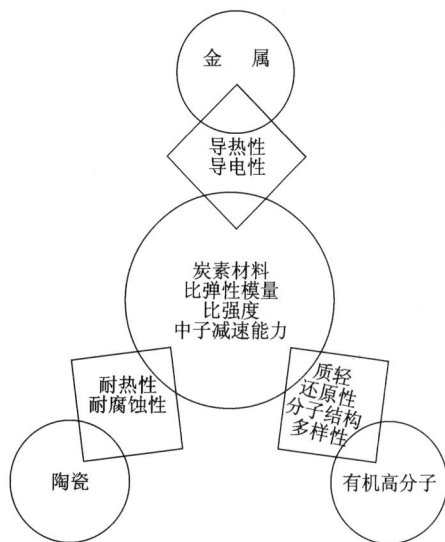

图 1-1　炭素材料与金属材料、陶瓷材料、有机高分子材料性质比较

碳纳米管人造单质碳。金刚石和石墨的结构属结晶形体，无定形碳是非结晶形体，它们都是炭的同素异构体。碳的三种不同形态的同素异构体和它们形成时所经受的压力与温度有密切关系，由于形成的压力与温度不同，同样的碳元素，可以生成不同形态和不同结构的物质，而且在一定条件下又可以转化。石墨转化为金刚石的条件见表 1-2。

表 1-2　石墨转化为金刚石的条件

触媒	压力/kPa	温度/℃
$Ni_{80}-CY_{14}-Fe$	45	1150
$Mn_{92}-2CuO$	48	1400
Co	50	1450
$Pt_{80}-Co_{20}$	55	1500
Fe	53	1400
Ni	55	1400
Mn	57	1500
Ta	65	1800
Pt	70	2000
Cr	70	2000

注：石墨转化为金刚石的触媒可分为单质触媒和合金触媒两种。目前所用的单质触媒是元素周期表中第Ⅷ族元素和 Mn、Ta、CY；合金触媒：Ni—CY；Ni—Fe；Ni—Mn；Fe—Al；Ni—Co；Ni—CY—Fe；Ni—CY—Mn；Co—Cu—Mn 等。

金刚石、石墨和无定形碳这三种同素异构体，由于在物理化学性质上存在着许多差异，且所有从煤、石油产品及其他有机化合物制取的炭素材料在石墨化前，大多是无定形碳，因此，下面就对金刚石、石墨和煤炭的不同性质作介绍。

1.3.1 金刚石

金刚石是最典型的共价键晶体，其中每个碳原子通过 sp^3 杂化轨道与相邻的 4 个碳原子形成共价键，键长为 1.5445×10^{-10} m，键间的夹角为 $109°28'$。金刚石为面心立方晶体，每个晶胞中含有 8 个碳原子，晶胞边长 $\alpha = 3.5597 \times 10^{-10}$ m，理论密度等于 3.5362 g/cm^3。

金刚石的外观无色透明，通常因所含杂质元素的不同而呈淡黄色、天蓝色、蓝色或红色，有强烈的光泽。金刚石结构如图 1-2 所示，属于等轴晶，常呈八面体。也有其他形状，它的晶体外观十分规整。由于金刚石的晶体结构中，每个碳原子都以共价键与周围排列，4 个碳原子结成具有四面体结构的晶体，整个晶体是一个巨大的分子，要使其破裂，必须使这些牢固的共价键断开。因此，金刚石在所有物质中是最硬的，可用于制造钻头等。金刚石的碳原子的价电子彼此共享，完全形成共价键而无自由电子，所以几乎不导电，导热性能也很差，但它的折光率很高，经琢磨可制成钻石。现在金刚石已能够人工制造，但多为 0.1~1 mm 的小颗粒。

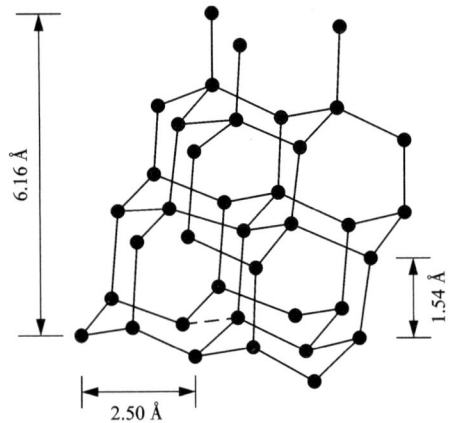

图 1-2 金刚石结构图

1.3.2 石墨

石墨与金刚石相比，在晶体结构和性质上都是不同的，它是一种碳原子之间呈六角环形片状体的多层叠合晶体(见图 1-3)。

石墨有天然石墨和人造石墨两种。天然石墨根据其外观形状又可分为鳞片状和土状石墨。鳞片状石墨，其颗粒外形为鳞片状，外观呈银灰色，有闪闪光泽，手摸有滑腻感，并留有深灰色痕迹；土状石墨，颗粒外形为土粒状，呈深灰色，手摸有较少滑腻感。

天然石墨一般含有较多杂质，较好的天然石墨含碳量可达到 90% 左右。但大多数低于此值。人造石墨纯度要高得多，一般含碳量可达 99% 以上。石墨具有良好的导电性，虽然石墨的导电性不能与铜铝金属相比，但与其他非金属材料相比，石墨的导电性是相当高的，石墨的导热性甚至超过了铁、铜、铝等金属材料，石墨又有很好的耐腐蚀性，无论是有机溶剂或无机溶剂，都不能溶解它。在常温下，各种酸和碱与石墨都不能发生化学反应，只是在 500℃ 以上的温度时，才与硝酸或氧气以及强氧化介质等起反应。

石墨又是一种能耐高温的材料。一般材料在 2000℃ 以上早已化为气体或熔融状态，就是一些难熔金属在 2500℃ 左右也会软化而失去强度，钨是已知金属材料中熔点最高的，熔点达 3410℃，但石墨在此温度下，如果在还原性气氛中，是不会熔化的，只是在 3900℃(常压下)时升华为气体。2000℃ 时其强度反而较常温时提高 1 倍。石墨的弱点是抗氧化性能差，随着

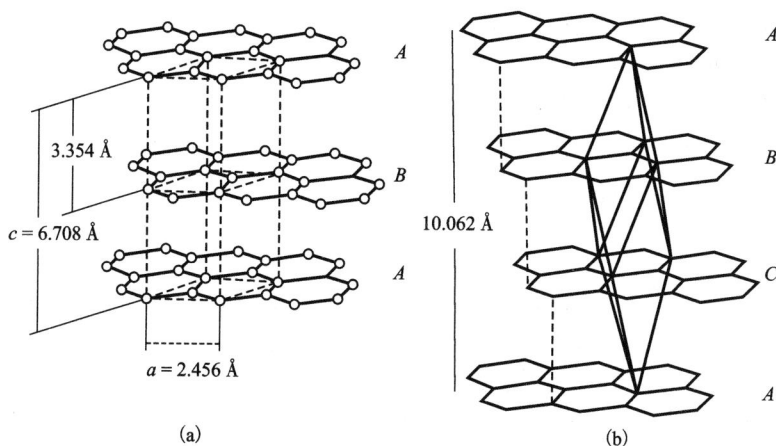

图 1-3　理想石墨结构

(a) 六方晶系石墨；(b) 斜方晶系石墨

温度的提高，氧化速度加剧。如：石墨在 450℃ 的空气中或在 700℃ 蒸气中，或在 900℃ 的二氧化碳中，经过一定的时间都会有不同程度的失重。

1.3.3　煤炭和焦炭——无定形碳

煤炭是泥煤、褐煤、烟煤及无烟煤等的统称。煤炭是几百万年以前的古代植物在地壳变动时被埋在地下，受到一定的温度压力炭化而形成的。各种煤炭的炭化程度相差很大，泥煤的炭化程度最差，因此，泥煤中含有大量的挥发物，结构疏松，无烟煤炭化程度较高，所以无烟煤的挥发物含量较少，密度与强度都比较高。各种煤炭的成煤过程见表 1-3。

表 1-3　各种煤炭的成煤过程

地质作用				原始物质及递变产物		时间
成煤过程	第一阶段	泥炭化作用或	腐泥化作用	植物 高等植物 ↓ 泥炭 ↓ 褐煤 ↓ 烟煤 ↓ 无烟煤	物 低等植物 ↓ 腐泥 ↓ 腐泥煤	几千年 几万年
	第二阶段	煤化作用	成炭作用	{长焰煤 气煤 肥煤 焦煤 瘦煤 贫煤}		几百万年 几千万年
			变质作用			几亿年

焦炭是烟煤(炼焦煤)或某些含碳量高的物质(如石油、沥青或渣油、煤沥青等)在高温下，基本隔绝空气加热使之焦化的产物。例如：用煤焦化后可得到冶金焦；用煤沥青焦化可得沥青焦等。

焦炭具有一些和一般煤炭不同的理化性质，如强度大、耐磨、含碳量高，多数焦炭在2000℃以上高温处理后都能转化为石墨。

各种不同品种的煤炭(或焦炭)其理化性质相差很大，这种差别与各种煤炭(或焦炭)的初始原料种类的炭化过程或热处理温度及杂物含量有直接关系。炭化程度越低(或热处理温度越低)或杂质含量越高，则煤炭(或焦炭)的导电性、导热性、化学稳定性就差。测定煤炭(或焦炭)中元素碳的含量及挥发物的含量可以间接了解各种煤炭(或焦炭)的炭化程度(或热处理温度)。

煤炭和焦炭的主要成分是元素碳。实际上它们是由碳、氢、氧三种元素为主体，并以芳香烃缩合环为基本单元所构成的一种非常复杂的高分子有机化合物。煤炭中氧与氢元素的含量与炭化程度成反比。炭化程度越高，则氧与氢的含量越少，煤炭中的其他元素含量比氧与氢还要少得多。几种主要煤炭和焦炭的元素组成见表1-4。

表1-4 几种主要煤炭与焦炭的元素组成

品种	碳/%	氧/%	氢/%	氮/%	硫/%
泥煤	50~60	20~40	6~8	1~3	0.5~2
褐煤	60~75	10~30	5~6	1~3	0.5~2
烟煤	75~90	2~10	4~5	1~3	0.5~2
无烟煤	85~95	1~2	2~4	1~3	0.5~2
冶金焦	80~90	~0.2	~0.2	0.5以下	0.5~1.5
沥青焦	98~99	~0.2	~0.2	0.5以下	0.5
石油焦(生焦)	93~95	1~3	1~3	0.5以下	0.5~4
石油焦(煅后)	99	0.1	0.1	0.5以下	0.5

注：上述组成为不包括灰分杂质的元素组成。

无烟煤、石油焦、沥青焦和冶金焦，是生产各种炭素制品的主要原料，特别是石油焦和沥青焦是生产人造石墨的主要原料，用石油焦和沥青焦为原料生产的人造石墨，其质量比用天然石墨生产的要好得多。

1.4 铝用炭素材料的物理化学性质

铝电解过程使用的炭素或用于铝电解槽内衬的炭素材料统称铝用炭素。铝用炭素材料主要包括如下四类产品：

(1)炭质电极类：预焙阳极炭块；

(2)炭块类：普通阴极炭块、半石墨或高石墨质阴极炭块、侧部炭块；

(3)炭糊类：阴极糊(含炭间糊、钢棒糊、周围糊、炭胶泥)及阳极糊；

(4)石墨类：全石墨化阴极炭块。

1.4.1　炭素材料的表观性能

炭素材料是属于大分散体系(非均质体)的多孔隙物质,其宏观织构通常用真密度、体积密度、气孔率和气体渗透率等参数表征。

(1)真密度

真密度是不包括气孔和裂隙在内的单位体积物质的质量。真密度能说明材料的基本质点的致密程度及排列规则化的程度。测定真密度是为了了解原料或制品的炭化程度及过程的热处理程度,如原料的煅烧程度,制品的焙烧程度等。对于各种石墨制品来说,也可以用真密度间接表示石墨晶格结构的完善程度等(与理想石墨比较)。真密度的大小,还可以反映出炭材料的一些物理化学性能。一般真密度越大,其导电性、导热性越好,其抗氧化性能亦越强。

真密度的测定方法有溶剂置换法、气体置换法和 X 射线衍射法,其中最常用的是溶剂置换法。这种方法是将试样粉碎到 0.15 mm 以下,经充分干燥后装入比重瓶中称重,然后在恒温下用熔剂(常用的有二甲苯、蒸馏水、酒精等)浸润,使溶剂充满颗粒间隙和颗粒内部的气孔及微型裂缝,最后用比较称重法求出真实体积,进而得出真密度。真密度一般用 d_u 表示,真密度的单位为 g/cm³。另一种为 X 射线衍射法,先测出试样的晶格常数 a 和 c(Å),(理想石墨的 $a=2.4012$ Å,$c=6.078$ Å)然后再用一定的计算公式求得真密度。

一般情况下,普通煅烧无烟煤的真密度为 1.75~1.85 g/cm³;电煅烧无烟煤的真密度为 1.85~1.90 g/cm³;1300℃煅后石油焦的真密度为 2.04~2.08 g/cm³;预焙阳极的真密度为 2.03~2.05 g/cm³;阴极炭块的真密度为 1.85~1.95 g/cm³;石墨制品的真密度为 2.19~2.24 g/cm³。其他炭素原料的真密度如表 1-5 所示。

表 1-5　各种炭质原料的真密度

原料名称	真密度/(g·cm⁻³)		
	原料	1300℃	2300℃石墨化后
玉门釜式油焦	1.726	2.016	2.228
大庆延迟油焦	1.38	2.08	2.24
胜利延迟油焦	1.37	2.08	2.24
鞍山沥青焦	1.38	2.06	2.21
阳泉无烟煤	1.50	1.77	2.17
焦作无烟煤	1.64	1.83	2.18
冶金焦	1.87	2.03	2.20

(2)体积密度

体积密度是包括孔隙在内的单位体积炭材料的质量,也称为视密度或表观密度,其数值小于真密度,单位是 g/cm³。体积密度可以表示材料或制品的宏观组织结构的密实程度,制品的气孔率越大,体积密度越低,则宏观组织越疏松。测定体积密度的方法是:将成品或半成品加工成一定尺寸的试样(立方体或圆柱体),烘干后精确测量几何尺寸并称量其质量,然

后求出单位体积的质量。体积密度用 d_k 表示,可按下式求得:

$$假密度 = \frac{试样质量(g)}{试样体积(cm^3)}$$

各种炭质原料的体积密度举例见表 1-6。

表 1-6　各种炭质原料的体积密度(g/cm³)

原料名称	原 料	1300℃	2300℃石墨化后
玉门釜式油焦	0.821	0.994	0.876
胜利延迟油焦	0.98	1.13	1.05
沥青焦	0.80	0.81	0.89
冶金焦	0.94	1.10	0.87
阳泉无烟焦	1.35	1.36	1.46
汝基沟无烟煤	1.348	1.585	1.612

预焙阳极的体积密度一般为 1.60~1.70 g/cm³。

体积密度是炭和石墨制品的一项重要指标,这是因为体积密度的大小在一定程度上反映出制品的机械性质和热力学性质。炭和石墨制品的体积密度与采用原料的性质有关,与配料的颗粒组成及黏结剂用量关系更大,与混捏条件,压型压力,焙烧和石墨化温度都有一定的关系,经过浸渍的产品体积密度可显著提高。如一般石墨电极体积密度为 1.35 g/cm³ 左右,经过一次浸渍可提高到 1.65 g/cm³ 以上,经过两次浸渍,可提高到 1.70 g/cm³ 以上(当然浸渍是有一定限度的)。

(3)气孔率

气孔率是指试样中的气孔体积占试样总体积的百分比。

炭素阳极中的气孔有三种形式:封闭气孔、开口气孔和连通气孔,全气孔率用下式表示:

$$全气孔率 = \frac{V_1 + V_2 + V_3}{V} \times 100\%$$

式中:V 为试样总体积,m³;V_1 为封闭气孔体积,m³;V_2 为开口气孔体积,m³;V_3 为连通气孔体积,m³。

通常所说的气孔率是指显气孔率

$$显气孔率 = \frac{V_2 + V_3}{V} \times 100\%$$

也可以从测定的真密度和体积密度计算显气孔率。计算公式如下:

$$显气孔率 = \frac{d_u - d_k}{d_u} \times 100\%$$

式中:d_u 为真密度,g/cm³;d_k 为体积密度,g/cm³。

为了研究炭-石墨制品的结构性质,只知道孔率大小或开口气孔的多少是不够的,还需要了解其孔径的分布。用水银孔率可以测定不同的孔径分布和分布比例。一般情况下,原料大于 10^4 Å 孔径的大孔所占的比例较多,小于 10^3 Å 孔径的中小孔径及微孔所占比例较少。

但经过煅烧和石墨化后,大孔区域占的百分比却有所减少,而中小孔及微孔区域所占的百分比却有所增加。孔径大小的分布对浸渍作业与制品的透气率(或对液体的渗透性)有一定的影响。例如用沥青作浸渍剂,在一定条件下据有关资料记载,只能对大于 2500 Å 的大孔起作用,而对中小气孔及微孔则几乎不起作用,可见第一次浸渍体积密度的提高效果明显,第二次及第三次浸渍效果就要差一些,以后再浸渍效果就越来越小,甚至到一定程度就不起作用了,这是因为沥青浸不进小孔和微孔的缘故。

(4)气体渗透率

炭素材料属多孔材料,在一定压力下的气体可以透过材料。炭材料的气体渗透率只与连通气孔的大小和形状有关,一般认为气体不能透过封闭气孔,因此,炭材料的气体渗透率与材料的气孔率没有数值上的比例关系。通常应用达尔绥定律测定气体渗透率,达尔绥定律的方程为:

$$V = \frac{B}{\eta} \cdot \bar{p} \cdot \frac{A}{L} \cdot \Delta p$$

式中:V 为单位时间内通过多孔材料的气体体积,mL/s;B 为达尔绥常数;A、L 分别为被测材料气体流过的截面积(m^2)和高度(m),$\bar{p}$ 为气体流过材料中的平均压力,MPa;Δp 为气体流过材料前后的压力差,MPa;η 为气体的黏度,Pa·s。

炭素阳极的气体渗透率测定用空气作介质,称为空气渗透率。

$$D = \frac{V}{t} \cdot \frac{h \cdot \eta}{A \cdot \Delta p}$$

式中:D 为空气渗透率,nPm;V 为透过试样的空气体积,m^3;t 为体积为 V 的空气透过试样的时间,s;A 为试样的截面积,m^2;h 为试样高度,m;Δp 为空气流过材料前后的压力差,Pa;η 为空气黏度,Pa·s。

1.4.2　炭素材料的力学性质

(1)机械强度

炭素材料在工作时,会受到碰撞、压缩、弯曲和摩擦等力的作用,其机械强度就是衡量它承受机械外力能力的物理参数,机械强度一般用抗压强度和抗折强度来表征。

抗压强度——对炭素材料施加外压力,单位面积上所承受的极限载荷(破碎瞬间的力);炭素材料的抗压强度与原料的颗粒强度、粒度组成、黏结剂用量、坯体的焙烧过程等因素都有关系。炭素材料抗压强度的测定一般在万能材料试验机上进行,并按下式计算:

$$p = \frac{Q}{S}$$

式中:p 为抗压强度,Pa;Q 为试样破裂时的最大压力,N;S 为试样受压面的面积,m^2。

抗折强度——炭素材料受到与轴线相垂直的外力作用时,从弯曲到折断时的极限载荷,亦称抗弯强度。它是用来衡量阴极炭块及石墨电极质量的一项重要技术指标。测量抗折强度时,将试样放在有一定距离的两个支点上,在试样中间处施加压力,直至将试样压断。按下式计算炭素材料的抗折强度:

$$\sigma = \frac{3pL}{2WH}$$

式中：σ 为抗折强度，Pa；p 为试样破坏时的最大压力，N；L 为两支点间的距离，m；W 为试样的宽度，m；H 为试样的厚度，m。

抗压强度、抗折强度的单位可用 MPa（10^6 Pa）表示。一些炭素材料的抗压强度和抗折强度列入表 1-7。

表 1-7　一些炭素材料的抗压强度和抗折强度

炭素材料	抗压强度/MPa	抗折强度/MPa
大直径石墨电极	15.5~23.5	3.5~14.8
中直径石墨电极	4.8~18.0	5.0~18.0
普通阴极炭块	29.0~39.0	约 8.8
半石墨质阴极炭块	25.0~30.0	约 8.8
半石墨化阴极炭块	19.0~25.0	8.5~11.0
预焙阳极炭块	32.0~42.0	
高强石墨	78.5~98.0	29.0~49.0

炭素材料的机械强度随温度的升高而增大，这种关系与其他结构材料不同，其对比可见图 1-4 和图 1-5。

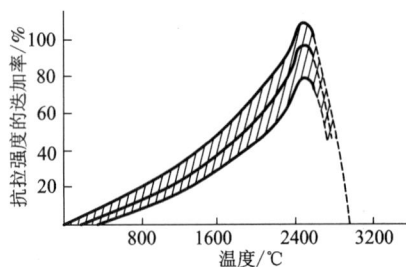

图 1-4　炭素材料抗拉强度随使用温度的变化

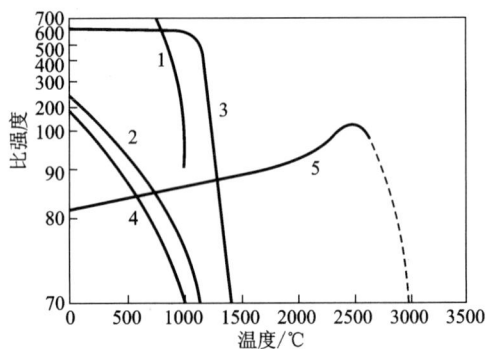

图 1-5　几种耐热材料的比强度随温度的变化
1—超耐热合金；2—烧结 $MgO \cdot Al_2O_3$；
3—烧结 Al_2O_3；4—烧结 BeO；5—人造石墨

（2）弹性模量

在机械力学中，把固体材料受力变形后，外力撤去可恢复原来形状的变形叫做弹性形变。在弹性限度内，表示炭素材料所受应力与产生应变之间关系的物理量，通常采用杨氏模量来表示。杨氏模量有静态和动态两种测定方法。

静态弹性模量是将试样在万能材料试验机上施加静拉伸负荷，同时用引申仪测定试样的弹性伸长量，然后用下式计算出弹性模量。

$$E = \frac{P \cdot L_0}{S \cdot \Delta L}$$

式中：P 为静拉伸载荷，N；L_0 为引申仪标距，m；S 为试样横截面，m^2；ΔL 为静拉伸载荷为

P 时试样的弹性伸长量，m；E 为杨氏模量，N/m^2（或 Pa）。

动态弹性模量是采用声频法测定（GB 3074.2—1982），原理是超声波在试样内的传播速度与材料的密度和弹性有关。弹性模量的单位为 GPa（10^9 Pa）。普通炭素材料的弹性模量为 4.5~10.0 GPa。几种材料的弹性模量见表 1-8。

表 1-8 几种材料的弹性模量

材料名称	弹性模量/GPa	材料名称	弹性模量/GPa
石墨制品	5~13	单晶石墨	10~10.5
炭素制品	3~9	玻璃	5~7.5
铸铁	88~90	热解炭	4.8~5.0

大多数炭素材料的弹性模量随温度升高而增大。图 1-6 为石墨制品的弹性模量与温度的关系。用石油焦或沥青焦制成的人造石墨，当温度上升到 1800℃时，弹性模量比室温时提高了 40%~50%。

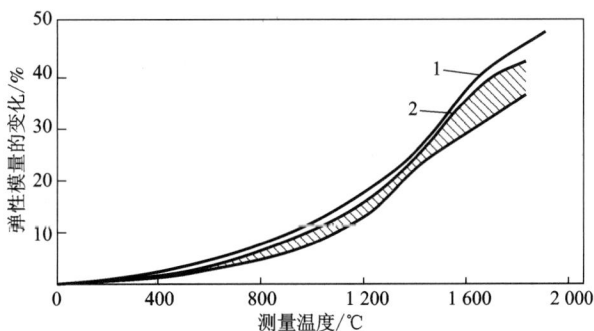

图 1-6 石墨的弹性模量与测量温度的关系
1—沥青焦基；2—石油焦基

1.4.3 炭素材料的热学性质

炭素材料的热学性质表示材料受热后引起变化的关系，通常用热导率、热膨胀系数和抗热震性来表征。

1. 热导率

在固体材料中，热传导有两种方式。一种是由自由电子流动而实现，多数金属是属于这一类。另一种是靠晶格原子的热振动，非金属包括炭素材料在内属于晶格导热体。晶格热振动的原理是：在一定温度下，晶体中原子的热振动有一定振幅，一个原子振动就会对邻近原子施加周期性作用力，如果邻近原子处在较低温度，振动振幅相应较小，相互作用的结果，发生能量转移，这样就使热量由热端向冷端传递。炭素材料的导热是靠晶格原子的热振动传热的晶格导热体，热导率可用下式计算：

$$\lambda = \frac{1}{3}c_v vL$$

式中：λ 为热导率，W/m·K；c_v 为体积比热容，kJ/m^3·K；v 为晶格波传递速度，m/s；L 为

晶格波平均自由程, nm。

炭素材料的热导率有以下列特点:

(1)石墨的热导率呈现各向异性

因为在石墨晶体中晶格波主要沿晶格网平面传递的, 而且在平面上还有 π 电子作用。

(2)炭素材料的热导率

热导率与石墨化度有密切关系, 石墨化度愈高, 则热导率愈高。因为在常温或低于常温时, 晶格波平均自由程与微晶尺寸成正比, 而且炭素材料的晶格缺陷也对晶格波平均自由程有影响。尽管炭材料和石墨材料的比热容相差不多, 但热导率可以相差几倍至几十倍。石墨材料是一种良好的导热体, 它的热导率可与一些金属媲美, 但另一些炭素材料(如多孔炭、炭布、炭毡等)却为高温隔热体。

2. 热膨胀系数

固体材料的长度随温度升高而增大的现象称为热膨胀或线膨胀。线膨胀系数可用下式计算:

$$\alpha = \frac{\Delta L}{L_0 \Delta t}$$

式中: α 为线膨胀系数, 1/℃; ΔL 为伸长量, cm; L_0 为原始长度, cm; Δt 为升高的温度, ℃。

线膨胀系数直接影响着材料在高温下的使用性能, 线膨胀系数越大的产品受热变形越大, 开裂的可能性越大, 热处理成品率就越低。

当炭素材料用于工作温度高、变化幅度大, 而要求材料尺寸无明显变化的场合时, α 值就成为重要的质量指标之一。炭素材料的线热膨胀系数比金属小得多, 而且石墨化程度愈高, 线热膨胀系数愈小。

炭素材料的线热膨胀系数具有明显的各向异性。石墨晶体 a 轴方向和 c 轴方向的 α 值随温度变化示于图 1-7。由图可见, a 轴方向的 α 值在 400℃以下为负值, 常温时达到最小值, 到 800℃时, α 值为 1×10^{-6}/℃。而 c 轴方向 α 值均为正值, 到 800℃时达到 30×10^{-6}/℃。

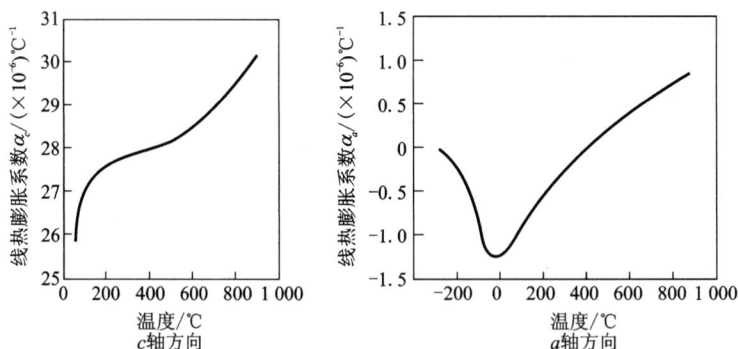

图 1-7   石墨晶体的线热膨胀系数

3. 抗热震性

炭和石墨制品在高温下使用时能经受温度的剧烈变化而不被破坏的性能, 称为抗热震性, 有时也称耐急冷急热性或热稳定性。

热膨胀性质的存在是制品在温度剧烈波动时破坏的根本原因，制品的表面由高温急剧冷却时，会因其收缩而产生张应力；反之，在制品表面经受急热时则会因其膨胀而产生剪切应力。当温度剧烈波动时，制品内部及表面产生了温度差，因而也就产生了应力（内部及表面的膨胀和收缩不同所引起的）。当应力达到了制品的极限抗张强度或极限抗剪切强度时，制品也就产生了开裂，这是温度急剧波动时制品遭受破坏的实质。

影响炭和石墨制品抗热震性的因素很多，也很复杂，但下列诸因素是最基本的。

（1）产生热应力的因素

产生热应力最根本的因素是制品的热膨胀性质。很明显，制品的热膨胀系数越小，在其他条件相同时其热稳定性也应越高。在考虑热膨胀系数的影响时，不仅要注意到系数的大小，也要注意到随温度变化的膨胀均匀性。

此外，假密度，温度传导系数 $\dfrac{\lambda}{C_p d_0}$（λ 为导热系数，C_p 为比热，d_0 为制品的假密度）的高低，也是影响产生热应力大小的因素。在其他条件相同时，温度传导系数越高，产生的应力值越小。

（2）缓冲热应力的因素

弹性模量是影响缓冲热应力能力的主要指标，制品的弹性模量越小，即表明其弹性性能越好，因而缓冲热应力的能力越强，其热稳定性也越好。众所周知，采用粗颗粒配料，一般都能显著地提高制品的热稳定性。

（3）抵抗热应力的因素

热应力产生以后，能否使产品破坏，与产品本身缓冲热应力的能力有关。如果制品具有较高的抗张强度和抗剪切强度，则制品的抵抗热应力而不破坏的能力也会较强。所以说，如果不考虑其他因素，制品抗张强度和抗剪切强度的增高，有利于其热稳定性的提高。

从上述基本概念出发，提出了从制品各项物理机械性能指标，综合衡量其热稳定性的下列关系式：

$$R = \frac{p}{\alpha E}\left(\frac{\lambda}{C_p d_0}\right)^{1/2}$$

式中：R 为抗热震性指标；p 为抗拉强度（即抗张强度）；α 为线膨胀系数；E 为弹性模量；λ 为导热系数；C_p 为比热；d_0 为假密度。

提高制品的热稳定性，原则上应该从减弱热应力的产生和缓冲热应力的发展以及增强抵抗热应力的能力等三方面去综合考虑。

此外，还有另一种表示抗热震性能的方法，即所谓"抗热震指数"。测定方法为先将试样加热至高温（温度多高根据测试需要而定），以后迅速在水中冷却，冷却后又一次加热至高温，又迅速在水中冷却，如果该材料反复多次后破裂，即以反复多少次作为该种材料的"抗热震指数"。

石墨是抗热震性较好的材料。电炉炼钢用的石墨电极是经常受到急冷急热的，因此炼钢用石墨电极应有良好的抗热震性。在特殊条件下使用的火箭喷管石墨喉衬或其他一些航天用石墨结构材料，都需要有相当良好的抗热震性。铝用炭阳极或阴极炭块，因为换极工艺、焙烧启动过程等热过程的影响，也需具备一定的抗热震性，以保证使用过程中不出现断裂、破损等现象。

增大炭素制品的体积密度，一般来说强度也相应提高，这是有利于提高抗热震性的。但是，体积密度提高以后，其弹性模量及热膨胀系数也有增大的倾向，这又是不利于提高抗热震性的。所以，大规格炭素制品一般都选用较粗的粒度组成，成品的体积密度也不宜于太高，这有利于制品一定的抗热震性能。

1.4.4 炭素材料的电磁学性质

1. 导电性与电阻率

在电的传递上，物质可以分为电的良导体、半导体和绝缘体三类。它们导电能力的大小一般用电阻率(ρ)来表示。石墨晶体在层面方向上碳原子之间的结合是共价键叠合金属键，所以在石墨层面方向有良好的导电性，而在石墨晶体的层与层之间是由较弱的分子键连结，所以导电能力弱。因此，石墨化程度高的炭素材料的导电能力有明显的各向异性。例如，天然鳞片石墨和热解石墨的各向异性比(ρ_c/ρ_a)可高达 10^4。人造石墨制品的电阻率各向异性比只有 1.2~1.4，各种炭素材料的导电能力是不同的，石墨化度高，层面排列近于平行，晶体缺陷少，有利于自由电子流动，所以电阻率就低。一些常用炭素材料的电阻率列于表 1-9。炭素阳极作为铝电解的导电材料，要求具有良好的导电性、较低的电阻率，以减少阳极的电耗，提高铝电解的电流效率。电阻率与煅后焦的煅烧程度、阳极的体积密度及焙烧温度有直接的关系。

表 1-9　常用炭素材料的电阻率

材料名称	石墨电极	高功率电极	石墨阳极	阴极块	阳极块	电极糊	阳极糊
电阻率/μΩ·m	6~15	4.5~5.0	6~9	30~60	40~50	70~90	50~80

炭素材料导电性随温度的变化受两方面因素的制约。一方面石墨晶体受热时，在价带上的电子激发跃迁到导带上，成为自由电子，自由电子的数量增多，电阻率减小；另一方面，温度升高时，晶格点阵的热振动加剧，振幅增大，自由电子的流动阻力加大，电阻率增加。所以，当温度使电子激发作用起主导时，炭素材料的电阻温度系数为负值，而当晶格热振动起主导作用时，电阻温度系数为正值。石墨的电阻温度系数在 100~900 K 以下时为负值，而在 900 K 以上时为正值。

阳极的电阻率采用电位差法进行测定，即对横截面积为 S、长度为 L 的试样通以恒定的电流 I，测出试样两端的电位差 U，用下式计算出电阻率：

$$\rho = \frac{U \cdot S}{I \cdot L}$$

式中：ρ 为电阻率，$\Omega \cdot m$；U 为加在试样两端的电压，V；S 为试样截面积，m^2；I 为通过试样的电流强度，A；L 为试样长度，m。

2. 磁学性质

炭素材料磁化后产生的磁场强度方向与外加磁场强度方向相反，所以它是一种抗磁性物质，其磁化率(χ)为负值。大多数炭素材料的磁化率呈现明显的各向异性。单晶石墨不同方向的单位质量磁化率分别为 $\chi_\perp = -21.5 \times 10^{-6}$ emu/g，$\chi_\parallel = -0.5 \times 10^{-6}$ emu/g。其差值 $\Delta\chi = -21.0 \times 10^{-6}$ emu/g。把 $1/3\ \Delta\chi$ 定义为平均抗磁性磁化率(χ_m)。

1.4.5 炭素材料的化学性质

1. 氧化反应

炭素阳极在低温下是极惰性的，但随着温度的提高其化学活性急剧增加，大约从 350℃ 开始氧化，而且会随着金属杂质含量和热处理温度的不同而有差异，微量杂质 Na、K、Mg、Ca、Fe、Cu、V、Al、Ti、B、Mn、Ni 的存在会明显加速氧化反应，因此，减少阳极中微量元素的含量对降低阳极消耗十分重要。

电解铝生产过程中，阳极底部存在一个明显的气膜层，发生碳与二氧化碳的气固反应，它的反应速度与气体分子向阳极内部扩散的速度有关。如果阳极材料的气孔率高，特别是开口气孔多，气体分子容易扩散到材料内部，参与反应的表面积大，氧化速度加快，提高炭素阳极的密度可以有效地降低氧化消耗。

2. 碳化物的生成

在高温下，碳溶解于 Fe、Al、Mo、Cr、Ni、V、Ti 等金属和 B、Si 等非金属中生成碳化物。碳与碱金属、碱土金属、Al 及稀土类元素生成盐类碳化物，一般为绝缘体，大部分稳定性好。在停槽大修的阴极上容易看到黄色的碳化铝。

1.5 铝用炭素材料生产的工艺流程

炭素材料的生产工艺包括原料的预碎、煅烧、破碎、筛分分级、配料，黏结剂的预处理、混捏，糊料的成型、焙烧及清理、加工和浸渍、石墨化等。以炭阳极为例，其生产工艺流程见图 1-8。

经焙烧、清理合格的预焙阳极炭块与阳极导杆钢爪用磷生铁浇铸组装后即可上槽使用。一般阴极炭块焙烧品还需用专用铣床加工、开槽，然后用钢棒糊(或磷生铁)将导电阴极钢棒组装在槽中使用；全石墨化阴极炭块，焙烧后还需在石墨化炉中继续进行石墨化处理，然后像一般阴极炭块一样进行加工、组装后使用。

1.6 世界铝用炭素工业的生产技术概况

1.6.1 国外铝用炭素材料工业概况

近十年来，全世界原铝产量在逐年增加，生产格局发生了很大的变化，很多能源电力紧

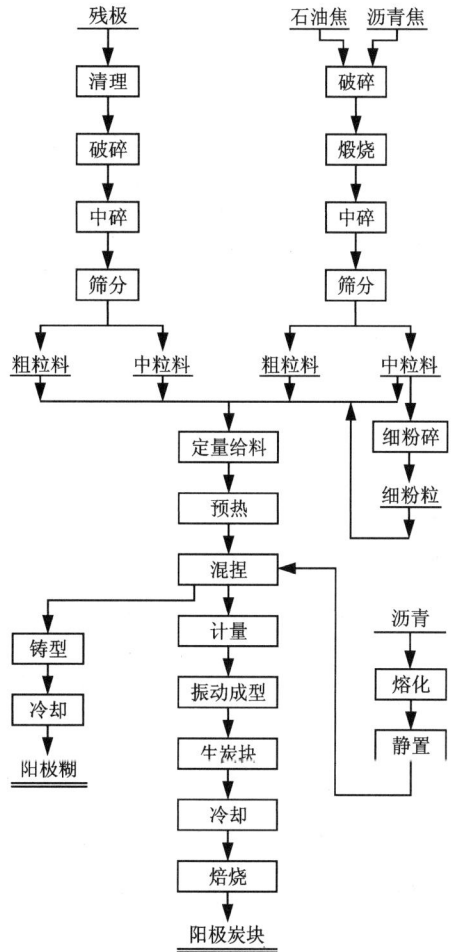

图 1-8 阳极材料生产工艺流程图

张的国家地区逐步关闭电解铝厂，原铝产量逐年减少。原铝产量的增长点逐步向能源丰富、便宜的国家转移，如中东、俄罗斯、印度等。铝用炭素材料工业的发展与铝电解工业的发展有密切关系。国外预焙炭阳极都与电解铝厂配套生产，极少数新建铝厂及部分铝厂的扩产需从国外进口部分预焙炭阳极。荷兰的鹿特丹有一个世界上规模最大的预焙炭阳极生产工厂，年产量约50万吨，它生产二十多种不同规格的预焙炭阳极供欧洲、美国等国家使用。阴极炭块及糊类的生产主要集中在几个大的炭素厂，如德国的SGL、法国的莎瓦公司、挪威的Elkem公司及日本的NDK公司等。阴极炭块的需求与各国铝工业的发展紧密相关，图1-9为不同年代各主要产铝国家和地区对阴极炭块的需求变化情况。从图中可以看出，年需求量较大的地区主要是西欧、独联体、北美和中国，中国和中东、非洲的需量呈逐年上升趋势，其他地区都在逐年下降。

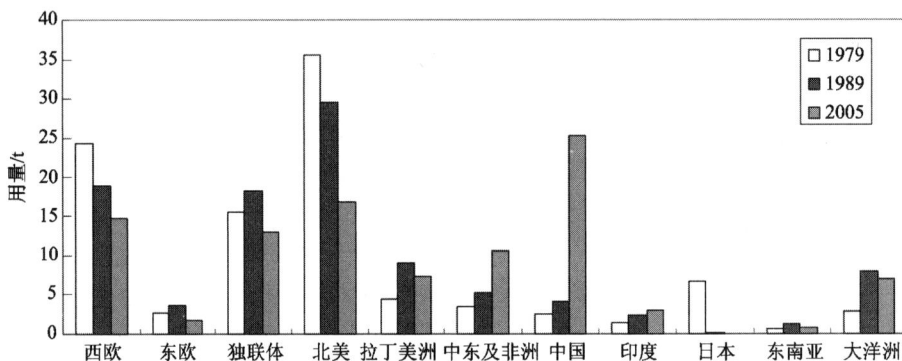

图1-9 不同年代各主要产铝国家和地区对阴极炭块的需求变化情况

1.6.2 国外铝用炭素材料工业的特点

国外预焙阳极炭块的生产技术较先进，大多数工厂采用大型回转窑煅烧、连续混捏、真空振动成型技术；焙烧炉采用燃烧自动控制系统及焙烧炉烟气干法净化技术。与国内预焙炭阳极的生产技术相比有两个大的不同点：一是国外预焙炭阳极生产厂都没有石油焦煅烧工序，所需煅后焦都从世界各地采购，煅后石油焦的质量稳定；二是生产厂都采购液体沥青直接用于生产，减少了煤沥青熔化工序。以上生产工艺的特点保证了预焙炭阳极所用的原料质量的稳定性，更有利于环保。

国外铝用阴极炭块及糊类的生产集中在几个大的跨国公司。德国的SGL公司，每年生产近2.7万吨阴极炭块，其中以全石墨化阴极炭块为主；法国莎瓦公司阴极炭块产量达到了4万吨，其中石墨化阴极占1/3，莎瓦公司能生产石墨含量不同的石墨质阴极炭块和全石墨化阴极炭块；挪威的Elkem公司是全球最大的电煅无烟煤和电极糊生产商，每年生产31万吨电煅煤和电极糊，该公司用电煅炉生产高强石墨碎为核心技术，并生产高强全石墨质阴极炭块。Elkem公司在中国宁夏一炭素厂生产的主要产品为电极糊，年产电极糊2万吨。

国外阴极炭块的生产采用间断混捏、挤压成型，全石墨化阴极炭块采用串接石墨化技术生产，全石墨化阴极炭块是铝电解槽用阴极炭块的主流产品。

国外部分公司对铝用炭素产品的质量要求如表1-10~表1-15所示。

表 1-10　国外预焙炭阳极质量指标

项目		美有色金属有限公司询盘	中东询盘	俄罗斯	印度询盘	伊朗
假密度/(g·cm⁻³)		1.56	1.55	1.5~1.6	1.54	1.56
真密度/(g·cm⁻³)		2.06	2.06	2.05		2.05
电阻率/μΩ·m		55	60	56	60	55
抗压强度/MPa		320~450	320	320~450	320~350	38
CO₂反应性		≥94%	剩余 85	88		95
			脱落 6	3		1
			氧化 12	8		4
灰分/%		0.6	0.5	0.6	0.5	0.5
抗折强度/MPa			10			
空气活性			剩余 77			96
			脱落 8			1
			氧化 10~15			4
微量元素含量/10⁻⁶	V	130	150	0.015	150	150
	Si	800	300	0.05	0.05	300
	Fe	500	400	0.05	0.05	500
	Al					
	Na		300			
	Ca		150			
	Mg					
	K					
	Pb					
	P					
	S	1.4	0.25	1	1.5	1.5
	Ni		150	0.015	150	400
	Zn					
	Ti					
	F					
热膨胀系数		3.7~4.5 (300℃)				

表 1-11　CARBONE SAVOIE 公司侧部炭块质量指标

项目	CF	MC	HC	PHC	DOX	EROX5	EROX35
真密度/($g \cdot cm^{-2}$)	1.82	1.94	2.08	2.21	1.81	1.88	2.13
假密度/($g \cdot cm^{-2}$)	1.51	1.55	1.59	1.62	1.47	1.54	1.63
孔隙度/%	17	20	23.5	27	18.5	18	23.5
灰分/%	3.5	2.1	1.1	0.9	5	10	9
抗压强度/MPa	26	26	25	20	32	35	32
抗弯强度/MPa	9	12	11	11	13	14	14
30℃热传导率/($W \cdot m^{-1} \cdot K^{-1}$)	9	14	27	125	8	9	30
氧化的敏感性/%	2.9	2.8	2.5	0.2	0.9	0.9	0.7

表 1-12　CARBONE SAVOIE 公司阴极底块质量指标

项目		CF1	CF2	HC3	HC5	HC10	K	KI
真密度/($g \cdot cm^{-3}$)		1.82	1.87	1.94	2.01	2.08	2.21	2.19
假密度/($g \cdot cm^{-3}$)		1.52	1.53	1.55	1.56	1.59	1.62	1.74
总气孔率/%		17	18	20	22.5	23.5	27	20.5
灰分/%		3.5	2.5	2.1	1.6	1.1	0.9	0.8
抗压强度/MPa	M	25	25	26	25	25	20	30
	P	23	23	24	23	24	20	35
抗折强度/MPa	M	8	8.5	11	10	11	11	17
	P	7	7.5	9	9	9.5	9.5	14
弹性模量/GPa	M	10	10	9	8	8	7	9.5
	P	6	7	7	6	6	5	8
电阻率/($\mu\Omega \cdot m$)	M	41	34	30	24	18	10.5	10.5
(20℃)	P	57	48	41	32	23	12.5	12.5
(100℃)	M	27	25	22	18	16	10	10
	P	38	35	30	26	20	12	12
热导率/($W \cdot m^{-1} \cdot K^{-1}$)	M	8	9	13	18	27	125	125
(30℃)	P	6	7	10	14	22	100	100
(1000℃)	M	10	12	13	14	22	50	50
	P	9	11	12	13	18	40	40
线性热膨胀(10^{-6}/K)	M	2.5	2.6	2.7	2.8	2.8	2.5	2.9
(25~525℃)	P	3.4	3.4	3.5	3.5	3.3	3	3.4
钠膨胀率/%	M	0.55	0.45	0.40	0.35	0.25	0.03	—

表 1-13　干糊质量指标

项目	粒度/mm	机械强度/MPa	电阻率/μΩ·m	孔隙率/%	总破坏性/(mg·cm⁻²·h⁻¹)	灰分/%	硫分/%	流动性
性能	20~60	≥30	≤75	≤30	≤50	<0.6	<1.4	1.3~1.7

表 1-14　SGL 公司阴极炭块质量指标

项目	3G	5G	10G	3GE	5BDN	5BGN	BN	BN2
真密度/(g·cm⁻³)	1.96	2.00	2.07	1.97	1.95	2.16	2.21	2.23
体积密度/(g·cm⁻³)	1.61	1.63	1.65	1.59	1.58	1.65	1.62	1.57
开口孔隙度/%	15	15	16	15	15	19	20	24
抗压强度/(N·mm⁻²)	34/32	37/35	36/34	29/27	31/24	27/20	31/29	24/21
杨氏模量/(kN·mm⁻²)	13	12	11	11	11	9	7	—
抗挠强度/(N·mm⁻²)	10/7	11/8	10/8	8/6	10/6	10/6	12/10	9/8
电阻率/(μm·m)	33/45	25/33	19/23	30/41	25/37	13/20	11/13	11/14
热膨胀系数(20/200℃)/(10⁻⁶·K⁻¹)	1.8/2.9	2.1/3.0	2.4/3.2	2.3/3.1	2.3/3.0	2.2/2.7	3.8/4.0	2.3/2.4
导热率(30℃)/(W·m⁻¹·K⁻¹)	10/7	15/11	29/23	16/11	17/11	45/33	115/104	110/100
灰分/%	4.0	3.0	1.5	4.0	2.5	0.3	0.3	1.0

表 1-15　德日两公司的阴极炭块质量指标

项目	德 K2（估计<20%石墨）	德 K23（30%石墨）	德 K4（全石墨化）	日 AC-K4（估计20%~30%石墨）
真/假密度/(g·cm⁻²)	1.96/1.59	1.99/1.59	2.23/1.62	1.95/1.53
总孔度/%	18	20	27.3	22
开孔度/%	15	17	24	—
比电阻/m	33	29	11	28
灰分/%	4.5	3.0	0.5	4
抗压强度/(N·mm⁻²)	29	30	15	280 kg/cm²
抗弯强度/(N·mm⁻²)	6.8	8.3	6.5	—
杨氏模量/(N·mm⁻²)	7.5	8.0	4.8	—
电解膨胀率/%	0.7	0.5	<0.1	0.7
400℃热传导率/(W·m⁻¹·K⁻¹)	15	16	67	14[①] cal/m·h·℃

注：① 1 cal=4.18 J。

1.6.3 国外环式焙烧炉的技术进展

焙烧工艺是铝用炭素技术的重中之重，国外对焙烧炉的技术非常重视。随着整个铝用炭素的发展，国外环式焙烧炉的技术亦得到长足的发展，其技术的进展主要体现在产品质量、节能技术和计算机自动控制技术的提高上。以环式焙烧炉工艺操作技术为例，其改进主要集中在以下几个方面。

1. 适当缩短焙烧周期

缩短焙烧周期是提高生产能力，降低生产成本和大幅度降低能耗的行之有效的方法，在这方面，意大利铝业公司做出了卓有成效的工作。

位于意大利维斯默港的这家铝业公司拥有两台带盖环式焙烧炉，是 20 世纪 70 年代建造的。阳极炭块在环式炉中的焙烧周期为 288 h，火焰周期为 32 h。在多年的长期运行之后，对其焙烧工艺操作进行了改进，试验和制定了最终目标为提高设备生产率和工艺技术方案。其技术路线是缩短焙烧周期，由原来的 288 h 缩短为 223 h，火焰周期缩为 24 h，其火焰烟道升温曲线如图 1-10 所示。

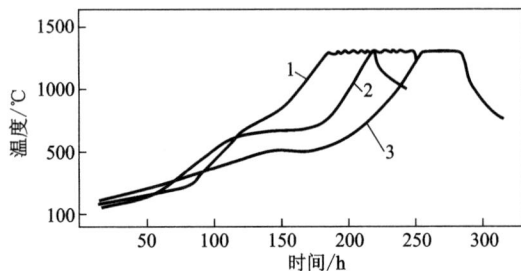

图 1-10 烟道升温曲线
1—24 h 火焰周期；2—28 h 火焰周期；3—32 h 火焰周期

焙烧周期缩短后，阳极炭块的焙烧温度没有降低，同时也没有使产品质量下降，而环式炉设备的生产能力提高了 33%。燃料消耗降低了 15%。

2. 改善炉顶封闭性能减少外部空气渗漏

增强炉顶封闭性能，减少外部空气渗漏是环式炉节能的有效方法，加拿大铝业公司在这方面做了许多工作。

该铝业公司拥有两台敞开环式阳极焙烧窑，每台都采用双火焰系统，每个火焰系统由 7 个炉室组成(3 个预热室，4 个燃烧室)。

首先要确定燃烧室的燃烧情况，漏风程度和分布状况。漏风情况是根据局部烟道气体分析测定的。为了分析研究的方便，把焙烧炉和排气系统分成 3 个部分：燃料燃烧室，预热室，炉外管道系统(包括废气排放管道和侧部管道等)。分析 3 部分的漏风测试结果表明：

(1)在燃料燃烧室，空气渗漏量占整个漏风量的 10%，这部分空气足以维持燃料燃烧和沥青挥发分的完全燃烧。

(2)3 个预热室的漏风量极大，占 30%~40%，这部分空气一方面提供了足够的氧气，另一方面却又降低了阳极、烟道及烟气的温度，从而使得燃料消耗增加。

(3)炉外的排气管道系统的进风是整个漏风量的主要部分，但这并不直接影响燃料消耗，而仅是降低了排放废气的温度。

根据测得的数据，对其火焰系统的稳态热平衡情况作出了估计，表明所排放烟气的热量相当于燃料燃烧所放出热量的 50%~60%，只要把最末位置 3 个炉室的漏风量减少 50%~100%，焙烧每吨炭阳极所需的燃料消耗减少 $(1.05 \sim 2.11) \times 10^6$ kJ。该公司对各种减少漏风的可行方法作了比较，从环式炉的物理结构条件的角度来看，最好的办法是对炉室进行彻底的封闭。该公司研制了一种炉盖，罩在最后一个预热室上，并测试了它对减少漏风的效果。结果表明预热室漏风量减少近 90%，把最后 3 个预热室全部封盖，根据热平衡计算，燃料消耗从每吨阳极 $(4.73\sim5.27)\times10^5$ kJ 降到每吨电极 $(2.68\sim3.69)\times10^5$ kJ。

3. 改变顺流火焰为逆流火焰焙烧

所谓顺流火焰是指燃料的喷射燃烧方向与烟气走向一致，都朝向底部；而逆流火焰恰好相反，如图 1-11 所示。

西部非洲加纳的芙尔塔铝业有限公司(VALCO)对这种新工艺作了尝试，他们以 6 号油作为燃料，在传统的顺流火焰焙烧操作下，存在的问题是热量分布效果很差。他们认为，这是由于油滴喷出了以后要经过一段时间才能气化，在接近烟道底部时才能够被点燃，改为逆流火焰焙烧工艺后，烟道温度分布变得均匀(图 1-12)，而能耗在原有基础上也降低了 19%。

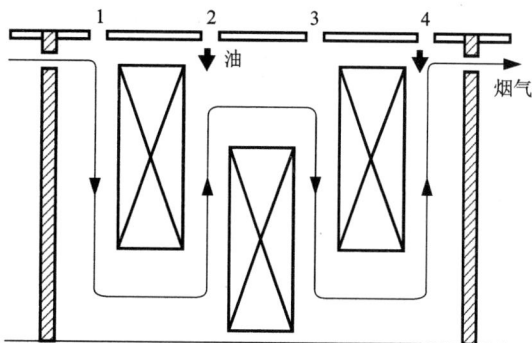

图 1-11　逆流火焰(1, 2, 3, 4 为观察孔)

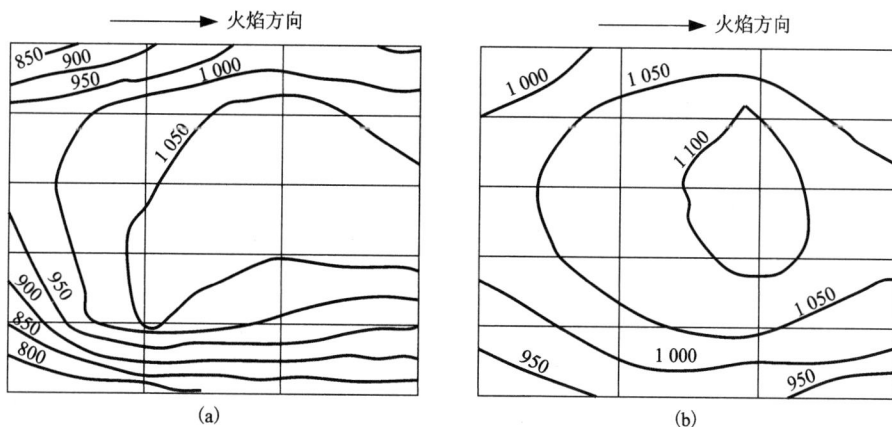

图 1-12　电极箱中炭块温度分布

(a)顺流火焰焙烧；(b)逆流火焰燃烧

4. 燃料燃烧的控制装置和燃烧器的改进

以天然气为燃料的美国国家南方线材铝业公司对燃烧器进行了改进，原先他们使用的燃烧器是用喷枪把燃料气射入炉内，其缺点如下：

(1)燃烧气氛控制不精确，无法实现稳定的空气和燃料比；

(2)火焰长而明亮，使局部耐火砖过热，缩短了使用寿命；

(3)有些烟道部位温度不够高，热传导不充分，阳极不能得到良好焙烧；

(4)燃烧情况难以控制，沥青挥发分的燃烧不完全，造成排气管道脏污严重。

为了克服上述缺点，改用了一种预混合内部燃烧型燃烧器，也称"高速燃烧器"，其结构如图 1-13 所示。

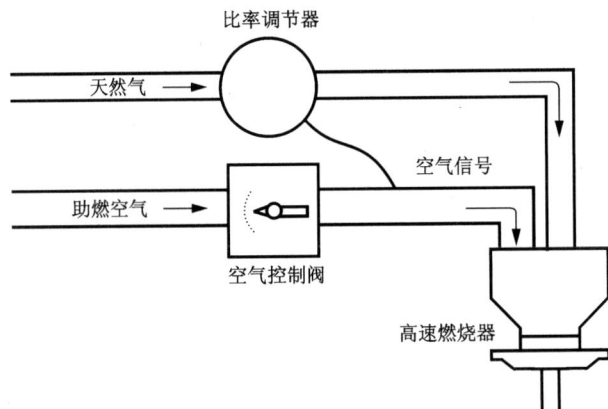

图1-13　燃烧器控制系统

所采用的新型燃烧器系统具有下面一些特点：

(1)空气与天然气经过预先混合后在燃烧器内部发生燃烧；

(2)燃烧后产物(N_2，CO_2，H_2O和过量O_2)以很高的速度进入烟道；

(3)没有明亮火焰，烟道气体到烟道砖的传热是靠对流传热；

(4)烟道墙上的温度分布比较均匀，没有过热部位；

(5)空气与天然气交叉调节维持预定的比例，操作员工只是控制燃烧气流的大小达到所需要的热量输入，这使得系统操作很简便；

(6)对燃烧气氛控制更加精确，使沥青挥发分得以充分燃烧。

到目前为止，我国绝大多数炭素厂焙烧炉采用管道加阀门、油泵等组合件式燃烧架，并用人工调节方式控制燃料燃烧及温度。应用这种方式控制的弊端是控温能力低，温差大，制品均质性不好，火道寿命短，燃料单耗高。最近几年，国内平果铝厂及贵州铝厂先后引进了法国Setaram公司燃烧架，如图1-14所示。这种燃烧架的最大特点是控温精度高，火道中的温度、负压都通过PLC及工业PC控制机检测，控制燃料燃烧处于良好状态。从温度的角度看，同炉室各条火道水平温差很小，贵铝三焙烧的法国"AP"炉测定最高温差为11℃，最低与设定目标温度相等即"0"。而炉箱内的各处焙烧制品，其最高温差为4℃。每个运转炉室火道热冷端温差约60℃。这充分说明这种自动控温燃烧架是当今最合适的，同时也是最先进的。

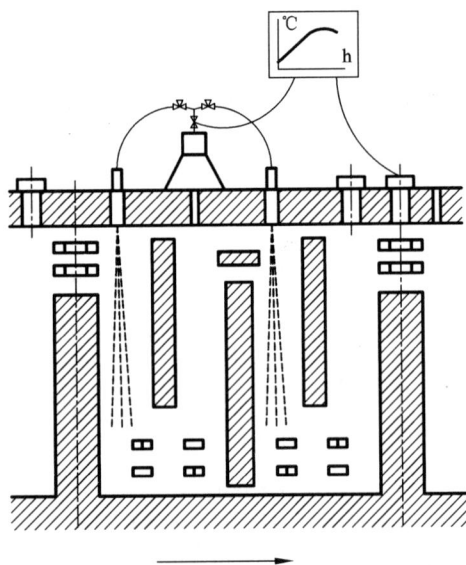

图1-14　国外焙烧炉燃烧控制基本图

自动控温燃烧架的另一个特点是，火道温度控制以前一个炉室的"热端"作为调节该炉火道的温度基准。另外调节中，采用比例积分、微分运算使负压定位在一定范围内实现温度自动调节。

5. 采用燃油乳化技术

澳大利亚贝尔湾的澳大利亚联邦铝业公司使用乳化燃料油在节省油耗方面取得了很好的效果，不仅如此，还使料室的温度分布更加均匀，减轻了耐火砖承受高温的状况。

这种乳化燃料油是借助于表面活性剂二聚水分子通过吹制过程制取的，这一过程能够产生稳定的水流，重油、水、二聚水分子按一定的比例通过一静态混合器压入到乳液磨（图1-15）。水滴的大小和形态对乳化燃料油的使用好坏有重要影响，其最佳粒径为 5 ~ 10 μm。当乳化油中的水受热时会发生第二次雾化，这是由于小水珠爆炸使油料喷散生成的。这样，油料燃烧时产生的火焰热量密集程度很高。实验证明乳化加水 10%，火焰温度提高近 50℃，辐射温度提高大约 90℃。对于封闭式燃烧，最佳添水量为 9% ~ 11%。燃料改用乳化油后，火井内的火焰温度峰值降低，热场更均匀，如图1-15、图1-16所示。

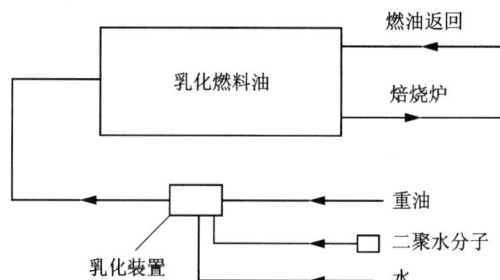

图1-15　燃料油流程简图

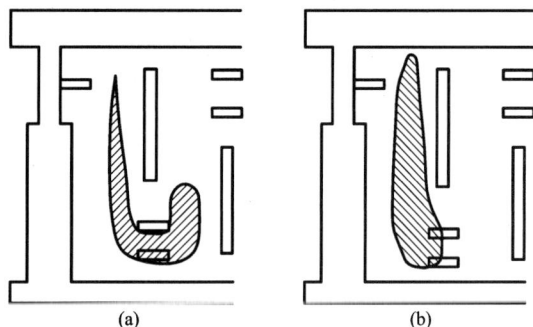

（a）　　　　　　　　（b）

图1-16　火焰轮廓简图

（a）重油燃料；（b）乳化油燃料

6. 采用新型耐火砖，提高烟道使用寿命

延长焙烧炉烟道的使用寿命一直是炭素厂家追求的主要目标，耐火砖的性能直接影响着焙烧炉的使用寿命和维修费用。目前，关于环式炉的节能、增产、提高产品质量，自动化控制技术等方面都有了很大的进展，提高耐火砖性能的技术研究也应同步进行。使用性能优良的耐火砖将会延长焙烧炉的使用寿命，降低维修费用。位于美国匹兹堡市的哈必逊——沃尔克内耐火砖厂在耐火砖研究方面取得了一定的进展。

他们对高纯半氧化铝耐火砖在焙烧炉上进行了测试，结果表明这种材料制成的耐火砖在每一项指标上都优于传统上使用的超高温耐火砖，能够承受更高的温度。其抗蠕变，抗碱侵蚀，抗化学和矿物蚀变的性能也好于传统的耐火砖。此外，这种砖还有一个优点，那就是它比传统的耐火砖有更好的导热性能，其高温热导率是传统砖的 1.5 倍，这种砖是由纯度很高的高岭土制成的，其化学成分见表1-16。

表1-16 新型耐火砖的化学成分　　　　　　　　　　　　　%

SiO$_2$	Al$_2$O$_3$	TiO$_2$	Fe$_2$O$_3$	CaO	MgO	碱金属
48.5	47.6	2.2	1.3	0.1	0.1	0.2

从表1-11看出：新型耐火砖比传统耐火砖有更低的碱金属和碱土金属含量。

7. 使用计算机控制进行优化操作

对环式炉使用计算机控制进行优化操作是当今环式炉工艺操作、技术进步的主要标志，众多文献上都介绍了以降低能耗，提高电极质量为目的的各种过程控制系统，尽管各厂家控制系统不完全相同，但却具备如下特征：

(1)温度和风量的测量数据连同燃烧控制装置构成一个整体系统；

(2)要获得最佳的控制性能，不仅要考虑某一时刻的温度值，还要考虑该时刻的温度梯度；

(3)几组火焰的数据一起收集到中央计算机；

(4)焙烧炉上的控制元件全部分别组装到燃烧架或排气管道上。

总之，环式焙烧炉工艺技术的改进，主要体现在炭素制品焙烧更加充分，产品质量进一步提高，节能降耗，而且还降低了挥发分所带来的环境污染等方面。燃烧炉过程控制系统结构见图1-17。

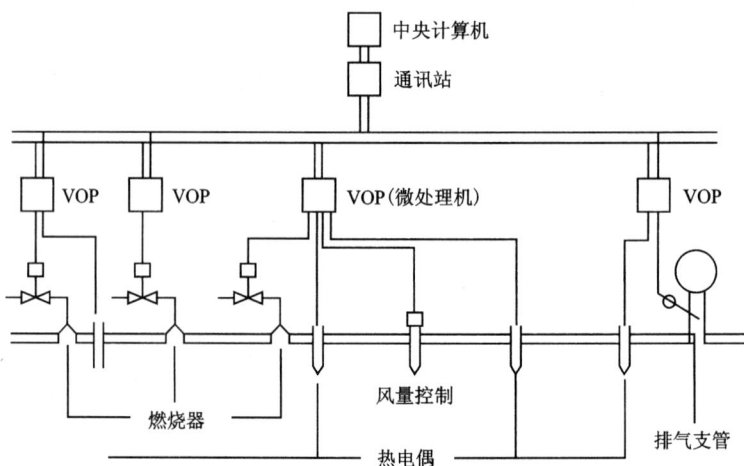

图1-17 焙烧炉过程控制系统结构图

1.6.4 国外铝用炭素材料工业的发展趋势

国外预焙阳极在外观结构上，向着双阳极、四阳极的方向发展，多组阳极的优点就是操作简单，节约了大量的财力、物力；另外，国外部分厂使用开沟阳极，使用这种阳极有利于排出电解过程中产生的阳极气体，可减少阳极效应系数，降低铝电解槽平均电压，节省电耗。另据报道，法铝Pechiney公司发明了连续预焙阳极技术，在电解生产过程中不需要定时更换阳极，省去了大量的人力、物力和不必要的能量消耗，由于技术上的原因目前还只是运用在试验槽上，没有规模化应用。阳极炭块生产过程中自动化控制水平高是国外预焙阳极生产的又一特点。国外炭素生产，普遍重视设备的创新，重视工艺与设备的配合，重视控制技术的应用，所以从物料输送、供排料、配料、混捏、凉料、布料、成型、脱模、冷却、运输、堆垛、编组、吊运、装出炉、清理等都有一套完整的、控制水平很高的生产设备，保证制品的质量和生产效率。在生阳极的成型方式上，BUSS 公司 2000 年提出了结合强力冷却技术的模压成型的概念设计，单台模压成型机年产能可达到 30 万吨，阳极电流密度可强化到 20%以上。

国外阴极炭块主要应用高石墨质阴极和全石墨化阴极，随着铝电解槽向着大型化方向发展的趋势，全石墨化阴极的优势表现得越来越明显，但是由于它价格昂贵，一次性投资大，各个厂家考虑到成本以及效益的问题，其推广应用的速度还比较缓慢。

在生阳极成型方式上，2000 年提出了模压成型新技术的概念，但近几年发展较慢，仍然处于概念设计的阶段，还没有出现大规模工业性生产，模压成型的实际应用还需一段较长的路要走。

第 2 章　铝用炭素生产的原料及燃料

　　铝电解工业使用炭阳极和阴极炭块、侧部炭块、阴极糊等作为阳极和内衬材料，这些制品所使用的原料可分为两部分：一部分是固体炭素原料，另一部分是黏结剂——煤沥青、煤焦油等。固体炭素原料包括石油焦、沥青焦、冶金焦、石墨碎和无烟煤等。制造炭阳极和全石墨化阴极使用的固体原料是石油焦和沥青焦；制造阴极炭块和高炉炭块使用的固体原料是无烟煤(电煅烧或普通煅烧)、石墨碎和冶金焦；阴极炭糊的黏结剂除使用煤沥青外，还有煤焦油、蒽油、树脂等，这主要是用来调节黏结剂的软化点。

2.1　石油焦

　　石油焦是石油炼制过程中的副产品。石油经过常压或减压蒸馏，分别得到汽油、煤油、柴油和蜡油，剩下的残余物称为渣油或重油，将渣油进行焦化便得到石油焦。因而石油焦的性质主要取决于所使用渣油的种类。石油焦按其焦化前渣油的种类分为两大类：裂化焦和热解焦。裂化焦是以裂化工艺从加工石油产品的渣油中制得，而热解焦则是由热解渣油制得。

　　石油焦是生产各种炭素材料的主要原料。这种焦灰分比较低，一般小于 1%。石油焦在高温下容易石墨化，属于易石墨化焦。石油焦的特性对炭素材料的性能有很大影响。

2.1.1　石油焦的焦化反应与分类

　　石油焦是由渣油经过焦化工艺而制得的产品。渣油的组成很复杂。渣油与原油同样都是由各种烃类和非烃类化合物组成的。渣油中的烃类化合物因化学结构不同，可分为烷烃、环烷烃、芳香烃三大类；非烃类化合物主要是树脂质和沥青质两种组分。渣油中的沥青质组分与沥青焦有相似之处，但它含有较多氧、氮、硫。在重柴油馏分重沥青质，脱去一个脂族基便能转化为树脂质。

　　在焦化过程中，沥青质和树脂质将脱去直链烃化物和芳香基，生成无序的和高度交链结构的焦炭。这种焦炭若覆盖在芳香烃缩聚转化的石墨微晶上，将阻碍微晶的生长。因此，用含沥青质和树脂质较高的渣油焦化所制的石油焦较难石墨化。

　　树脂质和沥青质在高温下会进行缩聚反应，最后可得焦炭。

　　渣油的焦化反应可归纳为：

　　(1)渣油中的树脂质—沥青质—焦炭；

　　(2)渣油中的芳香烃—高分子缩聚物—树脂质—沥青质—焦炭；

　　(3)渣油中的烷烃、环烷烃、带长侧链稠环烃—芳香烃—高分子缩聚物—树脂质—沥青质—焦炭。

　　石油焦根据外形和质量的不同，可分为三类，即丸状焦或球状焦、蜂窝状焦和针状焦。丸状焦或球状焦，呈圆球形，直径为 0.6～30 mm，含有较多杂质，大部分用作燃料；蜂窝状焦块是由含中等树脂质和沥青质组分的渣油生产的石油焦，焦内有均匀的小孔，切片呈蜂窝状结构，可用作炭素生产的原料；针状焦外观有明显的纤维状纹理，焦块小孔均匀，多呈细长椭圆形，破坏时多数为长条形碎片，结构上具有较高的定向性，是一种线膨胀系数特别低的优质炭素原料。

2.1.2　焦化工艺

渣油的焦化工艺很多，其共同点都是深度裂解。在石油炼制工业中，焦化工艺有釜式焦化、平炉焦化、延迟焦化、接触焦化和流化焦化等。目前我国主要生产釜式焦化和延迟焦化两种，其生产情况介绍如下。

1. 延迟焦化

延迟焦化是近代生产石油焦的先进工艺，其流程是渣油经过热炉加热至 300~330℃，然后进入联合分馏塔，分馏出汽油、柴油和蜡油后，继续加热至 500℃ 左右，再迅速进入已经吹气试压和预热好的焦化塔中(塔内液面维持 2/3)，塔顶温度 430℃ 左右。塔底温度 480~500℃；塔顶气压 1.2~2.0 个大气压，在这样的温度和压力下，渣油凭着本身所含的热量供给焦化所需的反应热。在无外加热源而仅靠从延迟焦化塔底进入的渣油维持一定温度。渣油在高温作用下在焦塔内进行分解和缩合，保持 24~36 h 生成焦炭，称为延迟焦。同时其挥发气体和液体馏分进入分馏塔，而焦化塔的焦炭用高压水切割冲出的方法除焦。

所谓延迟焦化的意思是本来渣油在辐射室炉管内要结焦。但采取措施不让渣油在炉管内焦化，而延迟到焦化塔内起分解缩合作用生成焦炭。这些措施就是渣油通过管式加热炉时采用高速流(入口速度 3.5 m/s)和高的加热温度(500℃ 左右)渣油在很短的时间达到焦化所需的温度，同时又迅速离开热炉进入焦化塔内结焦。有时在渣油进入加热炉时注入一定量的水，目的是降低渣油的黏度，增加流速，防止在管内结焦。

延迟焦的特点是挥发分高，塔顶部位最高可达 30%，塔底和四周的焦约 15%，塔中约 10%，平均挥发分为 10%~15%；其次是炭粉多，约占 2/3。

这种焦化法比釜式焦化法优越，其特点是：

(1)连续操作。焦炭塔一般为 2~4 个，一边除焦一边充渣油，整个气-液分馏系统为连续生产。

(2)焦化塔为立式，用水除焦，切焦水压力高于 10 MPa。

延迟焦化法的工艺流程如图 2-1 所示。

2. 釜式焦化

渣油在铁制的焦釜中加热分解，一方面得到汽油和其他石油产品，另一方面得到釜式焦，其产焦率视焦化条件而异，为渣油的 10%~15%。焦釜是铆接的圆筒，直径为 3 m，长 12 m，底部加热。因此釜内温度不均，上层物料的温度约 400℃，釜底约 700℃，由于上下温度差较大，成焦过程不同。上层焦炭挥发分多，气孔较大，机械强度低。下层则相反，结构致密，机械强度高，但沉积有较多灰分。釜式焦是间歇操作。

这种焦化方法是将常减压渣油经缓冲罐后，由泵送到预热室(出口温度 430~440℃)，然后进入焦化釜加热至 700℃，釜内温度为 350~500℃，保持 12~14 h 便结成石油炭焦，称之为釜式焦，用出焦机从釜口取焦，经水喷冷后堆放。

每釜装渣油 35 t，产焦 4 t 左右，这种生产方式设备周期短，钢材消耗大，产量低。

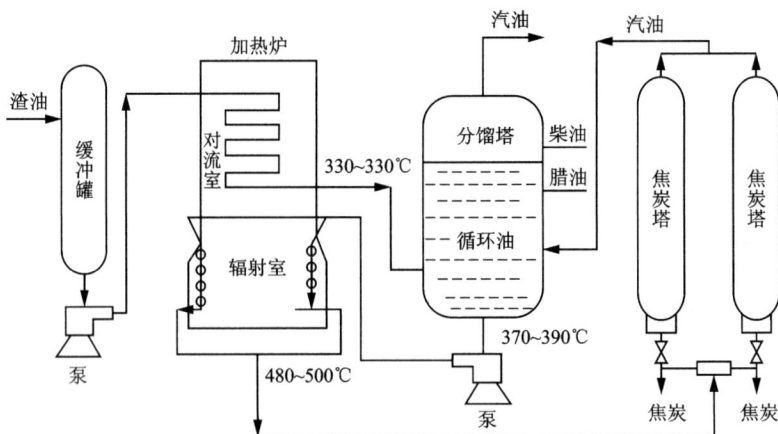

图 2-1 延迟焦化法的工艺流程图

我国现在各大炼油厂多采用延迟焦化设备,以便获得更多的石油产品,提高经济效益,改善劳动条件,釜式焦化法将逐渐被淘汰。

釜式焦化法工艺流程如图 2-2 所示。

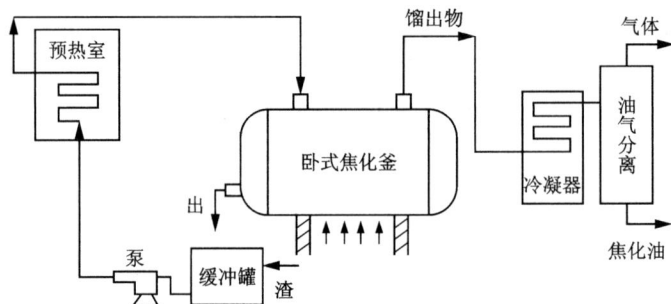

图 2-2 釜式焦化法工艺流程图

延迟焦和釜式焦的性能对比如下:

延迟焦

(1)焦块少,焦粉多;

(2)纹理欠明显,结构较疏松;

(3)挥发分 7%~20%;

(4)煅后焦真密度 1.9~2.07 g/cm³;

(5)灰分最高 1.2%;

(6)水分达 10%;

(7)石墨化程度较差;

(8)制成品电导,热导率较低;

釜式焦

(1)块焦较多而大;

(2)焦块纹理明显,结构致密;

(3)挥发分不大于 7%;

(4)1300℃煅烧后真密度 2.08 g/cm³;

(5)灰分最高 2.0%;

(6)水分 3%~7%;

(7)石墨化程度较好;

(8)制成品电导、热导率较高。

2.1.3 石油焦的质量

石油焦的质量一般可以用灰分、硫分、挥发分和1300℃煅烧后的真密度来衡量。
石油焦标准的具体质量指标见表2-1。

表 2-1 石油焦质量标准表 SH/T 0527—1992

项 目	质量指标							试验方法
	一级品	合格品						
		1A	1B	2A	2B	3A	3B	
硫(质量分数)不大于/%	0.5	0.5	0.8	1.0	1.5	2.0	3.0	GB/T 387
挥发分(质量分数)不大于/%	12	12	14		17	18	20	SH/T 0026
灰分(质量分数)不大于/%	0.3	0.3	0.5			0.8	1.2	SH/T 0029
水分(质量分数)不大于/%	3							SH/T 0032
真密度/(g·cm⁻³)	2.08~2.13	报告			—			SH/T 0033
粉焦量(块粒8 mm以下)不大于/%	25				—			—
硅(质量分数)不大于/%	0.08	—						SH/T 0058
钒(质量分数)不大于/%	0.015	—						SH/T 0058
铁(质量分数)不大于/%	0.08	—						SH/T 0058

灰分是石油焦的一项重要质量指标。原油中的盐类杂质经炼制富集在渣油中，最后都转移到石油焦中。石油焦的灰分与焦化工艺、堆放操作中的混杂有关。一般炭素材料生产用的石油焦灰分不大于0.5%；生产高纯石墨时，石油焦的灰分应不大于0.15%。

硫分是石油焦的重要质量指标之一。硫分主要来自于原油。石油焦中的硫可分为有机硫和无机硫。有机硫有硫醇、硫醚、硫化物等；无机硫有硫化铁和硫酸盐。石油焦中有机硫占多数，在较低温度下可除去有机硫。但无机硫要在石墨化高温下才能分解挥发。少量硫会在高温下生成稳定化合物，只有加其他添加剂才能除去。

硫是一种有害组分。过量的硫含量，使炭-石墨材料在石墨化过程中易产生"异常"现象，产品容易开裂，电阻率增大。同时产品在使用中消耗增大。近代研究认为：低温条件下（小于1000℃），硫易与碱金属杂质元素发生反应，生成金属硫化物，可有效减弱碱金属对碳氧化的催化作用，从而降低碳的氧化消耗。

石油焦的挥发分含量表明其焦化程度，对煅烧工艺有较大影响。挥发分过高，容易使罐式煅烧炉产生结焦、棚料等现象；同时在给料恒定情况下，造成回转窑烟气量过大，给余热蒸气锅炉带来负面影响。但挥发分不会直接影响炭、石墨材料的质量。

真密度的大小标志着石油焦石墨化的难易程度，一般来说，在1300℃煅烧过的石油焦真密度较大，这种焦易石墨化，电阻率较低，热膨胀系数小。

石油焦作为预焙阳极生产的骨料，占总质量的80%以上，炭阳极生产对石油焦的性能和质量都有严格的要求。我国不同产地的石油焦，在颗粒强度、堆积密度、电阻率、热膨胀系数等方面的性能不尽相同。掌握它们各自的特性，保证科学配料，确保生产出符合铝电解生产需要的预焙阳极是十分必要的。

2.2 沥青焦

沥青焦也是生产预焙阳极的主要原料，是一种低硫、低灰分的优质焦炭。生产沥青焦的原料是中温沥青和高温沥青，高温沥青是中温沥青在氧化釜中用热空气氧化而成。高温沥青黏度大，装炉温度较高，挥发分含量小，有利于装炉操作。生产沥青焦的工艺流程如图 2-3 所示。

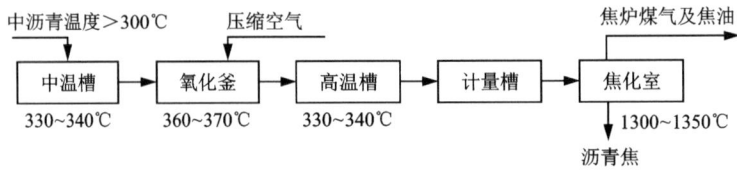

图 2-3　沥青焦的生产工艺流程

沥青焦生产属于高温干馏过程，从生产沥青焦工艺流程可知：温度高于 300℃ 的液态沥青自流至中温槽，再用泵连续送至氧化釜。液态沥青经压缩空气氧化后，沥青软化点从 75~90℃ 提高到 130~140℃，然后自流入高温槽。再经计量槽计量，经焦炉加料口加入炭化室内。此时，沥青温度为 320~330℃，每个炭化室加入沥青 8~9 t，用煤气火焰加热，450℃ 前主要是蒸馏和热缩合，此时放出大量气体，随即形成半焦。炭化室最高温度可达 1400℃，经过 15 h 焦化后，便炼成沥青焦，沥青析焦量可达 65%~68%。沥青焦是属少灰原料之一，质量指标(不大于)如下：灰分：≤0.5%，硫分：≤0.5%，挥发分：≤1.0%，水分：≤5%，小于 25 mm 粉焦量 4%。

由于沥青焦成焦温度较高，达到 1300~1350℃，所以不经煅烧也可以直接使用。但沥青焦从炼焦炉中推出后采用浇水熄火，一般水分含量大，所以在生产中它与石油焦一起按比例混合后进行煅烧。生产沥青焦的工艺设备如图 2-4 所示。

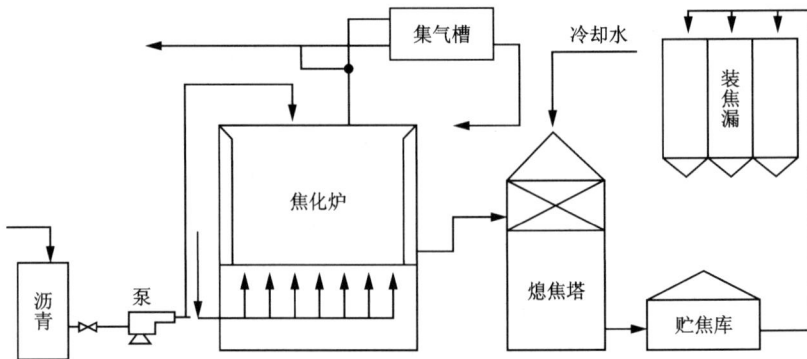

图 2-4　沥青焦的工艺设备

2.3　无烟煤

煤是古代植物埋藏在地下，在细菌作用及一定的温度和压力下逐渐变质而得到的含碳量很高的矿物。按变质程度排列，自然界中有泥炭、褐煤、烟煤和无烟煤。变质程度越高，则煤的含碳量越高，颜色逐渐变深，密度逐渐增大，硬度和光泽也逐渐增强。无烟煤是变质程度较深的一种煤，含碳量一般在 90% 以上，其结构较致密，强度较高。无烟煤是生产铝用阴极材料和冶金用高炉炭块、电极糊、阴极糊等产品的主要原料。

中国是一个煤炭资源大国，根据中国第三次全国煤炭资源预测，截至 1992 年末，我国已发现的煤炭资源为 1.02×10^{12} t；按照国际通用的统计口径，我国已查证的煤炭可采资源量为 114.5 Gt，是全世界煤炭已查证可采资源量超过 100 Gt 的三个国家之一，仅次于美国和俄罗斯，居世界煤炭已查证可采资源的第三位。

就无烟煤而言，中国是世界上产量最多的国家，无烟煤的储量约占全国煤炭总储量的 14% 左右，全国约有 46% 的无烟煤分布在山西省，30% 左右的无烟煤分布在贵州省。2002 年生产无烟煤 2.5×10^8 t 左右，占当年全国煤炭产量的 10.7%；2003 年中国无烟煤产量 3.04×10^8 t，占全国煤炭产量的 17.6%。丰富的无烟煤资源，为我国铝用阴极炭块及其他多灰炭素制品的生产提供了可靠的资源保障。

在我国现行煤炭分类国家标准（GBS 5751—1986）中，以干燥无灰基氢含量（H_{daf}）和无水无灰基挥发分（V_{daf}）含量作为无烟煤分类指标的依据，将无烟煤分成三类。分类情况详见表 2-2。表中 WY1、WY2、WY3 不同的煤级反映了无烟煤的变质程度，铝用阴极一般使用 WY1、WY2 级无烟煤。

表 2-2　中国无烟煤分类

类别	符号	数码	分类指标	
			V_{daf}/%	H_{daf}/%
无烟煤 1 号	WY1	01	0~3.5	0~2.0
无烟煤 2 号	WY2	02	3.5~6.5	2.0~3.0
无烟煤 3 号	WY3	03	6.5~10.0	>3.0

无烟煤广泛用作民用、发电和钢铁冶炼的燃料以及造气、生产合成氨与铝用阴极制品的原料。在炭素生产中，普通阴极的骨料使用 100% 的无烟煤；半石墨质阴极炭块的骨料使用 90% 左右的无烟煤；高石墨质阴极炭块中无烟煤的使用量为 15%~70%。无烟煤的质量指标、热处理特性直接影响到铝电解槽阴极炭块的使用质量。当用于炭素生产时，无烟煤应具有以下性质。

（1）灰分含量低。在生产炭材料过程中，无烟煤的灰分全部进入炭材料。灰分过高将降低产品质量。如生产普通阴极炭块时，要求无烟煤灰分不大于 8%，而且要尽可能没有矸石。因为矸石在煅烧后有的成为石灰，颗粒状石灰混入炭块，遇水即膨胀，使炭块表面崩裂。用于生产电极糊的无烟煤，灰分也应在 10% 以下。铝用阴极使用的无烟煤灰分应小于 8%。

（2）机械强度高。无烟煤的机械强度与用它生产的炭材料的机械强度有密切关系。生产炭素材料的无烟煤要求有一定的强度和块度。无烟煤的机械强度应包括抗碎、耐磨和抗压等机械性质。测量机械强度有多种方法。炭素行业多采用转鼓试验法（也称抗磨试验法），即将一定量大于 40 mm 的无烟煤块在转鼓中滚磨后，以仍保持 40 mm 以上块度的煤占入鼓煤的质量分数来表征其机械强度。一般要求转鼓试验后大于 40 mm 的残留量不小于 35%。也可以用击碎指数进行评价，即将一定量的粒度为 60～100 mm 煤块提高至 2 m 处自由落下，落在钢板上，试三次、每次用 25 mm 筛子筛分，最后测定大于 25 mm 的煤块质量，得到的比值称为击碎指数。其值越大说明无烟煤强度高（一般大于 65%）。

（3）热稳定性好。无烟煤的热稳定性是指煤块在高温作用下，保持原来块度的性质。热稳定性好的无烟煤，煅烧后块度与强度变化不大，热稳定性差的煤煅烧后易碎成小块。热稳定性的测定可按国家标准 GB 1573—1979 的方法进行。将一定数量和块度的煤样放入温度为 900℃ 的箱式电炉中，维持 15 min，然后，取出自然冷却到室温；再放入转鼓机中试验，最后称出留在转鼓中的大块煤样重，计算此量占原煤重的百分比，用此值表示煤的热稳定性。经转鼓试验的大块煤样越重说明热稳定性越好。

（4）硫含量少。无烟煤如含硫较多，不仅煅烧时会排出含硫烟气，也会降低无烟煤的抗热震性。炭素生产要求无烟煤的硫含量不大于 1%～2%。

目前我国铝用炭素材料生产采用的优质无烟煤主要来自于山西阳泉矿区、晋城矿区、河南焦作矿区、宁夏汝箕沟矿区、湖南金竹山矿区和贵州织金矿区，其中宁夏汝箕沟太西矿的优质无烟煤（低灰低硫）最适合作为炭素生产原料，商品煤的工业分析：灰分 4.52%，硫分 1.45%，挥发分 6.71%。

炭素生产用无烟煤质量指标要求如下：

灰分：≤10%；硫分：≤2%；水分：≤3%；块度：≤50 mm；抗磨试验（>40 mm 残留量）≥35%。

2.4 煤沥青

煤沥青是生产铝用阳极材料和阴极材料的黏结剂。它能很好地浸润和渗透到各种焦炭及无烟煤的表面和孔隙，使各种配入的颗粒互相黏结形成具有良好的塑性的糊料。糊料成型或压型后的阳极炭块或阴极炭块，经冷却后即硬化，并保持成型时的形状。生阳极炭块或阴极炭块在焙烧时煤沥青逐渐分解并炭化，把四周的骨料牢固地连接在一起，获得数量多、高强度、在骨料颗粒间起连结作用的沥青焦。

煤沥青是炼焦工业的副产品。烟煤在炼焦炉中受高温作用发生热分解，得到三种产物：①焦炭；②煤气；③煤焦油。1 t 干烟煤可得到 720～780 kg 焦炭，150～190 m³ 煤气，25～42 kg 煤焦油，煤焦油再经过蒸馏得到的残渣便是煤沥青。

2.4.1 煤沥青的组分

煤焦油经高温分馏后的残油即煤沥青。煤沥青是多种高分子碳氢化合物的混合体。一般难以从煤沥青中提取单独的具有一定化学组成的物质，而只能用不同的溶剂去萃取煤沥青，将它分离为若干组分。如高分子组分（α 组分）、中分子组分（β 组分）、低分子组分（γ 组分)。不同原料来源和不同软化温度煤沥青的各树脂组分性质有一定的差异,但同一种沥青中各组分的平均相对分子量、C/H 原子比以及芳香烃缩合程度均按 α 组分、β 组分、γ 组分由大到小的顺序排列。

1. 高分子组分(α 组分)

沥青中不溶于苯(B)或甲苯(T)的组分通常称为游离碳。游离碳并非游离的碳元素,而是由多种不同分子量的高分子组成及少量的中分子组成。所以,可以认为游离碳是沥青的各成分中不溶于苯或甲苯的组分,可用 BI 或 TI 来表示。它是煤沥青焙烧形成黏结剂焦的主要组分,主要起黏结桥的作用,结焦值可达 90%~95%,影响着炭材料的密度、强度和导电率。

沥青中不溶于苯或甲苯,也不溶于喹啉的部分,即喹啉不溶物(QI)是高分子组分(称为 α 组分或树脂)。QI 平均相对分子量为 1800~2600,碳的质量分数为 93%左右,氢的质量分数为 3%左右,C/H 原子比大于 1.67。

高分子组分是生制品焙烧时形成焦化残炭的主要载体,对炭石墨制品的孔隙度大小及强度有一定影响。一般认为,高分子组分没有湿润性和黏结性,是煤沥青的惰性成分,属难石墨化组分。适量的 QI 有利于提高煤沥青焦化时的残炭量,从而提高制品的体积密度和机械强度,但沥青中高分子组分含量过多会降低沥青的黏结能力,流动性变差。

2. 中分子组分(β 组分)

沥青中不溶于苯(或甲苯),但溶于喹啉的组分称中分子组分,亦称 β 组分或沥青树脂。将沥青中的苯不溶物百分数(BI)减去喹啉不溶物百分数(QI)即为中分子组分的百分数。它是煤沥青中相对分子量中、高质量的稠环芳烃,具有较好的黏结性,是煤沥青黏结剂中起黏结作用的主要组分。β 组分的平均相对分子质量为 1000~1800,碳的质量分数为 91%左右,氢的质量分数为 4%左右,C/H 原子比为 1.25~2.00,常温下呈固态,加热时熔融膨胀,烧结后大部分形成焦炭。其含量高低直接影响着炭材料的密度、强度和导电率等。β 组分对炭糊的塑性起主要作用,对焙烧品的物理化学性能有明显的影响,一般 β 组分含量越高,煤沥青的质量越好,它对增强煤沥青的黏结性具有非常重要的意义,黏结性随 β 组分增加而增大。但当 β 组分高到某种程度后,其黏度增大,煤沥青与炭质粉料之间的接触性变差,成型时弹性后效亦增大。沥青中分子组分含量达到 20%~25%才能制得质量合格的炭石墨制品。β 组分按其在吡啶中的溶解程度,还可进一步分为 β_1 组分及 β_2 组分两组。β_1 不溶于吡啶,其分子量稍高,β_2 组分溶于吡啶,其分子量稍低。

3. 低分子组分(γ 组分)

低分子组分(γ 组分)是指沥青中溶于苯或甲苯的成分(BS 或 TS)。γ 组分的平均相对分子质量为 200~1000,C/H 原子比为 0.56~1.25,常温下呈黏性的深黄色半流体,具有良好的流动性和浸润性,其挥发分大。结焦残炭值低。实际上低分子组分也是多种碳氢化合物的混合物。按其在丙酮、甲醇中的溶解程度又可以分为 γ_1、γ_2、γ_3 三种。γ_2、γ_3 组分经由一些油类及低分子碳氢化合物所组成,焦化时几乎全部分解挥发。

低分子组分是沥青中不起黏结作用的主要组分,也不是形成焦炭的主要成分。它主要是作为一种溶剂,能适当降低沥青的软化点和黏度,有利于改善沥青对焦炭颗粒的浸润性及提高成型糊料的可塑性,有利于成型。过量的 γ 组分会使生坯焙烧时收缩率增大,从而影响制品的密度、机械强度和成品率。

2.4.2 煤沥青的性质

衡量煤沥青的性能，一般用软化点、黏度、密度与结焦残炭量、加热后的气体析出曲线等物理量表示。

1. 软化点

由于煤沥青的化学组成复杂，因而无严格的、固定的软化温度。煤沥青的软化点是以一定软化程度(介于失去原有脆性和转变为液态之间的温度)相应的温度来表示。它与沥青中各组分的比例有关。随着软化点上升，其苯或甲苯不溶物含量增加，β 组分有增加趋势，γ 组分含量减少。根据煤沥青的软化点不同，可将煤沥青分为低温沥青(35~75℃)、中温沥青(75~95℃)和高温沥青(95~120℃)。

2. 沥青的黏度

沥青的黏度随温度而变化，当加热到较高温度后，黏度急剧降低。黏度大小既与温度有关，又取决于沥青本身的结构特性，在同样的温度下，不同产地、不同软化点沥青的黏度可以相差数倍。黏度是表征煤沥青流变性能的重要物理性质，它表示两流体层发生相对运动时的内摩擦力的大小，黏度越小，液体的流动性越好。煤沥青的黏度随温度升高而呈"U"字形曲线变化。煤沥青的流变性影响到混捏的工艺条件，一般，合理的混捏温度应在沥青的黏度为200~500 MPa·s时进行，这样可以使沥青对焦炭骨料的浸润更充分，可以得到高质量的炭糊。

3. 沥青的密度

煤沥青的密度反映了它的缩聚程度，它与煤沥青的C/H原子比、氢含量和软化点有一定的相关性。氢含量越高，则煤沥青的密度越低；TI含量越高、软化点升高，煤沥青的密度基本呈线性规律变化。一般中温煤沥青的密度为1.20~1.25 g/cm³，高温煤沥青和改质煤沥青的密度可达1.30 g/cm³以上。国外铝用炭阳极生产用煤沥青的密度为1.30~1.33 g/cm³。煤沥青的密度越大，混捏时充填在骨料间的沥青质量就越多，焙烧时的收缩率越小，烧成品的密度和强度也越大。密度大的沥青，在生坯焙烧时，收缩较小，坯体体积密度和强度也较高。

4. 结焦残炭值

结焦残炭值是评价沥青质量的重要依据，它与煤沥青的挥发分含量和分子组成密切相关。煤沥青的挥发分高，则结焦残炭值低。两者关系近似如下式：

$$K.C. = 100\% - 0.7V$$

式中：K.C. 为结焦残炭值；V 为沥青中的挥发分，%。

煤沥青的结焦值在一定程度上还取决于焙烧过程中诸如升温速度、加热持续时间、挥发分排出的阻力等条件。慢速升温、阻力增大会使结焦值提高。一般中温煤沥青的结焦值在50%以下；改质煤沥青的结焦值可提高到55%~65%。炭糊中煤沥青的结焦值比煤沥青单独炭化要高一些。

5. 沥青的气体析出曲线

在加热过程中，沥青的气体析出过程并不均匀，软化点不同的沥青，气体析出量也不同。煤沥青在受热时，随着温度的升高，会逐渐析出轻质馏分和热分解物，不同温度阶段析出挥发分的量不同。对于软化点为83℃、100℃、134℃的沥青，最大气体析出量的温度范围分别为270~480℃；250~500℃和330~510℃。煤沥青加热过程中的气体析出曲线是制定生坯焙烧升温制度的依据,当煤沥青处于快速挥发区,需要放慢升温速度,否则易产生裂纹废品。

6.表面张力

表面张力是表征液体对固体接触角大小和湿润性的物理特性,表面张力越大,液体对固体的湿润性越差。煤沥青的表面张力不仅影响煤沥青对炭质物料表面的湿润,而且也影响煤沥青对炭颗粒料空隙的渗透。煤沥青的表面张力随温度升高而减小;随软化点升高而增大。

适当提高混捏温度可使煤沥青对固体炭质物料的湿润角减小,有利于炭质物料表面沥青吸附膜的形成,可有效提高混捏质量。

加入表面活性剂,可以降低液体煤沥青的表面张力和减小其对炭质颗粒物料的湿润角,从而改善混捏糊料的塑性,提高成型炭坯的密度。

2.4.3 煤沥青对阳极质量的影响

煤沥青不仅是阳极材料的重要组成部分,而且沥青的浸润性、流动性、可塑性、渗透性、结焦性(焦化率、焦结构、焦化曲线)、稳定性和元素化学组成,尤其是金属微量元素(灰分)的含量及适宜的使用条件对炭素材料的质量影响很大。

由于煤沥青组成和特性的复杂和可变性,所以很难严格区分单一沥青组分或特性对炭阳极质量的决定影响。沥青对炭素材料质量的影响是在一定范围内与其他特性或温度、时间参数相互匹配下作用的。

如沥青的甲苯不溶物组分(BI)、喹啉不溶物组分(QI)和 β 组分,在溶体中可形成均匀分散的胶体,参与形成焦炭黏结网格,成焦率高,致密,使焙烧体强度大为提高,在干料混合体孔隙度大时不溶性组分显得更为重要。但是不溶性组分过高,不利于沥青的湿润性、吸附性,反而会降低制品的强度。尤其是 QI 过低,会使糊料分层,偏析,造成自焙槽阳极断层和阳极块焙烧裂纹;但 QI 过高,不仅使糊料黏结性能差,而且在 BI 一定的情况下,会降低 β 组分 [$w(BI) - w(QI) = (\beta)$ 组分]。与 QI 相匹配的条件是:在 SP 一定时,沥青中 QI 含量每增加 1%,混捏温度需增加 $2 \sim 3℃$,或相应延长混捏时间、增加沥青量或添加活性剂。据文献报道,同一种沥青,当 QI 质量分数分别为 4.5%,$7\% \sim 9\%$,16% 时,最佳混捏温度相应分别为 145℃,$160 \sim 170℃$,$180 \sim 190℃$。随着技术的进步,近年来铝用阳极普遍推广采用改质沥青技术,改质沥青的 SP 为 $100 \sim 115℃$,BI 为 $28\% \sim 36\%$,QI 为 $15\% \sim 17\%$,$\beta > 20\%$。此种沥青不仅黏结性高,结焦值高,而且制成阳极强度高,电阻小,抗 CO_2 和空气反应性好,热特性好。沥青在热转化时,焦化气体在多孔炭基上析出热解炭,它对阳极质量有明显影响。当析出热解炭数量为 0.2% 时,炭阳极孔度下降 2%,与气体反应率减少 1.2%。但是当 SP 进一步提高,超过 120℃ 后,不作进一步变质处理,沥青 β 组分、γ 组分减少,阳极性能会恶化。

沥青的灰分,尤其灰分中的碱金属元素,是炭阳极与 CO_2 和空气反应的催化剂,对阳极极为有害杂质。日本直江津铝厂曾发生大面积的炭阳极氧化掉渣事故,后经研究发现,原来沥青中 Na_2O 含量超标,系催化反应所致。

2.4.4 改质沥青

改质沥青(又称高软化点沥青)具有一系列的优异特性,越来越受到国内外同行们的重视。世界各国炭-石墨制品所用黏结剂由改质沥青来替代中温沥青已达到普及的程度。我国从 70 年代中期就已经开始用改质沥青替代中温沥青试制石墨电极,阳极糊等,并取得较好的效果。20 世纪 80 年代，随着贵州铝厂二期从日本引进的 8 万吨 160 kA 预焙阳极电解槽，配套采用改质沥青作阳极、阴极炭块的黏结剂；青铜峡铝厂也从国外引进了使用改质沥青的铝用干阳极糊生产装置；国外许多铝厂也相继采用液态或固态改质沥青生产阳极炭块。改质沥青的开发与应用，越来越受到人们的关注并取得了较快的发展。

国内改质沥青在生产工艺上各有特点，主要采用高温热聚法(间歇加压式、连续常压式和常压间歇式)和闪蒸法两种工艺。

1. 高温热聚法

(1)间歇加压热聚法生产

这种工艺生产改质沥青是将中温沥青加热熔化输入密闭釜中，缓慢加热到规定温度，在常压或加压条件下保持一段时间，使沥青进行热解聚合反应，中间相球体成长融并、沥青软化点逐渐提高，其分子量和结焦残炭值也相应增大。热聚合温度为 400℃左右，热聚合时间为 4~8 h。

(2)连续常压热聚法生产

该方法是我国自行试验、自行设计的改质沥青工业生产装置，用了两年时间，先后进行了 300 多釜试验，取得了大量满意的数据，摸索出了热聚合反应的规律。其特性是操作稳定、简化工艺流程、节约热能、原料处理能力适应性强、每小时为 1~3.5 t，所得的改质沥青质量好，热聚指标为：反应温度 275~405℃，反应压力为常压，反应时间按进料量确定，所用原料沥青的软化点为 77~83℃。

(3)常压间歇式热聚法

这种工艺是太原钢铁公司焦化厂在自己拥有的焦油间歇式常压蒸馏装置特点的基础上研究出来的。热聚合的特点是延长终釜时间，提高终釜温度，所得改质沥青的软化点在 120℃左右。然后又用"回配"法降低软化点，使产品完全符合一级品标准。釜温、加热速度与热聚合时间是该工艺的关键因素，以试验而定。

从以上热聚法的三种情况看，都是将中温沥青加热熔化后输送到密闭釜中进行加热，在一定气压下保持一段时间，这时沥青分子进行聚合反应，中间相小球体充分增长，互相融合，分子量逐渐增大，从而提高了沥青的软化点，导致析焦量的增大，使改质沥青的质量提高，达到铝用炭素材料生产的要求。

2. 闪蒸法

将经过管式炉蒸馏所得的中温液体沥青输入到闪蒸塔内，在距塔底约 1.5 m 处喷滴出来。由于闪蒸塔顶部是由蒸气喷射泵造成塔内真空状态(8.0~10.6 kPa)，因此中温沥青在 350~370℃温度下受到减压蒸馏，馏分在闪蒸塔内迅速挥发，在很短时间内软化点提高到 110~120℃，然后用齿轮泵打到冷却塔中用水喷淋冷却。

采用闪蒸法能保持原有中温沥青的生产系统的生产连续性和自动遥控先进技术的应用，操作调整方便，生产效率高，产能大。

3. 改质沥青作为黏结剂的特点

(1)结焦残炭值高，焙烧时可生成更多的黏结焦，制品的机械强度高。

(2)软化点高，夏天运输和远距离运输问题易于解决。

(3)混捏成型过程中沥青逸出的烟气较少，可减轻环境污染。

(4)沥青熔化温度、混捏温度高于中温沥青。

（5）改质沥青含有较多的 β 树脂和次生 QI，具有较高的热稳定性，有利于提高炭和石墨制品的质量。

4．改质沥青质量指标（表 2-3）

表 2-3　改质沥青质量标准（YB/T5194—1993）

序 号	指 标 名 称	单 位	一 级	二 级
1	软化点（环球法）	℃	100~115	100~120
2	甲苯不溶物（抽提法）	%	28~34	>26
3	喹啉不溶物	%	8~14	6~15
4	β 树脂	%	≮18	≮16
5	结焦值	%	≮54	≮50
6	灰 分	%	≯0.3	≯0.3
7	水 分	%	≯5	≯5

2.5　炭素制品其他原料和辅助材料

2.5.1　冶金焦

冶金焦是生产各种炭块和电极糊的主要原料，也是生产铝用阴极材料的辅助原料，它在生产炭块和电极糊配方中占 20%~30%。

冶金焦的灰分较高，一般为 10%~15%，挥发分为 1% 左右。炭素生产使用的冶金焦的质量指标如下：

灰分：≤13.5%；硫分：≤0.8%；挥发分：≤1.2%；水分：≤4.0%；

抗磨试验剩余量：≥300 kg，<25 mm 的粉焦量≤4.0%。

2.5.2　煤焦油

煤焦油是炼焦时的副产品，它是黑色黏稠液体，也是多种碳氢化合物的混合物。从煤焦油中可以提炼出上百种有机化合物。在铝用阴极材料（冷捣糊）生产中，用经过脱水后的煤焦油来调整煤沥青的软化点。一般中温沥青的软化点为 75~90℃，而冷捣糊使用黏结剂的软化点只有 15~30℃，这就要选用性能相近的不同黏结剂进行适宜的混兑方法解决这一问题。通过在中温沥青中加入量为 55%~69% 煤焦油，混合黏结剂软化点可达冷捣糊对其软化点的要求范围，因此冷捣糊适宜的混合黏结剂的配比为：煤沥青：煤焦油＝（40±5）：（60±5）。

煤焦油的质量指标为：密度 1.16~1.20 g/cm³；灰分不大于 0.2%；水分不大于 0.2%；游离碳质量分数：5%~9%。

2.5.3　天然石墨

石墨是一种非金属矿物。天然的石墨大量用于电炭行业生产各种电刷、耐磨材料和石墨坩埚等。

在自然界,纯粹的天然石墨极少以单体存在,一般都以石墨生岩、石墨生麻岩、全石墨的生岩及变质岩等矿物出现。生岩石墨依结晶形态分成晶质石墨和土状石墨两类。

1. 晶质石墨

石墨晶体直径大于 1 μm 的鳞片状和块状石墨称为晶质石墨。

2. 土状石墨

土状石墨又称隐晶质或非晶质石墨,其晶体直径小于 1 μm。

2.5.4 蒽油

蒽油是煤焦油加热蒸馏到 270 至 360℃ 之间蒸发冷凝后得到的褐色黏稠液体,产量占煤焦油量的 20% 左右。蒽油与煤焦油一样,可以降低煤沥青的软化点或黏度。

蒽油对中温沥青软化点的影响作用比煤焦油大,达同一软化温度仅是煤焦油加入量的一半。冷捣糊生产用混合黏结剂的配比为煤沥青:蒽油＝(70±2):(30±2),进行混合就可达到冷捣糊对其软化点的要求。

也有在生产冷捣糊时,使用煤沥青:蒽油:煤焦油＝20:5:75 的混合黏结剂配比,其目的却是为了使黏结剂的软化点调整到适合生产要求范围之内,生产出挥发分含量适中、黏结能力强、结焦率高、质量好的冷捣糊产品。蒽油的质量指标:密度 1.1~1.15 g/cm^3;苯不溶物 0.5%;水分 1.5%;分馏成分 210℃ 以下,不大于 10%,235℃ 以下不大于 25%,360℃ 以下不大于 60%。

2.5.5 其他辅助材料

辅助材料一般包括生制品焙烧时的填充料、石墨化炉用的电阻料及保温料。辅助材料有焦粉、焦粒、石英砂等。

2.6 炭素原料的贮存

2.6.1 少灰原料和多灰原料

在铝用炭素材料生产中,为了合理选择,贮存保管和使用炭素原料,一般按杂质(无机元素)含量的多少,将原料分成少灰原料和多灰原料。石油焦、沥青焦和人造石墨碎等属于少灰原料,主要的灰分一般小于 1%;冶金焦,无烟煤和天然石墨等属于多灰原料,主要的灰分在 10% 左右。少灰产品(石墨制品、阳极糊、预焙阳极)的生产要选用少灰原料,多灰产品(阴极炭块,高炉炭块,电极糊等多灰糊和炭制品)的生产则选用多灰原料。

2.6.2 原料贮存

不论是少灰原料,还是多灰原料在贮存保管过程中应注意以下几点:
(1)炭质原料堆放场地必须是水泥地面,贮存时应方便,减少外界杂质的混入。
(2)原料贮存过程中,严禁混入灰尘、泥沙和其他杂质。
(3)炭质原料在存放期间要防止互相混入,特别是要防止多灰原料混入少灰原料内。

(4)注意对贮存的新旧原料周转使用,有些原料贮存的时间不宜过长。

(5)加强对贮存原料的质量检查,及时掌握贮存原料的质量变化情况。

对长期贮存的原料不能直接使用,因为炭质原料在长期贮存过程中质量会发生变化,外界杂质也可能混入原料中。因此,对于长期贮存的原料,经检验合格后才能投入使用,检验不合格的原料应停止使用或降级使用或搭配使用。

2.7　燃料燃烧

炭素制品的生产过程中有三次热处理过程,即煅烧、焙烧和石墨化。这些热处理的过程都需要消耗大量的热量。热量的来源有两种:一种是由燃料燃烧产生,系利用化学能转变为热能;一种是以电能为热源,系使电能转变为热能。前者资源丰富,利用方便,价格低廉;后者热利用率高,易于控制,操作条件好,利于提高产品质量,但成本较高。故炭素制品的热处理,普通煅烧、焙烧使用燃料加热,而需要提高材料导电性、抗化学反应性等物理化学性能的高温石墨化过程则使用电加热。燃料的燃烧过程对炭素的生产影响较大,了解、掌握燃料燃烧是炭素生产的基本要求。

2.7.1　燃料

1.燃料的分类

燃料的定义:凡燃烧时能放出大量的热,该热量能经济而有效地用于现代工农业生产或日常生活的所有物质,统称燃料。常见的木柴、煤、焦炭、重油、煤气等物质都是燃料。

炭素生产所使用的燃料,一般应具备如下条件:

(1)燃烧所放出的热量必须满足生产工艺要求;

(2)便于控制和调节燃烧过程;

(3)成本低,使用方便;

(4)燃烧产物必须对人、植物、厂房、设备等无害。

燃料的种类很多,按物态可分为固体燃料、液体燃料和气体燃料三类。按来源又分为天然产品和加工产品两种。工业用燃料分类见表2-4。

表 2-4　工业用燃料的分类

燃料的物态	天然产品	加工产品
固体燃料	木柴、煤、油页岩等	木炭、焦炭、粉煤
液体燃料	石油	焦油、重油、柴油、煤油、汽油等
气体燃料	天然气	高炉煤气、焦炉煤气、发生炉煤气等

炭素焙烧生产是燃料的巨大消耗工序。一般多使用重油或天然气作为燃料。我们必须熟悉这些燃料的性质,合理组织燃烧过程,以降低燃料消耗量。

2.常见燃料的特性

常用燃料的特性主要包括以下两个方面:

第一，燃料的化学组成。必须分清哪些组成物是发热的，哪些组成物是有害的。

第二，燃料的发热能力。这是评价燃料质量的重要指标。

固体和液体燃料虽然物理状态、化学分子结构不同，但它们的化学成分都相同，都是由碳、氢、氧、氮、硫五种元素组成。此外，固体和液体燃料中还含有水分和一些矿物杂质（通常统称灰分）。上述七种物质就是固体和液体燃料的化学组成。其中碳与氢燃烧并大量放热；硫虽能燃烧放热，但生成 SO_2 有害；氮、氧、灰分、水分则都不能放热。

碳[C]是固体、液体和气体燃料的主要成分，常以其含量来评价燃料的质量。在固体燃料中碳的质量分数在 50%~90% 之间，在液体燃料中碳质量分数一般在 85% 以上。碳的发热值为 $339.1×10^2$ kJ/kg。碳完全燃烧生成 CO_2，氧气不足时则不完全燃烧生成 CO。氧气充足碳完全燃烧，所放出的热量多。因此不需要 CO 气氛（即还原性气氛）的情况下，应避免碳的不完全燃烧。

氢[H]是固体和液体燃料的第二主要成分。在燃料中有两种存在形式：一种叫可燃氢，燃烧时能大量放热，另一种叫化合氢与氧结合为水，不能燃烧放热。单位质量的氢燃烧时所放出的热量，比单位质量的碳多几倍，其发热值为 $1431.95×10^2$ kJ/kg。但氢在固、液体燃料中的含量少，故所起作用仍次于碳。氢燃烧生成水，水呈蒸气状态。

氮[N]不参加燃烧反应，不能放热，是燃料中的惰性物质。氮存在时相对降低了碳、氢等可燃物的含量，但因含量少，通常只有 1%~2%，故危害不大。燃料燃烧后氮仍以本身形态进入废气。

氧[O]是固、液体燃料中的有害组成物，它不能燃烧，也不能助燃。因为它已和燃料中的碳、氢等可燃物形成 H_2O、CO 等氧化物，使这部分可燃物不能燃烧放热，从而降低了燃料的发热能力。所以含氧量高是燃料局部氧化的标志，也是质量低劣的标志，故燃料中的含氧量愈少愈好。

硫[S]是有害组成物，在燃料中有三种存在形式：①有机硫；②黄铁矿硫；③硫酸盐硫。前两种硫能燃烧放热，计算中把它们当作自由存在的硫，并统称挥发硫。最后一种硫不能燃烧，它以各种硫酸盐的形式存在于燃料中。硫燃烧生成 SO_2 气体，SO_2 在一定条件下能生成硫酸根，对设备有腐蚀作用；SO_2 是有毒气体，超过一定浓度，对人的身体健康有影响，对动植物生长也有影响。含硫燃料在炭素生产时，会影响产品质量。因此，固体、液体燃料中的含硫量应受到限制，一般不允许大于 0.5%。

水分[H_2O]是有害组成物，本身不能放热，还要吸收大量热。水分含量高，相对降低了其他可燃物的含量，也就是降低燃料的发热能力。液体燃料中水分含量较少，一般在 2% 以下。固体燃料水分含量较高，其存在形式主要是机械附着在燃料块的表面或因毛细作用吸附于燃料的内部，也有极少量的水分存在于矿物杂质的结晶水中（如 $CaSO_4 \cdot 2H_2O$）。

灰分[A]是最有害的组成物。燃料中的灰分就是一些不能燃烧的矿物杂质，如 SiO_2、Al_2O_3、CaO、Fe_2O_3 等。灰分多，相对降低了其他可燃物的含量；灰分本身升温及分解要消耗热量；灰渣中不可避免地夹杂有未燃烧的燃料，造成机械性不完全燃烧损失；灰分多，燃烧过程不易控制，所以选用燃料时必须考虑灰分的含量不要过高。

固体和液体燃料的成分表示方法有四种：

第一供用成分或应用基：指实际使用的固体燃料或液体燃料的组成，它包括上述七种成分。以 $C_用$、$H_用$、$O_用$、$N_用$、$S_用$ 等符号分别代表供用燃料中各元素成分的质量分数。以 $A_用$ 及

$W_用$代表供用燃料中灰分及水分的百分含量。即：

$$C_用 + H_用 + O_用 + N_用 + S_用 + A_用 + W_用 = 100\%$$

$C_用$、$H_用$、$O_用$、…为实用燃料中各成分的百分含量，简称供用成分或供用质。固体和液体燃料中各成分的百分含量是质量分数。供用成分则是进行燃烧计算的依据。

第二干燥成分：为了排除水分的干扰，有时用干燥燃料的成分来说明各成分的百分含量亦称干燥基，即：

$$C_干 + H_干 + O_干 + N_干 + S_干 + A_干 = 100\%$$

第三可燃成分：不考虑水分和灰分，而把 C、H、O、N、S 五种成分的总和设为 100%，合成燃料的可燃成分或可燃质。O 和 N 本来是不能燃烧的，但它们和 C、H 等可燃成分结合在一起，故也放在可燃成分的范围内。即：

$$C_燃 + H_燃 + O_燃 + N_燃 + S_燃 = 100\%$$

第四有机成分为 C、H、O、N 四种元素，通常称为燃料的有机成分或有机质，即：

$$C_机 + H_机 + O_机 + N_机 = 100\%$$

在固体、液体燃料中，同一种成分（例如碳）可以用上述四种成分表示其百分含量。成分的绝对质量虽然不变，但表示方法不同，它们的百分含量显然不同。

3. 燃料的发热量

燃料发热量的高低是衡量燃料价值的重要指标。

（1）发热量的概念

发热量的定义为单位质量或单位体积的燃料在完全燃烧情况下所能放出热量。

对固体、液体燃料而言，发热量的单位是 kJ/kg，对气体燃料而言则以 kJ/Nm³ 表示。燃料的发热量只取决于燃料内部的化学组成，不取决于外部的燃烧条件。

燃料中含有水和氢，氢燃烧后生成水，燃料燃烧后该两部分水均进入废气，由于废气中水的存在状态不同，放出的热量不一样。如果废气中的水均冷却成 0℃ 的液态水，则放出的热量多，称之为燃料的高位热值（$Q_高$）。如果冷却至 20℃ 的水蒸气，则放出的热量少，叫做燃料的低位热值（$Q_低$）。在冶金和炭素生产的实际条件下，由于温度高，水蒸气不会冷却为水，故一般都使用低位热值。固液体燃料的高、低发热量可用下式换算：

因为 1 kg 燃料可生成的水量为：$M_水 = \left(\dfrac{W}{100} + \dfrac{H}{100} \times \dfrac{18}{2} \right)$

20℃ 时 1 kg 水蒸气的热含约为 2500 kJ/kg，所以：

$$Q_高 = 2500M + Q_低 \quad (kJ/kg)$$

整理得：

$$Q_高 = 25(W_用 + 9H_用) + Q_低 \quad (kJ/kg)$$

（2）发热量计算式

计算原理是根据燃料中各可燃成分的燃烧热，乘以相应成分的百分数，加起来就等于整个燃料的发热量。

固体、液体燃料的热值常采用氧弹量热计来测量，亦可用下列经验公式计算低位热值：

$$Q_低 = 339C_用 + 1030H_用 - 109(O_用 - S_用) - 25W_用 \quad (kJ/kg)$$

从发热量计算式可以看出，燃料的发热量取决于燃料中可燃成分的含量及各种不同可燃成分的比例。燃料发热量的大小影响燃料的燃烧温度。欲提高燃烧温度，其措施之一就是提高燃烧的发热量。

表2-5、表2-6列出了我国部分固体燃料煤和燃油的组成分析及低位热值。

表2-5 我国部分燃料油的组成分析值及低位热值

种类	产地	组成分析值 w/%							Q_D /(kJ·kg^{-1})
		C	H	O	N	S	A	W	
原油	大庆	85.98	12.59	0.84	0.39	0.14	0.06	1.0	41860
原油	胜利	85.21	12.36	1.06	0.24	0.90	0.03	0.2	41720
重油	大庆	86.47	12.74	0.29	0.28	0.21	0.01	0.2	42290
重油	胜利	85.97	11.67	0.62	0.34	1.06	0.04	0.3	40480

表2-6 我国部分固体燃料煤的组成分析值及低位热值

种类	产地	工业分析 w/%			元素分析 w/%					Q_D /(kJ·kg^{-1})
		W	A	V	C	H	O	N	S	
无烟煤	阳泉	2.44	16.61	9.54	89.97	4.36	4.37	1.02	0.38	27790
无烟煤	焦作	4.32	20.00	5.62	92.38	2.87	3.32	1.05	0.38	25120
瘦烟煤	铜川	2.32	17.18	15.56	84.23	3.30	5.51	1.13	5.83	28450
弱烟煤	大同	2.28	4.69	29.59	83.38	5.24	10.21	0.64	0.53	29690
气烟煤	淮南	4.60	18.6	35.10	84.47	6.24	1.42	6.50	1.37	24970
气烟煤	抚顺	3.50	7.89	44.46	80.30	6.10	11.6	1.40	0.6	27810
肥烟煤	开滦	5.00	–	32.00	–	–	–	–	1.73	23350
褐煤	扎赉诺尔	19.17	7.67	48.69	65.61	7.11	24.62	1.56	0.26	19850

注：数据来源：《硅酸盐工业热工过程及设备》，中国建筑工业出版社，1985：79。

4.常用燃料的性质

(1)气体燃料

气体燃料具有以下优点：①易与空气混合，即用较少的过量空气，就可保证充分燃烧；②易于预热，从而可以提高燃烧温度(如煤气)；③燃烧过程易于控制，即炉内温度、压力、气氛等都比较容易调节；④输送方便，劳动强度小，燃烧时干净，有利于改善环境。

通常使用的天然气、高炉煤气和焦炉煤气等，成本低，比较经济。

天然气的主要成分为 CH_4 和 C_nH_m，按其成分可分为两类，一类为"贫气"，即气井天然气，其成分主要是 CH_4，另一类为"富气"，是天然气与石油同时产出，又叫油井伴生气，其成分除 CH_4 外还含有重碳氢化合物 C_nH_m，如 C_2H_6、C_3H_8、C_4H_{10} 等。天然气发热量高，是一种优质燃料。

(2)液体燃料

液体燃料包括汽油、煤油、柴油、重油等。工业上最常用的燃料油是重油，它是将原油进行常压蒸馏加工，提炼出汽油、煤油、柴油等轻质油之后剩余的残渣，称为直馏重油。为了生产更多的轻质油，还可将原油常压蒸馏后残余物(即重油)再减压分蒸馏，这样得到的残余物为减压油渣。减压分馏后还可再进行裂化，生成裂化煤油和裂化汽油等，残余物称为裂化渣油，或裂化重油。广义来讲，凡是原油加工后剩下的各种渣油都称为重油，其中常压渣油可直接作为炉用燃料使用，而减压渣油含沥青较多，黏度太大，使用时需配上部分柴油稀释后使用，裂化重油更难作为燃料直接使用。

液体燃料有如下的特点：①可燃物多，灰分和水分少，发热量高；②燃烧火焰的辐射力强，燃烧温度高；③燃烧操作方便，控制调节比较容易。

对重油的质量评价，除化学成分和发热量外，还要考虑对其使用有影响的下列性能。

a)黏度：黏度是评价重油流动性的重要指标，记为"E"，它是用恩氏黏度量度的，即恩格拉黏度计测出的黏度，在温度 $t℃$ 的重油的恩氏黏度 E_t 为：

$$E_t = \frac{t℃ 时 200\ mL\ 试样油的流出时间}{20℃ 200\ mL\ 蒸馏水的流出时间}$$

重油的黏度取决于其牌号和温度，牌号数值大的，黏度大。同一种牌号的重油，温度高则黏度小。

为了要保证一定的黏度便于输送或雾化，要将重油用蒸气预热，一般先在油罐内预热到 $60\sim80℃$ ，在喷嘴前则保持 110 至 130℃ 之间，油预热器内的加热蒸气温度为 $140\sim150℃$ ，若温度过高则会引起油的裂解而在加热管表面析出炭，影响传热。

b)闪点、燃点、着火点、凝固点：这是评价重油使用安全性的重要指标。

闪点　就是当重油加热时，在油的表面将出现油蒸气，油温越高，油蒸气越多，在油表面附近的油蒸气，遇火焰会发生闪火现象，这时的油温称为油的闪点。

燃点　如果油温超过闪点，使油的蒸发速度加快，不熄灭，而是继续燃烧，这时的油温叫燃点。二者的区别是，闪点时，只是一瞬间的闪火，立即熄灭；而燃点时，燃烧会继续下去。

着火点　继续提高油温，则油的表面油蒸气会自行燃烧，这种现象叫"自燃"，这时的油温叫着火点。

闪点、燃点和着火点数值，在生产上和安全上很有用，如油的储存温度应低于闪点，以免引起火灾，而燃烧室的温度则不宜低于油的着火温度，否则会燃烧不完全或熄火。

凝固点　重油开始凝固的温度，是输送和储存时必须考虑的，与重油中的含蜡量和含水量有关。含蜡量和含水量多，凝固点就愈高。

(3)固体燃料

a)煤。炭素工业上应用最多的是无烟煤和烟煤。煤的成分很复杂，要进行元素分析比较困难。故工业上普遍采用工业分析法，即将煤分成四个组成物：挥发物(挥发分)、固定碳、灰分及水分。

挥发分　煤是复杂的有机化合物，加热到一定温度就会分解放出气体，这些加热分解出来的气体，通常称为挥发分或挥发物。根据煤的工业分析国家标准，煤在隔离空气的条件下，加热到850℃时，分解出来的气体百分量，作为挥发分含量。

挥发分的化学成分仍然是复杂的，主要是 H_2 以及 CH_4、C_2H_4……等各种碳氢化合物气体的混合物。这些气体都是可燃的，而且发热能力高。挥发分高的煤燃烧时速度快、温度高、火焰长。石油焦的罐式炉煅烧和回转窑煅烧的部分热量都是利用石油焦本身的挥发分进行加热实现的。

固定碳 煤分解出挥发分以后，残留下来的固体可燃物(不包括灰分)。固定碳的主要成分是 C，但不是纯 C，还残留有少量其他元素如 H、O、N 等。固定碳是可以燃烧的，它在煤里的含量一般超过挥发分的含量。所以它是煤中的重要发热成分。也是衡量煤使用特性的指标之一。

灰分 煤完全燃烧以后，残留下来的固体矿物灰渣称灰分。其对燃烧所带来的影响前已说明。

水分 主要是指其中的附着水，指在 105~110℃ 可挥发掉的水分。

b)粉煤(煤粉)将块煤或碎煤磨至 0.05~0.07 mm 的粒度的煤面称粉煤。粉煤能在较小的空气过剩系数下完全燃烧，能使用预热空气，所以燃烧时就能得到较高的温度。粉煤因表面积很大，吸附空气的能力很强，有流动性，一般使用空气输送。空气中悬浮一定浓度的煤粉时极易发生爆炸，故使用煤粉应注意安全。

2.7.2 燃料燃烧

1. 燃烧的几个基本概念

(1)燃烧

燃烧实质上是燃料的可燃物与空气的快速氧化反应过程，其间产生大量的热并伴随有强烈的发光现象。要使燃烧稳定进行，其必不可少的条件是：连续不断地供给足够的空气，使其中的氧与燃料接触良好；燃料必须加热到一定温度，氧化反应才能自动加速进行。

(2)完全燃烧与不完全燃烧

燃料中的可燃物全部与氧发生充分的化学反应，完全生成不能燃烧的产物 CO_2、H_2O、SO_2 等的过程叫完全燃烧。若仅只是部分可燃物发生了热化学反应，剩余物中仍有可以燃烧的成分，则称为不完全燃烧。

燃料的不完全燃烧存在两种情况：

化学性不完全燃烧 燃烧时燃料中的可燃物质没有得到足够的氧，或者与氧接触不良，因而燃烧产物中还有一部分能燃烧的可燃物 H_2、CO 等被排走，这种现象叫化学不完全燃烧。

燃烧产物中的一部分 CO_2 和 H_2O，在 1600℃ 以上时热分解显著进行，增加了燃烧产物中可燃物的含量，亦会造成不可避免的化学性不完全燃烧。

$$2CO_2 == 2CO + O_2$$

机械性不完全燃烧 指燃料中的可燃物未参加燃烧反应就损失掉的部分。

(3)空气过剩系数

燃料中可燃物燃烧时，根据化学反应计算出来需要的空气量，叫理论空气需要量，以 L_0 表示。为了保证燃料燃烧完全，实际供给燃烧的空气量均大于理论空气需要量，实际供给空气量以 L_n 表示。实际空气量与理论空气需要量的比值叫空气过剩系数，以 n 表示，即

$$n = \frac{L_n}{L_0} \text{ 或 } L_n = n \cdot L_0$$

$n > 1$ 时，说明燃烧所供给的空气量比化学反应需要得多，过量的这部分空气，燃烧后进入燃烧产物，增大了燃烧产物的体积，降低了炉温，所以 n 值过大不好。原则上应当是在保

证燃料完全燃烧的基础上使空气过剩系数越小越好。

空气过剩系数的大小与燃料种类、燃烧方法以及燃烧装置的结构特点有关。一般来说，液体燃料 $n=1.15\sim1.25$；块状固体燃料 $n=1.3\sim1.7$；烧煤粉 $n=1.1\sim1.3$；气体燃料 $n=1.05\sim1.15$。

2. 燃料燃烧的过程

燃料的燃烧实际上都可归纳为可燃气体或固态炭的燃烧过程。现分别叙述。

(1) 气体燃料燃烧

气体燃料的燃烧，包括三个阶段：气体与空气的混合、混合后可燃气体的加热着火和充分燃烧以完成燃烧反应。其中，混合过程远较着火、燃烧过程缓慢。因此，混合过程是气体燃烧的重点过程，混合速度和混合完全程度对燃烧和燃烧完全程度起决定作用，稳定的着火源的存在是保证稳定燃烧的必要条件。

a) 气体混合　只有当可燃气体与氧气充分混合时，才能充分燃烧，混合的速度也影响燃烧的速度和火焰的长度。影响混合的因素有：

燃气与空气的流动方式　如煤气喷到静止的空气中，煤气与空气平行流动；两种气体流动方向有夹角；或两种气体均呈旋转运动。平行射流的混合速度最慢而火焰最长。两气体交角越大，混合越好，旋转气流可加强混合，因为这样旋转运动，在相同的路程中其流线长得多，能相互扩散，混合作用时间也长。由于旋转使湍动程度加强，故混合效果好。

气体流动对混合的影响　在层流流动时，仅靠扩散作用混合几乎不受流速影响，但当气流为湍流流动时，混合作用加强。煤气与空气流速之差对混合有较大影响，故希望煤气与空气的速度差大一些好。已知，提高周围射流速度，可以加速中心线上的混合。反之，加速中心射流速度，则可以加速周围的混合。如以煤气为中心射流，空气为周围射流，在流量不变条件下，加速空气流速，可在煤气射流中尽快混合，使空气的浓度达到燃烧反应的需要，即燃烧加快，火焰缩短。

气流直径的影响　气流直径越大，混合速度越慢，火焰越长。中心射流喷口直径越小，射流中心线上的混合越快。这是因为周围射流质点达到射流中心所要穿过的路程减小，这就有利于提高混合速度。在实际的煤气烧嘴中采用这种措施，提高混合速度是最有效的，如采用多喷口、细流股、扁流股的烧嘴，均可促进煤气与空气的混合。

煤气发热量越大，在其他条件相同时，所需空气量越多，混合时间越长。

增大空气消耗系数能使混合加快，火焰缩短；反之则混合变慢火焰拉长。

b) 煤气和空气混合物的加热和着火。煤气和空气混合物，被加热到一定温度才能进行燃烧反应，这个温度称为着火温度，即反应物自动加速反应达到着火状态所需要的最低温度。有两种着火机理，一种是把容器内全部气体的温度同时加热到着火温度，这样的过程叫自燃着火(煤气的自燃爆炸属于这种过程)。另一种是先用一小的火源如火焰、电火花等将可燃混合气局部加热到着火温度，然后引起其他部分着火，这种过程叫强迫着火过程，炉内燃烧属于这种着火过程。各种可燃气体着火温度如表 2-8 所示。一般工业混合气体着火温度为 $500\sim600℃$，CO 和 H_2 含量多的高炉煤气、发生炉煤气和焦炉煤气的着火温度偏下限，天然气着火温度偏上限。

压力对燃烧反应的影响　在压力低于一定值时，由于气体过稀，便不能着火。这个压力称为"压力极限"，一般气体的压力极限都很低(不高于0.1绝对大气压)。在一定压力下，可燃气体的浓度过大或过小,都会由于反应放热速度太慢而不着火,所以还有一个浓度极限,浓度极限也列于表2-7中。

为了实现着火过程,应将可燃物加热到着火温度,并将可燃混合物浓度控制在着火极限浓度之内,这些数据和常识对防火、防爆等安全技术有重要意义。如为了防止爆炸,煤气输送管道和储存设备等远离火源,停炉后和开炉之前必须用蒸气把管道中的残余气体赶尽。点火时,如第一次失败则必须将可燃气体排净,再进行下一次点火,否则都可能会发生爆炸。

表 2-7　常温常压条件下燃气空气混合物的着火温度和着火温度极限

气体名称	着火温度/℃		着火浓度极限/%	
	最低	最高	下限	上限
氢气(H_2)	550	609	4.0~9.5	65.0~75.0
一氧化碳(CO)	630	672	12.0~15.6	70.9~75.0
甲烷(CH_4)	800	850	4.9~6.3	11.9~15.4
乙烷(C_2H_6)	540	594	3.1	12.5
丙烷(C_3H_8)	525	588	2.4	9.5
丁烷(C_4H_{10})	490	569	1.8	8.4
乙烯(C_2H_4)	540	550	3.0	28.6
乙炔(C_2H_2)	335	500	2.5	80.0
焦炉煤气	550	850	5.6~5.8	28.0~30.8
发生炉煤气	700	800	—	—
天然气	750	850	5.1~5.8	12.1~13.9
高炉煤气	700	800	35.0~40.0	56.0~73.5

c) 实现正常燃烧。在炉内点火后的可燃混合气体开始激烈的氧化燃烧反应,放出大量的热并放光,且燃烧可继续进行,使炉内保持稳定的火焰,即为正常燃烧。

d) 火焰的传播。火焰从点火的局部燃烧反应放出大量的热,又将其周围的燃料加热、点火,如此逐渐推进,这叫火焰的传播。火焰的传播可通过以下实验说明:在水平放置的玻璃管中充满混合均匀的可燃气,在管子的一端装有电热点火器,点燃后的火焰和界面大气形成一个火焰平面,称为火焰前沿。它将反应放出的热传给邻近的混合气体,使其加热,并开始燃烧,可以看到火焰随可燃气体的传播向前沿继续移动,这就是火焰传播的过程。

在上述实验中可燃气体流速设为 w,火焰传播速度设为 u,其方向与 w 相反,则有:

当 $|w| = |u|$ 时,火焰前沿的位置稳定不动。

当 $|w| < |u|$ 时,火焰前沿向管内移动,烧嘴中发生这种现象时称为"回火"。

当 $|w| > |u|$ 时,火焰前沿会向管口移动,而最终脱离开管口,这叫"脱火"。

影响火焰传播速度的因素有如下几个方面:导热系数大的,火焰传播速度快;过剩空气量小,火焰传播速度快;煤气预热温度高,火焰传播速度快。此外湍流流动比层流流动时传播速度要快;向外散热多则火焰传播速度变慢。

(2)气体燃料的燃烧

燃烧着的着火燃料和空气的混合气流被称为火焰,根据气体燃料与空气的混合方式不同,燃烧方法分为两类:

a)有焰燃烧(扩散燃烧)。煤气与空气在燃烧器中不预先混合,或只有部分混合,在离开烧嘴进入炉内以后,在炉内靠气流的扩散作用而边混合边燃烧,混合和燃烧同时进行,形成一个火焰,且火焰较长。这种燃烧的燃烧速度受到混合速度的限制,其过程受扩散影响较大,是由物理因素决定的。有部分碳氢化合物在炉膛内不能立即与空气混合和燃烧,在高温下受热裂化,析出微小炭粒。此种炭粒具有较强的辐射能力和反射能力,具有可见光辐射,出现明亮的火焰,故称为有焰燃烧。在烧嘴内,燃气与空气完全不混合,火焰较长的为长焰燃烧;只有部分混合、喷出后进一步与二次空气混合燃烧的称为短焰燃烧。

有焰燃烧具有下列特点:

①烟火黑度大,辐射能力强,沿火焰长度方向温度分布均匀;②要求的煤气压力低,$(50 \sim 300\ mmH_2O^*)$ 即可,对煤气中含尘、含焦油量要求不严格,可以使用未清洗的发生炉煤气;③不易发生回火,故预热温度不受限制,有利于回收废热节约燃料;④混合较差,因而燃烧强度低,需要较大的燃烧空间和较大的空气消耗系数(1.1~1.25)才能燃烧完全,理论上燃烧温度低,但温度分布均匀;⑤空气管道、风机等系统较为复杂。当风机临时故障时煤气有倒流入空气管道的可能。

有焰燃烧时,由于气体的流动,在炉内形成一个有一定外形的火炬,称为火焰(如图 2-5)。火焰中分成几个区域,中心为煤气,最外层为空气。煤气与空气混合达到一定比例后,形成燃烧带 3,燃烧后的产物向两外侧扩散。在 5 中不含有空气,在 4 中不含有煤气。

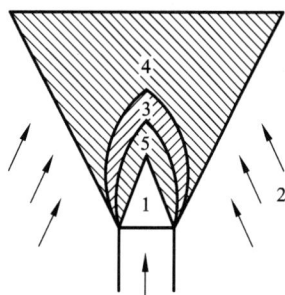

图 2-5　层流火焰的结构
1—煤气;2—空气;3—燃烧带;
4—燃烧产物和空气的混合物;
5—燃烧产物和煤气的混合物

火焰长度常常关系到炉膛的设计尺寸及温度的分布。影响火焰长度有以下几方面的因素。

(a)煤气喷出速度。在湍流情况下,如喷嘴直径不变,则喷出速度增加时,火焰长度无大变化。因为速度增加,湍流扩散增加,混合加快,火焰会缩短。但由于流量增加,完成混合所需距离也拉长,两种因素作用的结果,火焰长度变化不大。

(b)煤气喷嘴直径越小,火焰越短。火焰长度基本上和喷口直径成正比。

(c)空气喷出速度越大,火焰越短。

(d)空气、煤气的预热温度。预热的气体得到火焰会短些。若预热后,空气和煤气的速度差别大,则混合加快,火焰缩短;若预热后速度差变小,则火焰变长。

(e)空气与煤气成一交角,或使空气旋转,或在流股进程中放置障碍物,都能促进混合,火焰缩短。

b)无焰燃烧

煤气和空气进入炉膛之前进行了充分混合,则燃烧速度极快。整个燃烧过程在烧嘴砖内

* 1 mmH$_2$O = 9.806 Pa(下同)。

即可结束, 火焰短而透明, 甚至看不到火焰, 称为"无焰燃烧"。这样的燃烧过程主要取决于化学动力学因素, 其特点是:

(a)燃烧速度快。碳氢化合物尚来不及分解, 火焰中的游离炭粒较少, 火焰短而透明, 黑度小, 辐射能力弱, 不易控制, 高温区集中在烧嘴附近。

(b)要求煤气压力为 500~3000 mm H_2O, 要求使用清洁净化的煤气。

(c)预热温度不可高于着火温度, 否则会发生"回火"现象。空气可预热到 500℃, 煤气可预热到 300℃。

(d)因混合好, 燃烧速度快, 燃烧空间热强度高(指 1 m^3 燃烧空间 1 h 内发出的热量), 比有焰燃烧时大 100~1000 倍, 故可用较小的空气消耗系数, $n=1.02~1.05$ 就可完全燃烧。

(e)为了防止回火和防止爆炸, 每个烧嘴的能力不能过大。

(f)无焰燃烧是靠煤气喷射自然风实现的, 可省掉一套鼓风送风设备及管线。

(3)液体燃料的燃烧

常用的液体燃料主要是重油, 虽也有少数采用柴油或焦油的, 其燃烧原理与重油相同, 故以重油为例, 叙述液体燃料的燃烧。重油的可燃物主要是由碳氢化合物组成, 其燃烧过程比较复杂, 可分为以下几个阶段:

a)雾化阶段

重油如果直接燃烧, 由于与空气的接触面小, 燃烧速度太慢, 燃烧温度低, 不完全燃烧损失较大。工业上燃烧重油的方法是先将重油雾化成很细的油雾, 大大增加了与氧气的接触面积。1 kg 未经雾化的重油表面积大约只有 0.065 m^2, 如果雾化成直径 0.04 mm 的油滴, 表面积可增加到 175 m^2, 即增大 2500 倍以上。雾化方法有机械雾化和蒸气雾化两种。

(a)燃料油。我国常用的重油是减压渣油, 有时也掺一些常压渣油, 使用重油的油温、油压、油质对雾化都有影响。

油温　常温下重油为固态, 需加热后使其保持液态, 并使其黏度为 5-15E, 各种牌号的重油要加热到不同温度使用, 见表 2-8。

表 2-8　各种牌号重油的加热温度

重油牌号	20 号	60 号	100 号	200 号
加热温度/℃	65~80	80~100	90~105	100~115

油压　喷出时要求有一定的喷出速度, 故应使油具有足够的压力。采用气体雾化时, 油压不宜太高, 低压喷嘴油压高时, 油的流速太快, 雾化剂来不及充分作用, 得不到良好的雾化, 应在 1 atm* 下。

油质　不同产地的重油中都含有不同的机械杂质, 使用前要用过滤器, 以滤出其中机械杂质, 提高雾化效果。

(b)雾化剂。重油一般使用空气或蒸气作为雾化剂, 蒸气雾化质量优于空气雾化, 但吸水作用敏感的炉子不宜用蒸气雾化。雾化剂喷出速度越大雾化质量越好, 故雾化剂要有较高

―――――――――――――

* 1 atm = 101325 Pa。

的压力。

（c）喷嘴结构的影响。如雾化剂出口断面、油出口断面、雾化剂与油流股的交角、雾化剂的旋转角度、雾化剂与油相遇的位置、雾化剂或油的出口孔数、孔的形状、孔之间的相对位置等因素，这些因素都影响雾化剂对油射流单位表面上的作用力的大小、作用面积和作用时间，从而影响到雾滴的平均直径和油雾的张角以及流股断面上的油滴分布。

b）油雾与空气的混合阶段

油被雾化后，还要与大量的空气充分混合才能很好燃烧。这种雾化混合比起可燃气与空气的混合要难。这是两股射流的混合，影响因素与规律亦与煤气空气混合射流相同。油雾化质量对混合有明显影响，只有雾化很细，喷出断面上分布均匀才可能与空气混合均匀。雾化与混合过程是紧密联系的，也是同时进行的。

重油雾化以后与空气的均匀混合是燃烧的重要条件。但混合好坏，首先决定于重油的雾化，雾化越细，则油雾与空气混合越好，接触面越大。

c）预热阶段

重油必须预热到着火温度，才能进行燃烧反应。在预热阶段，部分碳氢化合物会变成气体从重油中蒸发出来，还可能发生碳氢化合物的分解现象。预热是依靠燃烧反应的余热以及高温炉壁的传热作用而实现的。预热的快慢，也与雾化程度有关，雾化后的油滴越细，则预热到着火温度的速度越快。

d）燃烧反应阶段

重油燃烧反应比较复杂，有以下两种可能的倾向：

当雾化程度较低、与空气混合充分的条件下，重油的可燃成分（碳氢化合物）很快进行燃烧反应，最终燃烧产物为 CO_2 及 H_2O。但当雾化不细，与空气接触面小的情况下，重油不能顺利地进行燃烧反应，碳氢化合物在高温下发生热裂解，分裂出油烟状微粒炭（炭黑）。在极端情况下，重油燃烧时往往出现黑烟，这就是分裂出炭黑的表现。炭黑是固体，着火及燃烧反应速度均较慢，往往造成燃烧不完全。因此，应尽力避免这种倾向。

在正常燃烧情况下，上述四个阶段是连续、自动、而且几乎是同时进行的。重油燃烧的好坏主要取决于雾化程度的好坏。雾化越好，油滴越细，表面积越大，加热越快，氧较易渗入，燃烧速度快，即便形成炭黑，其颗粒也很细小，细粒炭不仅能很快燃烧，并且还增加了火焰的辐射能力。

（4）固体燃料的燃烧

有的炭素制品的焙烧或焙烧用煤气的发生，是以煤炭为燃料的，如倒焰式焙烧炉、隧道式焙烧炉、煤气发生炉等。

固体燃料的燃烧过程一般可分为准备、燃烧和燃烬三个阶段。固体燃料受热后，其中所含水分首先气化，温度110℃左右，干燥后的固体燃料温度继续上升，便开始分解，放出挥发物，这一过程称为干馏，无烟煤约在400℃开始放出挥发物。干燥、预热、干馏为固体燃料的准备阶段。准备阶段属吸热过程，亦不需要空气。固体燃料加热到一定的温度便开始燃烧着火，着火温度与燃料挥发分的含量有关，挥发分多的燃料着火温度越低。如褐煤为550~600℃，烟煤为750~800℃，无烟煤为900~950℃。固体燃料燃烧的时间较长，要使燃烧迅速、完全，必须保持较高的温度条件、供给充足的空气，并使空气和燃料很好接触混合。固体燃料将烧完时会在外壳形成一层灰渣，从而放慢燃烧速度，为达到完全燃烧仍需保持较高的温度, 并给予一定的时间。固体燃料的灰渣形成阶段称作燃烬阶段, 这是固体燃料所特有的燃烧阶段。

固体燃料的使用有块煤燃烧和粉煤燃烧两种情况。

a) 块煤的燃烧

块煤的层状燃烧法是一种最简单最普通的燃烧方法。它是使煤炭在自身重力的作用下堆积成松散的料层, 而助燃用的空气则由下而上穿过煤块之间的缝隙并和煤进行燃烧反应。这种燃烧方法的主要优点是设备简单和燃烧稳定。它的缺点是对煤炭质量要求较高, 燃烧强度不能太大, 加煤和清渣的体力劳动比较繁重。

虽然块煤的层状燃烧法的设备简单, 建设快, 但它对煤的质量及块度有一定要求。含碎屑多, 灰分和水分高的煤, 都不适于层状燃烧。块煤燃烧时因与空气接触面积小, 故燃烧速度慢, 燃烧温度低, 且燃烧极不易完全。层状燃烧的燃烧过程也不易控制, 劳动强度大, 条件差。

为了克服层状燃烧的缺点, 在实际生产中多采用粉煤燃烧法。

b) 粉煤的燃烧

粉煤燃烧具有以下优点: 由于粉煤颗粒细, 与空气接触面大, 燃烧速度快, 在较少的空气过剩系数($n=1.1\sim1.25$)下即可完全燃烧。因此能保证获得较高的燃烧温度; 其燃烧过程易于调节, 并可实现炉温自动控制, 而且开炉敏捷, 大大地改善了劳动强度; 粉煤火焰具有较高的辐射能力; 可以利用劣质煤和碎煤; 二次空气预热温度不受限制。表 2-9 是不同的粉煤燃烧的参数。

表 2-9 不同的粉煤燃烧一次风比例和空气过剩系数

煤种	无烟煤	贫煤	烟煤	烟煤	褐煤
挥发分/%	2~9	10~17	<30	>30	>40
一次风量/%	15~20	20~25	25~30	30~45	40~45
空气过剩系数 n	1.25	1.25	1.20	1.20	1.20

粉煤燃烧的主要缺点是粉煤燃烧后的灰分大部分落在炉膛中, 对炭素焙烧和煅烧质量有影响; 在高温下, 灰分易浸蚀炉体; 另外在粉煤的制备上也还存在着设备和操作上的一些问题而影响生产; 在采用粉煤燃烧时特别要注意安全, 当有高温热源存在时, 常易引起粉煤的爆炸; 另外粉煤在长期贮存时会发生自燃而引起爆炸。

第3章 煅 烧

煅烧是炭素制品工业生产的重要工序之一,原料煅烧质量的优劣,对焙烧成品率以及最终产品的理化指标都有很大的影响。对于铝用炭素生产,需要煅烧的原料主要是石油焦和无烟煤。

3.1 煅烧的基本理论

3.1.1 煅烧的概念

煅烧是将各种固体碳质原料(如生石油焦和无烟煤)在隔绝空气的条件下进行高温热处理的过程。原料的煅烧过程是通过煅烧炉完成的,煅烧炉的选择则是根据原料、工艺技术要求、生产规模等条件选择决定。但是决定煅烧产品质量的主要因素是煅烧温度,因此无论选择什么样的煅烧炉都必须一定的煅烧工艺温度。根据不同原料和产品煅烧温度有一定差异,通常石油焦煅烧温度必须在1200℃以上,无烟煤煅烧温度必须在1350℃以上,才能达到煅烧的目的。

3.1.2 煅烧的目的

1. 排除原料中的挥发分

生产用原料通常都含有一定数量(7%~18%)的挥发分,原料经过煅烧可排除其中的挥发分,从而提高原料的固定碳含量。在排除挥发分的同时,其理化性能指标得到提高。

2. 提高原料的密度和强度

生产用原料经过煅烧,由于挥发分的排除,体积收缩,分子结构重新排列,密度增大,强度提高,同时获得较好的热稳定性,从而避免或减少制品在焙烧时产生二次收缩。原料煅烧越充分,对产品质量越有利。随着其密度的提高,电阻率大大降低,同时也提高了石油焦的化学稳定性和抗氧化性。

3. 提高原料的导电性能

生产用原料经过煅烧后排除了挥发分同时分子结构也发生了变化,电阻率降低从而提高了原料的导电性。一般来说,原来被煅烧程度越高,煅后料的导电性越好,对产品的质量就越有利。

4. 排除原料中的水分

生产用原料一般都含有3%~10%的水分,通过煅烧排除原料中的水分,有利于破碎、筛分及磨粉等作业的顺利进行;同时提高原料对黏结剂的吸附性能,有利于产品质量的提高。生石油焦3%~18%的水分经过煅烧,使水分含量小于0.5%。

5. 提高原料的抗氧化性能

生产用原料经过煅烧,使其物理化学性质稳定。随着煅烧温度的升高,原料在高温的作用下发生热解和聚合反应,此过程中氢、氧、硫等杂质相继排出,化学活性下降,物理化学性质逐渐趋于稳定,从而提高了原料的抗氧化性能。

石油焦煅烧前后理化指标比较见表3-1。

表 3-1 石油焦煅烧前后理化指标比较

理化指标	煅烧前	煅烧后
灰分/%	0.11~0.20	0.35
真密度/$(g \cdot cm^{-3})$	1.3~1.61	2.0~2.09
体积密度/$(g \cdot cm^{-3})$	0.8~0.99	0.9~1.13
机械强度/MPa	22.9~61.40	58.3~77.8
硫分/%	0.17~1.09	0.19~1.26
挥发分/%	7~18	0.5
水分/%	3~18	0.3
收缩率/%	—	1.30~28.5
电阻率/$(\mu\Omega \cdot m)$	—	480~523

预焙阳极用煅后焦技术性能指标应符合表3-2要求。

表 3-2 煅后石油焦质量指标

指标名称	挥发分/%	灰分/%	硫分/%	水分/%	真密度/$(g \cdot cm^{-3})$	粉末电阻率/$(\Omega \cdot m)$
质量指标	<0.5	<0.5	<1.5	<0.5	2.03~2.06	<650

3.1.3 煅烧的物理、化学变化过程

原料在煅烧过程中的变化是非常复杂的,既有物理变化又有化学变化。原料在煅烧初期属低温烘干阶段,这时所发生的变化基本上是物理变化,主要是排除水分;而在挥发分的排出阶段,主要是化学变化。这时随着煅烧温度升高,原料中的芳香族类化合物不断发生分解,同时又产生缩聚过程。

1. 水分的排除

由于延迟焦化塔是用水力出焦,焦化厂用水熄焦,煤矿用水力开采和原料在运输及保管过程中增加水分等原因,使在煅烧以前,其原料的水分一般都在3%至10%之间。水分含量如此之高,不仅不利于原料的破碎和加工,而且会影响原料颗粒对黏结剂的吸附性能。

当原料在煅烧炉的温度达到1300℃时,原料中所含的水分可通过蒸发的形式基本排除干净。原料中的水分在煅烧过程中的排除,是个物理变化过程。

2. 挥发分的排除

碳质原料中,随温度的升高而排出的可燃性气体,称挥发分(也叫挥发物)。煅烧时,挥

发分的排出是通过化学变化进行的，因此又引起原料物理性质的变化。

挥发分在热的作用下，由于分解聚合，引起碳原子物理性质的变化。挥发分在热的作用下，由于分解聚合，引起碳原子结构的重排。

各种焦炭在 200~250℃ 开始排出挥发分，随着温度的逐渐升高，挥发分的排出量也逐渐提高，在 500~800℃ 范围内为最大值，也就是说，在这一温度范围内发生着显著的化学变化，是煅烧的关键阶段。在 600℃ 以内，挥发分呈油类蒸气逸出，它们是可燃的，在 700~750℃ 的范围内挥发分部分热解，在逸出的气体中已含有相当多的由碳氢化合物热解形成的氢（占气体总量的 40%~50%），随着温度的继续上升，气体排出量减少，但热解的深度增加，进一步促使结构的致密化，气体的排出到 1100℃ 基本停止，收缩也相对稳定，视焦炭原来的挥发分含量，结构和煅烧达到的最高温度而定，体积的相对收缩可达 20%。

在煅烧时，材料中的其他杂质也受热排出，首先，在低温阶段排出吸附气体如氧气、氮气、一氧化碳和二氧化碳等。在达到 450℃ 左右时，单体硫气化，在更高的温度下，硫和碳之间的化学键断开，类似噻吩的含硫化合物分解。但排硫最多的是在 1200~1500℃，硫的排出对产品质量有很大的意义，它可以提高石墨化制品的成品率，制品使用时不污染系统等。

煅烧作业一般到 1300℃ 为止，进一步提高温度（如 1400℃ 以上）材料结构还要进一步地趋于致密，但这一过程的本质和上述不同：在煅烧过程基本完成时（1250~1350℃），只是形成了平面网格，即两维空间的有序排列，在更高的温度下，由于气体和一部分杂质的进一步排除，原子热运动的加剧，平面网格将逐渐向三维空间的有序排列转化，如石油焦在 1700℃ 就已经开始了这种转化。

3. 煅烧后原料的密度和机械强度的增加

对于固体物质来说，其机械强度随着密度的增大而提高。如碳、石墨材料，碳质原料在煅烧过程中，在热的作用下，能量较小的侧链基团脱离母体，使碳的平面网格中产生许多活性较强的自由链，这些自由链在进一步的高温作用下，发生侧链与侧链之间，碳网平面与侧链之间，碳网平面与碳网平面之间的缩聚反应，使得碳网平面分子越来越大，而使原料体积发生收缩，密度增大。

由于挥发分在进行热解反应时，形成了大量的热解碳，这种热解形成碳沉积在焦炭的气孔壁和表面上，形成一层坚实的有光泽的碳膜，这层碳膜的化学稳定性很好，因此它不仅提高了原料的抗氧化性能，提供了原料的硬度，也大大提高了焦炭的致密度和机械强度。

4. 煅后料导电性的提高

煅烧后的碳质原料的导电性能的改善是排出挥发分和碳平面网格中分子结构变化的结果。它和原料中氢含量的降低是一致的。焦炭的电阻系数降低程度需视氢的排出程度而定。

焦炭中的氢不仅以碳氢化合物的形态存在于焦炭内，而且还以元素状态在碳原子的自由键上做化学吸附，因此，焦炭的电阻系数大，一直到氢排除以后，焦炭的电阻系数才能降低。

碳质原料在煅烧过程中，随着煅烧温度的升高，虽然挥发分的排出量减少，但碳质原料的热解反应进一步加深，使碳氢键断裂。因此，挥发分中氢的含量明显地增加，由于氢的大量排除，使原料的导电性提高，电阻系数下降。

随着煅烧温度的继续升高，挥发分的逸出量减少，而热解深度增加，进一步促进结构的致密变化，从而使碳素原料的真密度提高、电阻率降低，煅烧温度达到 1100℃ 时挥发分排出基本停止，收缩亦相对稳定（如图 3-1 和图 3-2），但要使被煅烧原料的物理化学性能基本趋于稳定, 还需要继续提高煅烧温度, 一般煅烧温度不低于 1300℃。

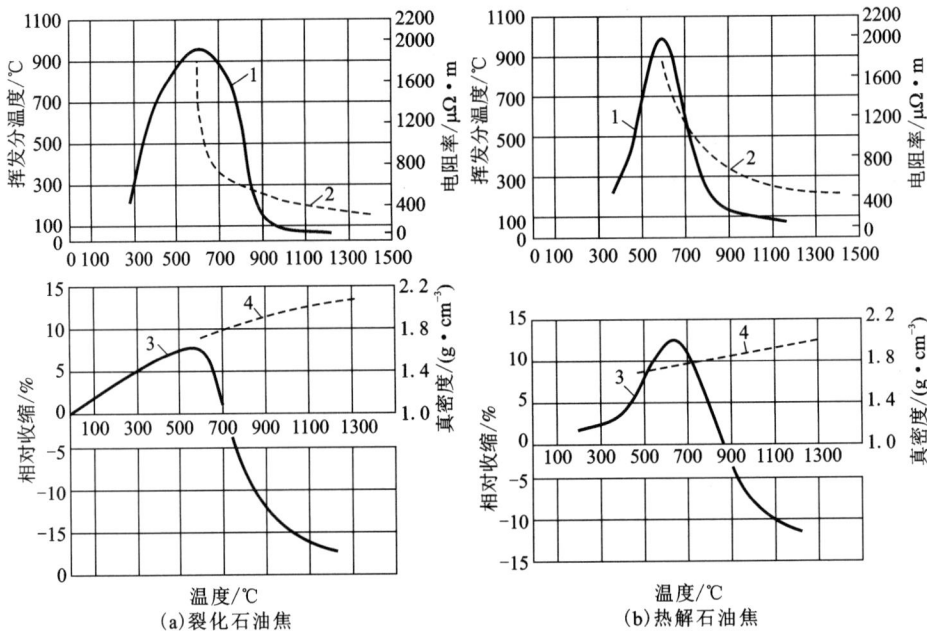

图 3-1 石油焦性质变化与煅烧温度的关系

1—挥发物逸出速率; 2—电阻率; 3—相对收缩; 4—真密度

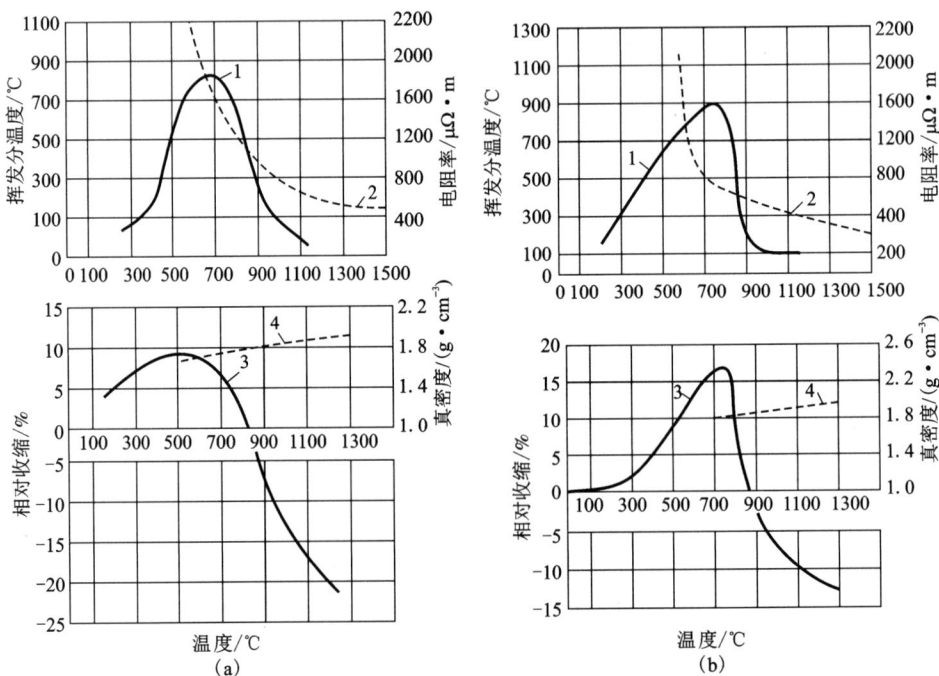

图 3-2 煅烧过程中无烟煤排出气体与煅烧温度的关系

1—挥发物逸出速率; 2—电阻率; 3—相对收缩; 4—真密度

3.2　煅烧料质量的要求

煅烧生产中将电阻率和真密度,作为控制煅烧质量的两个指标。这两个指标中,电阻率测定速度快,从试样制备到测定结束,不到一个小时就可完成,分析时间越短,不合格煅烧料进入下工序的概率越小,所以通常用电阻率这个指标,作为调整煅烧炉操作的指标。当发现电阻率指标不合格时,可立即调整煅烧炉操作,避免大量不合格料进入生产,而真密度测定时间比较长,需要一班时间,但测定结果精度高。

在制备煅烧无烟煤的真密度和电阻率试样时,应将试样中混入的煤矸石挑出来,丢弃后,再制备真密度和电阻率试样(因为煤矸石是不导电的,煤矸石的真密度和煅烧无烟煤也不同,混有煤矸石的煅烧无烟煤的电阻率或真密度如超标,有可能使合格的煅烧料误判为不合格)。但在制备煅烧无烟煤的灰分试样时,则不允许从试样中挑去煤矸石,因为这是检查煅烧料的杂质含量。用焦炉生产的沥青焦和冶金焦,在炭素厂只采取烘干的办法去除水分,不再进行煅烧处理。严格说,最好再进行煅烧,使焦炭能达到最大的收缩,但现在为了节约能源,只进行烘干处理。

煅烧料的质量指标见表3-3。

表 3-3　煅烧料的质量指标

名称	粉末电阻率/($\mu\Omega \cdot m$)	真密度/($g \cdot cm^{-3}$)
石油焦	550	2.06
沥青焦	650	2.00
无烟煤	1250	1.74

3.3　煅烧工艺及设备

炭素原料的煅烧炉有下列四种:罐式煅烧炉、回转窑、电气煅烧炉、回转床煅烧炉。

3.3.1　罐式煅烧炉

罐式煅烧炉是根据隔绝空气进行热处理的原则从煅烧罐的外部用燃料燃烧间接加热的炉子,适用于要求材料纯度高的炭素厂。

这种炉子由三个主要部分组成:炉体——罐式炉膛和加热火道;装料和排料装置;煤气管道及调控阀门,空气预热器等。

每一台炉内有2~6组炉膛,每一组有4个火道,本来每一组就可以建立一个炉,为了节省面积和投资,实际上最少由2组构成一台炉。

这种炉型较老,但却有它的优点。因此,在炭素厂的设计中仍被选用,其特点如下:

①热的利用率较高。这种炉可以利用材料煅烧时排出的挥发分,挥发分升到罐的顶部时,靠火道的自然抽力送入火道上设置的燃烧口,煅烧石油焦的挥发分的热值达1395 cal/m³ (5839.47 J/m³),几乎与发生炉煤气的热值相等。如果混合焦的煅前挥发分在5%以上,可

以停用煤气,而靠煅烧挥发分加热炉膛至规定温度(首层和二层火道温度达 1250~1380℃)这种炉的发生炉煤气单位消耗量约 600 m³/t 材料,煅烧无烟煤或冶金焦时因挥发分较少,不能停用煤气。另一方面,火道内的热气流顺道火道通至底层后其温度仍至 1000℃ 左右,这热气通过余热利用装置(陶瓷预热器)把通过预热器的助燃空气加热至 700℃ 以上。

最后废气仍有 300℃ 左右,可通至沥青沉淀池或浸渍设备作加热沥青的热源。然后由烟囱排入大气。

②受煅烧的材料间歇缓慢地通过炉膛,只有和膛壁接触的材料对炉膛耐火砖起磨损作用,所以,耐火砖磨损较少,而能保持焦炭的纯净度。

③由于本炉的炉膛是密闭的,只有排料时打开排料口一次,在非排料的情况下,不应有(或很少有)空气进入高热的炉膛,故材料的氧化损失比较小,一般在 1%~2%。

④原材料须进入炉膛至煅烧完毕,在炉膛内停留时间可以随需要控制,通过排料时间和排料量,保证煅烧质量均匀。

但是,这种炉子的炉膛要求长(炉膛长煅烧质量高),须高层厂房建筑。炉膛需经受 1200~1350℃ 的持续高温,需要优质耐火砖(如硅砖),投资大,维修工作量大,如煅烧料挥发分高,易在炉膛内结焦,造成出焦困难。

1. 顺流式罐式煅烧炉

顺流式罐式煅烧炉的炉体是由若干由耐火砖砌筑成的相同结构和垂直配置和煅烧罐所组成(见图 3-3)。每个罐体高 3~4 m,罐体内宽为 360 mm,长为 1.7~1.8 m,每四个煅烧罐为一组。根据产量需要,每台煅烧炉可配置 3~7 组。大多数罐式煅烧炉由 6 组组成,共有

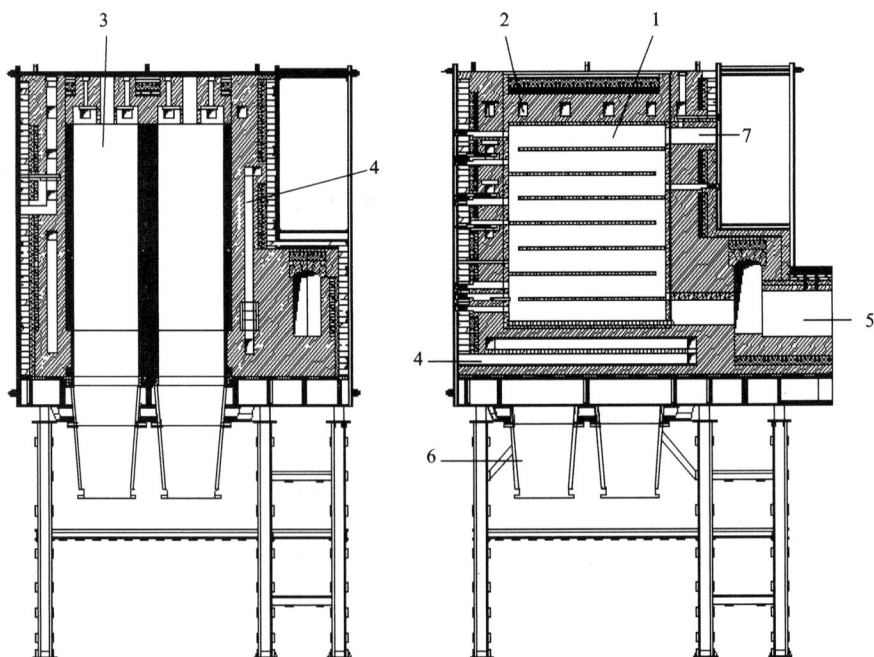

图 3-3 顺流式罐式煅烧炉结构示意图

1—火道;2—挥发分溢出口;3—料罐(共 4 个);4—预热空气道;
5—烟道(烟气出口);6—冷却水套;7—空气进口、调节孔

24 个煅烧罐。在每个煅烧罐两侧设有水平加热火道 5~8 层, 大多数为 6 层。6 个组的顺流式罐式炉的基本尺寸如下:

炉体宽度: 9600 mm; 炉体长度: 157600 mm; 炉体高度: 9990 mm; 蓄热室尺寸: 长×宽 1240 mm×970 mm。

蓄热室格子砖高度	4390 mm
相邻两蓄热室的中心距离	1200 mm
煅烧罐尺寸　　长×宽×高	1780 mm×360 mm×3400 mm
火道层数　　6	
火道宽度　　215 mm	
火道长度　　4013 mm	
每层火道高度　　479 mm	
相邻两煅烧罐的纵向中心距离(组与组)	1330 mm
相邻两煅烧罐的纵向中心距离(同一组)	1070 mm
相邻两煅烧罐的横向中心距离	2075 mm
煅烧罐两侧火道中心距离	740 mm
支承底板表面标高	5300 mm

2. 逆流式罐式煅烧炉

逆流式罐式煅烧炉的炉体结构如图 3-4 所示。

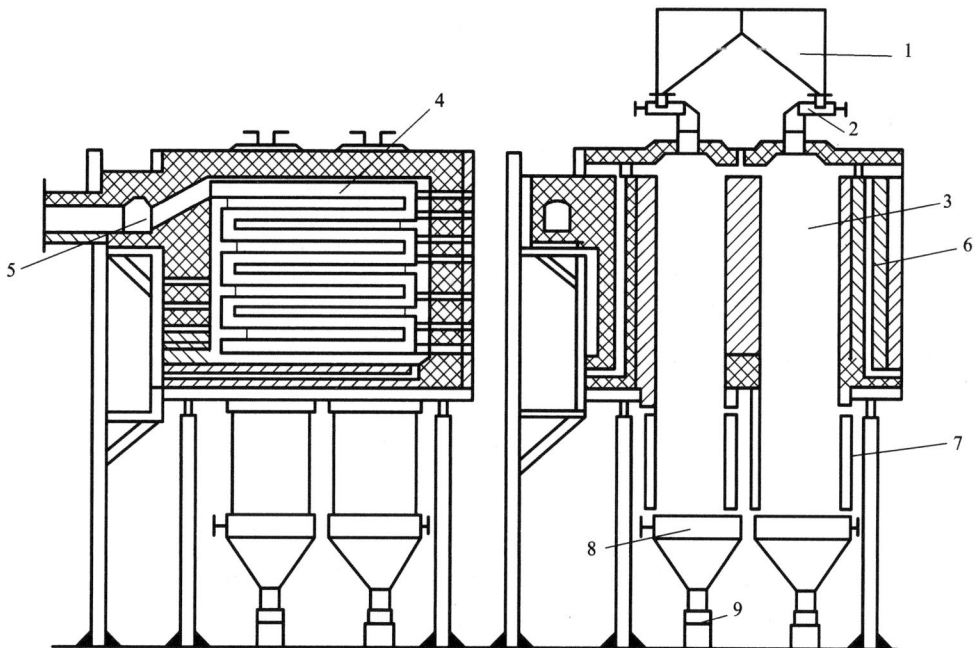

图 3-4　逆流式罐式煅烧炉结构示意图(无蓄热室)

1—加料斗; 2—螺旋给料机; 3—料罐; 4—火道; 5—烟道(烟气出口);
6—挥发分道; 7—冷却水套; 8—排料机; 9—振动输送机

一台逆流式罐式炉是由若干个相同尺寸的煅烧罐组成,分前后两排布置,每四个罐为一组,每台罐式炉可根据产量配置6~7组。逆流式罐式煅烧炉与顺流式罐式煅烧炉相比,其炉体结构有以下不同:

(1)罐体几何尺寸不同

顺流式罐式炉的煅烧罐宽为360 mm,长为1780 mm。罐式尺寸上下相同。而逆流式罐式炉煅烧罐的上部内宽为260 mm,下部内宽为360 mm,呈截棱锥形罐体,其目的是使物料因截面增大而顺利向下移动。

(2)火道数目不同

顺流式罐式炉有六层水平火道。逆流式罐式炉有八层水平火道,其目的在于加长煅烧带,增加原料在罐内的煅烧时间,以便充分利用挥发分而达到高产优质的目的。

(3)挥发分出口位置和尺寸以及挥发分道截面积不同

顺流式罐式炉煅烧罐的挥发分出口在煅烧料面以下。而逆流式罐式炉煅烧罐的挥发分出口却高于煅烧料面,并且加大了挥发分出口和挥发分道的截面,使挥发分能顺利排出罐外。

(4)加料装置不同

顺流式罐式炉采用人工按时加料或自流式加料。而逆流式罐式炉则采用机械连续自动加料,并在排料装置内设有破碎设备,其目的是使加料均匀适量和排料顺利,保证煅烧温度稳定。

(5)空气预热和余热利用方式不同

顺流式罐式设有蓄热室,利用火道的余热加热冷空气。而逆热式罐式炉取消了蓄热室,采用加热火道所传递的热量和煅烧料间接传热来加热炉底的空气预热道,从而把冷空气加热,其目的在于简化炉体结构,降低造价,余热可充分利用。

3.罐式煅烧炉工艺要点

(1)温度

这是煅烧工序的关键,要经常监视和调节才能保证煅烧料质量的稳定。必须保证第二层火道温度达到1200~1350℃,这里的温度和罐内材料所达到的实际煅烧温度约差150℃,如火道内温度为1250℃,则罐内温度约为1100℃,已是煅烧温度的下限,故不应排料,须待调整煤气用量和助燃空气温度达到1250℃以上方可排料;调整助燃空气用量是分烟道闸板,使火道内负压变化,炉子的负压视各厂煅烧炉的具体情况而定,一般每台炉的总负压在22~25 mm水柱之间,每组炉室顶部负压在5~8 mm水柱,以不冒挥发分为准,负压过大,火道内热空气量流量大,热损失大,负压过小则挥发分难以抽入,助燃空气亦将不足,燃烧不完全。

(2)供料和排料

用供料和排料量来控制煅烧质量,在温度正常情况下,供料和排料要按时、适量,按时供料可保证火道内有一定的挥发分在燃烧,如供料过迟、过少或不近旹,则挥发分的燃烧就不能保持恒定,影响炉温,从料是和排料密切配合的,排料量的多少须结合真密度、粉末电阻系统的分析数据而定,但是,更重要的是保持炉温的恒定(用热电偶测量),在温度不是剧烈变化的情况下,由于炉内热容大,受煅材料的温度一般不会有剧烈的波动,故应根据炉温的变化决定排料,而不应仅仅根据偶然的分析数据。一般,排料应勤排、少排,例如,断面为1580 mm×360 mm高3700~4000 mm的煅烧罐,煅烧少灰混合焦时,每小时可排料80 kg,无烟煤可排100 kg,排出的料不应有红料,以免氧化。为了保持炉温恒定,供给的原料不应含有过高的水分，如水分过高须预先烤干。

(3)炉子的密封和煅后焦的冷却

应使排料口的闸门经常处于密封状态，排料闸门密封不良将有冷空气抽入罐内，一方面降低罐内温度，另一方面又将使煅后焦烧损，煅后焦的充分冷却可避免排红料使材料氧化，改善劳动条件，必须使用冷却水套。

(4)混合焦及其块度

为了防止石油焦在罐内结块，对于含挥发分高于12%的石油焦要使用混合焦，混合焦可加入沥青焦或回炉重新煅烧的焦炭，其加入量视原料焦的挥发分含量而定，以混合焦平均挥发分在7%~12%为准，混合焦应在粗碎时混合好。焦炭块度的大小不应超过70 mm，块度过大，可能烧不透。

我国中小型炭素厂目前采用燃煤罐式煅烧炉，它和燃煤气的罐式煅烧炉主要的不同点是：①每台炉(四、六、八个罐)有两个燃煤室，燃烧的热空气升至炉顶第一层火道，由上至下顺层流入烟道，代替了煤气喷嘴；②罐体的高度约2800 mm，比煤气炉短1000 mm左右；③罐体下端第五层火道下面设有预热空气通道，冷空气经此进入把煅后焦冷却，空气本身被加热导入二层火道助燃挥发分，没有煤气煅烧炉的复杂的陶瓷预热器。

这种炉的优点是：①投资省，土建设施简单，不需高层厂房；②可用普通耐火砖；③用钢材少；④燃料为普通烟煤，煅烧石油焦时利用挥发物燃烧，可以做到不用燃料煤；⑤操作简便，只须配用一些简单机械设备(为斗式提升机等)即能满足生产要求。

但目前也还存在着一些缺点，如烟道废热未能利用，火道被煤灰堵塞，排料劳动强度较大等，通过不断改进是可以克服的。

3.3.2　回转窑

回转窑具有产能大，基建投资小，建设速度快，自动化控制程度高等优点；但碳质烧损大，回转床基建投资大，主要用于大型集中煅烧石油焦厂。目前全世界约有80%上的煅后焦都是用回转窑生产的。

现以在炭素厂得到广泛使用的 ϕ2.2 m×45 m 回转窑为例加以说明。

1. 结构

回转窑为倾斜(斜度30/1000)安装的回转圆筒体设备，它由筒体、托轮、挡轮、窑头罩、窑尾密封、传动部件、二次供风部件、三次供风部件及内衬等组成。筒体由普通炭素钢卷板焊成内衬为可浇注的耐火材料，托轮共有三挡，为滚动轴承支承转轴式，挡轮为滑动轴承支承的普通挡轮，配置在中间挡托轮处，窑头罩采用摩擦环重锤拉紧式密封，设置在筒体上的二次、三次供风部件，装有伸入筒体内的风管。窑体传动采用电机—减速机—开式齿轮齿圈，并附设了慢速转窑的辅助传动。筒体内衬净空直径 ϕ1.8 m，筒体长度45 m，筒体转速1~3 r/min，筒体慢窑转速0.11 r/min，生产能力(煅后焦)5~6 t/h。

回转窑的结构见图3-5。

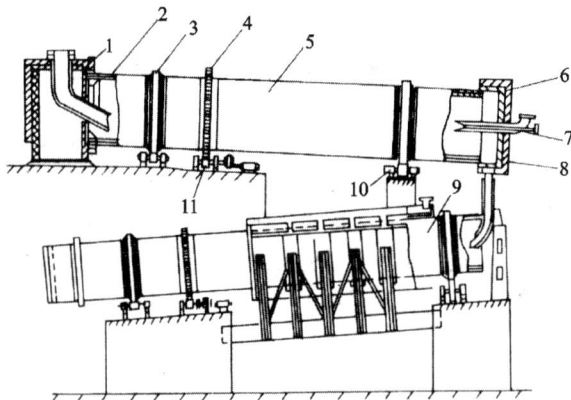

图 3-5 回转窑结构示意图

1—窑尾；2—内衬耐火材料；3—轮缘；4—大齿轮；5—筒体；6—窑头；
7—燃料喷嘴；8—排料口；9—冷却窑；10—托滚；11—传动轮

2. 回转窑煅烧工艺

(1) 装料量

装料量一般由窑体的内径决定，填充率常为 6%~15%。窑筒内径越大，填充率越小；窑内径为 1 m 或小于 1 m，允许填充率为 15%。而内径为 2.5~3 m 的填充率仅为 6%。美国很多大型回转窑在 3 m 以上，其填充率能维持 11% 左右，生产率高。日本日铁化学公司回转窑填充率 12.5%，我国回转窑内径为 1.7~3.05 m，其填充率平均在 3.42%~6.32%，普遍很低。除了回转窑的内径影响填充率以外，还有煅烧带的长度，窑的倾斜角，转速及煅烧温度。

填充率过大，则窑内料层厚，会恶化传热条件，煅烧不透；如太薄，又影响产量。前苏联规定焦炭在窑内停留时间不少于 30 min，我国为 30~60 min，美国为 60~90 min。

(2) 焦炭在窑内的移动情况

焦炭在窑内的移动情况是比较复杂的，被煅烧的石油焦加入窑内后，在颗粒上有重力、离心力和摩擦力的作用，离心力垂直于筒壁方向，重力的两个分力，一个与离心力的方向相反，一个分力与筒体断面圆相切。颗粒料与粗料在摩擦力的作用下，附在窑壁上随窑壁一起慢慢升起，当转到一定高度时，重力的切向分力逐渐增大，当其大于摩擦力时，颗粒在重力的作用下，则沿着粒层表面滑落下来。因为回转窑有一定的倾斜度，颗粒滑落滚动时，沿着斜度的最大方向下降。因此，颗粒向前移动了一定的距离。随着窑体的缓慢转动，从窑尾贮料仓给料机加入的石油焦也逐渐向窑头移动，经过给料机加入的石油焦也逐渐向窑头移动，经过窑尾部的预热带，进入高温煅烧带，冷却带将煅烧好的石油焦从窑头下料管落入冷却筒，(也叫小窑)。冷却筒也是倾斜安装，冷却筒采用向高温石油焦直接喷水和冷却筒外壳淋水的双重冷却方式。冷却后的石油焦经胶带输送机送入煅后仓贮存。不合格的石油焦则送入废料仓内，返回再煅烧。

(3) 煅烧带控制

由窑头向内喷入的燃料和石油焦排出的挥发分燃烧后产生的热量煅烧石油焦。窑内形成三个温度带：预热带、煅烧带、冷却带。预热带为靠近窑尾的一段，石油焦从窑尾上方的加料管进入窑内，窑尾温度一般为 500~900℃，石油焦在预热带移动过程中，排出水分及部分挥发分。燃烧温度为 1250~1350℃，是窑内温度最高的一段。煅烧带温度、长度和位置都将对煅烧过程产生重要的影响，这三者之间既相互独立又相互联系，并随各种条件的变动而变化。影响燃烧带温度的因素有：燃料热值及用量、挥发分含量、内衬保温效果及环境温度、负压、煅烧带长度、燃烧带位置等。影响煅烧带长度的因素有：窑体长度、水分、挥发分、物料移动速度、负压和煅烧带温度。在窑内负压等因素正常的情况下，煅烧带长度约占窑体长度的一半。影响煅烧带位置的因素有：燃料用量、物料移动速度、负压、加料量和水分。由上述可知，可以通过调整加料量、窑转速、负压、燃料量、助燃空气量等参数达到控制煅烧带的目的。在实际生产中，还要对不同的石油焦质量、粒度、水分、挥发分等对各种参数进行适当选择，使它们进行合理的搭配。努力做到勤观察、勤调整。根据窑内煅烧带的状况，各相关仪表显示的数据，煅后焦质量分析情况，对各种参数进行及时调整，以减少或消除各种因素的变化对煅烧带影响，使煅烧带处于最佳状态。冷却带是靠近窑头的物料处于冷却降温的区段。

（4）负压制度

负压是影响煅烧带温度、长度和位置的关键因素，也是影响煅烧质量的决定因素。窑头负压大，烟气流量大，带走热量多，使煅烧带温度降低，反之温度升高。窑内负压大，窑尾热交换强度大，物料升温快，挥发分排出提前，使位置后移，影响煅烧温度，进而影响煅烧质量，且增大碳质烧损；负压小，煅烧带位于窑头，甚至压过窑头，煅烧焦各种变化尚未进行完全便进入冷却小窑，将使煅烧焦煅烧不透。

3. 稳定生产的影响因素

由于稳定的煅烧带高温是提高回转窑的产量和质量的关键，所以，在回转窑的煅烧工艺中，对于影响煅烧温度的主要因素必须严加控制。

（1）煅烧带的长度和位置

它与物料的烧损有关，也与保护窑头和煅烧的最高温度有关。煅烧带应处在保证窑头不会被烧坏的最近距离，距离窑头过远，物料的烧损将急剧增加。因为在这种情况下，送入窑内燃烧挥发分所需要的空气过剩，过剩的空气通过已煅烧好的温度达 1100~1200℃ 的料层时，就把物料燃烧了，煅烧带越长，物料的烧损就越大。故此，过长将会出现进入（与挥发分燃烧）的空气量所剩无几的现象。所以，一方面使挥发分不能充分燃烧而降低其热效率，以致影响炉温；另一方面，未完全燃烧的挥发分可能在窑尾处随物料带进的空气一起燃烧而窑尾烟气温度急剧升高。因此，在回转窑的煅烧生产中，煅烧带的加长应在煅烧带的长度方向都能保持最高温度时才是有益的。当煅烧带加长时，只要加快回转窑的转速，使物料在窑内的移动速率加快，就可以提高回转窑的生产能力。回转窑的二次空气设置是解决该难题的方法之一。

（2）燃料量和空气量的合理配比

在回转窑的煅烧生产中，空气过剩系数是衡量燃料燃烧是否合理的标志。通常空气过剩系数合理，燃料就能完全地燃烧，煅烧的温度就能保持在较高的水平（此时目测火焰呈蓝色）。如空气过剩系数较大，则空气就会过量，窑内热气体量就要增大。同时，由于烟气要带走大量的热，这就势必影响回转窑的煅烧温度（此时目测火焰呈褐色）。因此，在回转窑的煅烧生产中，一旦发现因空气和燃烧配合量不合理而造成煅烧温度下降，都要注意及时调整空气供给量。

（3）给料量均匀、稳定和连续

给料量不均，回转窑的煅烧温度就会上下波动，使回转窑的生产能力下降；给料量过多，一方面物料可能烧不透，煅烧质量变差，另一方面，窑内阻力增大，烟气流通性变差，从而恶化煅烧条件。因此，在回转窑的煅烧生产中，对于物料的粒度组成，以及给料量的多少是否适宜，给料量是否稳定与均匀，都必须予以重视。

（4）回转窑的负压

一般来说，窑内的负压过大或过小，均对煅烧温度控制不利。在燃烧及给料量相对稳定的情况下，负压过大，一是窑内抽力增加，粉料会被吸走而导致煅烧实收率的下降；二是窑内火焰会被拉长，使煅烧带的传热强度削弱，从而导致煅烧温度的降低；三是由于负压过大，为了稳定煅烧温度，就必须增大煤气量，这样就会使窑尾温度升高，造成物料在窑尾的不均匀收缩和挥发分的急剧逸出，煅烧物料的挥发分在窑内还未来得及完全燃烧，就被吸入了烟道，并在烟道内燃烧。这样，不仅损失热量而且也容易烧坏排烟设备。

努力控制回转窑燃烧带处于技术标准范围之内，使生产处于最佳状态，对提质降耗，延长回转窑使用寿命，以致增加工厂经济效益无疑将起重要作用。

3.3.3 电热煅烧炉

电热煅烧炉是一种电阻炉，煅烧材料本身就是电阻，电流通过受煅材料，使它发热到1300~1400℃以达到煅烧目的。其优点是结构简单，易于操作和维修、连续生产，适合于需要焦炭不多的电炭厂；其缺点是炉内温差较大，耗电较多，难于利用挥发分的燃烧热。

炉子用低压大电流单相变压器通电，变压器的容量视炉膛大小而定，按照操作经验确定，炉膛横断面上的最大电流密度应为 0.18~0.25 A/cm²，大炉膛偏下限，小炉膛偏上限，变压器的最高电压视炉膛高度和材料的电阻率而定，一般为 30~35 V/m（由电极端面至炉底），表 3-4 为三种电热煅烧炉的数据。

表 3-4 三种电热煅烧炉的工作参数

工作参数	一	二	三
炉膛内径/m	1.86	1.00	0.8
炉膛深度/m	2.50	1.50	2.45
变压器容量/(kV·A)	250	80	100
变压器最大电流/A	4800(48~52 V)	2000(48~52 V)	2000
电压级数/V	44-48-52-56-69-64	44-48-52-56-60-64	50
使用石墨电极直径/mm	500	200	100(3 相)
产量/(t·d⁻¹)	5	2.5	0.96
电能消耗/(kW·h·t⁻¹)	沥青焦：400~500；石油焦：650~750	沥青焦：650~750；石油焦：900~1000	800~1000

由于这种炉的结构限制,不能直接测量煅烧区域的温度,它的操作规范按电气仪表的指示来制定。

待煅烧的材料预先破碎、过筛,取 10~30 mm 的颗粒。粒度的恒定对于保持炉内的电阻和其他电气参数的正常化甚为重要,但这一点往往在工艺上很不容易做到或被忽视。

开始煅烧时,需在炉底加入已经煅烧过的焦炭约 1/3,因为生焦的电阻很大。材料从位于炉顶的漏斗装入,直到装满,电极端部应埋入材料内 300~500 mm 深,以免电极和高温带的材料被氧化。当材料尚未加热时,电阻大,应调高电压,使一定的电流通过,随着材料的温度上升,电阻就要降低,电流上升,此时,应根据规定的电流调整电压(最适当的电压、电流值、排料时间和数量,应通过多次试烧决定),当电流达到规定值时,表示炉内材料的温度已上升到要求的温度(1250~1380℃),即可排料,排料以后,新料进入,电流降低。

排料的数量和时间间隔,视材料的真密度而定,一般是每隔 20 min 排料一次。

电压、电流、排料时间和数量互有关系,在生产控制上主要是调节电流和掌握排料的时间,这样就能保证炉内达到要求的温度而得到合格的煅后焦。

除了调整电压(因而使电流升降)控制外,还可以调整电极的悬挂高度来控制炉内电阻。这种调整方法一般是在改变原材料品种或粒度而使炉内电阻显著改变时施行。

电热煅烧炉的一个重要缺点是沿炉的断面温度分布不均,图示内径 1.86 m 的炉子离炉底 1 m 高处沿炉膛半径的温度分布情况。这种现象的起因是电流密度分布不均,因此,煅后焦的质量是不均一的,约有 10%(这一数字在 2% 至 15% 之间)的煅后焦由于局部电流密度大和炉内停滞区域的过热,而成为石墨化料。接近炉底形成的停滞区是由于材料的流出方向和炉膛中心线不对称而产生的。

为了使炉子正常操作,必须使电极周围的材料均匀下降,否则,在有悬料的地点温度将急剧上升,使炉衬过热而烧坏,当这种情况出现时,即使加入新料,也看不出电流的下降,这时应该停电,待稍为冷却后除去炉内的烧结块。

导电电极在工作过程中将逐渐烧损,因炉内电流分布不均,电极的烧损也不均匀,这又反过来助长电流分布的不均匀性,此时必须修整电极,清理炉膛。

由于炉子的上部是敞开的,煅烧时逸出的挥发物将在炉上面燃烧,造成不良的操作条件,要利用挥发物,必须改变炉体结构,添设附层装置。

煅烧材料的耗损率视原材料挥发分含量和从排料管抽入的空气量而定,约 10%~15%。

3.3.4 电气煅烧炉

1. 电气煅烧炉结构(如图 3-6 所示)

原料仓(料斗) 由爬式皮带机送来的无烟煤,操作自动挡板经过溜槽送到炉上料仓贮仓,然后用料仓下部的手动滑动闸门向炉内供料。

炉上部料仓用钢板及型钢焊接而成,其容积为 11.5 m³,每台炉有 2 个,用料面计于远方(控制室)显示料仓内原料的空满,料仓下部设有 4 组滑动排料闸门。

料仓与厂房连接处均安装有绝缘物,以保证正常运行,在日常维护检修时,一定注意绝缘物是否损坏,一旦损坏应及时更换,并进行绝缘值测定。同时不要在有料面计的地方搭接电焊地线,以免烧坏料面计。

电极及吊挂装置 上部电极由夹持器进行固定并供电,下部电极用母线直接供电,夹持器分两块用梯形螺栓紧固，要求与夹持器接触的电极外壳表面光滑，电极的起吊放下用设在炉上的 3T 电动葫芦进行操作，来调整炉内电极长度。

上部电极为 $\phi500$ mm 连续自煅式电极，为防止电极同厂房接触，在电极与厂房接触处安装有木质垫木。日常检查时一定要注意检查，发现绝缘木有无烧损，同时为防止电极意外下落，给人员和炉体造成伤害，在绝缘木与电极之间设有制动带，当调整完电极长度后，立即用扳手将制动螺栓拧紧，防止电极意外下落。

电极夹持器用电解铜铸造而成的内空强制水冷。由于铜在高温环境下抗氧化性能低，易被氧化腐蚀造成漏水，一旦漏水应及时更换新件。在调整上部电极时，应先将夹持器松开，然后升电极，否则会造成构件损坏和破坏绝缘。在夹持器与上部电极之间要加垫紫铜皮，以防止因间隙过大造成放电，将母线或夹持器击坏，夹持器用两根可调节吊杆连接在厂房上，吊杆中段安装有绝缘物。

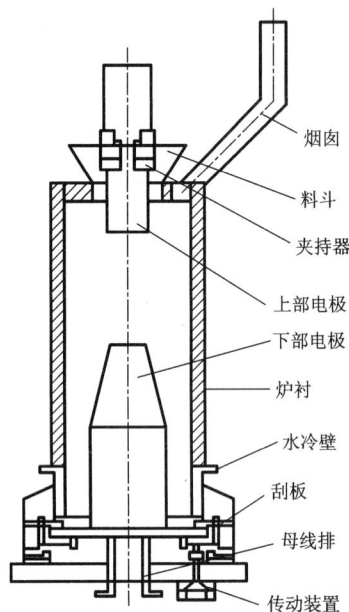

图 3-6　电气煅烧炉结构

炉体　炉体为煅烧炉主体部分，炉体外壳为钢板及型钢的焊接构造，炉体负荷用托座支承在厂房的层梁上，托座与层梁之间装有石棉麻丝板绝缘。炉体下部为水冷套构造，并设置有防尘罩，防尘罩上开设有检查人孔，有利于调整刮板等。

炉体内衬用高铝砖砌筑，在炉体与砖之间装铺石棉制板。

在生产过程中，煅烧原料从炉上部通过炉体至下部排出，其热处理过程在此间完成。由于物料的冲刷和高温作用，造成炉体内衬损坏，因此要密切注意炉壁温度的变化，发现炉体表面温度过高，甚至局部烧红，应及时分析原因，采取相应的对策措施。

下部电极及水冷支撑　下部电极用母线直接供电，电极为圆锥形支撑在带夹套的水冷支撑(下部电极台)上。下部电极的砌筑是先将下部电极套焊在水冷支撑上，并在水冷支撑上焊上 360 mm×50 mm×6 mm 的扁钢和 360 mm×50 mm×50 mm×6 mm 的角钢若干，其材质均为 1Cr18Ni9Ti 不锈钢，其作用是使电极糊与水冷支撑烧结牢固。安装好并校正下部电极套后，捣固电极糊，最后焊好铁盖板，进行下部电极煅烧，整个下部电极座在由两个半盘焊接而成的中空水冷式圆盘上，靠 4 颗 M24 的螺栓拉住定位，而圆盘座则在环形轨道上，并与环形轨道绝缘。

炉底排料机构　煅烧好的无烟煤经炉体下部排料机构排出。排料机构用型号为 1BGM/5 传动电机 0.75 kW 的拜尔无极变速器，通过涡轮传动装置和小齿轮与大齿轮啮合转动，使刮板回转将无烟煤排出。

拜尔无极变速器的变速操作是用伺服电机转动使操作轴回转进行的，它的基本构造是在操作轴上装着机械的安全装置和滑动离合器，滑动离合器是用摩擦片夹持链轮靠弹簧压力传递回转力的装置，用来调整排料速度。

炉盖和烟囱(烟道)　炉盖的烟囱也是煅烧炉的组成部分。炉盖中心开一孔供上部电极穿过和加料，平常生产该孔为电极和原料充满状态，炉内产生的烟气由烟道排放到大气，并用点火装置在烟道顶部点燃,使其燃烧。点火由设置在 3 楼的升降箱装入火种,用压缩空气通过配管送到烟道顶部点燃煅烧所产生的可燃气体。

炉盖用钢板焊接,内侧铸有 CA-16K 的耐火材料,在炉盖上设置有一个烟气排出口和检查口,在烟气排出口设排烟管,排掉炉内产生的烟,烟道下部为绝缘可铸衬里构造,其所用耐火材料也是 CA-16K。

电煅炉烟道的通畅对煅烧炉的使用寿命有极大的影响。烟道堵塞,烟气不流畅,则由炉体上方冒出并燃烧,极易烧坏夹持器和垫木,损坏吊杆等部位的绝缘,同时也造成操作环境恶劣。因此,应保持烟道畅通。

2. 电气煅烧炉工艺制度

生产中主要是调节电流和排料量来保证炉内温度和无烟煤在炉内的停留时间实现煅烧。

某厂实际生产中二次电流的控制范围为:高温煅烧无烟煤:1.25~1.3 kA,普通煅烧无烟煤 0.98~1.03 kA。

煅烧炉的生产过程主要是对二次电流的控制。按不同的生产品种,设定不同的二次电压、二次电流控制范围和设置刮板长度。

要使二次电流在规定的范围内波动,就要正确设置刮板排列长度,使排料量相对地稳定在一定范围内,减少刮板回转速度的增减频次和幅度,以达到煅烧产品质量的稳定。

刮板的排列及调整　刮板的排列顺序,由回转方向递增排列,分别由 1 号、2 号、3 号刮料板和高料位刮料板(搔崩板)共计四块组成。通常其安装长度分别为 240 mm、250 mm、260 mm、370 mm,运转时所有刮板下沿均不能与圆盘接触,应保持 5 mm 的间隙。

刮板递增排列的目的是使每块刮板所排出的料量基本相当,尽量使炉内同一断层物料的流动速度均衡,二次电流波幅度小,稳定煅烧质量。因此,要求不要随意调整刮板长度,如必须调整时,每块刮板的调整长度不能超过 10 mm,并且调整的间隔时间要在 8 h 以上,同时监视煅烧无烟煤的质量变化和二次电流的波动情况。

另外,刮板松动是影响排料均匀和导致二次电流波动过大的主要原因之一,因此生产过程中要加强刮板运行管理,经常检查,发现松动,要及时进行紧固,以免时间过长造成不良后果。

上部电极的测定　正常生产时,上部电极长度应保持 1300 mm,并保证极距一定。由于高温氧化作用和物料对电极的冲刷,上部电极会不断消耗,因此,必须定期测定上部电极长度,测定时应采取多点测定,以保证测定的准确性。

测定上部电极应在停电、关闭炉上料仓下料口插板、烟道插板全部打开(先关闭烟道插板排出炉内烟气,再将烟道插板全部打开)的条件下进行。

由于氧化作用、物料冲刷和细粉吸附增生等原因,使上部电极前端异形,会造成电流密度分布不均,偏流使局部温度过高,当出现这种现象,应及时对上部电极进行修整,以保持电流分布均匀,稳定煅烧质量。

烟道温度的控制　正常情况下,烟道温度应保持在 600±50℃,一般通过操作烟道插板进行控制,如通过调整烟道插板开度不能满足要求时,可以判断为烟道已堵,这时炉上部将有大量火苗冒出,应及时清理烟道,保持烟道畅通。

清理烟道,要特别注意安全,防止高温灼伤和高空坠落事故的发生。

煅烧品种的交换　根据生产工艺要求需进行高温煅烧与普通煅烧煤交替生产。由于煅烧产品不同，其工艺控制也有所不同。

（1）普通煅烧转高温煅烧　在切断电源的情况下，按高温煅烧工艺要求，调整二次电压级别和设定二次电流控制范围。电运行 20 h 后，每小时取样测定一次粉末比电阻，确认粉末比电阻值已小于 700 μΩ·m，则表明品种交换生产已实现，将焙后煤送入高温煅烧煤专用贮槽，同时转入高温煅烧正常操作管理。

（2）高温煅烧转普通煅烧　按照普通煅烧的工艺控制条件，设定二次电压和二次电流控制范围。通电运行 15 h 后，每小时测定一次粉末比电阻，确认粉末比电阻值已大于 700 μΩ·m，则说明品种交换生产已实现，将煅后煤送入高温煅烧煤专用贮槽，同时转入普通煅烧正常操作管理。

3. 电气煅烧炉煅烧工艺过程

煅烧过程中随着煅后煤（焦）从下部刮板排出无烟煤自动从煅烧炉上部流入炉内，流入炉内的无烟煤在炉子上下电极之间被煅烧。

原料斗→皮带运输机→煅前料仓→爬坡皮带→炉顶料仓→煅烧炉→下部排料刮板机→振动输送机→斗式提升机→螺旋运输机→煅后煤贮槽

3.4　煅烧炉的操作与控制

3.4.1　罐式煅烧炉调温操作

1. 罐式煅烧炉烘炉作业

罐式煅烧炉的干燥和烘炉是彼此相连的一个工艺过程。干燥的目的是在保证灰缝不变形、不干裂，保持炉子砌体严密性的前提下，逐渐地尽可能完全地排除罐式炉砌体中的水分。

对一座 7 组 28 室 8 层火道的罐式炉来说，含有水分约 210 t，可见罐式炉砌体含水量是相当大的。烘炉升温的目的在于提高砌体的温度，并使加热火道达到可以开始正常加排料时的温度。干燥与烘炉是互相联系的，不能分开，所以一般统称烘炉。

（1）制定烘炉曲线

罐式炉的烘炉曲线是根据炉体含水分的多少，不同温度区间的硅砖的膨胀特性以及煅烧烘炉实践而制定的。

制订干燥、烘烤曲线总的原则就是在整个烘炉过程中不损害炉体的严密性。保证有一座优质、耐用的煅烧炉投产，在这个总原则指导下，烘炉曲线必须满足下列要求，各层火道能均匀升温，特别是炉体纵长方向上温度均匀，缩小上下层的温差。具体地说，在选择升温速度即制度干燥，烘烤曲线时必须考虑下列条件：

a）不同温度下的硅砖样的线膨胀率，温度间隔以 20~25℃ 为宜。

b）选择经实践证明行之有效的日膨胀率 0.03%~0.035%。

c）砖的物理化学性能，如真密度，体积密度，荷重软化点，耐火度，导热系数，热膨胀系统，化学组成等。

d）砌筑质量，包括施工隐蔽工程记录，灰浆用料配比与水分含量等。

e）季节和地理环境等。

（2）烘炉前的点火准备工作

a）检查验收炉体、护炉铁件。

b）清扫各处卫生，炉体表面喷白。

c）检查和清理煤气系统，保证畅通好用。清扫煤气管道，清扫全部煤气闸门、考克，放散闸门和滤水器，检查煤气压力表，煤气压力报警器。

d）检查和清理烟气系统，如烟道、烟道闸门、排烟机、排烟机进出口闸门、集烟道负压表，总烟道负压表，排烟机温度表，集烟道温度表，总烟道温度表，烟囱等。

e）检查验收加排料设备，冷却水系统。

f）检查负压、温度、膨胀测点安装情况。

g）检查负压和煤气压力警报器。

h）煤气喷管安装套筒。

i）检查拉筋和安全装置，调整为规定值。

j）检查四周各处是否有影响膨胀的地方。

k）排料滚、水套及加料漏斗上满煅后料。

（3）烘炉操作

a）点火：开排烟机→打开首层挥发分拉板，关闭其他各层挥发分拉板→调整各号负压，边号为 12 Pa（1.2 mmH_2O）中间各号为 9.8 Pa（1.0 mmH_2O）→按开炉点火操作顺序开炉点火→点火后重新调整负压为规定值。

b）烘炉方法：烘炉低温阶段采用煤气套筒，使煤气经套筒逆流到套筒外边再煅烧，炉温调节极为方便，灭火容易发现，套筒装拆又很容易。升温至 400℃ 就可以卸掉套筒，直接加热。

c）调整负压：八首层负压的调整要随着炉温的上升而逐步提高。八首层负压在点火时可控制在 12 Pa 和 20 Pa。为了确保干燥烘炉曲线付诸实施，必须严格控制具有决定意义的八层火道负压，总的说来八层火道负压随控制温度的上升而递增。一般情况下，把负压提升分为 7~8 个阶段。如前所述，300℃ 以下采取 2~3 天调整一次负压，每次上调 5~10 Pa。

高温阶段，每天可增至 20 Pa 的负压，保证升温所需的空气。

负压调整要坚持以下原则：①低温时负压小，高温时负压大。②边号火道负压大，中间火道负压小。③负压的递增要随首八层温差的增加而逐渐加大。④火道之间的负压差的调整用负压拉板调整；总体负压的调整用排烟机进出口闸门，烟道闸门和排烟机冷空气进口闸门调整。

d）温度的调整烘炉过程中，八首层末端温度作为烘炉的控制温度，八首层末端温度每 10~20 min 检测一次，每小时记录一次温度，其他部位温度每两小时记录一次。

一般可以从以下几个方面来调节温度。

①在保持煤气质量和压力稳定的前提下，要根据检测温度及时调节煤气量的多少。

②负压大小对温度的影响较大。不同的温度阶段要求调整不同的负压，而且随着炉温的升高而逐步增大负压。

③炉体四周大墙和表面的裂缝，对边火道的温度影响较大。因此要随时用石棉绳堵塞，烘炉结束后，应在裂缝处灌浆或抹灰，以保持炉体严密。

④边火道消耗热量较多，烘炉后期升温也较困难。此时适当多给些燃料，负压比其他火

道高 2~3 Pa，可以降低火道之间的温差。

(4)测量膨胀与调整弹簧

烘炉过程中，通常以炉高膨胀的 24 h 累计值来控制烘炉进程，即炉高实际膨胀超出预定值时就保温，否则按计划升温曲线升温。炉高膨胀的控制是这样的，测量时的炉高值与 24 小时前测量的炉高值之差，等于炉高日膨胀增长值，如果炉高日膨胀增长值大于 2.5 mm 的测点数超出炉高总测点的一半时，就按测量时温度值保温。保温时间到炉高日膨胀增长值符合允许的炉高日膨胀值，然后继续升温。炉高膨胀的测量次数是每班两次，接班时测量一次，班中测量一次。

一般情况，烘炉开始时，横向弹簧可为 5 t，纵向定为 6 t 即可。烘炉控制温度为 100℃时，炉体开始膨胀。横向弹簧可调为 6 t，纵向弹簧可调至 7 t，当温度继续升高至 350℃ 以上，炉体膨胀较大时，将横向调为 7 t，纵向调为 8 t。以后就要保持这个吨位一直到烘炉结束。一般弹簧的调整主要是调整其长度。

(5)烘炉过程注意事项

低温灭火重新点火时，必须首先关闭上、下两层考克，抽 5~10 min 后，按点火操作依次进行。

清理煤气水平管、考克和套筒时，必须关闭煤气考克 5 min 后，在煤气水平管出口点好火把再清扫。清扫时要防止煤气中毒，戴好劳动保护用品，并准备氨水。

经常检查炉体四周有无影响炉体膨胀的地方和障碍物，特别是发现四周大墙膨胀很小或不膨胀，弹簧个别的压缩很小或不被压缩时，更要仔细寻找影响炉体膨胀的障碍物。

冬季烘炉时，煤气管道及炉体四周要增设保温装置。

2.调温操作的技术要求

(1)炉温度要求

火 道	逆式炉温度/℃	顺式炉温度/℃
首层	1000~1380	1250~1380
二层	1000~1380	1250~1380
五、七、八层	1250~1380	1250~1380
六层	1250~1380	1280

(2)负压要求

压 型	逆流炉/Pa	顺流炉/Pa
总负压	147~245	294~372
火道负压	127~196	59~78

(3)煤气压力

a)冷煤气压力不得低于 981 Pa，当煤气压力降到 491 Pa 时，按停煤气处理。

b)热煤气压力不得低于 50 Pa，低于规定按顺序停炉。

另外，在处理罐壁结焦时，对应罐的两侧八层火道温度保持 1200~1300℃。

3. 操作技术

（1）操作前的准备

①检查排烟机运转及冷却情况。②检查煤气压力，火道压力及总负压，检查各烟道温度情况。③检查调温记录，测温仪表及调温工具是否齐全。④检查各火道温度、烧损状况及炉体各部情况。⑤检查各煤气管道，考克是否漏气好用。各水封是否注满水。

（2）操作程序

①对规程中有要求的各层火道温度进行目测或表测炉温。②根据经验和现场实际情况判断产生炉温低或超高的原因。③根据经验和现场实际情况采取相应措施（调整煤气量、挥发分量、空气量及疏通各挥发分通道等。）

（3）注意事项

①认真贯彻五勤调温法：勤检查煤气压力，勤往水封内加水，勤检查燃料情况，勤检查负压，勤测炉温。

②停炉和换料时要注意炉温。

③认真维护炉体各层拉板，护炉铁件，煤气考克，自动调温装置和各种仪表。对各种仪表不要私自拆修，用完后开关回到零位。

④炉温调节，主要是利用原料中挥发分，煤气，调整负压闸门、空气拉板和空气盖，目的是尽量用原料中的挥发分，节约煤气。

⑤各部挥发分通道要经常清扫，同时保持畅通无阻。

⑥发现炉温超出现定时应立即处理，炉温过高不允许垫起看火口盖降炉温。

⑦火道内缺少空气时，只允许拉空气拉板或垫空气盖。严禁垫起任何一个火盖向炉内补充空气。

⑧经常检查五层自动调温装置及时间控制器的运转情况，发现故障和运转周期不准时，要通知有关人员进行修理和调整。

⑨停产时五层自动调温可停用，但要适当活动。

⑩发现个别火道挥发分明显减少时，要通知加排料工检查加排料情况。

⑪更换拉板和修炉时，超过 5 min 要将漏口封闭。

⑫停炉、开炉、停排烟机、开排烟机分别按规程操作。调整总负压和锅炉闸门时要和班长，有关车间联系后进行。

⑬烘干炉温度用废气进口拉板和废气出口闸门调整。调整废气出口闸门时，要和供废气的煅烧炉的操作者联系，以免煅烧炉负压波动过大。

⑭炉前支管和分管煤气压力低于规定时要立即按顺序停炉，适当使炉前烟道闸门落下，降低负压至煤气压力正常为止，按顺序开炉。

⑮发现煤气压力或炉子负压突然下降时，要立即同煤气站等有关部门联系。

⑯炉子如果降温，要按降温曲线进行，并定期紧拉筋。

⑰逆式炉第五层、第八层、顺式炉第二至四层火道温度低于 1150℃ 时停止排料。

⑱清理挥发分孔道时，先打开盖，不要正面向观察孔，待挥发分燃烧后方可进行工作。

3.4.2 回转窑煅烧调温操作

由于新建的回转窑开始使用或回转窑系统发生故障等各方面原因都要进行开窑或停窑

工作。

1. 烘窑点火条件

烘窑是一项严格和技术性很强的工作，因此开窑点火必须具备以下几项基本条件：

(1) 制定出烘窑的各种规程制度；

(2) 燃料要合乎各项技术要求；

(3) 窑内无杂物；

(4) 点火工具齐全；

(5) 传动装置好用，排烟系统畅通；

(6) 各种仪表灵活准确；

(7) 加排料装置完善。

2. 烘窑的基本要点

烘窑的目的与煅烧炉烘炉是一样的。尽管由于窑身长短所决定的烘窑曲线时间不同，但都必须遵循和掌握它的基本要点。

(1) 开窑点火前进行冲洗煤气管道；

(2) 在点火前，首先开动排烟机，使窑头形成负压；

(3) 在点火前，要打开煤气放散闸门，然后把火把放置喷嘴前，慢慢地打开窑头的煤气闸门供给煤气，火焰稳定后取出火把，点火时严禁先开煤气后伸火把；

(4) 当喷嘴点着后，煤气压力下降，为保证压力稳定，必须逐渐打开煤气支管，同时关闭放散闸门。

(5) 点着火后，经常检查煤气压力和风量及火焰状况，若发现灭火，应立即关闭煤气支管闸门和空气翻板，同时打开放散闸门。

(6) 开始点火时一般不启动空气风机而采用自然通风，然后启动空气风机并逐渐调整空气量。

(7) 在烘窑过程中，要严格按曲线升温，烘窑时尽量不采用增大负压来提高窑尾温度，这样不利于提高煅烧带温度，所以采用调节燃料量的方法来控制温度。

(8) 当煅烧带温度达到 1000 至 1200℃ 之间时要保持 2 h 以上，使窑内衬蓄存有足够的热量方可投料，否则投料后窑温突然下降，温度回升缓慢。

(9) 在烘窑期间要进行间断和连续转窑。当煅烧衬砖表面开始发亮以前要进行间断转窑。以后要进行连续转窑，以防止窑身弯曲。

3. 停窑的基本原则

回转窑停窑可分为长期停窑和短期停窑，一般又分为计划停窑和非计划停窑。

计划停窑的基本原则是：

(1) 停窑前一般采用逐渐减少加料量或骤然切断加料量的方法，采用后者会破坏窑内热工制度，使衬砖使用寿命受到影响。

(2) 在减少加料量时相应改变其他控制条件。如减少燃料的配给量使窑内温度低于正常控制温度，减料后使全窑温度逐渐下降。

(3) 停止加料后，减少燃料量逐渐降温，而不应突然停火以免内衬砖急冷，发生龟裂。

(4) 在降温过程中要根据窑内温度进行连续和间断的转窑，以防窑身弯曲。

4. 回转窑调温的实际操作

回转窑调温的实际操作，控制方法尽管有所不同，但其最终目的都是以窑内各部的温度协调，全窑温度分布均匀合理为基础，控制窑内温度有以下四种：

(1)以调节燃料的配给量来控制温度，而加料量和窑的转速不变。

(2)以变更加料量来控制温度。

(3)以调节加料量和燃料量相应变动来控制温度。

(4)以调节窑的转速来控制温度。

以上四条相比，通过调节窑速来控制温度不仅使物料不均，而且物料在窑内停留时间短，易影响窑内物料的煅烧；当窑速较慢时，燃料消耗增多，产能下降，因此这方法很少采用。在实际操作中常以调整燃料的配给量来控制温度，相对稳定其他因素，这对窑内温度控制效果显著。

用回转窑煅烧物料时，对于调节温度和控制好温度是回转窑生产操作最关键的工作。

5. 操作者必须掌握的技能

(1)在煅烧温度正常时，做到物料均匀，适量和稳定的加入，保证全窑温度稳定分布。

(2)当发现煅烧带温度逐渐下降且火焰伸长并有时发暗的现象，就应该及时调整燃料和空气的配给量，并根据火焰的位置调整负压。出现这种现象有时可能是燃料中含水量大或窑内料砖太薄的缘故。

(3)如果窑内温度过低，采取增加燃料配给量和增加负压，仍不能提高窑内温度，这就需要相应减小加料量。

(4)在改变燃料配给量时，特别要注意火焰的形状，不能急剧、大量地增加燃料量，必须使燃料完全燃烧为原则，当燃料完全燃烧时火焰呈白色，不完全燃烧火焰发亮，这是因为炭微粉灼热发亮的缘故。

(5)当回转窑系统发生故障时，按计划停窑或短停窑，都要以稳定窑内热工制度为原则。

3.4.3　电气煅烧炉调温操作

1. 原料的输送作业

用车辆及皮带运输机将原料搬运到煅烧炉上部。

(1)用抓斗天车将原料抓入原料漏斗。

(2)原料漏斗至原料仓的输送作业。

(3)原料仓至炉上料仓间的输送作业。

2. 煅烧炉启动作业

(1)在中央操作盘上将切换开关(COS)切换至"手动运转"。

(2)煅烧操作切换开关(COS)切换在"开始"，启动收尘风机及螺旋运输机、斗式提升机、振动运输机。

(3)检查冷却水集水器通水状况。

(4)烟道挡板关闭(开度适中)。

(5)确定电压等级位置和设定电流。

(6)电流断路器切换开关(COS)处于"闭合"，煅烧电源处于"通电"状态(当出现下料槽温度异常、煅烧电源过电流、冷却水泵停止时，煅烧电源不能送电)。

(7)确认煅烧电流达到设定值，启动刮板按钮，调整刮板转速。

(8)确认煅烧电流是否稳定。切换开关(COS)在"自动"侧。煅烧炉进入自动运转状态。

3. 冷却水的供给

煅烧炉在运行中要保持向其各冷却点供应冷却水，为确保在高温条件下保护炉体，冷却水预先应通过软化处理及过滤器装置进行处理使其具备使用条件。

4. 煅烧炉运转中的作业

在自动运转中，煅烧炉按照煅烧电流的变化自动控制刮板的速度，刮板速度的控制是按下面的情况进行：

当煅烧电流达到设定的上限（还是下限），在一定的时间刮板速度增加（还是减速）信号发出，信号期间设计了一定时间 T、（或是 T2）的不灵敏区，在这个时间中有时电流超出设定值外（A 处的情况）不发出调整刮板速度的信号。

在煅烧炉运转中，通过冷却水的监视，粉末比电阻的测定、烟道挡板的调整、设备巡视、操作资料的记录来进行电压级别、设定电流等变更的调整。

5. 煅后焦输送作业

煅烧好的无烟煤，靠刮板排料机构从煅烧炉下部圆盘排出，然后用振动运输机、斗式提升机及螺旋运输机输送到煅烧无烟煤贮槽，并在这里贮藏。

6. 煅后无烟煤品种交换作业

根据需要，进行煅烧无烟煤品种的制造更换，普通煅烧无烟煤、高温煅烧无烟煤、超高温煅烧无烟煤是用逐步提升温度以及电压电流的变化煅烧而成的，这些煅烧条件的变更靠调整煅烧无烟煤的排出速度进行。

(1) 从高温煅烧无烟煤到普通煅烧无烟煤的交换作业

首先将煅烧炉停止，设定电流范围，必要时须改变电压级别。设置完毕后，启动煅烧炉。在运转中对刮板转速进行调整。煅烧炉启动 15 h 后，每小时测定一次粉末比电阻值。当粉末比电阻达到工艺技术规程中对普温煤的要求后，当普温煤进行煅烧。

(2) 从普通煅烧无烟煤到高温煅烧无烟煤交换作业

首先将煅烧炉停止，改变电流设定范围，必要时须对电压等级进行调整。将操作盘上的切换开关切换到"促进煅烧"一侧。在中央操作盘上将"运行方式"转换开关转换在"手动"一侧。将电路断路器切换开关（COS）"闭合"。在停止排料的情况下送煅烧电源，慢慢增加电流，确定电流到设定范围。将电路断路器切换开关（COS）"断开"。在操作盘上的切换开关（COS）切换到"正常操作"位置后，启动煅烧炉。通过以上操作，煅烧炉 A300 系转成高温煅烧状态，但这时排出的煅烧后无烟煤是普通煅烧无烟煤。根据需要对刮板刀进行调整。

20 h 后每小时测定一次粉末比电阻值。当粉末比电阻值达到工艺技术规程的要求后，停止煅烧炉。确定煅后无烟煤输送系统已停。转换到煅后煤贮槽。启动煅烧炉，按高温煅烧无烟煤进行操作。

3.5 余热利用

采用回转窑、罐式煅烧炉对原料进行煅烧时，石油焦所排挥发分燃烧产生的热量除可供煅烧石油焦所需之外，还有大量的富余热量随着烟气排出。在生产中统计来看，石油焦煅烧的实收率为 72% 左右，其余 28% 被烧掉，挥发分及粉尘在窑尾燃烧室燃烧释放出的热量是巨大的。罐式煅烧炉生产时，根据热平衡计算结果显示，原料煅烧吸热只占罐式炉热支出的

33.5%，而被煅烧烟气所带走的热量占整个罐式煅烧炉支出的 47.9%。

电气煅烧炉煅烧无烟煤时，原料无烟煤由上部进料，随下部排料顺次下降，到达电极之间经电流煅烧，除去挥发分和水分，然后经下部排料装置排出，含有大量可燃成分的高温烟气由顶部烟囱通过热力驱动引出，然后通过人工点燃从烟囱顶部燃烧排放。根据现有的测试分析数据，电煅炉排出的烟气其主要成分有 H_2、CO、CH_4 等可燃气体和 O_2、CO_2、N_2、H_2O、H_2，体积分数约占 10%，CO 体积分数约占 7%，CH_4 体积分数约占 0.8%，烟气温度在 600℃左右，烟气流量在 700 Nm^3/h 左右，高温烟气中含有大量的物理热和化学热。

对煅烧炉高温烟气余热进行利用，不仅可减少能源的浪费，也能降低物料消耗，降低生产成本，而且环保优势突出。因此，烟气余热回收利用系统的应用不仅可以使企业取得较好的经济效益，而且对于推进企业的节能降耗和环境保护工作也是大有益处的。

在炉窑节能技术不断进行研究和开发过程中，西欧、日本、俄罗斯等工业较为发达的国家，对于二次能源的认识和利用较我们国家早，因而对于烟气余热的研究和开发技术已日趋成熟，并形成了相当丰富的理论和实践经验。

我国冶炼企业常用的废气余热利用方式有：①安装换热器；②安装余热锅炉；③发电（热电联产）；④制冷。回收后的热量主要用于预热助燃空气、预热燃料、加热热媒介质、生产蒸气和热水。冶炼企业使用的废气余热回收利用设备主要有：①管式换热器，热回收率低，平均为 26%~30%，结构简单、密封性好，应用面广。②片状管换热器，联合企业及中小企业采用较多，热回收率平均为 28%~35%。③辐射式换热器，是使用较为广泛的一种换热器，热回收率较低，平均为 26%~35%，对材质有一定的耐高温要求。④余热锅炉，联合企业采用的较多，其特点是工作状态稳定。⑤热管换热器，中小企业安装使用的较多，一般为钢水重力式热管，多用于预热空气或煤气，热回收率一般在 50% 以上。⑥余热锅炉+汽轮机发电装置，以电力回收余热是最好的形式，但受动力设备运转的连续性以及电力并网等条件的限制，此种设备应用的较少。

国内各冶炼企业换热器的发展趋势是：①换热器的形式由简单的低效型走向强化传热的高效型；②热风温度一般在 300℃ 以上，比过去提高了 80~100℃；③出换热器的烟温由过去的 400~500℃ 降低到 250~400℃，说明余热回收率有了明显提高。

在国内炭素生产行业中，中铝河南分公司自 1998 年至今不断对各煅烧炉进行余热利用改造，实现高温烟气加热有机热载体，作为炭素厂的生产、生活热源。河北马头铝业集团有限公司在 20 世纪 90 年代末就开始着手对煅烧炉的烟气排放系统进行改造，引进了化工部第一设计院设计的高效有机热载体加热炉，利用煅烧炉烟气余热作为该加热炉的热源，综合利用能源，减少了环境污染，提高了经济效益。而天津市炭素厂也在近年将原来由蒸气、燃煤提供热源的加热系统改造为采用热载体加热，并且利用煅烧炉的烟气余热作为热源的供热系统，不但节约了能源，其产品的产量、质量也均有了明显的提高，降低了成本，增加了产品的市场竞争力。

第 4 章　破碎与筛分

众所周知,各种炭块及糊料都是由不同粒度的颗粒组成的。炭块及糊料的性能在很大程度上取决于所采用的原料粒度大小、数量、形状和表面状况等特性,因此,原料的破碎和筛分工艺,在炭块和糊料的生产过程中占有重要地位,是主要生产工序之一。破碎和筛分的主要目的和工作是:依据各种制品配方的要求,把生产制品的各种骨料原料、沥青破碎和筛分为各种规定的粒度级别。

4.1　破碎的基本理论

4.1.1　破碎的基本概念

固体物料在外力作用下,克服内聚力而破裂的过程称为粉碎。外力可以是人力、机械力、电力或者爆破力等。固体由大块破裂成小块的操作通常称为破碎,由小块破碎为细粉的操作称为磨粉,其相应的机械称为破碎机和磨粉机。

依据破碎物料的大小及破碎后物料的颗粒不同,可以把物料的粉碎操作分为粗碎、中碎、细碎、粗磨、细磨和超细磨等级别。在炭素工业中通常只分为三个级别:

粗碎(或预破碎)指大块原料进入煅烧炉前的破碎,一般是指将块度在 200 mm 的大块料破碎到 50~70 mm;

中碎指将煅后料进一步破碎到配料所需要的粒度,一般是将煅后料由 50 mm 左右破碎至 1~20 mm;

细磨(或磨粉)指将一部分原料磨成 0.15 mm 或 0.75 mm 的粉末。

在实际生产中,对物料的破碎不是采用单一的方法和设备来实现,而是分几个阶段,采用不同的破碎设备来完成对物料的破碎过程。

4.1.2　粉碎比

为表征物料在粉碎前后尺寸的变化,用粉碎比(或称粉碎度)i 表示。物料的粉碎比是确定粉碎工艺及机械设备选型的重要依据。

粉碎前物料的平均直径 D 与粉碎后物料的平均直径 d 的比值 i 称为平均粉碎比,即 $i = D/d$,一般简称粉碎比。对破碎来说,称其为破碎比。破碎比主要用来表明物料破碎前后粒度的变化程度,对同一类破碎设备,破碎比越大,则其破碎效率越高。

在实际生产中,所有破碎的物料都不可能是圆形的,通常用破碎机的允许最大进料粒度与最大出料粒度尺寸之比作为破碎比,称为公称破碎比。一般情况下为保证破碎机的正常运行,最大进料尺寸总小于设备允许的最大进料粒度,因此设备的实际破碎比都较公称破碎比低。由于各站破碎机的破碎比都有一定的范围,而生产中要求的破碎比比较大时,就需要两台或多台破碎机进行破碎，这种串联使用的破碎机台数称为破碎级数，则第一级破碎的进料平均粒径与最后一级破碎的出料平均粒径之比称为总破碎比。总破碎比也可由各级破碎机的破碎比的乘积来计算。即：

$$i = i_1 \cdot i_2 \cdot i_3 \cdots i_n$$

式中：i 为多级破碎系统的总破碎比；i_1，i_2，i_3，…，i_n 代表各级破碎机的破碎比。

4.1.3　物料的易碎性

物料破碎的难易程度称为物料的易碎性。物料的易碎性与其本身的强度、硬度、密度、结构的均匀性、黏性、裂痕、含水量及其表面状况等因素有关。

物料的强度和硬度，都表示物料对外力的抵抗能力，所以强度和硬度都大的物料比较难以破碎。但是硬度大的物料不一定难破碎；破碎难易的决定因素是物料的强度。硬度大而强度小，即结构松弛而脆性的物料，比强度大硬度小的韧而软的物料易于破碎。

4.1.4　破碎方式

炭素工业中采用的粉碎方法主要是靠机械力作用，最常见的物料破碎方式有 5 种，如图 4-1 所示。

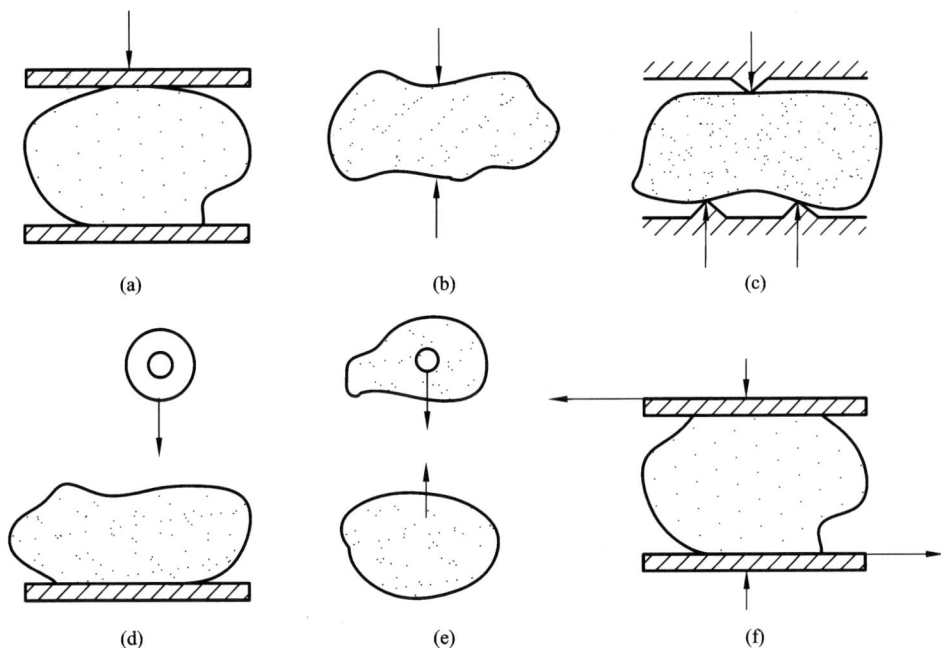

图 4-1　物料的破碎方法
(a)压碎；(b)劈碎；(c)剪碎；(d)击碎；(e)磨碎；(f)压剪破碎

(1)压碎　物料在两个破碎工作面间受到缓慢增加的压力而破碎。它的特点是作用力逐渐增大，力的作用范围较大，多用于大块物料破碎，如 300 t、500 t 破碎机等。

(2)劈碎　物体由于楔状物体的作用而被破碎，多用于脆性物料的破碎。

（3）剪碎　物料在两个破碎工作面之间如同受到集中载荷的两支点（或多支点）梁，除了在外力点受到劈力外，还发生了弯曲折断，多用于硬脆性大块物料的破碎。

（4）击碎　物料在瞬间受到外来冲击力而被破碎，冲击的方法较多，如在坚硬表面受到外来冲击体的打击；物料块间的相互冲击；高速运动的料块冲击到固定的坚硬物体上等。此种方法多用于脆性物料的粉碎。

（5）磨碎　物料在两个工作面之间或各种形式的研磨体之间，受到摩擦、剪切力进行磨削而成为细粒，多用小块物料或韧性物料的粉碎。

4.2　炭素厂常用破碎设备

炭素生产中常见的破碎设备主要有颚式破碎机、圆锥破碎机、挤压破碎机、反击式破碎机、锤式破碎机和对辊破碎机等。

4.2.1　颚式破碎机

1.颚式破碎机的主要结构

颚式破碎机是一种构造简单、坚固、工作可靠，维护和检修方便以及生产运行费用较低的破碎机械，在炭素行业运用广泛，如阳极组装残极破碎，主要由鄂板、推力板、拉杆、飞轮与皮带轮、偏心轴等组成。

鄂板由动鄂板和定鄂板组成，鄂板用螺栓固定在鄂床表面上，是直接和物料接触的工作件，承受与物料的挤压冲击和摩擦作用，通常用高锰钢铸造，并在其表面焊接一定的波纹形或者锯齿形。

推力板直接推动动鄂板作往复运动，同时又是整个破碎机的保险装置。当负荷过大时，它首先断裂，防止其他机件损坏，并能调节出料口尺寸。

飞轮与皮带轮，由于颚式破碎机是间歇地破碎物料，工作负荷不均匀，不仅浪费动力，而且影响机件寿命。装上飞轮，可以储存动鄂板后退时的能量，动鄂板前进挤压物料时再释放出来，提高设备的破碎能力。

偏心轴是颚式破碎机的主轴，是带动动鄂板作往复运动的主要部件。

2.工作原理

如图 4-2 所示，颚式破碎机是利用两块鄂板（一块定鄂板、一块动鄂板）来破碎残极的，当压脱的残极进入两块鄂板组成的楔形腔内，大块物料分布在上面，较小的位于下面，当动鄂板接近定鄂板时，物料受挤压破碎，当动鄂板离开时，压碎的物料在重力的作用下，向下移动，当其尺寸小于破碎腔最窄部分即排料口时，物料被排出。

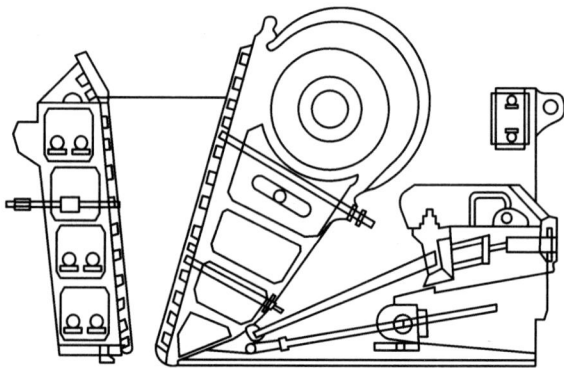

图 4-2　颚式破碎机示意图

4.2.2 圆锥破碎机

1. 圆锥破碎机结构

圆锥破碎机(如图 4-3)主要由传动部分(电动机、传动轴、大小伞齿轮、偏心轴套)、破碎部分(动锥、定锥、球面轴承、给料盘)和稀油站(油泵、冷却器、过滤器)三部分构成。圆锥破碎机是炭素生产行业应用比较广泛的破碎设备,根据要求,它可以作为初碎、中碎和细碎设备,炭素厂一般将其作为中碎设备使用。

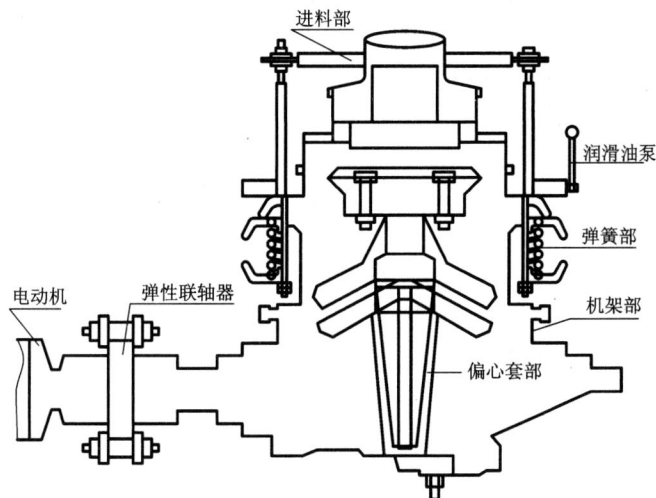

图 4-3 圆锥破碎机示意图

圆锥破碎机按其支承方式可分为悬轴式圆锥破碎机和支撑式圆锥破碎机两种。

2. 工作原理

在圆锥破碎机中,有两个用来破碎物料的圆锥体,其中一个为固定圆锥(定锥),另一个为活动圆锥(动锥或破碎锥),两锥体表面形成破碎腔,在悬轴式圆锥破碎机中,动锥悬挂支承在上部;而在支撑式圆锥破碎机中,动锥支撑在球面轴承上。动锥的下端,插入有锥齿轮带动的偏心套上,工作时由于偏心套的作用,使动锥的自转轴线和公转轴线成一定角度,因而两锥体表面又依次靠近又依次分开,靠近时破碎物料,离开时靠自重排料。

4.2.3 挤压破碎机

挤压破碎机也是炭素厂常用的破碎设备,对于一些块度较大、颚式破碎机无法完成、或者强度比较大的如电解返回的高残极、生阳极块的破碎,则必须采用挤压破碎机。在我厂中使用的挤压式破碎机主要有 300 t 和 500 t 两种,最常用的为 500 t。下面就以 500 t 简单介绍挤压式破碎机设备的结构和工作原理。

挤压破碎机(如图 4-4)结构主要由破碎室、挤压头、推料头、导轨、隔筛以及液压系统等组成。

1. 各部件的作用

破碎室:是破碎物料的场所,便于推头挤压破碎物。

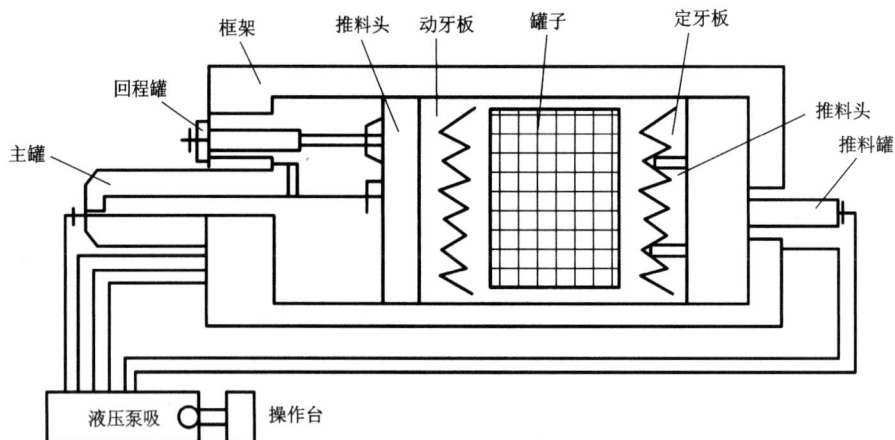

图 4-4 挤压破碎机示意图

挤压头：与液压油缸相连，与物料相接触的挤压面有多排纵横交错呈四方锥形的挤压齿，当挤压头向前推进挤压物料时，挤压齿挤压物料，由于挤压齿与物料接触面积较小，单位面积挤压力增大，从而达到将物料破碎的目的。

推料头：与推料油缸相连，其动作方向与挤压头方向相反，作用主要是将压碎的物料向前推出，使符合粒度要求的物料通过隔筛排出；同时将不符合要求的物料推出接受再次的挤压。

隔筛：控制破碎物料的破碎规格。

2. 挤压破碎机工作原理

电动机带动齿轮油泵向活塞提供动力，活塞向推压头提供动力，推头挤压物料破碎。

物料进入破碎室，挤压头、推料头均在原始位，当物料放入后，挤压头前进，在破碎室内，压挤头上的挤压齿扎入物料内，从而将物料破碎。通过推料头的推进，将压碎的物料推向隔筛，在重力作用下，符合规格的物料经隔筛排出，同时将未排走的物料进行第二次挤压。

4.2.4 反击式破碎机

1. 反击式破碎机结构

反击式破碎机(如图 4-5)主要由密闭破碎室(机壳)、转子、反击板、破碎粒度调节板、电动机组成。

密闭破碎室：转子把物料抛出，击打在室内的衬板上击碎，击碎后的物料不飞出。

转子：用于捣打、抛出物料。

反击板：保护转子、接触物料。

破碎粒度调节板：用于调节破碎后的物料粒度。

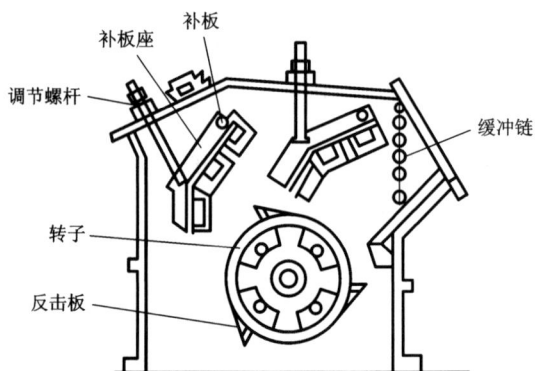

图 4-5 反击式破碎机示意图

电动机：供给转子做功的动力源。

2. 工作原理

在组装的残极破碎中，反击式破碎机一般作为中碎破碎设备，其工作原理为：残极进入给料口后，在机壳内受到高速回转转子上的板锤(打击板)的打击而撞击在反击板上，与反击板撞回来的物料又与转子连续打上去的物料发生强烈撞击，这样，物料在反击板、打击板、导板之间所组成的破碎腔内进行的多次冲击而破碎，破碎后的物料由排料口排出。

4.2.5　锤式破碎机

1. 主要构件

锤式破碎机主体由箱体和旋转部件构成。

箱体是其坚固的焊接结构，内部用耐磨性能高的锰钢进行衬里，上部通过支点销可以打开，供检修、更换打击板、衬板、锤头等，在轴承座下部为了检查及清扫，设有检查口。

旋转部件由轴、圆盘转子、支臂和锤头组成。

2. 工作原理

原料经给料溜槽落下，承受高速回转的旋转锤头的强力打击，进行冲击破碎，同时按切线方向抛出，在冲击衬板上被破碎，再弹回来，再次被破碎，抛出的原料在空中撞击破碎，通过这样反复作用下的破碎原料落到箱体下部的筛条上，规定尺寸以下的原料从排料口排出，大的继续被破碎到规定尺寸以下再从排料口排出。

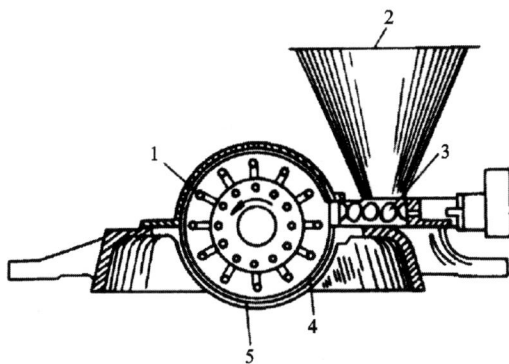

图 4-6　锤式破碎机内部结构原理图
1—十字锤头；2—加料斗；3—螺旋输送器；
4—筛网；5—下料出口

4.2.6　对辊破碎机

1. 结构

如图 4-7 所示，对辊破碎机主要由两个辊筒、固定轴承、活动轴承机构、止推螺杆、弹簧等部分构成。

2. 工作原理

原料在两个相向转动的辊间挤压和部分研磨的方式进行，原料依靠摩擦力带进两个辊轮间的缝隙，并逐渐破碎至与缝隙宽度相应的粒级。

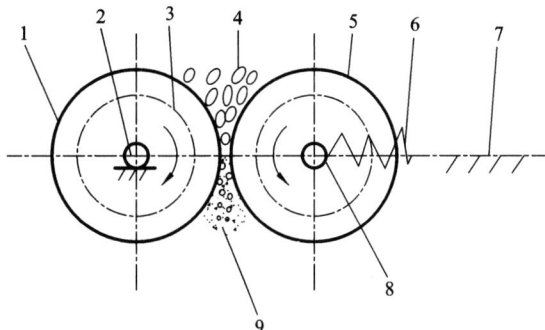

图 4-7　对辊破碎机结构工作原理示意图
1—固定辊筒；2—固定滚动轴承；3—辊筒夹套；4—粉碎前物料；5—移动辊筒；6—止推螺杆(或液压制推系统)；7—机架；8—滚动轴承；9—粉碎后物料

4.3 磨粉设备

1.球磨机结构

如图4-8所示，球磨机本体是一个用厚钢板焊接而成的圆筒，筒体内用高锰钢波纹衬板作内衬。进料箱、出料箱用钢板焊接制造，内用耐磨铸石做内衬，两端装有空心轴头，内衬高锰钢板，并设有螺纹套筒，支承在滑动轴承上。

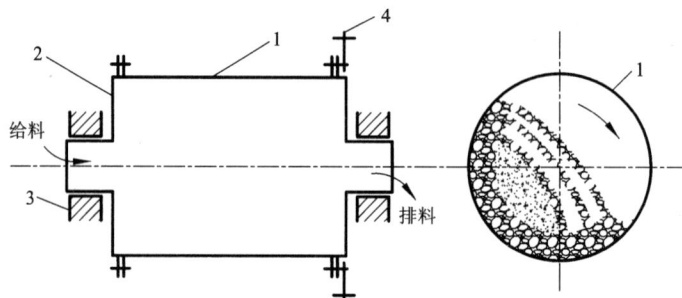

图4-8 球磨机主要组成示意图

1—筒体；2—端盖；3—轴承；4—大齿轮

2.工作原理

球磨机对物料的粉碎靠电机带动减速装置，回转窑筒体把钢球带到一定高度落下，而冲击筒体内的物料，在物料与物料、物料与钢球、物料与衬板间的研磨作用下完成破碎过程。

球磨机筒体内通常装入直径为25~150 mm钢球或瓷球，称为磨介或球荷，其装入量一般为有效容积的25%~45%。当筒体转动时，磨介随筒体上升至一定高度后，呈抛物线抛落或泻落下滑。

物料从左端进入筒体后，逐渐向右方扩散移动，在自左向右的运动过程中，物料受到球体的冲击、研磨而逐渐被粉碎，最终从右端排出机外。

物料进入筒体后，开始堆积于筒体左端，物料自左向右的运动过程即是物料逐渐被粉碎的过程，在筒体的每一截面，物料都随磨球作抛射运动，并在运动的研磨球的作用下被粉碎直至超细化。球磨机施力特征主要为击碎、压碎及磨碎。

当筒体旋转时，在衬板与磨介之间以及磨介相互之间的摩擦力、推力和由于磨介旋转而产生的离心力的作用下，磨介随着筒体内衬壁先往上运动一段距离，然后下落。磨介视球磨机的直径、转速、衬板类型、筒体内磨介总质量等因素，呈如图4-9所示的三种可能状况，即泻落式、抛落式或离心式。

如图4-9(a)所示，称为泻落。磨球朝下滑滚时，对磨球间的物料产生研磨作用，使物料粉碎。

若磨机转速较高，磨球随筒体内壁升高至一定高度后，离开筒体内壁而沿抛物线轨迹呈自由落体下落，这种状态称为抛落，如图4-9(b)所示。在这种情况下，向下抛落的磨球将对物料施以冲击及研磨作用，使物料粉碎。

若磨机转速进一步提高，磨球在离心力作用下紧贴筒体内壁随筒体一起做圆周运动，此

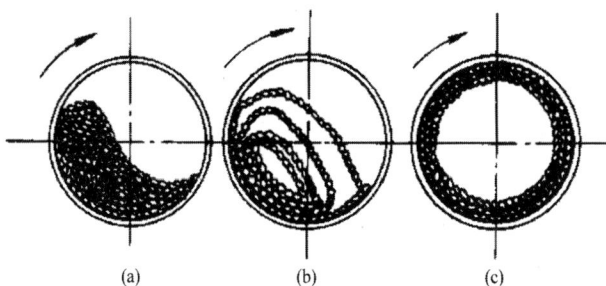

图 4-9　球磨机内磨介质的三种运动状态

(a)卸落状态；(b)抛落状态；(c)离心状态

时，磨球对物料无任何研磨冲击粉碎作用，这种状况称为离心状态，如图 4-9(c)所示。

3. 影响球磨产能的因素

影响球磨产能的因素有：①球磨机磨粉室半径；②钢球配入量及配入比例；③衬板选型；④球磨机转速；⑤循环风量、负压的调节；⑥球磨机料面(或下料量)的高低。

4.4　粉碎机的选择

选择粉碎机的原则：①选择粉碎机要根据粉碎物料的物理特性来决定。硬而脆的物料用击碎或压碎法较好，韧性物料用压碎和研磨相结合的方法。为了避免产生大量粉尘，获得大小均匀的物料，对脆性物料适用劈碎法，对于需细碎的物料则采用击碎与研磨相结合；②粉碎机的结构、尺寸与被粉碎料的强度与尺寸相适应；③粉碎机应保证所要求的产量，并稍有富裕，以免在给料量增加时超载；④粉碎机加工后的物料粒度要均匀，粉碎过程中形成的粉尘少；⑤粉碎机粉碎过程均匀不断，粉碎后的物料应能迅速和连续排出；⑥能量消耗应尽可能小，粉碎比调整方便；⑦机械的工作部件经久耐用且便于拆换。

4.5　筛分的基本理论

在各种炭块和糊料的生产中，需要用到各种不同粒度的原料，而经过破碎后的物料各种粒度是混在一起的，不符合纯度要求，是不能直接用于生产的，须通过筛分，把它们调整到符合工艺要求的粒度范围。

4.5.1　筛分的基本概念

粒度：料块(或料粒)大小的量度，一般用 mm 或 μm 表示。

粒级：将松散物料借用某种方法分成若干级别，这样的级别称为粒级。

筛分：把破碎后的物料，根据生产工艺要求，通过筛网分成几种粒度间隔的过程，也称分级。

粒度组成：用称量法将各粒级的质量称出，并计算出它们的质量分数(或累计质量分数)，从而说明这批物料是由含量各为多少的粒级组成，即为粒度组成。

粒度分析：从粒度组成可以看出各粒度的分布情况，确定粒度组成的实验叫粒度分析。

4.5.2　粒度表示方法

1. 单个料块的粒度表示法

每一个料块的形状都是不规则的，一般用平均直径表示它的大小。平均直径就是在三个互相垂直方向量得尺寸的平均值。这种测定方法常用来测定大料块(如破碎机的给料和排料)中的最大块粒度。

2. 粒级表示方法

大批松散物料，如果用几层筛面把它们分成$(n+1)$个粒度级，确定每一粒级的尺寸。通常以料粒能透过的最小正方形筛孔宽度作为该级别的粒度。如筛孔宽度为b，则：$d=b$

如透过上层筛的筛孔宽为b_1，留在下一层筛面上的筛孔宽为b_2，粒度级别则按以下方法表示：

$$-b_1+b_2 \text{ 或} -d_1+d_2$$
$$b_1 \sim b_2 \text{ 或} d_1 \sim d_2$$

3. 平均粒度和物料的均匀度

为了说明含有各种粒级的混合物料的平均大小，可以计算平均粒径。由不同粒度级组成的混合料可以看作是一个集合，可以用统计上求平均值的方法来计算混合料的平均粒径。

设r_i表示各级的质量分数，D为混合料的平均直径，d_i为各级的平均直径。计算混合料平均直径可以有以下几种方法：

(1) 加权算术平均法

$$D = \sum r_i d_i / \sum r_i = \sum r_i d_i / 100$$

(2) 加权几何平均法

$$D = \sum r_i \lg d_i / \sum r_i = \sum r_i \lg d_i / 100$$

(3) 调和平均法

$$D = \sum r_i / \sum r_i / d_i = 100 / \sum \frac{r_i}{d_i}$$

以上三种方法的计算结果是：算术平均值>几何平均值>调和平均值。在计算混合料的平均粒度时，如果混合料筛分的级别愈多，求得的平均值愈准确，其代表性也愈好。

平均粒度虽然反映物料的平均大小，但单有平均粒度还不能完全说明物料的粒度状况。因为往往有两批料的平均粒度相同，但它们各相当粒级的质量分数却完全不同。为了能对物料的粒度状况有完全的说明，除了平均粒度外，还必须用偏差系数k_d来表示物料粒度的均匀程度。偏差系数按下式计算：

$$k_d = \sigma / D$$

式中：D为用加权算术平均法求得的平均粒度；σ为标准差，按下式计算：

$$\sigma = \sum (d_i - D)^2 r_i / \sum r_i$$

通常将$k_d < 40\%$认为是均匀的；$k_d < 40\% \sim 60\%$为中等均匀；$k_d > 60\%$为不均匀。

4.5.3　粒度分析

根据物料粗细不同，常用的粒度分析方法有以下几种。

1. 筛分分析

利用筛孔大小不同的一套筛子进行粒度分析, 对于粒度小于 100 目, 即大于 0.043 mm 的物料, 一般采用筛分分析测定粒度组成。筛分法设备简单, 且易于操作。一般干筛至 100 μm, 再细的可用湿筛。该法的缺点是受颗粒形状影响很大。

2. 水力沉降分析

利用不同尺寸的颗粒在水中的沉降速度不同而分成若干级别。它不同于筛分法, 因为筛分得到的是几何尺寸, 水力沉析法测得的是具有相同沉降速度的当量球径。此法适用于 50 μm 以上粒度范围的测定。

3. 显微镜分析

主要用来测定微细物料, 可以直接观测颗粒尺寸和形状, 常用于检查特殊产品或校正分析结果, 其最佳测量范围为 0.5 至 20 μm 之间。

4.5.4 筛分效率及筛分纯度

松散物料的筛分过程可以看作由两个阶段组成: 易于通过筛孔的颗粒通过不能穿过筛孔颗粒所组成的物料层到达筛面; 易于穿透筛孔的颗粒透过筛孔。要使这两个阶段能够实现, 物料在筛面上应具有适当的运动, 一方面使筛面上的物料层处于松散状态, 使易于穿过筛孔的颗粒容易达到筛面并透过筛孔, 另一方面促使堵在筛孔上的颗粒脱离筛面, 以有利于能透过筛孔的颗粒透过筛孔。

在筛分过程中, 比筛孔尺寸小的级别应该全部透过筛孔, 成为筛下产物, 但实际上并非如此。总有一部分细级别的颗粒不能透过筛孔, 而是随筛上产物一起排出。筛上产物中未能透过筛孔的细级别数量愈多, 说明筛分的效果愈差, 这就是筛分效率的问题。

所谓筛分效率就是实际得到的筛下产物量与入筛物料中所含粒度小于筛孔尺寸的物料量之比, 可用下式计算:

$$E = \frac{C}{Q \cdot a/100} \times 100\% = \frac{C}{Q \cdot a} \times 10^4 \%$$

式中: E 为筛分效率, %; C 为筛下产物量, kg; Q 为入筛原物料量, kg; a 为入筛原物料中小于筛孔的粒级的含量, %。

在实际生产中经常使用筛分纯度表征筛分效率的好坏。所谓筛分纯度是指经过一段时间的筛分后, 某种粒度级别物料的质量分数, 可以用下式来表示:

$$\eta = \frac{C}{Q} \times 100\%$$

式中: η 为筛分质量分数, %; C 为筛下产物量, kg; Q 为入筛物料总量, 即筛下产物量与筛上残留的物料量之和, kg。

在炭素工业生产中, 生产配方是按一定的粒度来计算的。若纯度不稳定或太低, 都会破坏正常的粒度组成, 从而使混捏工序所用黏结剂量波动, 导致产品质量下降。

4.6 筛分设备

在炭素工业中，经常使用的筛分机有以下几类。

4.6.1 振动筛

振动筛包括振动筛、共振筛和摇动筛。这类筛分机按其传动方式可分为偏心振动筛和惯性振动筛，按其运动方式可分为圆运动振动筛和直线运动振动筛。

1. 结构

振动筛由筛箱、振动器、弹簧减振装置和支承底架等组成。其结构如图4-10所示。

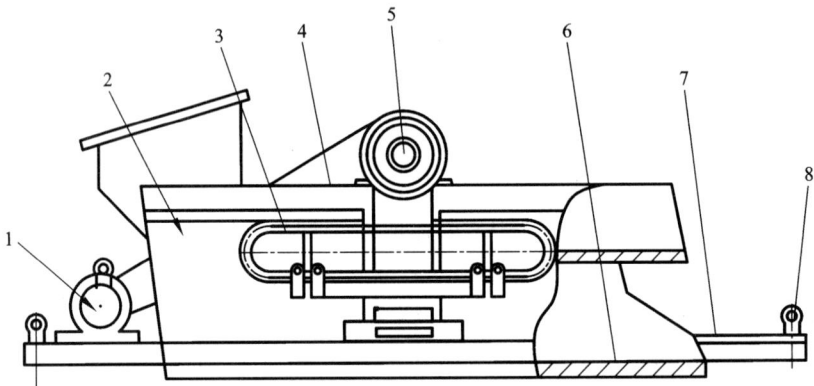

图4-10 振动筛结构示意图

1—电动机；2—振动壳；3—弹簧；4—轴承；5—轴；6—筛网；7—框架；8—挂钩

2. 工作原理

振动筛的运动由电机通过驱动振动器，而使筛箱产生振动，筛网作高速振动时，网面上的物料也随着振动起来，这时小于网孔的粒度就漏到网下面，从而和大于网孔的粒度分开。

4.6.2 回转筛

1. 结构

回转筛的主要结构由传动系统、主轴、筛框架、密封外壳、机架组成，如图4-11所示。传动系统由电动机、减速机、齿轮组成。

主轴（筛中心轴）：由轴承架固定在机架上，筛框架固定在主轴上，筛框架一般是六角锥形或圆筒形的，在筛框架上安有可卸的筛网。

外壳起密封作用，使灰尘不泄漏。

2. 工作原理

筛子的主轴（中心轴）有一定的倾斜度（5°~9°），这样在筛网随主轴旋转运动，物料就能不断向前移动，由于主轴上筛框架分段安装不同规格的筛网，小规格筛网安在靠进料口，依次是大规格，从进料溜下来的物料首先经过细筛网筛，大于细筛孔的物料和一部分小于细筛孔而未被筛下去的物料，随主轴转动向较粗筛网上，最后从筛上料出口排出，重新破碎筛分。

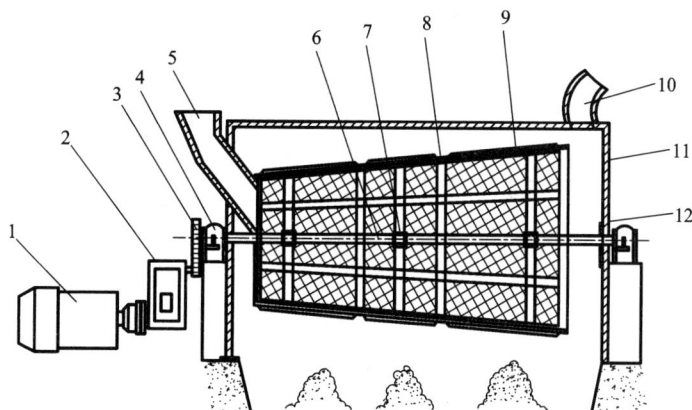

图 4-11　回转筛结构示意图

1—电动机；2—减速机；3—齿轮；4—轴承；5—进料溜子；6—主轴(筛中心轴)；
7—框支承；8—筛框；9—活动筛网；10—吸尘口；11—密封外壳；12—密封垫

4.6.3　格筛

可分为固定格筛和滚轴筛。

4.6.4　莫根生筛

莫根生筛又称概率筛，它虽然也是一种振动筛，但其工作原理与常用的振动筛完全不同，它是利用大筛孔、多层筛面、大倾斜度的原理进行筛分。

在以上几类筛分机中，格筛的结构最简单，固定格筛又需要动力，在炭素和电炭厂一般用于原料煅烧前预破碎机上部，以保证破碎机的入料粒度适宜，也可用在原料场。回转筛一般用于焙烧填充料的筛分和石墨化车间保温料和电阻料的处理。振(摇)动筛主要用于中碎，磨粉车间的筛分。

4.7　破碎筛分的操作和控制

4.7.1　破碎作业与破碎机必要操作条件

1. 破碎作业

在破碎操作中，有间歇破碎、开路破碎和闭路破碎三种流程。

间歇破碎是将一定量的被碎料加到破碎机内，并关闭排料口，破碎机不断运转，直至全部被碎料达到所要求的粒度为止，然后排出全部碎成料。间歇破碎一般用于处理量不大而粒度要求较细的破碎作业。

开路破碎是将被碎料不断加入，碎成料连续排出。被碎料一次通过破碎机(又称无筛分连续破碎)，碎成料控制在一定粒度下。开路破碎操作简单，一般用于预破碎。

闭路破碎是被破碎料经破碎机一次破碎后，被破碎后的颗粒由运载流体(空气或水)夹带而强行离开，再由机械分离设备进行处理，取出粒度符合要求的部分，把较粗的不合格颗粒返回粉碎机再行破碎。闭路破碎是一种循环连续作业，它严格遵守"不作过破碎"的原则。

三种流程的比较见表 4-1。

表 4-1　破碎流程的比较

破碎流程	加料	出料	粒度分布	生产能力	机件磨损	适用范围	设备费
间歇	方便	不方便	广	小	大	磨粉	小
开路	方便	方便	广	中	大	破碎	小
闭路	方便	方便	窄	大	小	细碎、磨粉	大

2. 破碎原则

破碎物料时，必须遵循一个基本原则，即"不作过破碎"。在破碎作业中，被破碎料的加入与碎成料的排出的调节十分重要。特别是在连续作业的场合下，加料速度与排料速度不仅应相等，而且要与破碎机的处理能力相适应，这样才能发挥最大的生产能力。若破碎机滞有碎成料，则会影响破碎的效果。因为碎成机的滞留意味着它有进一步破碎的可能性，从而超过了所要求的粒度，做了破碎，浪费了破碎功。而这些过破碎的粒子会将尚未破碎的颗粒包围起来，由于细小颗粒构成的弹性衬垫具有缓冲作用，妨碍着破碎的正常进行，进一步降低了破碎效率，该现象称为"闭塞粉碎"。与此相反，破碎效率高的"自由粉碎"则是依靠水流或空气流将已粉碎成一定要求的碎成料自由地从破碎机中排出，尽快离开破碎作业区。

3. 破碎机的必要操作条件

各种类型的破碎机的破碎工作件或是两平面体(如颚式破碎机)，或者是两同向的曲面体(如环辊磨机)，或者是两异向的曲面体(如辊式破碎机)，或是曲面对平面(如轮碾机)等。不论何种类型的破碎机，要使破碎顺利进行，其必要的操作条件如下：

(1)被碎物体的最大尺寸不能过大，以便顺利进入破碎机，一般是略小于破碎机进料口的尺寸；

(2)破碎机的工作件能将物料钳住而不被推出。

4.7.2　影响筛分作业的因素

1. 物料的性质

(1)物料的粒度特征

被筛物料的粒度组成对于筛分过程有决定性的影响。在筛分过程中，物料有三种粒度界限：小于 3/4 筛孔尺寸的颗粒称为"易筛粒"，这种颗粒愈多的物料愈容易筛，生产率也随之增加；小于筛孔尺寸但大于 3/4 筛孔尺寸的颗粒称为"难筛粒"，这种颗粒愈多且粒度愈接近筛孔时愈难筛，这时筛分效率和生产率都将下降；1~1.5 倍于筛孔尺寸的颗粒为"阻碍粒"，它阻碍细粒达到筛面而透过筛孔，使筛分效率降低。

(2)物料的含水量

物料含水时，筛分效率和生产效率都会降低。当以不同筛孔的筛子处理含水量相同的物料时，水分对筛分效率的影响是不同的。筛孔愈大，水分的影响愈小。因此常采用适当加大筛孔的办法来改善含水量高的物料的筛分效率。

(3)物料的颗粒形状

如果是圆形颗粒的物料,则透过方孔和圆孔较容易。破碎产物往往是多角形,透过方孔和圆孔不如透过长方形孔容易,特别是条状、片状的物料难以透过方孔或圆孔,而较易透过长方形孔。

2. 筛面种类和结构参数

(1)筛面种类

工业上常见的筛面有棒条筛、钢板筛和钢丝筛三种。钢丝筛的有效面积最大,筛面的单位生产能力和筛分效率最高,但使用寿命最短。棒条筛的使用寿命最长,但有效面积最小。钢板筛的有效面积和使用寿命中等。

(2)筛孔直径和筛孔形状

筛孔直径愈大,单位生产面的生产率愈高,筛分效率也较好。若希望筛上产物中所含小于筛孔的细粒尽量少,就应该用较大的筛孔。反之,若要求筛下产物中尽可能不含小于规定粒度的粒子,筛孔不宜过大,以规定粒度作为筛孔直径限度。

筛孔形状的选择,取决于对筛分产物粒度和对筛子生产能力的要求。圆形筛孔与其他形状的筛孔比较,在名义尺寸相同的情况下,透过这种筛孔的筛下产物的粒度较小。长方形筛孔的筛面有效面积大,适于条状和片状颗粒通过,生产率较高。正方形筛孔适合于块状物料的筛分。

筛孔尺寸、筛孔形状和筛下产品最大粒度的关系可按下式计算:

$$d_{max} = K \cdot \alpha$$

式中:d_{max} 为筛下产物最大粒度,mm;α 为筛孔尺寸,mm;K 为筛孔形状系数,见表 4-2。

表 4-2　K 值表

孔型	圆孔	方孔	长方孔
K	0.7	0.9	1.2~1.7

(3)筛面运动状况

筛面与物料之间的相对运动,有利于颗粒通过筛孔。各种筛子的筛分效率为:固定条筛 50%~60%;转筒筛 60%;摇动筛 70%~80%;振动筛 90%以上。

3. 操作条件

(1)加料均匀性

均匀连续加料,控制加料量,使物料沿整个筛面的宽度布满一薄层,即充分利用了筛面,又便于细粒通过筛孔,因此可以提高生产率和筛分效率。

(2)给料量

给料量增加,生产能力增大,但筛分效率会逐渐降低。原因是筛子过负荷,使筛子成为一个溜槽,实际上只能起到运输物料的作用。因此,对筛分作业必须兼顾筛分效率和处理量。

（3）筛面倾角

增大筛面倾角，可以提高送料速度，生产能力将有所增加，但缩短了物料在筛上的停留时间，筛分效率将降低，所以筛面角度要适当。通常振动筛安装时的倾角为 $0° \sim 25°$，固定棒条筛的倾角为 $40° \sim 45°$。

4.7.3　焦炭中碎筛分操作

1. 操作前准备工作

（1）检查确认系统是否有人维修，各密封和盖板是否完好；

（2）检查确认各料仓料的实际贮存量（也即料位确认）和各料仓信号是否真实；

（3）检查确认各收尘器压缩空气是否打开，压力是否正常；

（4）检查确认各运输皮带是否能运转正常；

（5）检查振动筛里的筛网是否完整良好，有破损的地方，立即补好或更换；

（6）检查确认斗提机、破碎机等设备观察孔是否关好；风机、破碎机冷却水是否有溢流；

（7）检查确认各溜管是否漏料或堵塞；

（8）检查确认各电源是否正常；

（9）检查确认除铁器上是否有金属物。

2. 启动操作

（1）电脑上做灯试验，检查指示灯是否正常；

（2）在电脑上点回路实验按钮，检查有没有手动或报警，有手动则到现场，将转换开关转为自动，有报警则通知电工处理。

（3）如无异常则按启动按钮启动。

（4）启动后应检查各电机电流是否在额定工作值，检查各设备是否有异常声响，如有异常则应停机检查。

（5）粒度检查，可在斗式提升机及其连接溜管上的观察门处进行，如有异常则需进行检查、调整。

（6）系统运行必须在收尘设备正常工作的情况下进行，所以启动后应着重检查各收尘运行是否正常。

3. 运行管理

在设备运行过程中，要加强设备的巡视检查，检查内容包括：

（1）下料量及料仓料位控制。

（2）破碎机转速根据下料量调整破碎机转速，一般按照 $450 \sim 800$ r/min。

（3）在设备运行过程中，确认设备无异常声音。

（4）检查确认粒度无异常，并根据分析报表进行调整。

4. 常见故障及处理（表 4-3）

表 4-3 破碎工序常见故障及处理方法

序号	故障现象	故障原因	故障处理方法
1	煅后焦下料口无料	(1)振动给料器保险烧坏 (2)下料口堵料 (3)料仓无料 (4)下料振幅为零 (5)皮带秤前面皮带输送机主链条故障	1)更换保险、更换给料器控制装置 (2)进行现场堵料清理 (3)换为有料的下料口 (4)调整振幅，达到设定下料量 (5)联系电钳人员进行确认检查及修理
2	皮带运输机尾部堵料	(1)皮带跑偏 (2)皮带破损漏料 (3)皮带松弛，下垂	(1)钳工报告，对皮带滚筒进行调整 (2)更换皮带 (3)对皮带张紧装置经调整，提高张紧力
3	破碎机负荷跳闸	(1)料量过大 (2)碎机被异物卡住 (3)破碎机至斗提机之间溜槽堵料	(1)调整下料量 (2)确认卡住异物部位，排出异物 (3)现场手动运转斗提机，清通返料管堵料，将系统启动排出异物
4	破碎粒度偏析	(1)破碎机反击板间隙过大 (2)振动筛筛网破损 (3)破碎机转速不当	(1)调整破碎机反击板间隙 (2)更换筛网 (3)如果物料过细，应降低破碎机转速，如果过粗，应提高破碎机转速
5	振动筛积料，观察孔漏料	(1)振动筛后面溜管堵料 (2)斗提机主链条故障 (3)筛体漏料 (4)磁选机堵料	(1)敲击溜管或拆下所堵处，排出异物 (2)联系电钳人员，检查及修理后即可启动 (3)排出积料 (4)将大块料打碎或排出，系统启动把积料清理
6	提升机负荷跳闸	(1)料量过大或返回料过多 (2)振动筛皮带脱落或烧坏 (3)提升机到振动筛之间溜管堵料 (4)溢流箱至返回料管之间堵料	(1)清理溜管，必要时将所堵处拆下清理 (2)确认皮带脱落烧坏原因，更换新皮带 (3)清理溜管，必要时将所堵处拆下清理 (4)确认何处堵料，排出异物

4.8 物料输送及设备

4.8.1 物料输送

炭素厂破碎筛分系统流程的物料主要采用带式运输机、斗式提升机和螺旋输送机等输送。理论上说物料输送，可以单独使用一种输送方式，也可以几种输送方式串联混合使用。在实际生产中，主要根据物料性质、设备配置、场地等具体条件选择输送方式，较多情况下，是几种输送方式串联混合使用。例如煅后焦破碎筛分后的物料输送流程如图 4-12 所示。

由带式运输机送来的煅后焦最大块度为 45 mm 左右，先加入对辊间隙为 20 mm 左右的对辊破碎机，破碎后的物料由斗式提升机提升到高位储料槽。通过机械给料设备均匀地将焦炭加入到第一段振动筛，大于 12 mm 筛上料返回到破碎机进行再破碎，筛下料经磁选机磁选

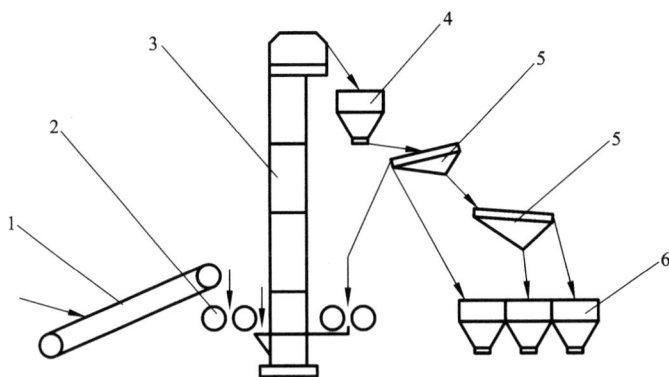

图 4-12　煅后焦的破碎筛分物料流程

1—带式运输机；2—对辊破碎机；3—斗式提升机；4—储料斗；5—振动筛；6—筛分后颗粒料仓

脱铁，输送到第二段振动筛分级成 3~12 mm 和 3 mm 以下的两种粒级，并输送到配料仓储存。在实际生产中，可根据各级颗粒料的使用情况，将各粒度料经溜槽打入球磨前储料仓磨粉，以达到各粒度料的平衡使用。

4.8.2　输送设备

1. 带式运输机

带式运输机可分为移动式和固定式两种类型。移动式带式输送机用于位置不固定的料场、仓库等处物料的短距离堆垛、装卸和输送。固定式带式输送机则用于固定场所物料的输送，它可水平布置也可倾斜布置，主要布置形式如图 4-13 所示。

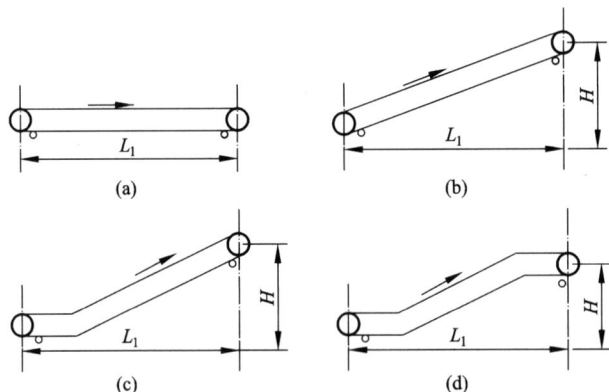

图 4-13　固定式带式输送机的布置形式

（1）基本结构

带式输送机的构造如图 4-14 所示。

（2）工作原理

物料从输送机的加料端加入，随着输送带的前进，把物料带到卸料端卸下，以完成物料

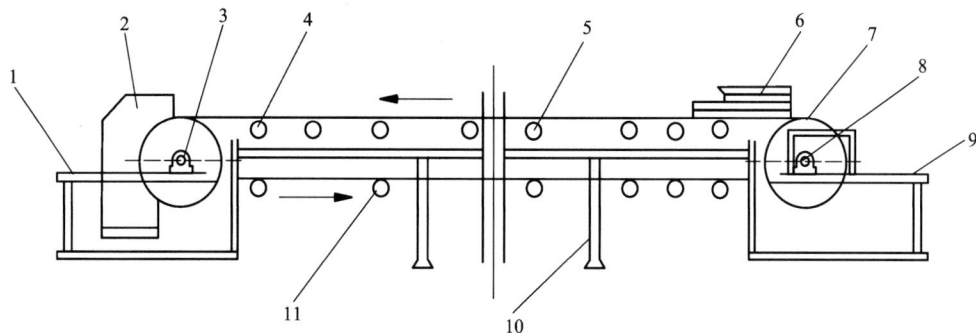

图 4-14　带式输送机示意图

1—头架；2—头罩；3—传动滚筒；4—上托辊；5—输送带；6—加料漏斗；
7—改向滚筒；8—拉紧装置；9—尾架；10—中间架；11—下托辊

的输送工作。

输送机还配有清扫器、给料装置和磁分离装置，还可增设称量装置。对倾斜的带式输送还须增设制动装置。

2. 斗式运输机

（1）基本结构

斗式提升机主要由驱动装置、上部传动滚筒、挠性牵引件、料斗、下部拉紧滚筒等组成，其构造如图 4-15 所示。

（2）工作原理

物料由下部端面的进料口加入，盛于料斗中的物料随着料斗上升至一定高度，当料斗在提升机顶部改变运动方向时，物料就从斗中卸下。

料斗按装载的方式分为：掏取式（从物料内舀取）和流入式（物料直接流入料斗内），如图 4-16 所示。

"掏取式"装载主要用于输送粉料、粒状和小块状的无磨损性或半磨损性的散状物料，其料斗是按规定距离间隙布置的；"流入式"装载用于输送大块状或磨损性大的物料，其料斗是

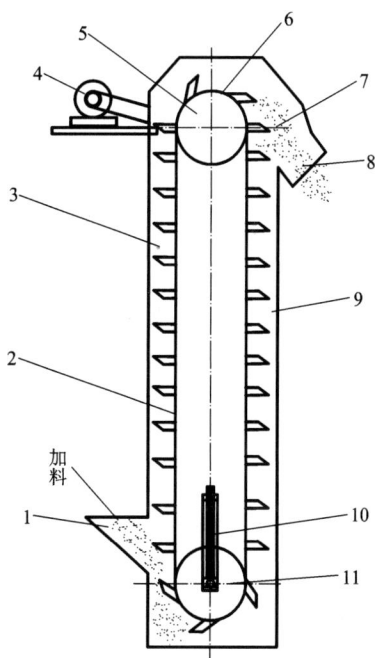

图 4-15　斗式提升机结构示意图

1—进料口；2—牵引件；3—料斗；4—电动机；
5—传动滚筒；6—传动滚筒轴；7—平台；8—卸料口；
9—机壳；10—张紧装置；11—拉紧装置

一个接着一个密集布置的，可防止物料在料斗之间撒落。炭素厂两种方法都有采用。

3. 螺旋输运机

螺旋输送机是利用钢性螺旋的原地旋转来实现物料的轴向输送，其结构简单、体形紧凑、传动方便，不引起粉尘飞扬，便于短距离输送粉粒状物料。

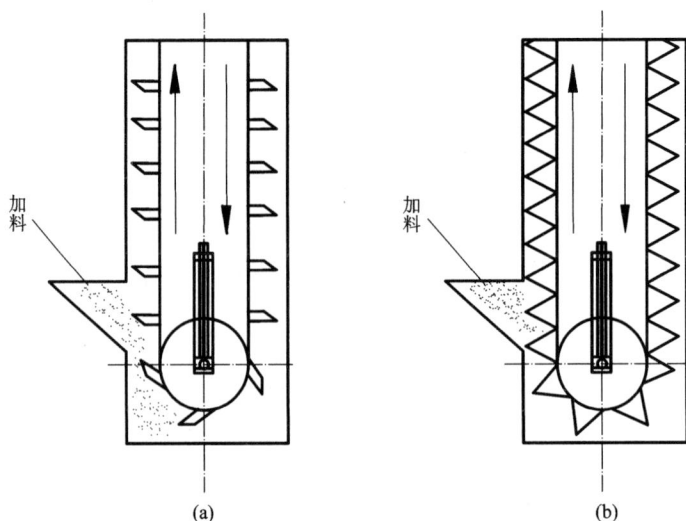

图 4-16　料斗的装料方法

(a)舀取式；(b)流入式

(1)螺旋输送机的结构

螺旋机输送机螺旋部分由头节、中间节和尾节三段组成，最短时可以只用头节和尾节，较长时可用头节加数段中间节再加尾节组成，其组成部分如图 4-17 所示。螺旋机按使用要求不同，可选用实体螺旋和带式螺旋，实体螺旋用于输送粉状物料及有附着性的干燥小颗粒物料，带式螺旋用于输送块状物料及黏性物料。

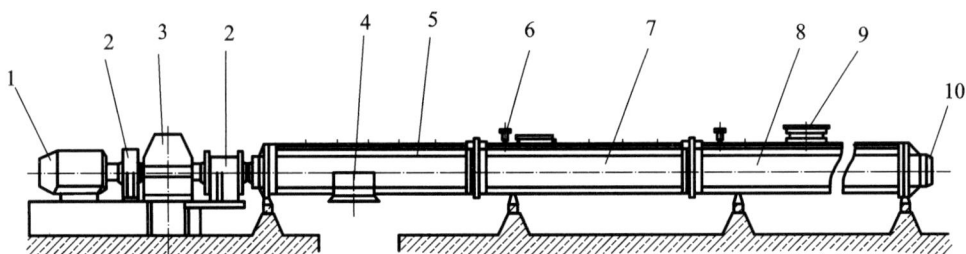

图 4-17　螺旋输送机结构示意图

1—电机；2—联轴器；3—减速机；4—出料口；5—头节；6—油杯；7—中间节；8—尾节；9—进料口；10—轴承

根据螺旋机的安装位置要求，可选择左装或右装的减速器和左装或右装的出料拉板，当人站在电机后面向尾节看去，减速机低速轴在电动机右侧的和拉板向右拉开的就叫右转，反之为左转。

(2)工作原理

炭素厂广泛使用的螺旋输送机，其工作原理主要分为重力滑下法和推挤法。

重力滑下法　螺旋的转速较低，在螺旋面上的物料受到重力的影响远比离心力的影响大，由于螺旋的转动物料不断沿螺旋面向下滑而产生位移(如图 4-18)。该原理的螺旋机的填充系数一般都小于 0.5。因为充填过多，物料不是沿旋转面滑下，而是被螺旋的搅动使它翻越螺旋轴落下，并不能获得大的轴向速度。

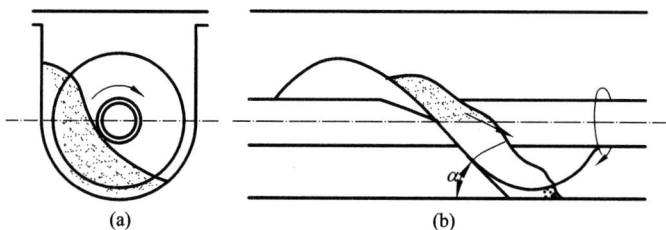

图 4-18　重力滑下原理图

(a)横向；(b)轴向

　　滑下法原理虽然填充系数小，输送能力低，但物料处于较松散的自由滚落的状态，较少受到挤压，适用于易结块、磨琢性大的物料。当采用标准螺旋时，不但能保持较快的滑下速度，并且对倾斜输送有一定的适应能力(一般在 20°以内)。

　　堆挤法　用于仓底的卸料输送螺旋，物料经常充满螺旋，颗粒物料受到的静压较大，每粒物料本身的重力远小于其他作用力(螺旋推力、摩擦力、静压力)。此种螺旋的阻力是很大的，它要克服较大压力下形成的摩擦力，工作时物料好像是螺母，螺旋起着旋钉似的作用，只要螺母不转动(或转动较慢)，利用螺钉的旋转，就可以使螺母沿轴向移动，仓底卸料螺旋常采用变节距螺旋，在出口端的节距较大。

第5章 配 料

5.1 配方的基本理论

在炭素制品生产中，控制配料的粒度分布（组成）是控制产品质量的极其重要的措施之一，被认为是炭素技术中的核心问题。配方作为配料的理论基础，对产品的质量和成型、焙烧等工序的成品率都有相当大的影响。当原料和工艺、设备条件确定后，骨料的粒度组成（即不同颗粒的比例）和黏结剂用量的确定就成为炭素生产的关键。

5.1.1 配方的定义及内容

配方定义为：将一种或数种不同性能与不同粒度的固体材料与黏结剂按一定的比例组合起来的过程。

一般来说，配方组成过程的内容包括以下三个方面：

（1）选择固体原材料的种类，确定不同种类原料之间的使用比例，简称为原料比。根据制品的使用技术条件及性能对原材料进行合理地、全面地选择，达到即保证质量、满足各种使用技术条件，又考虑工艺的可行性及制品的最终经济效益。

（2）确定固体原材料的粒度组成，简称粒度比。需要从制品的结构、使用物理性能以及工艺技术条件来综合考虑，进行不同粒度配比的选择，达到既满足制品的性能、又尽量简化工艺手段的目的。

（3）确定黏结剂的种类、性能及用量。从制品的性能、原材料的配方及粒度的配方等方面考虑对黏结剂的种类及性能的选择，并确定其用量，以保证制品的最终性能及工艺过程的可行性。

5.1.2 骨料最大粒度的确定和最紧密堆积

大颗粒物料在炭-石墨制品中起着骨架作用，并且能提高产品的抗氧化和耐热震性，使成型和焙烧过程中的裂纹产品减少。大颗粒适量，使材料的比表面积降低，制品的反应能力和燃烧速度都适当减慢，减少电极消耗量，但如大颗粒过多，制品的假密度、机械强度都降低，生产制品表面较为粗糙。

小颗粒物料的作用是填充大颗粒间的空隙，以提高制品的体积密度和机械强度，减少孔隙度增加产品的光洁度，且适当的粉料可以提高焙烧时沥青的残炭率。而小颗粒过多，使产品的耐热震性及抗氧化性能下降，增加焙烧过程的裂纹废品，同时需要黏结剂也会大大增加，反而又使产品孔隙度增加，降低了产品的质量。

1.骨料最大粒度的确定

为使阳极结构致密和孔隙度小，骨料颗粒最大尺寸选择需考虑以下因素。

（1）原料性质

从阳极制品的体积密度、机械强度、均匀性出发，从配方上需考虑避免煅烧石油焦封闭性气孔、尤其是大的封闭性气孔的存在。煅烧石油焦气孔多且大，最大气孔直径可达 5~6 mm，因而煅烧石油焦做骨料时，其最大颗粒粒度一般需破碎到 4 mm 以下，以使大的气孔都完全暴露，便于沥青在混捏过程中把暴露开的气孔都充满。

（2）产品的直径或截面大小

大颗粒在制品中起骨架作用，故产品的直径或截面愈大，其配料成分中的大颗粒的尺寸也要相应增大，以提高产品的耐热震性能和减小产品的热膨胀系数。可按以下经验公式来计算最大尺寸的颗粒：

$$D = 7.5 \times 10^{-3} \alpha$$

式中：D 为颗粒最大直径，mm；α 为制品的直径，mm。

根据制品的用途确定：当制品要求较高的机械强度和具有一定的电阻时，使用的大颗粒尺寸比计算值小，而且多用细颗粒料，相应的沥青配入量也多一些。

2. 骨料最紧密堆积

最紧密堆积的理论认为，当用全部大小相同的正六方体粒子或用正方棱柱的粒子进行堆积，可以达到完美无缺、无孔隙的理想状态。实际上，粒子都是不规则的，故以球形堆积说明最紧密堆积。表 5-1 是同一种圆球在理想状态下堆积时的孔隙率。

表 5-1　圆球在理想状态下堆积时的孔隙率

堆积方式	孔隙率/%	配位数（接触点）
立方	47.64	6
单交错	39.55	8
双交错	30.20	10
角锥	25.95	12
四面体	25.95	12

从表 5-1 看出，同一直径的球体，无论采取何种堆积方式，其最小孔隙率只是 25.95%，其值与球体大小无关。在直径较大的球体堆积后的孔隙中加入一定数量直径较小的球体，堆积体的孔隙率就下降；若在两组不同直径球体的堆积体中，再加入直径很小的球体后，孔隙率更小；若又对小孔隙用更小的粒子来填充，以达到理想的堆积密度。

各种理论比例的确定：在实际生产中，破碎或磨粉后的炭素原料颗粒一般呈条形或多角形，根本不是规则的球体，多组颗粒也不可能完全混合均匀，不能达到理想状态堆积。因此，实际生产中通常是通过试验方法来获得各种颗粒的合适比例，以保证堆积时达到最大堆积密度。在选择炭质制品配方中的各种颗粒的比例时，除了得到最大的容重外，还需考虑产品的截面大小、产品的用途及所要求的理论指标、原料性质、粒度的选用等。

3. 确定沥青用量需要综合考虑的因素

（1）生制品及焙烧制品性能

不同原料、不同颗粒组成配方的制品都有一个最佳的黏结剂比例。在成型工序，沥青用量过少时，糊料的塑性差，成型时需要提高压力，产生裂纹废品可能性增加，焙烧块机械性能差、具有较高的空气渗透率和较低的抗氧化性能；沥青用量较多时，糊料塑性好，成型压力较低，成品率高一些，但易导致生制品脱模后变形，焙烧块收缩性大、易产生裂纹、空气渗透率高和抗氧化性能差。如图 5-1 所示，沥青用量过多或过少都会增加生制品在焙烧过程中的收缩，当沥青用量过多时更为明显。

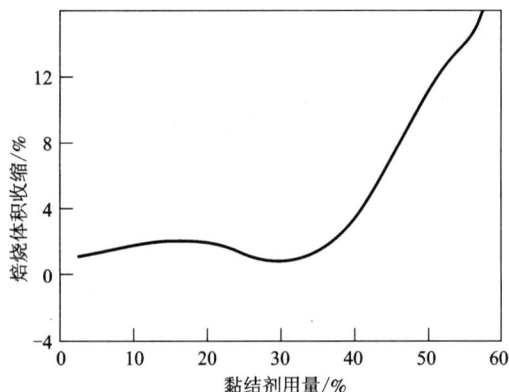

图 5-1　黏结剂用量与生制品在焙烧时体积收缩的关系

（2）原料颗粒对沥青的吸附性能

固体炭素原料对黏结剂的吸附性与混捏时的黏结剂用量有直接关系。吸附性大小主要取决于煅后原料的宏观结构性质，组织结构疏松，吸附性增加；吸附性能也与颗粒粒度大小有关，颗粒愈小，比表面积愈大，对黏结剂的吸附量也愈大。石油焦颗粒孔隙度大，对黏结剂有很好的吸附，需要的沥青量相应多些。

（3）改质沥青的性质

因产地不同、生产工艺不同，沥青中各组分含量不同，其黏结性能也不同，使用时需全面衡量。

沥青用量确定的基本原则：同一种原料，沥青的用量在很大程度上取决于散料颗粒的比表面积。而比表面积随着散料颗粒粒度组成而变化。在单位质量的散料颗粒中，小颗粒尤其是粉料用量多，其比表面积就大，需要的沥青就多；反之，大颗粒用量多，而粉料用量少，所需的沥青量就少些。

5.2　生产返回料的使用

在炭素制品生产过程中，不可避免的要产生一定量的废品及加工碎屑，它们经过适当处理后，可以作为原料使用，通称为生产返回料。生产返回料有下列四种。

1. 生碎

生碎是糊料成型后检查出的不合格生制品，也包括成型过程中掉落的糊渣及挤压时的切头等。一般情况下，生碎应用于同一配方的配料中，但也可以将沥青用量及粒度组成换算后加入另一种配方中。已经沾有灰尘的生碎可以用于生产电极糊等多灰制品。生碎使用时，一般要求破碎到 20 mm 以下。

2. 焙烧碎

焙烧碎是焙烧后得到的不合格废品和炭块等焙烧制品加工时的碎屑。经破碎成各种粒度级或磨粉后使用。焙烧碎在使用时要考虑到它的灰分，少灰焙烧碎可以加到多灰产品的配方中使用，而多灰焙烧碎不应加到少灰制品的配方中去使用。焙烧碎机械强度较大，加入到配方中有利于提高制品的强度，使用时，一般破碎成中等颗粒。

3. 石墨碎

石墨碎是石墨化产品中的不合格者及石墨化制品在加工过程中产生的碎屑。石墨碎可以用到各种炭素制品的配方中。它可以改善糊料的塑性，在挤压时减少糊料对挤压模嘴的摩擦阻力及糊料内摩擦力，有利于提高挤压成型的成品率和生制品的体积密度。石墨碎加入到炭块等产品的配方中，有利于减少因产品端部产生蜂窝结构而出现的废品，同时还可以提高成品的导电性与导热性。生产密闭电炉用的电极糊需要加入一定数量的石墨碎，以利于提高电极糊的导电性和导热性，并提高电极糊的烧结速度。使用时，石墨碎一般破碎成中等颗粒。

4. 石墨化冶金焦

石墨化冶金焦是石墨化炉内的电阻料。一般为粒状冶金焦，经高温石墨化后，比电阻大大降低。由于灰分较高，主要用于多灰产品的配方中，可以有效地提高产品的导电与导热性能。石墨化冶金焦一般磨成粉使用。

5.3　工作配方的计算

工作配方，就是当规定了混捏制造糊料的总质量，如何根据给定的配方及各粒度级料取样筛分析的结果(各尺寸粒度的百分含量)，计算出各种原料及其各粒度级料用量(百分比和质量)。在实际生产过程中，由于设备、流程及操作等问题，使各种物料配料仓中粒度不纯，往往一种粒级料仓中包含几种粒级的料。所以，在配方时，仅知道技术要求的原料组成及粒度组成的配方是不够的，还必须对各料仓的料进行粒度分析，再根据技术要求的配方原则和料斗料的筛分结果，综合分析、计算、调整，求出在生产中执行的配方，这种配方在实际生产中有时称为配料单。正确地确定工作配方，对于配料组成的稳定和原料的平衡都有一定的意义。

5.3.1　工作配方计算涉及的概念

1. 原料组成(原料比)

原料组成是指在配方中各种原料在总骨料中所占的质量分数。设总骨料量为 P，而各种配料的原料分别为 P_1，P_2，P_3，…，P_n。

$$P = P_1 + P_2 + P_3 + \cdots + P_n$$

第 i 种原料比为 q_i

$$q_i = \frac{P_i}{P} \times 100\%$$

2. 沥青用量(沥青比)

沥青用量即是沥青在配方中所占的比例，这种比例一般在配方中有两种表示法。一种是沥青在整个糊料所占的质量分数，通常用 PC 表示；另一种是沥青相对于干料所占的质量分数，通常用 PPh 表示。一般在一个配方中不能同时用两种表示方法来表示配方的组成。目前在国内冶金系统所属工厂的实际配方中，沥青比的表示均是以糊料为百分之百的第一种表示方法，在计算中要特别引起注意。

3. 粒度组成

粒度组成均是以干料为百分之百，即干料中各种粒级所占的百分数。粒度组成的合理性决定了制品的密度及使用黏结剂的多少。在实际生产中，要生产单一直径的粒子是不可能的，只能生产出两种筛级之间的一定范围的粒级，如 20~12 mm、12~6 mm、6~3 mm 等。在粒度配方中则是提出对一定粒级的配方要求。

4. 粒度纯度

粒度纯度是某粒级的料仓中含有本粒级的百分数。在实际生产中，由于种种原因，如粒子的形状成条状或多边形坯状、筛网不规整、筛网因长期使用而破裂、给料的多少等，使得颗粒级的料不能在该粒级筛网上完全筛下，而不是该粒级的物料又通过筛网混入料仓中，因而使得料仓中存在粒级的纯度问题。料仓粒级的纯度势必影响配料的准确性。因此在配方前必须对每一个料仓的料进行全面的筛分析，求出各粒级的含量和本粒级的纯度 $B(\%)$，再根据配方中对该粒级需要量 $F(\%)$，求出在工作配方中对该粒级的实际所需要量 $H(\%)$，即：

$$H = \frac{F}{B} \times 100\%$$

5.3.2 工作配方的计算步骤

1. 从给定糊的原料组成计算干料的组成

设固体材料占糊的比例为 A_1，A_2，A_3，…，A_n，则各种固体材料占干料的百分数 A_1'，A_2'，A_3'，…，A_n'可用下式计算：

$$A_n' = \frac{A_n}{A_1' + A_2' + \cdots + A_n'} \times 100$$

2. 计算各种原料颗粒级在干料中的组成

(1) 根据对原料要求粒度范围和破碎后颗粒级确定使用哪几种颗粒级的料。

(2) 多组分原料配方，首先本着物料平衡的原则、任意确定占干料百分数较小和颗粒级又少的几种原料粒度料的百分数。

(3) 通过计算确定占干料百分数最大的符合粒度要求的最后一种原料的各粒度料的百分数。

首先通过筛分分析了解各种原料的各粒度级料符合配方要求的粒度范围的粒度含量(即粒度纯度)。

从最大或最小粒度开始、计算最后一种原料的各粒度料的需用百分数，按下式求得：

$$b_n = \frac{a_n - (d_1 E_1 + d_2 E_2 + \cdots d_n E_n) - (b_1 c_1 + b_2 c_2 + \cdots b_{n-1} c_{n-1})}{c_n}$$

式中：a_1，a_2，…，a_n 为配料方中各粒度要求百分比；b_1，b_2，…，b_n 为最后一种原料的粒度料需用百分比例；c_1，c_2，…，c_n 为最后一种原料各粒度级料的粒度纯度系数；d_1，d_2，…，d_n 为已确定的原料各粒度级料的百分比例；E_1，E_2，…，E_n 为已确定的原料各粒度纯度系数。

经过上式初步计算后，不足百分组成的部分可加入中间粒度级的料，然后再进行第二次、第三次……复算调整、最后各粒度全部满足配方要求的中线，即完成了各粒度级的选择。

(4) 按确定的干料组成取样筛分析，粒度要求合格时，进行下一步工作。

3. 工作配方各组分的质量计算

根据已确定的各组分的百分数计算其质量、以便配料。一般分三种情况，其计算顺序如下：

(1) 不加生碎工作配方的质量计算

a) 确定每锅糊料的总质量，这要视混捏、压型设备容量与需要而定。

b)计算每锅糊料煤沥青的质量。

$$Q' = Q \times X$$

式中：Q' 为煤沥青的质量，kg；Q 为每锅糊料的质量，kg；X 为煤沥青需用百分比例，%。

c)计算干料各组分粒度料的质量。

$$b_n' = (Q - Q') \times b_n$$

或

$$d_n' = (Q - Q') \times d_n$$

式中：b_n'、d_n' 为已确定的各原料组分粒度级料的质量。

d)计算累计总质量、无误时方可配料。

（2）加本身生碎的工作配方的质量计算

a)确定每锅糊料的总质量。

b)计算每锅料的生碎质量。

$$Q'' = Q \times Y$$

式中：Q'' 为生碎质量，kg；Y 为加入生碎的百分比例，%。

c)计算沥青的质量。

$$Q' = (Q - Q'') \times X$$

d)计算各原料组分粒度料的质量。

$$b_n' = [Q - (Q' + Q'')] \times b_n$$

或

$$d_n' = [Q - (Q' + Q'')] \times d_n$$

e)计算累计总质量、无误时方可配料。

（3）加非本身生碎的工作配方的质量计算

a)确定每锅糊料的总质量。

b)计算每锅料的生碎质量。

$$Q'' = Q \times Y$$

c)以生碎质量按工作配方求出各原料组分料的质量。

d)每锅糊的总重按不加生碎的第一种方法计算出各原料组分之质量。

e)以不加生碎计算的各原料组分之质量分别减去生碎中相同的原料组分之质量。

f)上条减剩的各原料组分的质量与生碎的质量即为该工作配方的各原料组分之质量，最后累计总质量，检查无误时方准配料。

5.3.3　工作配方的计算实例

【例1】　某厂生产 $\phi300$ mm 石墨电极，每锅料总重为 1700 kg，加入本身生碎或 20% $\phi200$ mm 电极生料，试计算其工作配方。

（1）工艺技术配方要求

原料组成：混合焦 0~4 mm，(67 ± 5)%；石墨碎 0~4 mm，(10 ± 5)%；沥青(23 ± 2)%。

干料粒度组成：>4 mm，<2.0%；4~2 mm，(11 ± 3)%；2~1 mm，(14 ± 3)%；<0.15 mm，(58 ± 3)%，其中<0.075 mm 占 43%~45%。

（2）各种干料粒度的纯度(表5-2)

表 5-2　各种粒度物料的纯度

原料名称	粒级/mm	纯度/%						
		+4	4~2	2~1	1~0.5	0.5~0.15	0.15~0.075	<0.075
混合焦	4~2	5	65	25	5			
	2~1		4	80	10	5	1	
	1~0.5			2	90	5	2	1
	0.5~0				5	65	20	10
	粉料					5	20	75
石墨碎	4~2	5	60	20	10	5		
	2~0		5	20	35	10	15	15

（3）$\phi200$ mm 电极的配比

混合焦：2~1 mm，13%（PPh）；1~0.5 mm，10%；0.5~0 mm，21%；粉子料，56%。

沥青：25%（PC）。

解：对于加入非本身生碎时的配方计算，基本顺序为先计算大配方（新配料），然后再计算小配方（生碎料），以大配方中的各项质量减去小配方中各相应质量所得之差，即为实际生产中各粒级和沥青的质量。具体计算如下：

1. 将原料比换算为固体原料的比例

混合焦　$\dfrac{67}{67+10}\times100\%=87\%$

石墨碎　$\dfrac{10}{67+10}\times100\%=13\%$

2. 确定各颗粒级别的组成

（1）确定石墨碎的用量为 4~2 mm 料 5%；2~0 mm 料 8%。

计算混合焦各粒级百分组成：

4~2 mm：$\dfrac{[11-(5\times60\%+8\times5\%)]}{65\%}\times100\%=12\%$

2~1 mm：$\dfrac{[14-(5\times20\%+8\times20\%+12\times25\%)]}{80\%}\times100\%=11\%$

粉子料：$\dfrac{[43-(8\times15\%)]}{75\%}\times100\%=56\%$

（2）对于有技术要求的各项固体原料总用量为：

$$5\%+8\%+12\%+11\%+56\%=92\%$$

余：100%-92%=8%

余下可在没有技术要求的粒级中选取：1~0.5 mm，3%；0.5~0 mm，5%。

（3）进行调整：把上面的百分比确定后，还需要考虑所有粒度间的相互影响。例如在计算 4~2 mm 的用量时，并没有考虑 2~1 mm 对它的影响，现在就一并考虑进去：

4~2 mm：$\dfrac{\left[11-(5\times60\%+8\times5\%+11\times4\%)\right]}{65\%}\times100\%=11\%$

2~1 mm：$\dfrac{\left[14-(5\times20\%+8\times20\%+12\times25\%+3\times2\%)\right]}{80\%}\times100\%=10\%$

粉子料：$\dfrac{\left[43-(8\times15\%+5\times10\%+3\times1\%)\right]}{75\%}\times100\%=55\%$

按这个用量现在混合还余：

$$100\%-(5\%+8\%+11\%+10\%+55\%)=11\%$$

余下 11% 可选用 1~0.5 mm：5%，0.5~0 mm：6%。

若经过第一次复算调整后，还不合适的话，可以继续调整，直到满意为止。

（4）验算

对于技术要求中有要求的粒度在计算中没有用到的各项需要验算一下是否符合技术要求。

粒度>4 mm，要求<2.0%；

$5\%\times5\%+11\%\times5\%=0.8\%<2.0\%$；

<0.15 mm，要求 58±3；

$55\%\times95\%+8\%\times(15\%+15\%)+6\%\times(20\%+10\%)+5\%\times(2\%+1\%)+10\%\times1\%=56.7\%$。

经验算，上两项都符合技术配方要求，故 $\phi300$ mm 石墨电极工作配方为：

混合焦：4~2 mm，11%；2~1 mm，10%；1~0.5 mm，5%；0.5~0 mm，6%；1~0.5 mm 和 0.5~0 mm 的料可互为调节；

粉子料：55%。

石墨碎：4~2 mm，5%；2~0 mm，8%。

沥青：23%（PC）。

3. 工作配料比各组分的质量计算（每锅糊料重 1700 kg）

（1）不加生碎的计算

沥青用量为：$1700\times23\%=391$（kg）

干料质量为：$1700-391=1309$（kg）

各级干料料量：

混合焦：4~2 mm，$1309\times11\%=144$（kg）

　　　　2~1 mm，$1309\times10\%=131$（kg）

　　　　1~0.5 mm，$1309\times5\%=65$（kg）

　　　　0.5~0 mm，$1309\times6\%=79$（kg）

粉子料：$1309\times55\%=720$（kg）

石墨碎：4~2 mm，$1309\times5\%=65$（kg）

　　　　2~0 mm，$1309\times8\%=105$（kg）

生产上把此配料单计算称为大配方计算。

（2）加入生碎的计算

按上述配方加入本身生碎 20%，由于本身生碎在原料配方与粒度组成均与新配方料一致，所以在进行配方计算时，先计算出加入的生碎量，再求得新配的糊料量为：

$$1700-1700\times20\%=1360(\mathrm{kg})$$

然后以 1360 kg 糊料为基数,按上面的工作配方百分数,同样方法计算出各种原料各级料所需的配料质量。

沥青用量为:$1360\times23\%=313(\mathrm{kg})$

干料质量为:$1360-313=1047(\mathrm{kg})$

各级干料料量:

混合焦:4~2 mm,$1047\times11\%=115(\mathrm{kg})$

2~1 mm,$1047\times10\%=105(\mathrm{kg})$

1~0.5 mm,$1047\times5\%=52(\mathrm{kg})$

0.5~0 mm,$1047\times6\%=63(\mathrm{kg})$

粉子料:$1047\times55\%=576(\mathrm{kg})$

石墨碎:4~2 mm,$1047\times5\%=52(\mathrm{kg})$

2~0 mm,$1047\times8\%=84(\mathrm{kg})$

(3)加入非本身生碎的计算

先计算 ϕ200 mm 电极生碎中各粒度和煤沥青的质量

生碎总量:$1700\times20\%=340(\mathrm{kg})$

煤沥青量:$340\times25\%=85(\mathrm{kg})$

混合焦量:$340-85=255(\mathrm{kg})$

其中,2~1 mm,$255\times13\%=33(\mathrm{kg})$

1~0.5 mm,$255\times10\%=25(\mathrm{kg})$

0.5~0 mm,$255\times21\%=54(\mathrm{kg})$

粉子料:$255\times56\%=143(\mathrm{kg})$

则得出 340 kg 质量的 ϕ200 mm 电极配料单为:

混合焦:

2~1 mm,	13%	33(kg)
1~0.5 mm,	10%	25(kg)
0.5~0 mm,	21%	54(kg)
粉子料,	56%	143(kg)
煤沥青,	25%	85(kg)

此配方计算生产上称为小配方计算。

ϕ300 mm 石墨电极总配料单计算。

将大配方中各粒级质量减去小配方中相应粒级质量,就可得到实际生产中各粒度和沥青的质量。

混合焦:

4~2 mm,144(kg)

2~1 mm,131-33=98(kg)

1~0.5 mm,65-25=40(kg)

0.5~0 mm,79-54=25(kg)

粉子料,720-143=577(kg)

沥青，391−85＝306（kg）

最后把各项百分比及实际质量写出就为生产中的配料单：

混合焦：

4~2 mm，11%　　　144（kg）

2~1 mm，10%　　　98（kg）

1~0.5 mm，5%　　　40（kg）

0.5~0 mm，6%　　　25（kg）

粉子料：55%　　　577（kg）

石墨碎：

4~2 mm，5%　　　65（kg）

2~0 mm，8%　　　105（kg）

生碎，20%　　　340（kg）

沥青，23%　　　306（kg）

【例 2】　在铝用预焙阳极生产配料中，将配入石油焦、残极两种骨料，每种骨料的粒度为：1#料 石油焦 12~3 mm 90%、3 mm 以下 10%；2#料 石油焦 <3 mm 95%（其中 0.075 mm 以下占 5%）；3#料 石油焦粉料 >0.075 mm 占 25%、<0.075 mm 以下占 75%；4#料 残极 12~3 mm 95%、3 mm 以下 10%；5#料 残极 <3 mm 90%（其中 0.075 mm 以下占 2%）。

配入上述 5 种料合计 1000 kg，并使 12~3 mm 与 0.075 mm 以下各占 20%，残极定量为 20%，且残极中 4#料与 5#料之比为 40:60，请问各种料实际分别配入的质量？

解：（1）残极配入量

$$1000×20\%＝200（kg）$$

4#残极量：$200×\dfrac{40}{40+60}＝80（kg）$

其中：12~3 mm 残极量为：$80×95\%＝76（kg）$

5#残极量：$200×\dfrac{60}{40+60}＝120（kg）$

其中：0.075 mm 以下残极量为：$120×2\%＝2.4（kg）$

（2）焦炭配入量

12~3 mm 总料量：$1000×20\%＝200（kg）$

1#石油焦量：$\dfrac{200−76}{90\%}＝137.8（kg）$

0.075 mm 以下总料量：$1000×20\%＝200（kg）$

3#石油焦粉料量：$\dfrac{200−2.4}{75\%}＝263.5（kg）$

2#石油焦：$1000−80−120−137.8−263.5＝398.7（kg）$

（3）调整

上述计算没有考虑到 2#石油焦中 0.075 mm 以下料量对配方的影响，故需对 2#和 3#料进行调整：

2#石油焦中 0.075 mm 以下料量：$398.7×5\%＝19.9（kg）$

3#石油焦粉料量：$\dfrac{200-2.4-19.9}{75\%}=236.9(\mathrm{kg})$

2#石油焦：$1000-80-120-137.8-236.9=425.3(\mathrm{kg})$

（4）验算

$12\sim3~\mathrm{mm}$ 实际计算为：$137.8\times90\%+80\times95\%=200(\mathrm{kg})$，满足所占比例为 20% 的技术要求。

0.075 mm 以下实际计算为：$425.3\times5\%+236.9\times75\%+120\times2\%=201.4(\mathrm{kg})$，所占比例为，20.1%，满足占 20% 的技术要求。

（5）各种料实际配入

1#料：石油焦，137.8（kg）；2#料：石油焦，425.3（kg）；3#料：石油焦粉料，236.9（kg）；4#料：残极，80（kg）；5#料：残极，120（kg）。

5.3.4 工作配方计算需注意的问题

（1）黏结剂的百分含量表示法，一种是以糊料为百分之百的含量，一种是以干料为百分之百的含量，它们分别为 PC 和 PPh 表示法，在进行计算时要特别引起注意。

（2）注意干料的百分含量表示法，一般粒度组成是以干料为百分之百的，在进行计算时若是以糊料为百分之百的表示的话，则要把各种原材料的含量换算为以干料为百分之百的含量。

（3）由于各粒级料的粒度纯度不为百分之百，那么一种粒级的加入必然要影响到其他粒级的加入，在进行计算时，要考虑各种粒级的相互影响，即计算某一粒级的用量要减去其他粒级的加入而带入该粒级的用量。

（4）为了便于计算，在进行粒度组成计算时应首先计算在配方中含量最少的干料用量，然后才进行配方含量较多的干料计算。在进行含量较多的干料计算时，由先以粗颗粒的粒级进行计算，从粗到细逐步进行。

（5）含有两种以上的原材料配方时，即要考虑到物料组成的配方要求，又要照顾到粒度组成的配方要求。

（6）当加入有同类产品的生碎时，则只要在总糊料中扣除生碎量后，就可对剩下部分进行配方计算。

（7）当加入不同类产品的生碎时，则不但在黏结剂含量上要进行综合计算调整，而且要在粒度组成上也要进行全面综合计算调整。

（8）在进行粒度配方计算时，在保证粒度配方规定的原则下，适当照顾到料仓生产与用料的平衡，从经济上考虑不要浪费原材料。

（9）在保证产品质量的前提下，进行配方原料的选择，要合理用原料及各粒级物料，尽量降低生产成本。

（10）要经常定期对纯度与工作配方进行检查，发现筛分粒度有所变动，应及时对工作配方进行调整。

（11）非得到技术主管部门同意，任何个人不得随意更改工作配方。

5.4 配料的主要设备和操作

5.4.1 配料的主要设备

在炭素生产中,原料的称量是一个重要的工序,它不仅确定各种原料的用量和粒度,同时也确定了它们的配比。显然,如果称量时发生错误或称量不够准确,结果将获得不正确的配方,这样将影响生坯乃至制品的性质,同时也浪费人力和物力。目前的称量方法,大多是间歇分批计量,另外,也有连续称量,它与连续混捏(合)密切相关。配料的主要称量设备有台秤、机电自动秤、电子自动秤、连续称量设备等。

1. 台秤

俗称磅秤,是一种机械式的杠杆秤,其称量原理取自于杠杆的平衡,利用一个或几个平衡杠杆便可实现称量。它的最大允许误差为全量程的 1/1000。

2. 机电自动秤

它是在台秤的基础上加设电子装置,能够实现自动称量,应用较广。机电自动秤按其结构特点可以分成标尺式和圆盘指示数字显示式两种类型。标尺式机电自动秤由电磁振动加料和卸料器、称量装置及电气控制箱等组成,该秤主要用于工业生产中粉粒状物的配料计量。圆盘指示数字显示式机电自动秤可以选 XSP 型配料自动秤为代表,其主要由电磁振动加料和卸料器、称量系统、圆盘指示机构、数字显示系统及自动控制系统等组成;该类型秤生产中可以由几台秤组合成配料秤组来完成多种物料的配料,亦可由一台秤进行自动配置四种以下不同配合比的物料,其称量准确性较高、操作方便,能作远距离控制。

3. 电子自动秤

是用传感器作测量元件,以电子装置自动完成称量、显示和控制,是一种新型的称量设备。电子自动秤完全脱离了机械杠杆的称量原理,其由多种不同规格的电阻式测力传感器作为称量参数变换器,用以代替机械秤中的杠杆系统,利用电位差计及二次仪表实现自动称量物料质量。

电子自动秤由传感器和稳压电源组成一次仪表,当载荷作用于传感器后,该机械量随即由一次仪表转换成电量,输出一个微弱的讯号电压,经滤波后馈送到下一级晶体管放大器放大后,输出一个足以推动可逆电机转动的功率。可逆电机转轴带动测量桥路中滑线电阻的滑臂,改变滑线电阻的接触点位置,从而产生一个相位相反的电压来补偿一次仪表的电压差值,由此使测量系统重新获得平衡。由于一次仪表输出的电压正比于载荷,测量桥路又是一个线性桥,标尺刻度又同滑线电阻触头在同一位置上,因此标尺上将线性地指示出载荷的量值。

为实现自动称量,电子自动秤还设置程序控制装置。系统中的比较器对上述放大后的讯号和定值器送来的给定讯号进行比较,在物料量达到定值时立即停止加料。如果被测质量超出给定时,比较器将输出脉冲讯号给报警机构,并通过执行机构动作。

电子自动秤的显示部分又称二次仪表,它包括定电压单元、三级阻容滤波、晶体管放大器、可逆电机和刻度盘等。

属于这类承重传感器和二次数字仪表组合成的电子自动秤有 SDC 数字式电子起重吊秤、

电子轨道衡及电子皮带秤等, 其结构简单、体积小、质量轻、适于远距离控制, 正在为需自动化配料的工厂所采用。

4. 连续称量设备

主要有皮带秤和核称量装置。核称量技术是利用物料对核辐射能量吸收的作用原理进行称量, 它也是在皮带输送机上进行连续称量。理想的配料操作是自动计量及程序控制, 图 5-2 为用电子秤配料的自动计量系统示意图。

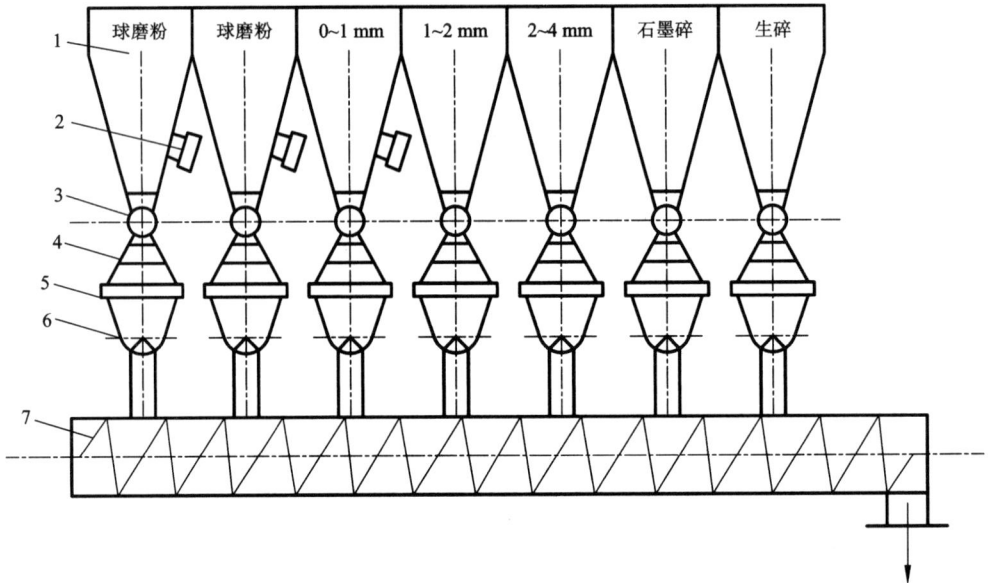

图 5-2　电子秤配料的自动计量系统示意图

1—贮料斗；2—仓壁振动器；3—格式结料器；4—称料斗；5—电子秤传感器；6—液压扇形阀；7—螺旋输送器

5.4.2　配料操作

配料操作实际上是在工作配方计算后的称量过程, 配料操作也就是按计算好的工作配方, 分别从各贮料斗准确称取各种粒子料、粉子、生碎等所规定的质量, 并由输送设备放在一起。

为了保证产品配料粒度组成的正确稳定性, 一方面要不定期地从各储料漏斗, 取某粒度的料进行筛分析, 检查其纯度是否波动, 发现波动过大, 要及时采取措施; 另一方面还要定期地从各储料漏斗取各种粒度, 按配方的百分组成进行筛分析, 检查是否符合技术要求, 如不符合规定的要求时, 应立即停止配料, 并根据新的筛分结果重新调整工作配方, 或把不合标的料放出去, 直到符合要求, 才能继续配料。

在配料的生产操作中, 对配料设备也要进行定期检查, 保持其准确性, 以免影响配料误差。

在配料中, 必须避免多灰、少灰料的混杂。当用一个系统生产多灰和少灰的不同产品时, 一定要注意设备的清扫工作, 即当多灰产品换成少灰产品时, 一定要注意把多灰料清扫干净; 即使都是少灰的产品, 若是用螺旋输送的, 那么当产品由大直径换成小直径时, 也要对螺旋进行清洗。

在配料过程中, 工作配方一般不要变动, 非变动不可时, 也要严格控制其变动次数。

第 6 章 混 捏

6.1 混捏的基本理论

6.1.1 概述

在炭素材料生产过程中，为了能顺利成型，并使成品结构具有良好的均匀性，则要求将配好的各种物料放在特定设备中进行搅拌，使之达到均匀。这种使骨料的各种组分，各种粒度及黏结剂达到均匀混合，以得到可塑性糊料的工艺过程称为混捏。物料在混捏过程、其混合质量，即混合物的性能是符合统计规律的，也就是粉末加入到混捏机内，经过一段很短的时间，就能按高斯-拉普拉斯正态分布定律分布。当混合继续进行下去，将引起分布的统计参数均方根差与算术平均值的变化。随着混合时间的延长、均方根差值变小，并将趋向于极限值，即将使置信区向着性能平均值靠近，也就是表明混合料的特征水平越来越集中，统计均匀性越来越好，从而达到混捏的目的。混捏愈完善，制品的结构就愈均匀，性能也就愈稳定。混捏过程随着设备结构的合理性、工艺的先进性而使混捏时间进一步缩短。

6.1.2 混捏的目的

(1) 使各种不同粒径的骨料均匀混合，达到大颗粒之间的空隙由中小颗粒填充，中小颗粒之间的空隙由更小的颗粒和粉料填充，以提高糊料的密实程度。

(2) 使干料和黏结剂混合均匀，使黏结剂均匀地覆盖在骨料颗粒的表面，并部分渗透到颗粒的孔隙中。由于黏结剂的黏结力把所有颗粒互相结合起来，赋予糊料以塑性，以利于成型。

6.1.3 混捏方法分类

根据被混物料的品种不同，将混捏方法分为两大类：

① 冷混捏：混捏时不加沥青黏结剂，或者沥青黏结剂以固体粉末状加入。把物料装到容器中，利用容器的翻滚及物料本身的自重进行物料之间的掺和。这种工艺主要用于模压制品。两种密度不同的物料，如石墨+金属材料的配料常用此法。

② 热混捏：由于沥青在常温下为固体，为使沥青以液态与骨料混合，并在骨料表面浸润，通常要在加热情况下进行混合。这种工艺主要用于使用沥青或树脂作为黏结剂的配料，或是物料密度相差不大的物料进行混捏。

6.1.4 黏合机理——固体颗粒与黏结剂的相互作用

1. 吸附

炭素粉末和黏结剂的黏合现象是一种化学吸附作用。在吸附过程中，黏结剂分子与粉粒表面接触层内有电子的交换，或者黏结剂分子裂成自由基并和粉末表面的一个或几个质点共用电子时，就发生化学吸附作用。

碳是一种亲油憎水元素，当它和非极性有机物质接触时，在它们的接触层面上有未饱和的化学键力起作用，这种未饱和键力，大部分是炭素粉末表面提供的，当黏结剂与炭粉接触时，不仅是黏附在炭粉的表面，而且在足够高的温度下，黏结剂分子会在炭粉表面迁移(自发铺展)，从而把炭粉"润湿"，并进一步弥散到炭粉的微孔中去。

根据朗缪尔学说，固体表面的活性中心在吸附过程中起着余价力的作用，吸引被吸附分子，此种力的作用和化学键力一样。他认为被吸附物分子在固体表面形成一层单分子时，吸附就达到饱和。其后，布鲁诺等则认为，如果已被吸附的分子层上，尚有足够的吸引力，这时就可以有多分子吸附层。这就是说黏结剂的黏结能力不仅表现在它和吸附剂表面有强大吸附力，而且它本身的分子间也有强大的吸引力。

异类分子间的作用力的强度服从于化学相似原理，即相互接触的物质在化学性质上愈近似，则它们的相互作用就愈强。因此，沥青黏结剂分子本身能有强大吸引力，而且它与沥青焦以及由类似于煤沥青的物质如石油沥青、煤所生成的焦炭之间能够牢固地结合。

2. 润湿

当固体炭素颗粒与液态黏结剂接触时，由于同液间的分子引力使液相的黏结剂分子吸附在固相表面，并趋向于有规律的排列，在炭素颗粒表面形成"弹性层"，而且当温度足够高时，黏结剂分子会从颗粒表面迁移到微孔中，从而把固体颗粒润湿。

煤沥青属于弱极性物质，在一定温度下，对炭素原料的颗粒有较好的润湿效果。炭素糊料的混捏质量在很大程度上受到沥青与固体炭素颗粒润湿效果的影响。如果固体炭素颗粒表面已吸附一定数量的水分，产生了强极性的吸附层，就会显著降低沥青对固体炭素颗粒的润湿作用。

润湿作用的强弱由固相与液相接触界面上的表面张力决定，可以用液相对固相的静力润湿接触角 θ 来表示。θ 为在固液两相接触点对液滴作切线与固体材料平面之间的夹角。θ 除与固液相材料的性能有关外，受体系温度影响很大。沥青软化点不同和加热温度不同时，润湿接触角在很大范围内变动。提高沥青温度会使润湿接触角减小，但不同软化点的沥青变化不同，如图 6-1 所示。对于软化点为 73℃ 的沥青，加热温度从 82℃ 提高到 133℃，润湿接触角从 120℃ 降至 20°，对于软化点为 102℃ 的沥青，加热温度从 117℃ 提高到 207℃，才使 θ 从 120° 降至 20°，而对软化点为 133℃ 的高温沥青，要加热到 240℃，才使 θ 降低到 20°。通常认为 $\theta<90°$ 时润湿作用较好。θ 愈小，即沥青对固体炭素颗粒表面接触得愈好，沥青对颗粒的附着力愈大，对于上述三种沥青的润湿接触角为 90° 时的相应温度分别为 105℃，147℃ 和 178℃，即要使 $\theta<90°$，必须加热到这些温度以上。

3. 表面渗透

沥青接触固体炭素颗粒不仅有表面吸附和润湿，还有毛细管渗透现象。一旦沥青润湿颗粒表面后，沥青中的轻质成分就开始渗透到颗粒表面的孔隙中去。温度愈高，沥青的黏度愈小，愈容易渗透。图 6-2 为软化点 105℃的沥青对炭素材料试样（毛细管平均半径为 0.01 cm）的渗透测定结果。由图可见，当沥青加热温度低于 148℃时，毛细管压力为负值（表现为推出力），只有提高到 148℃以上时，毛细管压力为正值，并随着温度上升而增大。在 170℃时出现转折点，此点相当于润湿接触角明显减小的初始点，继续提高温度促使毛细管压力增加，因而加剧了沥青对炭素原料颗粒的渗透。研究还表明沥青对炭素原料颗粒表面的渗透量与黏度的平方根成反比，并在一定范围内与时间平方根成正比。

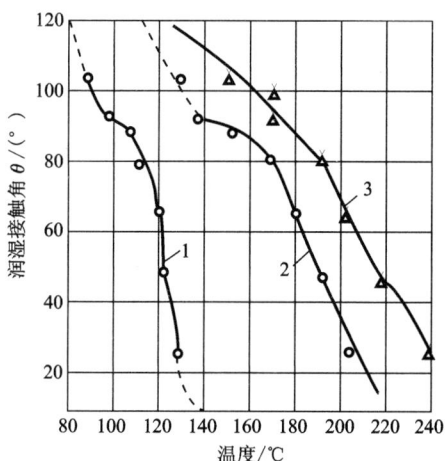

图 6-1　不同软化点沥青与炭素材料的
润湿接触角 θ 与温度的关系
1—软化点 73℃沥青；2—软化点 102℃沥青；3—软化点 133℃沥青

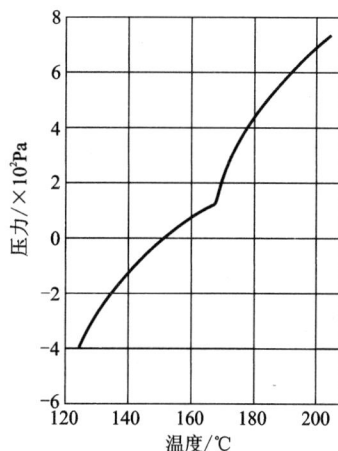

图 6-2　沥青与焙烧炭素材料之间
毛细管压力随温度的变化
（毛细管平均半径为 0.01 cm）

6.1.5　影响混捏质量的因素

为了得到结构均匀并具有一定塑性的糊料，并使糊料质量稳定，必须研究混捏工艺中的影响因素。

1. 混捏温度

混捏有两种情况，一种是先将固体炭素原料加热到 100℃以上，然后再加入液体沥青；另一种是将固体沥青（多数采用软化点高的沥青时）破碎成粒状与固体炭素原料同时加入混捏锅。目前以前一种形式居多，先把固体原料加入混捏锅，一边搅拌，一边加热，使固体原料的温度很快提高到加入液体沥青相接近的温度，沥青能较快润湿炭素原料颗粒。

沥青加入混捏锅后，随着温度升高，沥青的黏度降低，沥青和骨料间的润湿接触角减小，毛细渗透压增加，从而使沥青对骨料的润湿效果好，且不断渗透到颗粒的孔隙中，使糊料塑性增加，有利于成型。一般混捏温度应该比沥青软化点高 50~80℃，例如软化点为 65~75℃的中温沥青，混捏温度应为 125~150℃，对软化点为 80~90℃的硬沥青，其混捏温度应达到 160~180℃。

混捏温度达不到规定要求时，沥青黏度大，沥青对骨料颗粒的润湿性差，会造成混捏不匀，甚至出现夹干料，使糊料塑性差，且增加搅拌电动机的负荷，严重时会烧坏电机或折断搅刀。用这样的糊料不利于压型，容易使生制品结构疏松，体积密度低。混捏温度也不宜过高，太高的混捏温度会使沥青中部分轻组分分解并析出，而一些重质组分由于氧化而发生缩聚，其结果使沥青老化，也会使沥青对骨料颗粒润湿性变差，使糊料塑性变坏，甚至会出现废料。

2. 混捏时间

对间歇操作的混捏工艺，先热锅，在混捏锅内加入炭素原料，搅拌 10~15 min；然后加入液体沥青，继续搅拌 30~45 min。为了研究混捏时间及其他混捏条件的影响，可以测定糊料的挥发分、组成变化以及糊料在挤压过程中压力变化等方法来判断糊料的质量。掌握混捏时间的一般规律为：

(1) 混捏温度偏低时，混捏时间应适当延长，反之，混捏温度偏高时，混捏时间可缩短。因为在较低温度下，延长混捏时间，可改善沥青对骨料的润湿性，有利于大小颗粒分布均匀，能够有足够时间使沥青在颗粒表面均匀分布一层薄膜，改善糊料的塑性。当温度较高时，沥青的分解和缩聚加剧，此时延长混捏时间只会导致糊料塑性变坏。

(2) 使用软化点较低的沥青时，在同样的混捏温度下可以适当缩短混捏时间。这是因为沥青的软化点较低时，在较短时间内润湿接触角就趋于稳定，再延长混捏时间反而会使大颗粒骨料遭到破坏，打乱了原来粒度组成而使堆积密度下降。

(3) 配方中使用小颗粒多时，要适当延长混捏时间，因为小颗粒的比表面积大，要较长时间才能被沥青润湿。

3. 骨料表面性质

骨料颗粒表面粗糙，气孔多，则和黏结剂黏结力强，所得糊料塑性好。相反，如骨料表面光滑、气孔少，则与黏结剂不易很好黏结，所得糊料塑性差一些。当配料中加以石墨碎和石墨化冶金焦时，由于其表面毛细孔多，毛细渗透性好，使颗粒表面形成同样厚度沥青膜时需要较多黏结剂。所以当使用这些返回料时，要适当提高黏结剂用量，才能保证混捏的质量。

4. 黏结剂用量及黏度

黏结剂的用量与糊料质量有很大关系。黏结剂少则糊料发干，干料颗粒表面不能形成完整的沥青薄膜，则颗粒之间不能很好地黏结，所以糊的塑性很差。随着黏结剂用量的增大，糊的流动性变好，均匀性增强，糊的塑性就越来越好。但黏结剂用量过多，焙烧制品的气孔率增大，空头变形，废品率增。

黏结剂黏度大，对混捏质量有很大影响。粒度愈大，在相同的混捏温度下，混捏效果越差，越不易混匀。黏结剂对于干料的浸润能力愈低、使糊料不均匀，塑性也差。如果黏结剂的黏度越低，黏结剂对干料的浸润能力越强，糊的流动性越好，混合易均匀，糊料塑性愈好。所以，如果沥青软化点高，在相同温度下黏度亦大。因此为了提高混捏质量，得到塑性良好的糊料，就要适当提高混捏温度，增加糊的流动性，改善混捏效果。

5. 煤沥青的改质及表面活性剂的使用

(1) 煤沥青的改质

当煤沥青用于生产大规格、高品位石墨电极的黏结剂时，面临如何提高析焦率的问题。要采用高温沥青可以提高析焦率，但其软化点也提高了，所以必须对炭素厂的熔化及混捏设备加以改造，如采用载热体加热代替传统蒸汽加热。对煤沥青进行稀释和加入改质剂，可以在降低煤沥青软化点的同时提高其析焦率。因此，就有可能在不增加新的煤熔化装置的情况下，达到提高沥青析焦率的目的。所用添加剂的数量很少，而改质效果明显。

用于提高煤沥青析焦率的添加剂有许多种，如脱氢氧化剂：$Ni(NO_3)_2 \cdot 6H_2O$、$Al(NO_3)_3 \cdot 6H_2O$、KNO_3 等；脱氢缩聚催化剂：B、S、$FeCl_3$、$AlCl_3$ 等；氧化剂：$(NH_4)_2S_2O_3$、$FeC_2O_4 \cdot 2H_2O$ 等。有资料认为添加剂提高沥青析焦率的顺序为：$S > FeC_2O_4 \cdot 2H_2O > (NH_4)_2S_2O_3 > B > AlCl_3 \cdot 6H_2O$。

有资料表明用蒽油对中温沥青（软化点 85℃）进行稀释，并用 $Fe(NO_3)_2 \cdot 9H_2O$、PCl_3、$(NH_4)_2S_2O_3$ 进行改质，当蒽油加入量为 13.5%～20%，添加剂加入量为 1.2%～4%时，煤沥青在软化点降低 9～17℃ 的同时，析焦率提高 4～10%。

（2）表面活性剂的使用

表面活性剂以很少的量加到骨料中，能起到以下作用：①改变骨料的表面活性，使骨料与沥青的亲和力增大，从而提高黏结剂的析焦量和增加制品的机械强度；②降低糊料黏度，从而可减少黏结剂的用量；③使沥青渗入骨料毛细管中的深度增加。

表面活性剂的加入，不仅有利于混捏和成型，而且在焙烧时能强化骨料和黏结剂体系。在一般情况下，采用阴离子表面活性剂，如油酸。

6. 混捏机类型、结构对混捏质量的影响

混捏机的类型、结构，决定了在其中混合的粉末颗粒群和单个颗粒在机内的运动方式和速度。炭素生产中通用的混捏机分为两种类型，一种是粉末、颗粒在搅刀、螺旋叶或其他机构的直接推动下达到混合。另一种是粉末颗粒在自重的作用下，改变其所处空间位置，而达到混合。对于选择混合机的类型，必须视粉末特性而定。

7. 装料量的影响

对于确定的混捏机来说，装料量范围是确定的，在组织生产中，如果装料量不适合于该机型的装料范围，则影响混捏质量。一般规定，混捏锅的允许系数为 0.6，在装料时应盖住两根搅刀或稍过一些。

如果装料太少，盖不住搅刀，则两根搅刀以不同转数转动时，带出的糊料较少交换的机会也会相应减少，影响糊料的均匀性。如果装料太多，高出搅刀较高部分的糊料，交换和搅动效果较差，混捏作用不好，也会影响糊料的均匀性。

6.2 沥青熔化

使用高软化点的改质沥青作为黏结剂已成为铝用炭素行业的发展方向之一，而我国大多数炭素厂使用的中、低压蒸汽，已难以满足这类沥青的熔化与加热要求。在这种情况下，载热体就应运而生。

1. 载热体加热

载热体的广义定义为用于传热的各种介质，包括蒸汽、水、空气、烟道气、矿物油、汞、熔盐、熔融金属和某些有机化合物以及砂粒、焦炭等。炭素行业所谓载热体，一般特指矿物油和某些有机溶液。

根据炭素生产的特点，载热体的选择应符合以下要求：具有 300℃ 以上的高沸点，蒸气压低，凝固点低（-35℃ 以下），热稳定性好，黏度低，分解率小。国外早期使用的联苯和联苯醚，使用温度可高达 400℃，但存在密封困难，污染环境等缺点，近来逐渐为石油系产品所代替，如苄基苯异构体和二苄基苯异构体等，使用温度都可达到330～350℃。我国石化部门开发出的芳烃基导热油也是较好的载热体，其性能见表6-1。

表6-1 芳烃基导热油的理化性能

牌号		相对密度 d^{20}	闪点(不小于)/℃	黏度/$(10^{-6}\ m\cdot s^{-1})$		残碳量(不小于)/%	凝固点/℃	总硫/%	热分解温度/℃	最高使用温度/℃	最高使用温度下蒸气压力/MPa	毒性	KOH酸值(不小于)/$(mg\cdot g^{-1})$
				20℃	50℃								
YD-300	标准		130			0.05	-10	0.12		300		低	0.02
	实测	1.0100	145	15.6	5.4	0.02	32	0.10	325		0.018	低	
YD-325	标准		140			0.5	-10	0.15		325		低	0.02
	实测	1.0104	158	20.9	6.6	0.004	-39	0.13	328		0.035	低	
YD-340	标准		110			0.05	-20	0.05		340		低	0.02
	实测	0.9567	117	5.7	2.8	0.01	-58	0.07			0.280	低	

实践表明，与蒸汽加热相比，载热体加热具有温度高，给热强度大，热效率高等优点，尤其是采用低压管网系统时即可满足运行要求。但采用载热体加热时，必须十分注意安全生产。

2. 沥青的快速熔化

用沥青熔化槽熔化沥青是一种传统方法。这种熔化槽一般是方形或圆形钢槽，周壁采用蒸汽蛇管间接加热，固体沥青从上口装入，液体沥青从下部排出，将沥青的熔化与静置合二为一，具有工艺设备简单，操作方便的优点，但只能熔化中温沥青，熔化周期长，能耗高。近年来，发展了沥青快速熔化装置，这种工艺具有以下特点：

(1)以芳烃基油类为载热体；

(2)熔化槽、加热保温槽中均设有搅拌器，并让熔化沥青部分循环回流，使沥青的加热由单一的热传导变为热对流与热传导联合传热；

(3)各槽均采用锥形底，并与集渣罐相连，定期排渣时不需停止熔化作业，克服了传统方法，需多台熔化槽间歇轮换排渣的缺点。

因此，这种沥青快速熔化装置具有热效率高、熔化时间短、可连续运行的优点。

6.3 混捏工艺及设备

铝电解用炭素制品生产常用的混捏设备主要是双轴搅拌混捏锅和单轴搅拌连续混捏机，阴极底块、侧块及筑炉糊类生产采取双轴搅拌混捏锅混捏，预焙阳极生产采用单轴搅拌连续混捏机或强力混捏机混捏。两者的区别在于，前者是连续混捏生产，后者是间歇式混捏生产。

6.3.1 间断混捏锅

1. 间断混捏锅构成

双轴搅拌混捏锅是使用最普遍的混捏设备，其结构简图如6-3所示。这种混捏机主要由双层结构的锅体、一对Z形麻花搅刀和减速传动装置构成。锅体的上部是立方体，下部是两个半圆形长槽，在两半圆形槽中间构成一个纵向脊背形。锅体内镶锰钢衬板（可定期更换）。锅体外为蒸气或电加热的夹套，有盖混捏锅的锅盖上有骨料和沥青加入口和烟气排出口。在两个半圆形槽内装有两根平行的相同形状的麻花形搅刀，分别在长槽内以不同转速而彼此相向地转动，搅刀边缘与锅底的间隙依配料最大颗粒而定。

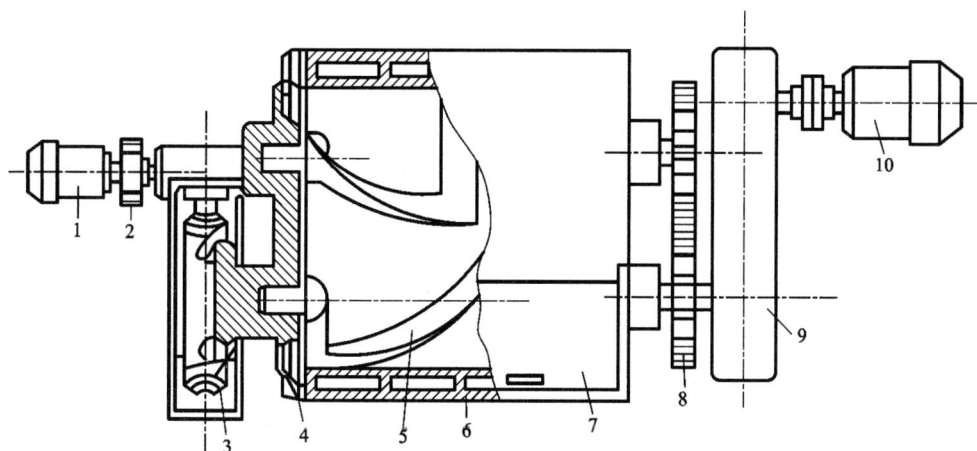

图 6-3 双轴搅拌混捏锅

1—电动机；2—对轮；3—蜗轮减速机；4—衬板；5—搅拌轴；
6—加热夹套；7—锅体；8—齿轮；9—减速机；10—电动机

2. 工作原理

双轴搅拌混捏锅是间隙式生产设备，按加料—混捏—卸料周期性操作。物料在混捏锅内首先经过一段时间干混，使物料相互之间湿度均匀，并提高了物料的堆积密度。然后再加入黏结剂混捏，双轴搅拌锅同时有挤压和分离两种混捏作用。糊料在混捏机内，由两根相向的搅刀以不同转速转动，从而依次将应变力作用于糊料的各个点上进行挤压混捏。当糊料被挤压到混捏机锅底的脊背上时，就马上被劈成两部分，如图6-4所示，当一部分糊料被脊背劈

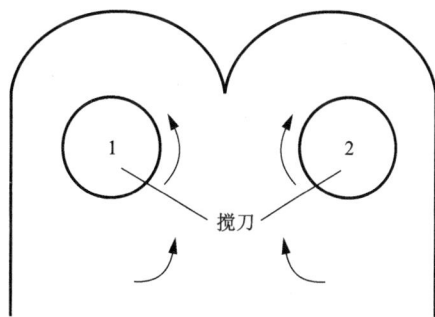

图 6-4 混捏原理示意图

下而脱离搅刀1的作用后，则被搅刀2带走，同样当搅刀2转到脊背处时，被劈下的糊料将被搅刀1所带走，这时进行分离混捏。两搅刀不断地转动，这样不断把糊料挤压、分离、混合，从而达到混捏均匀的目的。为避免被劈分的两部分糊料反复相遇，又能使两个半圆形槽

内的糊料互相混匀,两根搅刀的转速比相差一倍左右。

混捏好的糊料有两种卸料方式,一为用传动机构使混捏锅向一侧倾翻一定角度,同时打开锅盖,将糊料倒出来。另一种为在混捏锅底部开有长方形的卸料口,利用料口开、关阀,从底部卸料。前种卸料方式烟尘较大,且锅内料不易卸尽,但锅体检修方便。后种方式劳动强度较低、环境较好,糊料也易于卸尽,且设备生产能力较高,但锅体检修不方便,有时会因卸料口密闭不好而漏料。

3.双轴搅拌混捏机的主要技术参数(表6-2)

表6-2 双轴搅拌混捏机的主要技术参数

主要性能参数	混捏锅规格型号			
	2000	1200	600	200
计算容积/L	3000	1200	800	300
有效容积/L	2000	800	600	200
前搅刀转速/$(r \cdot min^{-1})$	20.0	21	27	29
后搅刀转速/$(r \cdot min^{-1})$	10.5	11	15	17
倾翻电动机功率/kW	61	40	25	15
搅拌电动机功率/kW	8			
锅体倾翻最大角度/(°)	110			
倾翻一次时间/s	35			
加热蒸气压力/MPa	0.5	0.5	0.5	0.5
搅刀搅拌直径/mm	798	583	463	358
搅刀长度/mm	1438	1048	838	668

6.3.2 连续混捏机

双轴搅拌混捏锅为间歇式生产,生产效率较低,劳动强度大,生产环境差,且不便于自动化生产,故近年来趋向于采用连续混捏机。连续混捏机有双轴连续混捏机和单轴连续混捏机两类,现以在预焙阳极生产系统中广泛应用的单轴(卧式)连续混捏机为例进行介绍。

1.单轴连续混捏机结构组成

图6-5为单轴连续混捏机结构图,这种混捏机由机壳、搅拌轴、搅刀、推返料螺旋和加热系统等组成。

机壳是一个对开剖分、带夹层的结构,这剖分结构主要是便于混捏轴、衬板、定绞刀的装配和维修,开闭装置通常采用液压装置驱动。混捏腔是由碳钢制造,混捏腔两半沿剖分线上用若干螺栓连接。壳体带夹套结构,在夹套层通入热媒油,对壳体和糊料进行加热,保证糊料在一定的温度下(通常是170°左右)进行混捏。为避免热媒油的散热损失,在夹层外面,还填有绝热材料和保温层。壳体内表面分段安装有耐磨衬板,磨损后可更换。壳体内还安装有定搅刀,它是按轴向螺旋线方向布置,在每个螺距内,等距离布置三把搅刀。

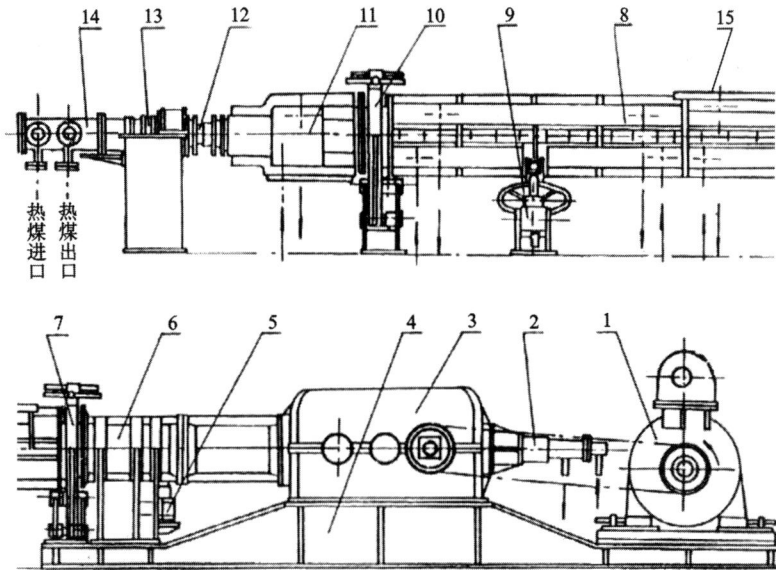

图 6-5 单轴连续混捏机结构图

1—电动机；2—冷却水管道；3—传动齿轮箱；4—机座；5—润滑油泵；6—轴承支座；
7—前支架；8—对开机壳；9—开合装置；10—后支架；11—出料端；12—混捏轴；
13—后支承座；14—热媒联轴器；15—进料端

搅拌主轴是一根细长中空轴，径长比约为 1：40。主轴两端支撑点套有耐磨轴套，在加料和排料口之间装配有推料螺旋、动搅刀和返料螺旋，并用锁紧螺母把这些部件固定在轴上。搅拌轴中空通道通入热媒油，加热搅拌轴及搅刀。由于搅拌轴结构复杂，又在 180℃ 左右，1.0 MPa 以上压力，多变负荷工况下工作，难于用整体轧制或者整体锻造方法制造，所以通常采用分段加工焊接结构。

连续混捏机上有动、定两种搅刀，动搅刀在主轴上分三段 120° 分布，定搅刀固定在壳体上。动搅刀是主要工作部件，其作用是：和定绞刀配合，在随主轴作旋转和往复运动中，将干料和黏结剂沥青混捏成糊料。由于它在工作中和不同粒度的焦炭粒子摩擦，磨损较快，所以制成套入式，便于拆卸修理。生产 1 万吨左右，必须对混捏机搅刀开盖检查和修理。

推料螺旋安装在混捏轴的进料端，叶片是完整的双头螺旋，它的作用是将进料不断地推向混捏段，而不造成进料口的堵塞。返料螺旋安装在混捏轴的卸料口，和推料螺旋结构基本相同，只是叶片螺旋方向和推料螺旋相反，它的作用是反向推料，防止糊料进入后面的轴承衬套内。

2. 工作原理

混捏机动、定绞刀之间相对运动而形成的复合运动轨迹如图 6-6 所示。从图可看出动绞刀的螺旋不能是连续的，它的每个叶片必须处于定绞刀相对于动绞刀运动轨迹的空隙处，否则动、定绞刀在运动中就要相撞。动绞刀任一叶片的截面形状的边，在整个运动过程中，依次与四把定绞刀相应的截面形状的轨迹相邻，这样它们共同作用，对糊料挤捏并向前推进，完成混捏工作。以此同时，还清除掉动、定搅刀本身在运动过程中黏上的糊料。因此动、定搅刀之间的间隙控制是十分重要的，既要保持一定的间隙，间隙过小，动、定搅刀可能相撞，还可能挤碎大颗粒骨料，使糊料配比变化，影响糊料质量。同样间隙过大，保证不了混捏的质量。所以，待搅刀磨损到一定程度，就必须进行修理。

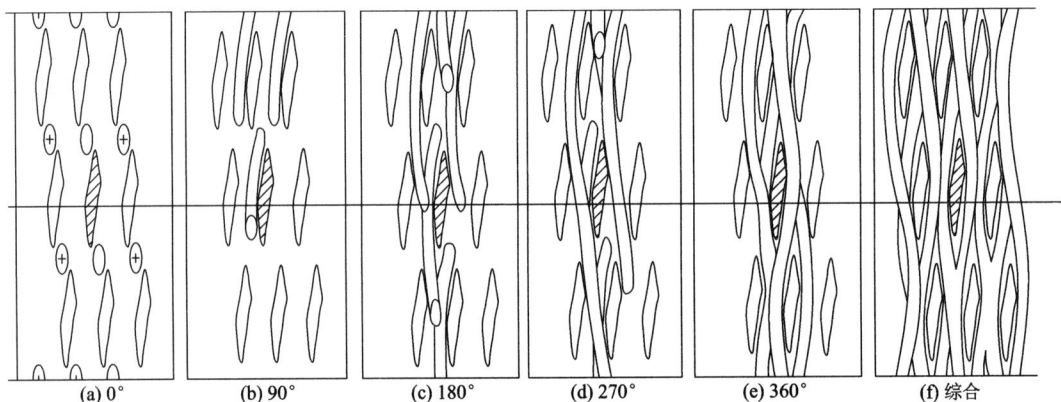

图 6-6　定、动搅刀运动展开图

(a)原始位置；(b)两者旋转 90°；(c)两者旋转 180°；(d)两者旋转 270°；(e)两者旋转 360°（即一周）；(f)综合情况

3. 连续混捏机的参数选择

机壳筒体内径 D　主要根据产量要求和规格系列来选择。目前炭素行业主要连续混捏机规格为：$D=400$ mm，500 mm，600 mm。

混捏机工作长度 L　L 的长短与糊料混捏质量有关，即 L 值越大，混捏时间越长，混捏质地越均匀，但 L 值超过一定范围时，生产效率会降低，设备结构、特别是混捏轴的结构会更加复杂，制造更加困难。

当用干沥青配料，采用两段混捏时，$L=7D$。当用液体沥青配料，采用一段混捏时，$L=9.5D$ 以上。

连续混捏机需要和连续配料设备配套使用。特别是沥青的准确计量及均匀加入混捏机是保证糊料质量的关键。连续混捏机的优点是机械化程度高，便于实现自动化，劳动条件较好，但必须与精确配料设备配合使用，同时也使整个设备较复杂，调整较困难，故只适用于大批量单一配方产品的生产，如预焙生阳极生产过程。

6.3.3　强力混捏机

1. 强力混捏机构成

炭素方面的 R 型设备有强力混捏机和强力冷却机，可分为连续和间断式生产，该设备在国外已有几十年的生产和使用经验，在 20 世纪 90 年代开始进入中国，在吉林炭素厂、云南铝厂使用，后来中铝贵州分公司、四川启明星公司、山东兖矿等引进了该设备。拟建和在建的大型炭素厂的混捏系统大多采用强力混捏机和强力冷却机串联使用，或者采用大功率的一段混捏和强力冷却机串联使用。

(1)构成部件

强力混捏机基本结构如图 6-7 所示，这种混捏机由旋转式容器、搅拌轴及搅刀、慢速混捏盘、臂底刮刀、卸料机构及传动装置等构成，其最具特色的三个部件是：①倾斜安装的旋

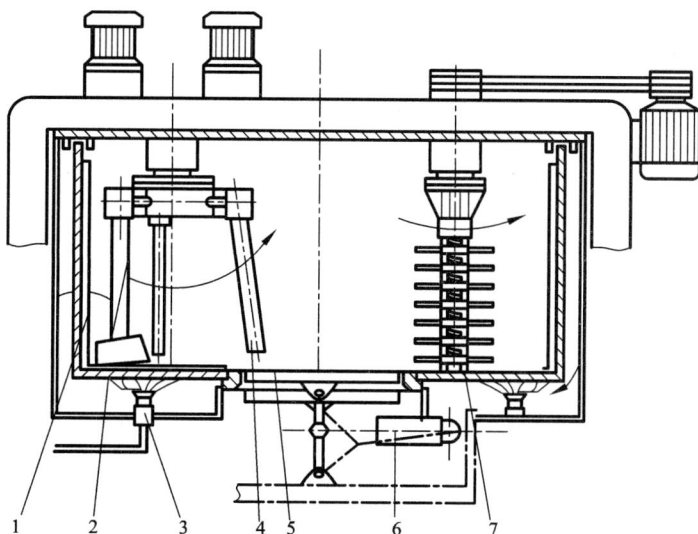

图 6-7　强力混捏机结构图

1—耐磨衬板；2—混合盘；3—加热喷嘴；4—搅拌器；5—搅拌底门；6—底门控制油缸；7—高能转子

转式混捏容器；②一组沿轴心不断转动的混捏搅刀；③可调节的多功能工具。

（2）结构特征

强力混捏机可以在大气压或真空条件下以及较大的温度范围内工作，其结构特征主要为：①旋转式混捏器外面有一个固定的保护壳；②活动的部分是密封的、混捏物料进不去；③混捏器上有门、便于通向混捏室。维修保养门根据混捏容器大小设计。

2. 工作原理

强力混捏机是按照逆流原理或横向流原理进行设计，其主要通过三方面的工作机理进行混捏，一是旋转式混合容器将糊料送到偏心安装的高速旋转混合部位，两者旋转方向相同或相反，形成速度差很高的相逆性混合物流；二是倾斜安装的旋转式混合容器与位置固定的多功能混捏工具一起，使混合物流形成强大的垂直分量而不断翻转，糊料自身重力与旋转力结合构成充分接触的立体式混捏；三是多功能工具和圆筒底部固定的刮刀能可靠地防止糊料黏附在混合容器的底和壁上。

强力混捏机许多年来主要作为冷却机使用，用其代替两段混捏中的第二代混捏机。因目前大部分铝用炭素厂采用液体沥青配料，不需在混捏线上熔化沥青，故将主要混捏过程由第二段提前到第一段，并将第二段上的强力混捏机增加冷却功能、主要作为冷却机来使用，此时又称其为强力冷却机。

在新的一段混捏技术中，强力冷却机的应用是核心内容，其机内的相逆性混合物流，增加了翻转流动，扩大了糊料传热面积，加上直接喷水与糊料接触进行热交换，加快了传热、传质速度，改变了糊料混捏及冷却过程的传递方式，虽未改变炭质糊料混捏过程的基本反应规律，但因其影响反应场所的条件，从而提高了糊料的冷却及混捏效率。强力冷却机在高效冷却的基础上，还需具备一定的混捏功能，尤其是糊料在混捏机中的聚合、驻留时间不够的情况下，需要强力冷却机延续并完成混捏过程，部分代替原有的第二段混捏功能，因此，强力冷却机在有的生产线上亦称冷却/再混捏机。

3. 强力混捏机结构分类

在基本工作机理基础上,强力混捏机还可根据自身需要进行不同选择,如工艺要求对温度依赖性很大,可以在混合室内直接进行加热、干燥、冷却等改变温度条件的相关处理。强力混捏机结构分类如表 6-3 所示。

表 6-3　强力混捏机结构分类

序号	分类项目	规格型号
1	顶盖和混合工具向上提升,混合容器可以移动	R02 R02E RV02E R02Vac
2	顶盖和混合工具可以通过液压掀开	R05T R08W R08Vac R09W R09T R11W RV11W
3	混合容器可以倾斜	R05T R09T
4	混合容器上有大门通向混合室	R08 R09 R11 RV11 R11Vac RV11Vac R15 RV15 R15Vac R19 Rv19 R23 RV23 R23Vac RV23Vac RV32Vac

强力混捏机具有以下优点:①连续性和间断性运行均可应用;②能使混合物料在最短的时间内得到均化处理;③混捏糊料温度均匀;④通过计算机辅助生产,在各生产步骤中参数恒定,同时采用全自动生产监控,保证炭素原料质量稳定;⑤作为强力冷却机在预焙阳极连续生产线上应用时,极大提高糊料冷却效率,便于选择最佳的混捏温度,有效改善沥青对骨料的黏结作用,混合糊料质量更加稳定。

强力混捏机配上真空技术将成为炭素生产工艺过程中的技术优势,且有利于环境保护。

6.4　混捏的操作和控制

炭素制品生产中,混捏操作过程是将计量配合好的原料颗粒料投入混捏机内,按规定的混捏制度加热搅拌,当内部原料达到规定温度时,加入熔化的沥青,也有采用将固体沥青与骨料、粉料同时配料加入混捏机内加热混捏。不同用途的制品,其黏结剂的软化点有不同的要求,可以使用热处理好的煤焦油在沥青刚软化后调整降低软化点。混捏进行一定时间后,糊料按一定的温度控制进入下一工序。混捏操作与控制主要包括制订混捏工艺条件的依据、混捏各工序的实际操作、废糊产生原因及其预防方法。

6.4.1　混捏工艺条件制定的依据

粉末材料的混合分冷混合和热混合,带黏结剂的糊料混合通常采取热混。热混包括干混和湿混,干混,即没加入黏结剂之前的混捏过程,湿混,是指加入黏结剂以后到混捏结束的过程。

混捏工艺条件主要是混捏温度和混捏时间。混捏温度的制定是依据沥青对炭粒的润湿接触角。提高沥青温度会使润湿接触角减少,但是对不同的软化点的煤沥青来说变化并不相同,如图 6-8 所示。

通常认为,润湿接触角小于 90° 的情况下,润湿作用较好。接触角越小即沥青与固体炭素原料颗粒表面接触越好,此时沥青对颗粒的附着力越大。对于上图所用的三种沥青润湿接触角为 90° 时,其相应的温度分别为 105℃、147℃ 及 178℃(即润湿温度),所以中温沥青做黏结剂,混捏温度选择在 120~180℃ 之间。

混捏时间的制定,是依据一定的混捏蒸气压下,料在混捏锅内,干料要求料温达 90~110℃,湿混糊料温度在 130~150℃ 所需的时间。由于气温、混捏蒸气压的变化,糊料要达到所需温度的时间不一样,所以要适当延长混捏时间。

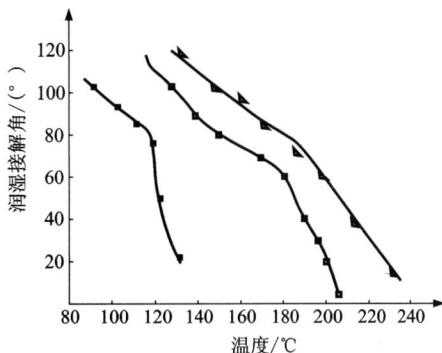

图 6-8 几种沥青浸润焦炭时的润湿接触角与温度的关系

1—软化点 73℃ 的沥青;2—软化点 102℃ 的沥青;
3—软化点 133℃ 的沥青

6.4.2 混捏工艺控制条件

混捏的工艺条件主要是温度和时间。
(1)热处理好的焦油温度:110~130℃;
(2)热处理好的焦油黏度:$(8~12)E_{80}$;
(3)投入焦油时糊的温度:105~115℃;
(4)糊的出埚温度:炭块用糊 135±5℃;捣固糊 120±5℃;电极糊 130±5℃。
(5)糊的湿混时间:炭块用糊 30 min;捣固糊 15 min;电极糊 30 min。
(6)糊的混捏总时间:炭块用糊 90 min;捣固糊 75 min。

6.4.3 混捏操作工艺

1. 煤焦油的热处理
炭块糊、捣固糊、电极糊的生产均使用热处理过的煤焦油,炭胶泥的生产使用生煤焦油。煤焦油热处理分一次处理、二次处理和保温处理。一次处理在一次处理槽内进行,生焦油输送到一次槽内,以蒸气加热及搅拌除去焦油中的水分及低沸点物质,为送往二次处理槽而进行预备处理;二次处理在二次处理槽内进行,预备处理完了的焦油输送到本处理槽,靠热媒体进一步用高温处理,并根据需要进行搅拌,直到获得规定的黏度;保温处理是将二次处理槽热处理完的焦油输送到保持槽进行保温贮藏,并根据混捏需要输送到日用槽。

在热处理过程要不断地在中央控制室和现场监视热处理情况,现场作业时,要使用规定的安全卫生劳保用具,同时注意以下几点:①用温度计确认各处理槽的焦油温度;②根据料位计确认各处理槽的焦油量;③焦油不要有泄漏现象;④热媒的温度应保持正常;⑤要处理二次处理槽的黏度变化;⑥水、蒸汽、压缩空气等正常供给;⑦运转中设备的音、热、振动等应正常;⑧防止焦油冒顶、贮量控制要适当。

2. 生产各类糊料的混捏操作
将配好的原料投入混捏锅内,按规定的混捏制度进行操作,即可得到各种糊类制品。

（1）炭块用糊的生产

将混合仓内准备好的原料通过螺旋投入指定的混捏锅，按混捏制度进行作业，混捏过程中主要管理混捏温度和时间，制备好的糊进入下道成型工序。每次挤压成型需要两锅糊，因此，混捏锅按 3 台×2 列配置 6 台混捏锅，奇数列和偶数列的各台混捏锅相对组合，每组 2 锅一次成型，各组混捏的时间程序几乎同时进行。本作业与成型工序关系密切，必须和成型操作密切联系，并符合成型作业的时间周期要求。

炭块用糊的混捏严格按图 6-9 所示的标准温度曲线进行操作。

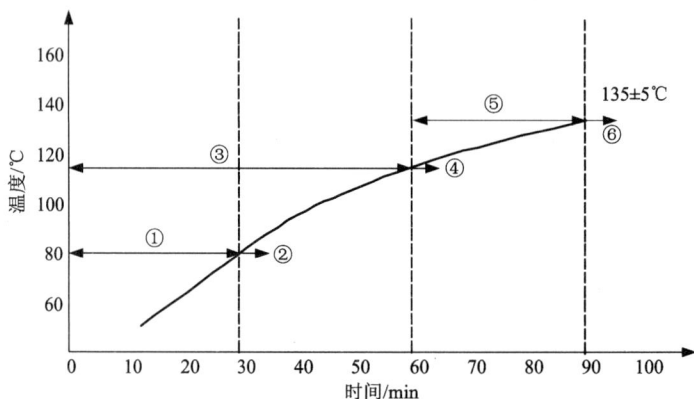

图 6-9　炭块用糊混捏标准温度曲线

①—间搅、预热；②—连搅开始；③—干搅；④—加入焦油；⑤—糊排出

（2）捣固糊的生产

将混合仓内准备好的原料投入指定的混捏锅内，在管理好时间和温度的同时进行混捏，投入焦油搅拌后，对糊取样，测定体积密度，根据测定结果，当达到所定的混捏温度时，从混捏机排出，通过凉料机和刮板输送机冷却、破碎机破碎后，经皮带输送到堆积堆场。

捣固糊生产大约用 30 min 周期操作，因此生产周围糊、炭间糊、钢棒糊时一般使用 4 台混捏锅。每台混捏锅的基本操作和炭块用糊混捏大体相同，捣固糊混捏的标准温度曲线和炭块用糊混捏稍有不同，湿混时间稍短，控制在 15 min 左右，以防止出锅糊温过高、糊料中产生球蛋，捣固糊混捏的标准温度曲线见图 6-10。

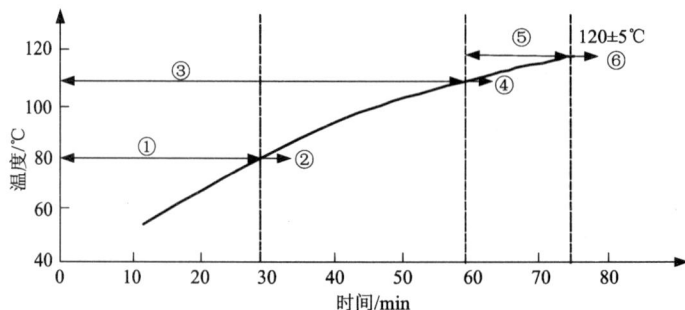

图 6-10　捣固糊混捏标准温度曲线

①—间搅、预热；②—连搅开始；③—干搅；④—加入焦油；⑤—糊排出

（3）电极糊的生产

将混合仓准备好的原料通过螺旋投入到指定的混捏锅内，在管理好温度和时间的同时进行混捏，混捏好的糊料直接从混捏锅排料口下部的皮带运输到溜槽，再投到搬运车上的搬运缸内，搬运到指定的位置后，用天车吊至搬运车上的搬运缸内；搬运到指定的位置后，用天车投入冷却水槽上部有格子框的缸内，冷却定型后从缸低排出。电煅炉筑下部电极用糊，由搬运缸直接搬运到作业现场进行下部电极作业；大批量生产时，根据用途，可直接由搬运缸定型冷却。为防止溜槽内壁黏附糊，应涂上杂酚油，电极糊混捏标准温度曲线见图 6-11。

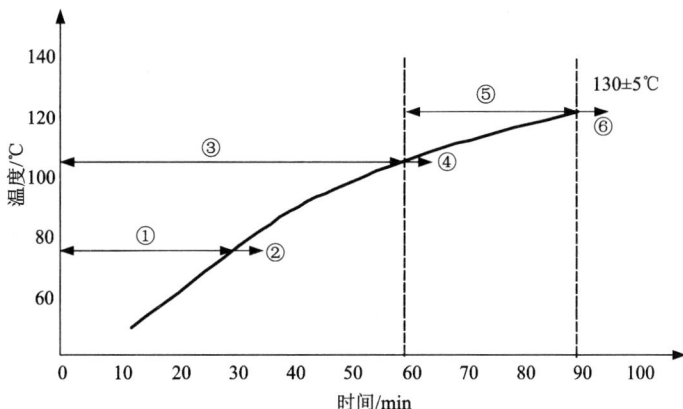

图 6-11 电极糊混捏标准温度曲线
①—间搅、预热；②—连搅开始；③—干搅；④—加入焦油；⑤—湿搅；⑥—糊排出

（4）炭胶泥的生产

炭胶泥的生产单独用一套流程，和炭块用糊、捣固糊、电极糊混捏差别较大，且互不影响。炭胶泥的生产使用高温煅后无烟煤粉料、生煤焦油、杂酚油在搅拌槽内配合，用搅拌桨进行搅拌。制成的炭胶泥，由分析员测定针入度，不合标准的应进行调整。

炭胶泥搅拌的温度应控制在 50~100℃ 范围内，搅拌时间 30 min，针入度（20℃）应控制在 450~650 mm 范围内。

6.4.4 混捏实际操作

混捏作业主要是将配料工序准备好的原料，输送到混捏锅内加热、搅拌，加入煤焦油，调整成均匀、密实、具有一定塑性的糊料输送到下工序。

1. 投料操作前准备

（1）首先了解本班生产的品种及规格，知道上班干料供料情况，根据品种、规格、锅号组织生产；

（2）检查各下料口的料是否扫净；

（3）确认动力、控制、焦油处理、集尘等电源送上；

（4）各现场操作盘的切换开关在中央操作盘一侧；

（5）将焦油供给设备的现场操作切换开关选择到泵一侧；

（6）各辅助设备设施（冷却水、压缩空气、蒸汽）供给手动阀操作正常，且无泄漏。

(7)湿式集尘挡板闭，干式集尘的风机启动，如干式集尘机内的收集物多时，则应用螺旋排料机将粉尘排出。

(8)将配料混合仓的高、低秤位根据配方设定。

(9)鼓形凉料机油压系统启动。

(10)焦油投入量设定器计数器根据配方要求在设定器上设定基础焦油量，焦油热处理系统日用焦油泵待用。

2. 投料操作

(1)将混合仓的切换开关固定在已发出高位信号的那一侧，发出投料信号。

(2)按焦炭供给自动投料按钮，相应设备开始动作，投料开始。

(3)干式收尘器挡板开，湿式收尘器挡板闭。

(4)将各螺旋输送机按设定的运转方向启动运行。

(5)自动插板打开。

(6)回转阀启动则混合仓的料就会投入锅内。

3. 投料停止作业

(1)混合仓料排完发出低位信号后，运转设备停止，向混捏机内投料完成。

(2)特殊情况(堵料、冒料、异响)时，按停焦炭供给按钮也可使投料停止。

4. 混捏操作

(1)按混捏机的加热按钮。混捏机在第一次使用时，投料前应正常加热 2 h。

(2)启动混捏搅刀按钮，搅刀正转动后，启动混捏机，并从相应的电流表上观察运转是否正常。前 30 min 是自动间隙搅拌，之后是自动连续搅拌。

(3)混捏连续搅拌后，干式集尘器闭合，湿式收尘器挡板打开。

(4)连续搅拌 30 min 后，若原料温度达到工艺下油温度时，则启动日用槽所选择的焦油泵。将所要下油的混捏机搅刀按停止后再按启动按钮，混捏机下油阀自动打开，焦油进入混捏锅内，达到设定基础焦油量后，下油自动关闭。

(5)调整焦油作业。观察糊料塑性，估计如需补加焦油时，在机旁操作盘上设定到所需投入量并固定。按投入焦油按钮，投入完后闭合。

注：补加前要启动混捏机搅刀运转。

(6)调整好焦油量后，应在现场关好混捏锅盖，把搅刀停止，将中央现场转换回中控室停止搅刀。

5. 排料作业

排料前，从下油开始到排料搅拌时间不得少于 30 min，温度达到该糊料的排料温度，调好油后搅拌不得少于 15 min，以避免糊料搅拌不均匀。下油排料前后若糊料的温度已超过排料温度，则应立即停加热。

(1)混捏完成后和成型凉料人员联系，通知排料，送上混捏完成信号和凉料机信号。

(2)检查流程是否有黏料、堵料、干料，如正常则可开始自动排料，凉料机排料溜槽升起。

(3)按动要排料的混捏机按钮，排料流程设备开始按下列顺序动作：

鼓形凉料机低速运转→挡板打开→要排料的混捏机搅刀逆转启动，底开阀夹紧装置打开到设定的开度，一定时限后底开阀在料排净后全部关闭；混捏排料完成，搅刀停止。

注：如果混捏好的糊料是炭块料，则经凉料机凉料后进入成型工序，如果是捣固糊则经凉料机凉料后进入刮板机冷却、破碎成为最终产品。

6. 停止作业

排料输送完毕后，则按启动设备的逆顺序依次停止设备。

6.4.5　混捏操作注意事项

主要指混捏温度、混捏时间控制和实际操作过程中的注意事项。

（1）混捏温度对糊料质量有很大的影响，随着温度的升高，沥青黏度降低，沥青对干料颗粒的润湿作用增强，利于混捏均匀。适宜的混捏温度要根据黏结剂的软化点而定，混捏温度与气候也有一定关系，冬天气温低，散热快，夏天气温高，散热慢，因此冬天的混捏温度应比夏天稍高一些。

（2）混捏搅拌时间同样对混捏的质量有显著影响，搅拌时间长短因考虑以下因素：加热温度高时，搅拌时间可适当缩短，加热温度较低时，搅拌时间应适当延长；使用的黏结剂软化点较低时（如加入部分蒽油或煤焦油），在同样加热温度下，可比使用较高软化点的黏结剂的搅拌时间短一些；配料时采用的粉状小颗粒（即球磨粉）越多，搅拌时间应适当延长。因为粉状小颗粒比表面积大、颗粒数多，则被沥青浸润和其他颗粒混合均匀需较长时间；加入生碎应比不加入生碎混捏时间稍长一些。

（3）实际操作过程中应注意：经常检查配料秤是否准确；不准提前或拖后下油，不准下串油，防止下重油；每月定期检查一次混捏锅搅刀和锅底间隙；冬季气温低，出锅后的糊料在外放置时间不宜过长；糊在锅内停留时间不准超过规程要求；混好的糊因故不出锅时，可暂停搅拌，但出锅前必须搅拌 3~5 min；混捏锅运转时，禁止取样，在锅内取样要停搅拌。

6.4.6　混捏糊料质量

1. 混捏糊料质量的判断

在实际生产中，糊料质量从定性和定量两个角度检查判断：

（1）定性

凭人的手、眼直观感觉来判断。糊温判断通过手摸。糊料混捏均匀程度的判断要观察糊料颗粒分布和沥青湿润程度。糊内黏结剂沥青含量是否适中是借助于手握糊后是否有团块和观察的块大小，有无沥青溢出，糊料没有较大温度的偏差，等等。

（2）定量

采用各种检测手段来进行判断。主要测定糊的延伸率、挥发分、比电阻、灰分、体积密度和机械强度等。糊延伸率是糊料塑性和糊内沥青含量的综合反映。

（3）延伸率的测定方法

称取一定量的糊料，按一定的模具和特定条件，压制成 $\phi25\ mm\times80\ mm$ 的糊柱试样，放在具有一定倾斜度的半圆铁槽上，一并放入烘箱。经过一定的温度和时间，观察并测定试样前后长度变化的比率。由下式计算：

$$\Delta L = \frac{(L_{后}-L_{前})}{L_{前}}\times100\%$$

式中：ΔL 为延伸率，%；$L_{前}$ 为试样烘前的长度，mm；$L_{后}$ 为试样烘后的长度，mm。

对于预焙阳极生产糊料和阴极制品生产糊料的延伸率是不相同的，这是由其配方及生产的工艺技术条件和设备所决定的。

2. 废糊产生原因及预防方法

混捏废糊有人为废糊、正常废糊和机械废糊三种。

（1）人为废糊

由于操作者责任心不强，人为造成的重油、重料等废糊。重油主要指下过油、由于忽视又再下油；重料主要指糊没出锅又下一锅料。

预防方法：下完油的锅要挂牌作标记或通过仪表显示灯表示已下油。待下料的锅必须由出锅操作者按指示灯，下料工得到信号才能下料并消除信号。

（2）正常废料

混捏操作者工作正常，但由于上工序称量、原料、纯度等因素波动较大造成废糊。

● 油大。正常下油量，但出锅时发现糊状显油大。

● 油小。料干、正常下油，而糊料偏干。

预防方法：上道工序要严格把关，尽量减少波动（煅烧料电阻率波动、粉子、粒子纯度波动，生碎内沥青量的波动等），允许波动范围内要控制在中限值，一旦超过波动范围应采取措施，废料不能进入下一个工序。要研究粒子、粉子纯度的自动控制装置。在没有自动控制的条件下要加强检查，不符合规程要停止配料。

● 杂质进入糊料内。

预防方法：正常检查拧紧设备零件，设备现场四周要干净，大、中、小检修设备周围环境要及时收拾干净。

● 糊温低，出锅时糊温低于规程要求。

预防方法：特别冬季，要勤检查混捏加热情况。糊温低不能出锅，要延长混捏时间。

● 糊温高。出锅时糊温超过规程要求。

预防方法：夏天要观察混捏加热温度，防止过高，发现问题及时调整到正常值。

（3）机械废糊

由于机械故障或缺陷而引起的漏灰、漏油、漏气，盘根漏料和设备不能运转而造成糊在锅内停留过长或糊料出锅后在外面停放过久等造成的废糊。

预防方法：设备有故障作好信息传递，上、下工序要配合、协调、尽量减少废糊。

第7章　成　型

为了得到一定形状、尺寸、密度和机械性质的炭素制品，必须将混捏好的糊料成型。

7.1　成型的基本理论和主要方法

7.1.1　成型的目的

成型是将混捏得到的糊料通过一定的压型方式加压得到具有规定形状尺寸和理化性能的生坯的过程。成型工艺要达到两个目的：一是使制品具有一定的形状和规格；二是密实糊料，或自身的压实过程。

7.1.2　成型过程的基本概念

1. 成型过程的剪切力

物料被密实时，为使物料发生变形，必须使物料内的剪应力达到一定数值。这时的剪应力称为物料的流动极限应力，用 σ_s 来表示。σ_s 的大小与糊料中粉末颗粒的特性、黏结剂的特性及黏结剂的用量有关。当物料在变形过程中受到各方面的力时，σ_s 只与绝对值最大和绝对值最小的剪应力有关，$\sigma_s = \sigma_{max} - \sigma_{min}$。一般，对于挤压的糊料，$\sigma_s = 1.8 \sim 2.5$ MPa；对于模压的压粉，$\sigma_s = 2.0 \sim 2.9$ MPa。

2. 压粉及糊料的塑性

在压制过程中，压粉及糊料都存在一定的塑性。其塑性大小与物料的物性，黏结剂的软化点，黏结剂的加入量及成型温度等有关。物料的塑性好，则成型时所需压力小，而生制品的密度大，机械强度高。但塑性太大时，将使生制品容易变形，使制品的机械强度反而降低，所以在成型时，必须控制糊料的塑性。物料的塑性可以用下式量度。

$$B = \frac{d_2 \sigma_c}{d_1 p}$$

式中：B 为物料的塑性指标；d_2 为物料的堆积密度，g/cm^3；d_1 为压制后生坯制品的体积密度，g/cm^3；σ_c 为压制后生制品的抗压强度，MPa；p 为成型时的压力，MPa。

3. 压粉与糊料的流动性

压粉与糊料必须具有一定的流动性。当物料受压时，能同时向各个方向传递压力，从而使整个料室内上下、左右压力分布均匀，减少压力损失，以增加生坯制品密度的均匀性。另一方面，由于物料的流动性，还可以在压制过程中，使物料充满料室的各个部位，也使生坯制品的密度均匀。物料的流动性与它的颗粒形状、大小及粒度配比有关。

4. 颗粒的自然取向性

一切可以自由移动的颗粒都具有以其较宽、较平的一面垂直于作用力的方向的性能，也就是说颗粒能自然地处于力矩最小的位置，这称为颗粒的自然取向性。糊料及压粉的颗粒都不是球形的，在成型时的塑性变形中，它的延伸方向与自然取向是一致的，造成结构上的各向异性。因此，不同的成型方法制备的生坯制品内颗粒排列方向与各向异性比也是不同的。挤压成型法制得的生坯制品，其颗粒沿平行于挤压力方向排列，各向异性比大；模压成型制得的生坯制品，其颗粒垂直于模压力方向排列，各向异性比较小，而等静压成型的生坯制品在结构上是各向同性的。

7.1.3 成型方法

成型的方法很多，有模压法、挤压法、振动成型法和等静压成型等。在铝用炭素工业中，预焙阳极生产采用振动成型压制生坯，阴极制品主要采用挤压成型生产生坯，部分厂家采取振动成型压制生坯。

7.2 振动成型工艺和设备

在炭素工业中，有时要求生产大尺寸的产品，例如，铝电解槽用的大规格阳极、高炉用炭块等。若沿用挤压法生产，挤压机的功率要很大，这类大型机的结构复杂，投资大，经济上不尽合理，而且无法压制异型的制品。在20世纪六七十年代发展了振动成型方法，并得到了应用。目前，振动成型法主要用来生产预焙阳极生坯，也用于高炉炭块生坯的成型。

7.2.1 振动成型的原理

振动成型时，成型模具固定在振动台上，糊料加入模具内，料面用重锤加上少量压力。开动振动台，使糊料受到振幅小而频率高的强迫振动，在强烈振动下，糊料颗粒间和糊料与模具壁间的摩擦力减小，颗粒移动并合理排布，得到体积密度和性能上都可与模压或挤压相似的大型产品尺寸。目前，振动成型生产制品尺寸最大可达 1570 mm×750 mm×580 mm。

置于振动台上的模具和装在模具内的糊料，由于振动台施加的强迫振动，它们都处于振幅不大(一般为 2~5 mm)、但振动频率很高(1400~2000 次/min)的运动中。振动过程的糊料运动速度很快，并且运动速度和方向变化很快。糊料振动周期很短，在较短的时间内完成一个振动周期的全部变化，将产生很大的加速度。这个加速度是重力加速度的几十倍甚至几百倍。因此，糊料颗粒在振动过程中将获得密度力大得多的惯性力，能够克服重力而运动。由于颗粒质量不同，它们所获得的惯性力也不同，这样，颗粒界面间便产生远超过糊料内聚力的接触应力。因此每个颗粒都在靠近不稳定位置振动。另外，在强烈振动状态下，糊料颗粒间的内摩擦力及糊料与模具壁之间的外摩擦力也急剧下降，这样糊料便具有重液体性质，呈斜坡堆积的料面很快"流淌"成平面，跳跃着的糊料迅速充填到模具的各个角落，较小的颗粒充填到大颗粒间的空隙中去，逐渐达到密实，与此同时再借助作用在糊料表面上适当的重锤接触比压(即单位横截面上所受重锤的压力，一般为 0.1~0.25 MPa)，进一步加强糊料的密实程度，从而得到具有规定形状的高密实强度的生坯。

糊料的颗粒呈振动状态后，它们的物理性质发生了重大变化：
①糊料颗粒间的内摩擦力以及和模壁的外摩擦力明显降低；
②糊料从弹性状态转变成密实的流体状态，因此糊料间的黏结力也有很大程度的减弱；

③振动使糊料颗粒受到多变加速度，因而使大小不等的颗粒产生的惯性力也不同。

上述三种物理性质的变化，最重要的是糊料颗粒产生惯性力。由于颗粒大小不均，质量不一，产生的惯性力($F=ma$)也有所不同，因而使糊料颗粒边界处产生应力，当这个应力超过糊料的内聚力时，颗粒便开始相对移动，这样不但可以缩短振动时间，而且还能使糊料进一步密实。

7.2.2 振动成型工艺参数

振动成型对糊料的黏结剂用量、糊料温度要求与挤压成型不同。振动成型的产品质量不仅受这两个因素的影响，而且还与振动时间、重锤比压及振动台激振力等因素有直接关系。

1. 黏结剂用量

挤压成型要求糊料具有较大的塑性，故糊料中黏结剂要多一些。而振动成型一般少 3%~6%。

当糊料中黏结剂稍少一些时，大多数颗粒呈散粒状，或只有较少的小团块，加入成型模具内流动性好，成型后产品密实程度高。相反，如果糊料中黏结剂量过多，糊料中多数形成比拳头还大的团块，装入成型模具内，虽经长时间振动也不易振实，糊料中团块多，流动性差，在成型过程中，受压缩程度也低。因此，黏结剂用量过多的糊料，振动成型后的产品密实程度差。预焙阳极生产沥青配比为 14%~17%。

2. 成型温度

挤压成型要求糊料的温度较低，一般要求在黏结剂的软化点左右，所以要进行凉料。而振动成型由于黏结剂用量相对较少及成型方式不同，所以糊料的温度，一般比黏结剂软化点高 30~50℃。成型时如果糊温过低，糊料塑性变差，振动成型后的制品表面粗糙、内部疏松；如果糊温过高在脱模后易出现表面裂纹。

另外模具、重锤等设备本身温度对制品表面质量也有一定影响，连续生产过程中由于糊的温度较高，模具及重锤本身温度基本可以达到要求，生产初期由于模具及重锤温度较低，需预先进行加热才能确保炭块质量。

3. 振动时间

振动时间是指重锤落到糊料表面到完成振动所需要的时间。振动时间短，糊料的密实程度低，孔隙度大。在一定范围内，孔隙度随振动时间增加而减小。

振动成型是周期性生产，每个生产周期包括加料、振动和脱模三个主要操作过程，在这三个操作过程中，振动时间较长。显然，振动成型设备的产量主要决定于振动时间。另外，振动成型产品的质量也与振动时间有关。故要选择合适的振动时间，既保证产品质量，又达到较高的产量。预焙阳极的振动时间目前为：70~100 s。

4. 振动台的激振力与振幅

振动台的激振力与振幅由改变回转轴上的偏心振动子质量和偏心距离调整。调整振动台的激振力和振幅比较麻烦，所以对于生产定形产品和固定的糊料，预先选好恰当的激振力和振幅后，一般不再调整。对于不同规格的产品则要选用不同的激振力和振幅，若产品的规格较大，则需要的激振力和振幅就要大一些。

激振力一般由克服被振动物体(包括振动台、成型模、糊料及重锤)质量的惯性力决定。被振动物体的质量愈大，产生的惯性愈大，振动所需要的激振力就愈大。

在振动频率一定时，被振动物体的惯性力依据振幅的大小而变化，振幅愈大，被振动物体的惯性力愈大，由克服惯性力所需要的激振力就愈大。所以，首先要确定适宜的振幅，最适宜的振幅是应该使被振动的糊料获得足够的交变速度和加速度，以克服糊料的内摩擦力和内聚力、以及糊料与模具之间的摩擦力，使糊料具有很好的流动性。但是，如果振幅太大，不但影响设备使用寿命，而且噪音也大，一般振幅选择 1~4 mm。

5. 成型压力

振动成型压力一般习惯用比压表示，即单位面积所承受的压力。由于强烈振动能使糊料的内聚力和内、外摩擦力急剧降低，因此，振动成型压力只有挤压成型所需压力的 1% ~ 3%，为 0.05~0.29 MPa。重锤比压选择的原则为：小规格，不太高的制品，重锤比压在 0.1 MPa 左右；中等规格，比较高(如高度为 1~1.5 m)的制品，重锤比压应取 0.15~0.24 MPa；如密度不能满足时，比压可提高到 0.29 MPa 左右，大规格、高度在 1 m 以上的产品可用 0.098~0.15 MPa 的比压。

细长的制品所用重锤比压比粗短的制品要大一些。这是因为炭素糊料对压力的传递能力较差，对形状细长的制品，若重锤比压小，则重锤对糊料的压力自上而下衰减，会使中下部的密度变小。

7.2.3 振动成型设备构成

振动成型机组包括振动台、加压装置、模具和脱模装置、加料和称量装置等。大多预焙阳极厂家使用的振动成型设备为三功位转台式振动成型机，加料、振动和脱模三项工作在三个工作面上进行，功位互为 120°。图 7-1 为振动成型机结构简图。

1. 振动台

振动成型设备中的关键部分是振动台。振动台是采用惯性式偏心振子，即用回转的不平衡质量产生的离心惯性力作为振动系统所需的振动源，产生周期性激振力。振动台面装在旋转偏心轴上，在偏心轴上装有用厚钢板做成的偏心振子。由偏心振动子的转动，使振动台面做强迫振动。

振动台有单轴振动台或双轴振动台。单轴振动台的振动器由一根直径为 108 mm，偏心距为 6 mm 的偏心轴和轴两端的附加配重盘组成，其偏心距的大小可由配重盘内的扇形铁调整，偏心轴由电动机经三角皮带直接带动转动。

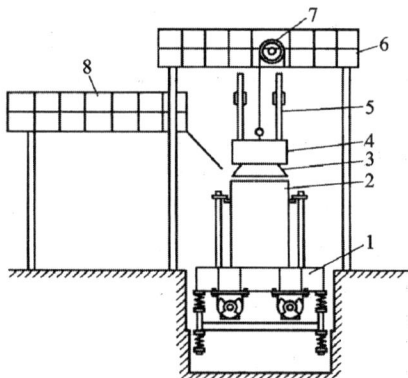

图 7-1 振动成型机结构简图

1—振动台；2—模具；3—压板；4—重锤；
5—导向杆；6—机架；7—卷扬机；8—平台

预焙阳极生产中采用双轴振动台。双轴振动台有一对方向相反，同步旋转的振动器，每个振动器由两段尺寸相同的旋转偏心轴和装在轴上的一组偏心振子组成。每根偏心轴的两端各有两块形状相同的扇形钢板，两块扇形钢板的相对角度可以调整，通过调整偏心振子的角度可以获得不同的振幅及激振力。

双轴振动台工作时，如图 7-2 所示，底座上的四个油缸在齿轮同步分流器和四联杆机构的共同作用下迫使四个油缸同步上升，当上升到一定高度时托起振动箱体连同模套底座上升，使模套底座脱离转台，此时模套夹具在夹具液压缸和弹簧的共同作用下，夹紧模套，使模套底座和模套紧紧地卡固在振动台上，成为一体。此时振动箱下对称分布的二轴偏心块在万向轴的作用下以相同的速度高速回转（如图 7-3 所示），在水平产生的惯性力相互抵消，在垂直方向的分力相互叠加激发振台产生简谐振动。由于振动台托起模套并卡紧使之脱离旋转工位台，故强烈的高频振动也不会传到设备本体上，振动完后，油缸托着振动箱下降回位。

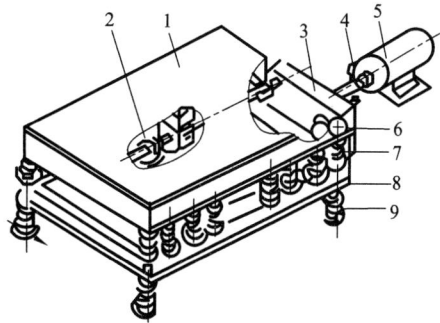

图 7-2 双轴振动台结构图

1—工作台；2—振动器；3—齿轮箱；4—联轴节；
5—电动机；6—万向联轴节；7—减振弹簧或橡胶块；
8—底架；9—弹簧或橡胶块

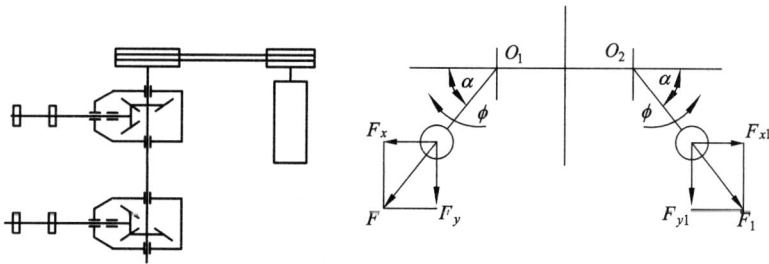

图 7-3 振台传动原理及激振力分析

其中：$F = mrw^2$ $F_x = F\cos\alpha$ $F_y = F\cos\alpha$

振动台偏心轴的转速是通过调换电机与齿轮箱之间的皮带轮调整的。偏心块的转速决定了振动台的振动频率，同时也影响到振动的振幅。

2. 成型模

振动成型的模具，一般用 8~16 mm 的钢板焊成。模具的形状由预焙阳极确定。模具的尺寸要比设计的产品尺寸稍大一些，主要是考虑到生坯在焙烧过程中要产生体积收缩或线收缩。为了便于脱模，做成一定斜度，上口略小于下口，斜度一般为直径或边长的 1%。成型模必须与台面牢固地固定在一起，以防止成型模在振动台上跳动而减小振幅，从而降低制品的质量。

3. 重锤

在振动成型时，糊料表面需施加一定的压力，即在糊料表面放置重锤，其对提高产品密度及缩短振动时间有明显的影响。在振动过程中，糊料实际上所受到的压力比重锤比压大得多，因为糊料不只受到静压力作用，同时由于重锤也处于不断地振动中，还会产生高速运动下所引起的冲击力。

4. 减振装置

振动成型是靠高频振动来实现的，故应保证只有振动台的台面和模具处于强烈的振动状态,而下步的机架要和设备基础都不应发生强烈的振动。否则不仅设备容易损坏,而且对厂房及操作人员身体带来不良影响。

7.3 挤压成型工艺和设备

挤压成型法是使糊料在压力作用下通过一定形状的模嘴发生塑性变形而被压实,成为具有规定断面或一定长度的生坯,并且是一种生产效率比较高的成型方法。挤压成型压出制品的轴向密度分布比较均匀,适合于生产长条形的棒材或管材,如铝用阴极炭块、炼钢用电极、各种炭棒等。

7.3.1 挤压成型过程

挤压成型的本质是在压力下使糊料通过一定形状的模嘴后,受到压实及塑性变形而成为具有一定形状和尺寸的生制品。图 7-4 为挤压成型的示意图。

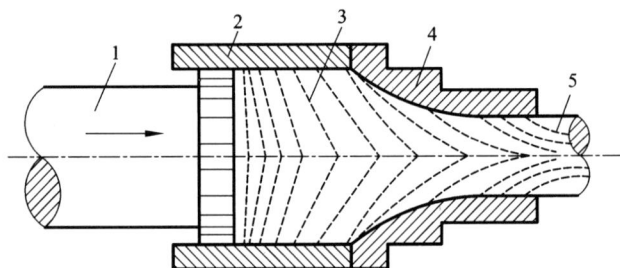

图 7-4 挤压成型示意图

1—柱塞;2—料缸;3—糊料;4—挤压嘴;5—压出制品

糊料的挤压过程是在料室(料缸)及具有曲线变形的模嘴内进行,挤压过程可分为两个阶段,第一阶段是压实,也称预压阶段。在这个阶段,糊料放入料室以后,在挤压嘴与料缸之间加一块挡板,加压,迫使糊料排除气体,达到密实,同时使糊料向前运动。在这个过程中,糊料可看作稳定流动,各料层基本上是平行流动的。第二阶段为挤压。糊料经预压后,将预压力撤除,除去挡板,重新加压。挤压过程的实质是使糊料发生塑性变形。在挤压过程中,糊在压力下进入具有圆弧变形的挤压嘴时,由于糊料与挤压嘴壁发生摩擦,它的外围流动速度较中心流动速度慢。流动较快的内层糊料对流动较慢的外层糊料由于内摩擦而产生一个作用力,反过来,外层糊料也给内层糊料一种阻力。因此,在挤压块中便产生层流结构和内应力。最后,糊料进入直线变形部分而被挤出。

7.3.2 挤压成型的原理

1.摩擦力在压制过程中的作用

糊料在挤压过程中,物料与模壁间以及物料颗粒间存在着内、外摩擦力。这种摩擦力形成了对挤压力的反作用力,正是由于这种反作用力的存在使糊料产生密实作用。内摩擦力的大小取决于颗粒特性、黏结剂的性质和配入量以及成型时的温度等因素。在不同压力下,糊料的内摩擦系数列入表 7-1。外摩擦力的大小与模嘴的结构形式和结构尺寸有关,也与黏结剂的性质及摩擦面的温度有关。当模嘴结构一定时，外摩擦系数与沥青黏结剂的软化点及糊料温度之间关系示于图 7-5。若摩擦力太小，使糊料在受到小的挤压力下成型，而不能达到理想的密实程度。若内、外摩擦力太大，将使挤压力加大，增加设备负荷，同时，使生制品内产生较大的内应力，易于产生内、外裂纹，以至影响产品质量。另外，还应避免内、外摩擦力之间相差太大，否则，压型时易使制品内外密度不均匀，而形成同心壳层结构的废品。

表 7-1 在不同压力下糊料的内摩擦系数

挤压时压力/MPa	糊料温度/℃	内摩擦系数 $\mu / \times 10^{-5}$		
		黏结剂为硬沥青	黏结剂为中沥青	硬沥清加 0.5% 油酸
5.7	120	16.40	7.66	10.95
11.3	120	7.30	5.50	7.50
17.0	120	6.75	4.05	4.40
22.6	120	5.25	2.38	4.34
28.3	120	4.30	2.00	4.00
5.7	90	236.0	19.1	41.2
11.3	90	116.0	12.0	25.0
17.0	90	90.4	6.8	15.1
22.6	90	74.0	4.8	9.7
28.3	90	48.0	4.5	9.0

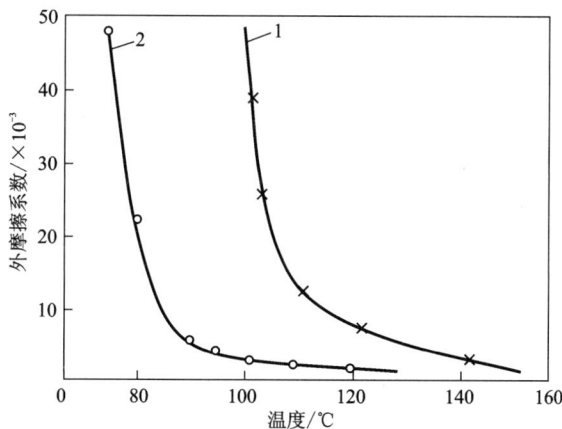

图 7-5 外摩擦系数与沥青软化点及糊料温度间关系
1—硬沥青；2—中温沥青

2. 挤压过程的颗粒转向

挤压过程中颗粒转向的情况如图 7-6 所示。当糊料到达压嘴喇叭部分时，原来与挤压力 P_1 垂直的扁平颗粒受到斜面方向来的压力 P_2 的作用而转向，转为与 P_2 垂直。当颗粒到达压嘴部分时，受到压力 P_3 的作用而进一步转向，使颗粒扁平面与 P_3 垂直。通过颗粒的两次转向，促使糊料内粒度分布及黏结剂的分配均匀，提高了糊料的塑性，增加了制品的密度，也使制品的结构成为各向异性。

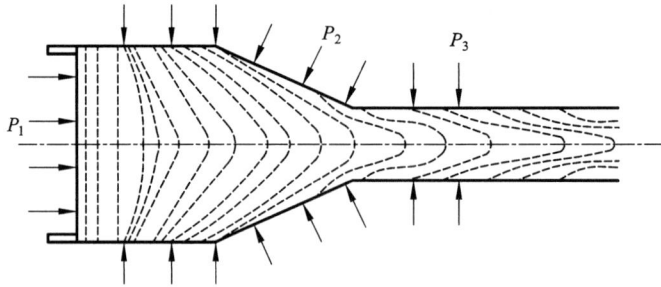

图 7-6　挤压时的作用力与颗粒的定向

3. 挤压过程的变形程度与压缩比

设料缸的截面积为 F，压嘴出口处的截面积为 f，变形程度用 δ 表示，则可定义为：

$$\delta = \frac{F-f}{F} \times 1005$$

若 $\delta = 0$，即 $F = f$，表示压嘴无喇叭部分，压块基本保持预压时形成的结构，若 δ 很小，即 $F \approx f$，表示压嘴的喇叭形部分很少，糊料变形不能深入中心，生块密实程度低，成为表面层稍紧密，而内层疏松的壳层结构；若 δ 过大，将使生制品的内应力大，压出后易变形或开裂，而且会影响设备能力的发挥。在炭素制品生产中，一般采用 $\delta = 85\% \sim 94\%$。变形程度用压缩系数来表示比较方便，$k = f/F$，所以一般情况下，$k = \frac{1}{6.6} \sim \frac{1}{16.7}$。

根据变形程度可以计算挤压制品的规格范围。例如一台 3000 t 立捣卧式挤压机，其糊缸直径为 1300 mm，生制品截面积为 f。

由 $k = f/F = f / \frac{\pi D^2}{4} = \frac{4f}{\pi D^2}$，可得 $f = \frac{\pi k D^2}{4}$

当 $k = \frac{1}{6.6}$ 时，$f_{max} = 201008$ mm²

当 $k = \frac{1}{16.7}$ 时，$f_{min} = 79440$ mm²

由此可知，挤压圆形制品的规格范围为 $\phi 318$ mm $\sim \phi 506$ mm，挤压方形制品的规格范围为 282 mm×282 mm～448 mm×448 mm。

在挤压成型中，还采用挤压比 ψ 来说明其变形程度，ψ 与 k 存在如下关系：$\psi = \frac{1}{k}$。ψ 值过大，虽然可以得到密实度较高的生制品，但压机能耗高，生产效率降低，从经济效益考虑不合算；ψ 值过小，会导致中心部位结构疏松，产品合格率低。

7.3.3　挤压成型工艺

1. 挤压成型的组成工序

挤压成型的工艺过程可分为凉料、装料、预压、挤压和冷却五道工序。

①凉料：混捏好的糊料，一般温度达到 130~140℃，并含有一定量的气体。凉料的目的是使糊料均匀地冷却到一定温度，并充分排出夹在糊料中的气体。凉料主要是控制温度和时间，凉料温度及凉料的均匀程度与挤压成型的成品率有很大的关系。

②装料：挤压成型是装一次料，压出一批产品。立捣卧压成型机在装料过程中或装料完成时须进行填充压实，防止料缸放置水平时料从料缸中倒出。

③预压：当一批料全部装入料缸填充并放置水平后，先对糊料加压（一般压力为 15~25 MPa），一般预压压力达到要求后再保持 1~3 min 完成预压。预压的目的是使糊料中的气体充分排除，并使挤压时压力均衡，以提高生坯密度，对大规格制品，预压时间应该比小规格制品长一些，因为大规格制品生产的压缩比小，挤压压力相对较低。预压过程中可以对料缸抽真空，以充分排出糊料中的烟气，减少气孔，增大密度。

④挤压：预压结束后，将预压板落下，再次加压，使糊料从压嘴挤出。挤压压力取决于糊料的塑性状态、压嘴的结构、压缩比以及压嘴各部分的温度、挤压速度等因素。为了保证糊料处于好的塑性状态，有利于挤压成型、料缸、压嘴必须保证适当的温度，料缸、压嘴一般采取蒸汽、导热油和电加热。

⑤冷却：刚挤出的生制品温度都高出其软化点温度，特别是外表高出较多，所以挤压出的生制品必须马上淋水冷却，以防止生制品弯曲或变形。

2. 挤压成型的工艺技术条件

挤压成型过程中需控制的工艺技术条件主要有：

凉料时间：10~15 min；

凉料温度：110±5℃；

预压压力：150 kg/cm²*；

预压时间：30 s；

真空脱气负压：-200~500 mmHg；

挤压压力：65±30 kg/cm²；

挤压速度：3~8 格；

压嘴先端部温度：140~160℃；

压嘴中间部温度：110~130℃；

压嘴喇叭部温度：85~105℃；

预压板温度：85~105℃；

料缸温度 50℃；

炭块冷却时间（水温 20℃）；

大规格制品：3~5 h；

大规格制品：2~4 h。

3. 挤压成型时压力的影响因素

挤压压力取决于糊料的塑性、挤压变形程度、料室的装料量、挤压速度、生制品横截面积形状和压嘴结构。

①挤压压力主要取决于糊料的塑性状态。糊料的塑性越好，则糊料对料室和压嘴内壁的

* 1 kg/cm² ≈ 98 kPa。

摩擦阻力越小，挤压压力也就低一些，但糊料的流动性过大会导致挤出的毛坯在自重下变形，所要求的糊料塑性应该使挤压出的毛坯不变形，而且也不因塑性过小而使用过大的挤压压力。

②挤压变形程度增加时，糊料通过压嘴所需压力要增加，则挤压压力也愈大。

③料室中糊料愈多，与内壁的摩擦阻力也愈大，所需挤压压力愈大，随着挤压的进行，糊料逐渐减少，挤压压力也随之下降。

④作用于主柱塞上的变形力，必须超过糊料的流动极限才能推动糊料，因此，糊料的挤压速度愈快，所需变形力也愈大，则挤压压力也愈大。

⑤毛坯截面积的形状对糊料通过模嘴时的摩擦力有影响，圆形截面具有较小的边长和平滑的外形，因而具有较小的摩擦表面和阻力，所需挤压压力较小，而方形和异性截面都具有较大的摩擦面，故需要较大的挤压压力。

⑥压嘴圆弧部分的最佳顶角为45°，高于或低于该角度都会增大挤压压力。压嘴的直线定型部分约为压嘴全长的1/3~1/2，增加定型部分长度，会显著增大挤压压力，而毛坯密度增加不显著。

4. 影响挤压制品质量的因素

(1) 糊料塑性

糊料塑性直接影响挤压制品的成品率。塑性好的糊料易于成型，且糊料间黏结力强，糊料与模壁之间摩擦力小，因此可在较小的压力下把生制品挤出，弹性后效也小，产品不易开裂。若糊塑性不好、发渣、糊料间黏结性差，加压时糊料与模壁间摩擦力大，使挤压压力增大，压出后毛坯弹性后效大，较易出现裂纹，为了提高挤压成品率，必须改善糊料的塑性，首先要保证适量的黏结剂、适宜的混捏温度和足够的混捏时间，以使骨料与黏结剂均匀混合，其次可加入适量的石墨碎，以降低糊料间摩擦力。

(2) 温度制度

下料温度过低，糊料就会发硬，下料温度过高，糊料间黏结力减弱，都降低挤压成品率，挤压压力随下料温度的提高而降低，因此要选择好适宜的下料温度，才能保证产品的挤压压力不致过大，又能保证挤压制品的成品率。由于糊料在料室中停留时间较长，糊料与料室内壁间会进行热交换，若料室温度低于下料温度，表层糊料就把热量传给料室，使糊料本身温度降低，可塑性变差。若料室温度太高，会使糊料表层温度升高，降低了表层糊料的黏结力，使裂纹废品率增多。合适的嘴子温度，能使生坯表面光滑，减少裂纹废品，嘴子温度过高，会使糊料表层变软，糊料间黏结力减小，挤压生坯易产生裂纹，嘴子温度太低，会增大糊料和模壁间摩擦力，使糊料内外层挤压速度差增大，生坯表面易产生局部和内部分层。

(3) 糊料状况与预压

糊料内各部分的温差不应超过4℃，糊料内的干料、油块、硬块等都应除去，这样才能使糊料在挤压时正常流动，保证生制品顺利压出，才能保证制品的质量。预压能使糊料紧密，提高制品质量，经过预压和不经过预压所挤压出的同规格生制品性能有较大差距，预压压力对产品性能也有较大影响。适当提高预压压力，可以增加体积密度，降低气孔率，提高抗压强度，若预压压力过大，超过原料颗粒的强度时，会引起原料颗粒的破裂、破坏原粒度配比，并产生未能为沥青润滑的颗粒断面，反而降低了机械强度，严重时会使制品内部产生裂纹。

（4）压嘴

压嘴主要由喇叭部和定型部分组成，对挤压质量影响最大的是喇叭部分。为了保证挤压生制品的质量，除了要求压嘴的内壁表面光滑外，还要求嘴子的结构各部分对称性好，接口圆滑、平整。

7.3.4 挤压成型设备

1. 圆筒凉料机

炭素制品生产，凉料采用的设备主要有圆盘凉料机和圆筒凉料机，下面介绍圆筒凉料机的结构、性能和工作原理。

（1）结构

凉料机主要由液压系统、收尘系统、冷却系统、传动系统、凉料机本体组成。

凉料机的液压系统主要由电机、联轴节、双联齿轮泵、压力阀、单向阀、节流阀、电磁阀、油管、过滤器等组成；收尘系统主要有风机、收尘器、收尘挡板及相应管路等组成；冷却系统由冷却风机、冷却水及相应管路组成；传动系统主要由油马达、联轴节，小齿轮、大齿圈等组成；凉料机本体主要由圆筒、托圈、拖轮、叶片、进料及排料溜槽等组成。

（2）性能

凉料机规格：$\phi 2500 \times 2500$ mm；

大齿轮：$m = 10$ mm、$Z = 276$；

小齿轮：$m = 10$ mm、$Z = 47$；

装料量：$2365 \sim 3100$ kg；

转速：低速 $1 \sim 4$ r/min、高速 $4 \sim 6.5$ r/min；

冷却风机风量：200 m^3/min，静压：110 mmH_2O（1078.66 Pa）；

传动方式：液压传动；

冷却方式：风冷。

（3）工作原理

混捏好的糊料，经圆筒进料溜槽进入凉料机筒体。圆筒内壁焊有一定角度的叶片，糊料被叶片带到一定高度在自重作用下下落，由于筒体不断旋转，被击碎的小块糊料与其他糊料结成大块，被叶片又一次带到一定的高度下落击碎，周而复始，不断循环，在旋转时筒体外有冷却水冷却筒体，筒体内部有风机强制空气对流，使糊料和空气进行热交换，烟气从收尘管道排走，实现糊料较快冷却，冷却后的糊料经排料溜槽进入下道工序。凉料机圆筒的速度调节和排料溜槽的升降均由液压控制系统实现。

2. 立捣卧压成型机

炭素制品生产，挤压成型设备有油压机和水压机两种，下面以 3000 t 立捣卧压成型机为例，就其结构、性能、工作原理进行介绍。

（1）结构

如图 7-7 所示，3000 t 立捣卧压成型机主要由以下部分构成：①成型机本体主要由主缸、柱塞及拉回装置、料缸压紧装置、料缸及倾翻装置、原料充填装置、预压板与升降装置、压嘴支持扎辊、前部机架、共用底座、横柱等构成；②真空脱气装置；③杂酚油喷涂装置；④成型压嘴；⑤油压装置；⑥电气控制装置。

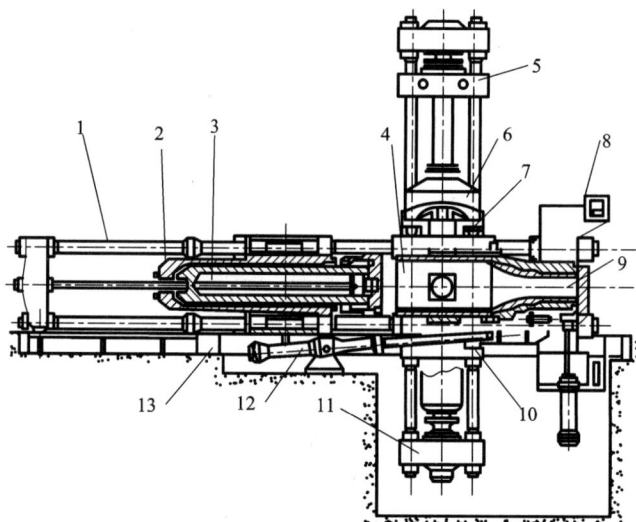

图 7-7　3000 t 立捣卧压成型机

1—回程缸部分；2—主缸部分；3—真空排气管；4—料室；5—活动横梁；6—压实真空罩；7—机架上部轴孔；
8—前梁与档架；9—嘴形与快速夹紧；10—机架下部轴孔；11—托板缸；12—旋转油缸；13—机做部分

（2）3000 t 立捣卧压成型机性能

挤压能力：3000 t；

主油缸行程：3980 mm；

副缸回程力：90 t；

料缸尺寸：ϕ1300 mm×3300 mm；

压盘油缸压紧力：50 t；

压盘油缸行程：820 mm；

充填油缸充填压力：180 t；

充填油缸行程：1450 mm；

预压板油缸压力：11 t；

预压板油缸行程：1650 mm；

高压油泵压力：320 kgf/cm^2*；

低压油泵压力：140 kgf/cm^2；

主油缸前进速度：5.5 mm/s；

主油缸加压前进速度：2.8 mm/s；

主油缸后退速度：45 mm/s；

压盘油缸前进速度：100 mm/s；

压盘油缸后退速度：120 mm/s；

充填油缸上升速度：90 mm/s；

充填油缸加压时上升速度：46 mm/s；

充填油缸下降时速度：75 mm/s。

（3）3000 t 立捣卧压成型机特点

3000 t 立捣卧压成型机每个动作是由油压系统控制实现的，具有以下特点：

①装糊料的料缸可通过夹紧装置与压嘴连成一体进行挤压操作，也可通过旋转装置将料缸从水平位置变成垂直位置，进行加料及捣固；

②料缸在直立位置多次加料（通常为三次）并由专门设计的立式压实装置进行捣固；

③设置的抽真空装置在预压、挤压过程中都可抽气，使包围在糊料中的烟气排出，以提高制品的性能；

④压制出的生制品达到规定的长度时由剪切装置自动剪切。

---

* 非法定计量单位，1 kgf=9.80665 N。

7.4 成型的操作和控制

7.4.1 转台式振动成型操作控制

1. 操作概述

根据人为经验对混捏系统送来的糊料进行质量判断, 糊料不合格, 选择排出侧, 由皮带输送机排到废糊堆场, 作为生碎使用; 糊料合格时, 选择计量秤侧, 经振动给料机输送到计量秤, 计量到设定值时, 振动给料停止供料。

当模具转至料斗下方, 质量计料斗自动打开放料。已放入糊料的模具自动转到振动位置, 振动台上升, 重锤下降, 模具夹子锁定、制动器打开、振动。振动结束后, 制动器关闭, 重锤上升到位, 模具夹子动作放下模具, 模具夹子放开途中, 振动台下降, 重锤喷油装置动作喷油。

另外, 在振动成型时, 生块排出同时动作, 模具提升, 推进器推出炭块, 到位后, 推进器返回, 模具下降到位, 第二个动作周期开始动作(即称量、振动、排出)。

2. 操作步骤及要点

(1)启动前的准备工作: 选择到排出侧, 转换挡板、振动给料机、重锤、转台、平台上附着的糊料清理干净; 确认液压油箱、喷油箱油位以及成型机的试运转; 生块输送系统的运转条件确认。

(2)确认加热装置充分到位, 对模具、重锤、计量秤等进行预热。

(3)检查转台回转条件: 推进器返回到位, 模具下降到位, 铸模夹打开到位, 重锤上升到位, 振动台下降到位, 重锤加热导线返回联锁, 计量秤关闭到位, 加热器上升到位。

(4)查看振动给料机上的糊料温度是否在工艺规定范围, 再判断糊料状态, 如果合格, 将挡板切换到计量秤一侧, 振动输送机启动, 计量回路起作用。进行成型机半自动运转。待确认机器动作正常以后, 进行全自动运转。

(5)确认振动台的振动噪音, 确认成型块的外观质量状况。

(6)成型机停车。自动停车: 按下操作盘上的停止按钮, 除液压泵外, 其余将原位停止运转。故障停车: 由于某一动作产生故障, 警报系统报警, 同时停止自动运转, 设备停止下一动作。

3. 主要故障及处理

(1)成型机油温过高: 检查冷却水是否打开, 循环冷却泵是否启动, 冷却器是否堵塞异物, 联系有关人员处理, 必要时适当调整温度上限设定值(不能超过80℃)。

(2)液压泵接头、油缸漏油: 根据情况停机处理, 并联系有关人员处理漏油处。

(3)各限位在运行过程中出现无信号: 检查确认接近开关是否故障, 限位挡板是否稳定或距离太远, 进行适当调整和联系有关人员修理更换。

(4)转台超越和不到位停止: 转台电机抱闸是否失控, 慢速电机保险是否烧坏。

(5)夹子夹不上: 检查平台与模箱间有无积料, 夹销是否脱落, 振动台上是否有异物。

(6)振台在运行中振动时往下降: 检查上升到位接近开关是否在最佳位置, 进行调整, 联系有关人员检查修理油缸或换向阀是否串油。

（7）成型后炭块高低不一样：检查定位角是否掉落或调整振台上限到位限位在适当位置。

（8）糊料布料不均：给料器上糊料料面不平，检查给料器下料口及给料速度并调整；检查称重秤开度是否过大，若是应调整。

4.糊料质量的判断

（1）手握：用手握一下糊后形状不散开，握后无沥青富溢，没有很大温度差异。

（2）目测：看糊的流动性，粗粒不偏析，无明显大颗粒、不呈球块状。

7.4.2 挤压成型操作控制

1.生产概况

混捏好的糊料经皮带投入凉料机，按凉料工艺规范进行凉料。生产炭块时，凉好的糊料通过皮带运输到料缸内充填捣实，进行预压和真空脱气后，再按工艺规范进行挤压，炭块压出到规定长度时停止挤压进行打印剪切。炭块由辊道运送到冷却平台，同时进行水冷却，完全冷却定型后检查合格的炭块由天车配合吊运堆垛。废块吊离冷却平台后搬运到生块废品场地；生产捣固糊时，凉好的糊料通过皮带运输进入刮板输送机，边冷却边运输到特定地点进行包装，检查合格后的捣固糊组织入库。

2.挤压成型操作

（1）凉料

运转前的准备 ①确认电气方面应具备的条件；②进行电气、机械定点检查；③打开凉料机冷却水阀，并调节水量；④确认油压装置冷却水阀打开；⑤确认凉料机的运转时间；⑥确认冷却风机的运转时间；⑦确认排料选择的切换开关换到挤压侧；⑧确认混捏机的油压装置已启动，并启动凉料机的油压装置；⑨确认收尘系统已启动运行。

以上作业内容在开始生产时需要全面进行，日常连续作业时根据需要进行。

操作要点 凉料操作包括从混捏锅向凉料机内投糊料和凉料，分自动和手动操作，通常采用自动操作。投糊料操作采用手动时应逆着流程依次启动设备，顺着流程依次停止设备运行，凉料的手动操作主要是自动凉料完成时根据糊料状况进行的，凉料操作者必须加强和混捏、挤压成型工序的联系，根据实际生产情况在工艺规范许可范围内掌握凉料的温度，减少两锅糊料凉料后的温差，以利于挤压成型。

（2）挤压成型

运转前的准备 ①确认油压装置油缸内油量是否合适；②确认各油压装置断流阀的开闭是否适宜；③各油压装置的溢阀、顺序动作阀、减压阀等压力调整的设定值是否合适；④压嘴、预压板、料缸等温度调节计的设定值是否在规定范围内；⑤冷却水阀的开闭是否完好；⑥确认辊道输送机上的制品检测用和坊主检测用限位是否设定在所定位置，并固定好；⑦确认电源方面的有关内容是否符合要求；⑧确认各操作盘上的切换开关选择是否正确、符合操作要求；⑨确认油压装置是否启动；⑩确认给排水泵运转并正常。

操作要点 挤压成型操作主要包括凉料机内的糊料投入料缸并进行充填操作、预压操作、挤压成型操作与生块冷却操作。

①充填：和凉料操作者取得联系，确认糊料已凉料完成，并了解糊料的温度和状况后，在料缸内壁喷涂杂酚油，准备将糊料由凉料机投入料缸，这一操作主要由手动完成，充填操作者和凉料机操作者应密切配合，当糊料装满料缸时进行充填捣实，一次成型的两锅糊料要

进行三次充填，充填完成进行预压操作。

②预压：糊料充填完成后，挤压成型前进行预压和真空脱气操作。

③挤压成型：操作过程中要充分注意料缸压嘴温度、挤压压力、速度、真空脱气压力，并且要根据压出生块表面状况、压嘴实际温度等情况进行压嘴温度的调整、挤压速度的控制，当炭块达到设定的长度时，挤压停止，进行炭块打印和剪断动作，此时真空脱气用泵停止，炭块剪断后，主柱塞启动继续挤压。

④冷却：剪断的炭块由辊道运输到冷却平台，坊主推置到特定的位置。炭块压出后，无论在滚道上或是在冷却平台上都必须使用水冷却定型。

更换压嘴　挤压不同规格的生块，必须使用相应规格的压嘴，更换压嘴的操作如下：①除去压嘴喇叭部留下的糊料，这一操作应注意在更换压嘴前的最后一次挤压成型完成时料缸里要留下 100～150 mm 的料，便于吊出压嘴里的料；②拆下接在压嘴上温度测定和加热设备；③剪切机向前移，拆下压嘴安装螺丝，嘴子回转 90°，用所定的吊具和天车吊到特定的架台上；④需换上的压嘴用同样的吊具和天车，吊到成型机的安置位置，回转 90°后固定；⑤连接好温度检测器和加热设备，将剪切机恢复正常位置；⑥对打印装置进行设定，对辊道输送机高度进行调整。

3. 挤压成型废品类型及原因分析

挤压成型的生制品废品类型主要包括裂纹、麻面、弯曲变形、人为废品。

（1）裂纹

裂纹包括横裂（与制品长度方向垂直）和纵裂（与制品长度方向相平行）。裂纹产生是制品表面热应力超过此时制品（糊料）表面极限黏结力而形成，体现了糊料的断裂力与黏结力的不平衡。在压嘴形状确定以后，挤压成型制品质量主要取决于糊料的性质和应力分布状态。

横裂　糊料温度高、黏结剂用量大。糊温高，制品表面黏结力降低，糊料油量又大，流动性好，糊料与嘴壁摩擦力降低，径向压应力减小，主要受到轴向压应力，制品压出后，主要体现了纵向压缩压力的释放而形成横裂纹。

压嘴、料缸温度过高，挤压压嘴及料缸内壁的糊料过加热，与中间部分的糊料温度相差较大，受压后这两部分的糊料挤压速度不同，压出的生制品因内外回胀不同而易产生横裂纹，反之，如果压嘴和料缸的温度较低，而中间糊料温度较高，也同样形成横裂纹。

压嘴前的接料平台的活动滚道安装位置不当，制品压出后弯曲也易产生横裂纹。

另外，主柱塞停止前进和返回时也容易产生横裂纹。

纵裂　油小，糊温又低，易产生裂纹。这是因为油小、糊料温度低，糊流动性和塑性差，糊与嘴内壁之间的摩擦力明显增大，使外层糊料流动受阻，糊料内部摩擦力也增大，使糊料径向压力增大，因此，表现出挤压压力增大，糊料在直线定型段纵向压应力释放很快，而径向压应力释放慢，当制品压出后，径向压应力释放，拉应力增大，当拉应力超过糊料的极限断裂应力时，制品就会产生纵向裂纹。

（2）麻面

麻面是制品表面上连续成较大面积的粗糙不平的伤痕。麻面的产生一般是由于压嘴内壁（主要是出口处）与糊料摩擦力较大且大于糊料表面极限黏结力的结果。

挤压压嘴温度低会造成制品表面麻面，主要原因是在挤压过程中，糊料通过压嘴和压嘴出口处时，由于嘴子温度低，糊料表面与压嘴内壁摩擦力增大，当摩擦力大于糊料极限黏结力时，表面被拉坏，产生粗糙不平表面，即麻面。

接料板黏料、不平也是产生麻面的原因之一。

（3）弯曲变形

糊料黏结剂用量大，糊料温度高，嘴子温度高，制品没有及时淋水冷却，或制品没充分冷却就堆垛，就容易产生弯曲变形。

（4）人为废品

人为废品主要有长短尺、拉底、碰损、坊主等废品类型。

长短尺主要是操作者注意力不集中造成切长、切短，生块长度超过公差范围也是原因之一；拉底主要是由于压嘴接料板和活动滚道位置调整不当造成炭块底部拉裂；碰损是生块在吊运过程中掉棱、掉角；坊主主要是由于坊主长度控制不当造成下次成型嘴前流料不够而使坊主嵌在炭块中间或留在炭块端头而造成废品。

第8章 焙 烧

8.1 焙烧的目的

焙烧是炭和石墨制品生产工艺过程中的热处理工序之一。

焙烧是将成型生制品装入焙烧炉内，在隔绝空气的条件下，按一定的升温速度，使生块中的沥青碳化变成焦炭并与碳质颗粒连结成具有一定机械强度和理化性能的整体的热处理过程。

成型后的生制品是由焦炭颗粒及黏结剂两部分组成。由于黏结剂(一般使用沥青)的存在，生制品还不具备使用时所必需的一系列理化性能。比如生制品在常温下虽有一定的强度，但性脆，不耐冲击不耐磨，加热到一定的温度(沥青软化点以上)即呈软化状态，极易弯曲变形。此外，生制品电阻极大，几乎是不导电的。为了使产品具备使用时所需要的一系列物理化学性能，必须将生制品按一定的工艺条件进行焙烧，使黏结剂焦化，在骨料间形成焦炭网格，把所有不同粒度的骨料牢固地连结在一起，才能使产品具有一定机械强度、耐热、耐腐蚀、导电、导热性良好的成品或半成品。因此，焙烧的实质是沥青的焦化，并与各种粒度骨料形成碳网的热处理过程。炭素制品通过焙烧过程，达到以下目的。

1. 排出水分和挥发分

生制品中骨料带来的水分在焙烧过程中会蒸发排出。使用沥青作为黏结剂的制品，其生制品中挥发分在13%至14%之间，沥青是由石油质、沥青质和游离碳三种成分组成，这些物质在受热的情况下，要发生蒸馏、分解和缩合等反应，生成低级的脂肪烃、芳香烃等轻质馏分，如 H_2O、CO、CO_2、CH_4、C_nH_m 等，并以挥发分的形式排除。由于焙烧，这些轻质馏分几乎全部能排除，因此，焙烧后的制品理化指标将显著改善。

2. 降低比电阻

生制品的比电阻相当大，约为 10000×10^{-6} $\Omega \cdot m$。因此，不能直结作为导电材料，但是经过焙烧后的制品的比电阻可以降低 50×10^{-6} $\Omega \cdot m$ 左右，成为良导体。在焙烧过程中由于挥发分的排除制品的比电阻大幅度降低。此外，由于焙烧过程中、沥青的焦化，生成沥青焦能把焦炭颗粒黏结在一起，形成焦炭网格，原子间形成大 π 键，从而使导电性增加。

3. 固定几何形状

经过震动成型后的制品，虽然有一定的几何形状，但是由于黏结剂没有焦化，受热后生制品易变形，在焙烧过程中，随着焦化的形成和硬化，将干料中的颗粒紧密地联结在一起，这样受热后不再变形。

4. 黏结剂焦化

黏结剂中的游离炭、结焦炭在焙烧加热的过程中形成结构致密的焦炭，连结骨料颗粒填充孔隙使制品具有一定理化性能，在其他条件相同的情况下，焦化率越高越好。

5. 体积得到充分收缩

在焙烧过程中，制品的体积将产生变化，焙烧后，生制品长度尺寸收缩2%左右，径向尺寸收缩1%左右。体积收缩为2%~3%，体积充分收缩，除能提高导电性能外，其他理化指标也相应得到改善，如真密度增加、抗氧化性、耐腐蚀性、导热性能也显著增加。

8.2 焙烧的过程及机理

焙烧过程按其时间顺序分为低温预热、黏结剂焦化、高温烧结及冷却四个阶段。

1. 低温预热阶段

这个阶段的加热方式是通过烟气余热进行加热的，该阶段明火温度350℃左右，制品温度不超过200℃，在120℃左右，黏结剂开始发生迁移，并具有以下规律：

(1)黏结剂迁移有两个阶段，第一阶段发生在混捏过程，第二阶段发生在焙烧阶段。

(2)在120℃左右，黏结剂开始软化并发生迁移，随着温度的升高迁移速度急增，在180℃~200℃时达到最大值，温度高于230℃时，黏结剂的迁移就停止了。

(3)黏结剂迁移过程中，有选择迁移现象，即黏结剂中的轻质组成更容易迁移。

(4)黏结迁移与重力有关，液态黏结剂都是从上向下迁移。

(5)在相同的温度下，骨料的粒度组成越粗，黏结剂越容易迁移。

(6)焙烧升温速度越慢，黏结剂迁移程度越大。

黏结剂迁移对焙烧制品质量来说是有害的，黏结剂发生迁移会导致制品内黏结剂分布不均匀，导致焙烧制品的内部结构不均匀，致使产品的理化性能下降。迁移也会使制品下部黏结剂含量过大，导致制品黏敷填充料严重。

在低温预热阶段制品内部黏结剂软化，制品成塑性状态，还未发生明显的物理化学变化，挥发分排除量不大，主要是排除吸附水，对制品起预热作用，这个阶段要求提高升温速度，减少黏结剂的迁移程度。

2. 黏结剂焦化阶段

明火温度350~850℃，制品温度200至800℃。当制品本身温度在200~300℃时，制品内的吸附水和化合水以及低分子烷烃被排除，同时在此温度范围内还将伴随着游离基反应的发生，非芳香族物获得一定的能量后，呈气态或液态脱离基本结构单位，而在400℃时表现得最为突出。当温度继续升到400℃以上时，一方面热解分解剧烈进行，主要是甲基以及较长的侧链分解产生的甲烷、氢、CO、CO_2等低分子化合物；另一方面基本结构单位的芳香族在500~650℃时，碳环聚合形成半焦，570℃以上半焦热解并在制品表面形成一层致密而坚固的炭层。在700℃以后，半焦结构分解剧烈，氢、CO大量产生，芳香族炭核结核的程度显著提高，逐渐形成焦炭。同时，对热不稳定的一些原子团从黏结剂的基本结构上失去，发生剧烈的分解反应，另一方面，具有反应能力的原子团又会相互作用产生合成和缩聚反应，生成分子量较大的分子。这种基本构造单位由于侧链脱落而呈活性，有利于形成半焦和沥青焦，构成乱层结构基本单位的六角网状平面。

制品温度在300℃到500℃左右，沥青的分解反应发生很快，挥发分大量排除，为使挥发分的排除不至于过分激烈(否则会导致制品产生裂纹)，升温速度要求控制很慢，一般为2~3℃/h。在500~800℃时，聚合反应加速进行，沥青的焦化反应已基本完成，即沥青完全形成沥青焦。在 750 至 800℃ 范围内，升温速度也不能太快，因为在这个阶段中仍然有少量的挥发分继续排除。另外，这时的炭块导热系数较低，若升温过快会使炭块内外温差大，容易导致炭块产生裂纹。黏结剂焦化后留下焦炭的数量即所谓结焦残炭率是一个很重要的指标，对制品的理化指标有重要影响。一般沥青中的结焦残炭率为 50%，沥青焦化阶段的升温速度对结焦残炭率有一定的影响，较慢的升温速度有利于提高黏结剂结焦残炭率。所以在黏结剂焦化阶段必须采取缓慢的升温速度。

3. 高温烧结阶段

当制品的温度达到 800℃ 以上，黏结剂的焦化已经基本结束，制品的各种理化性能已经得到很大的改善，但是为了进一步排除残留的挥发物（大芳香核分子外围边缘的原子团）使焦化过程更加完善、黏结剂进一步紧密化、继续降低制品的比电阻，焙烧温度还要继续升高到 1200℃ 左右。制品加热到 800℃ 以上，升温速度可以加快一些而不致影响质量，在达到最高温度后还需要在最高温度下保温 20 h 左右，炉型越大保温时间要求越长，这是为了缩小制品的水平和垂直温差，提高制品的均质性，进一步改善制品的理化性能。如果温度达到 2000℃ 以上，则碳原子重新排列，最终得到石墨。

4. 冷却阶段

冷却速度太快，使制品的温差过大，产生较大的热应力而导致产生裂纹，同时对炉寿命也有影响。一般为 50℃ 左右。

8.3　焙烧温度对制品理化指标的影响

8.3.1　制品性能随焙烧温度的变化

在焙烧过程中，随着焙烧温度的升高，生坯发生不同的物理化学变化，这是沥青在焙烧中发生分解和聚合反应的结果，其变化情况如表 8-1 所示。

表 8-1　制品物理化学性能指标随焙烧温度变化而产生的变化

加热温度 /℃	挥发物质量分数/%	真密度 /(g·cm⁻³)	假密度 /(g·cm⁻³)	比电阻 /(Ω·mm²·m⁻¹)	空隙度 /%	抗压强度 /(kg·cm⁻²)	质量损失 /%
15	1.37	1.76	1.68		3.06	599	0
100	1.35	1.76	1.66	16661	5.78	473	0.17
200	1.32	1.78	1.58	14187	11.09	315	2.05
300	11.20	1.78	1.55	9974	13.19	282	3.43
350	8.88	1.79	1.55	7725	13.49	234	4.51
400	6.06	1.81	1.49	5682	17.82	151	7.73
450	2.54	1.83	1.46	3960	20.02	154	9.38
500	1.26	1.84	1.47	2708	20.29	313	9.59
550	1.10	1.85	1.46	1938	21.13	395	9.72

续表8-1

加热温度 /℃	挥发物质量分数/%	真密度 /(g·cm⁻³)	假密度 /(g·cm⁻³)	比电阻 /(Ω·mm²·m⁻¹)	空隙度 /%	抗压强度 /(kg·cm⁻²)	质量损失 /%
600	0.96	1.87	1.46	1385	21.99	441	9.77
650	0.86	1.87	1.48	753	21.7	455	9.78
700	0.79	1.89	1.48	177	22.08	512	9.89
800	0.60	1.92	1.49	92	23.14	535	9.89
900	0.32	1.95	1.49	82	23.63	525	10.06
1000	0.28	1.96	1.5	65	23.67	515	10.32
1100		1.97	1.5	60	23.76	510	10.71
1200		1.97	1.5	55	23.29	507	10.78

焙烧主要是黏结剂煤沥青的焦化过程,是煤沥青进行分解、环化、芳构化和缩聚反应的综合过程。骨料在焙烧过程不再发生(也不能发生)物理化学变化。

8.3.2 焙烧温度对制品理化性能的影响

1. 对挥发分含量的影响

200℃以前,制品排除挥发分不明显,200℃以后,随着温度的升高,排除挥发分不断增加,温度在350至500℃之间最为激烈,500℃以上排除较慢,大约在1100℃以后才基本结束。

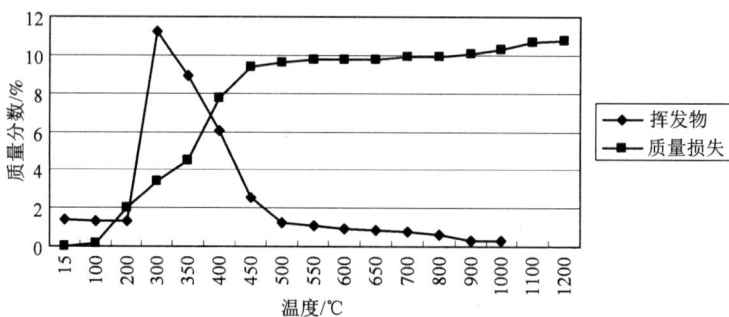

图8-1 随着温度的升高,制品中挥发分含量和质量损失的变化情况

2. 对比电阻的影响

当加热温度在200℃以前,由于黏结剂的软化,干料颗粒间结合力的下降,则制品的比电阻有暂时升高的现象。当温度继续升高,由于挥发分的排除,分解及聚合等化学反应的发生,大芳香核周围的边缘原子团的脱落,炭质颗粒间的结合不断趋于紧密,则制品的比电阻在逐渐下降。特别是在600至800℃之间,由于炭质的生成,大 π 键的作用,沥青的进一步焦化,则制品的比电阻急剧下降。当制品的温度升高到800℃以后,随着温度的升高,结果更加紧密,制品的比电阻继续下降。

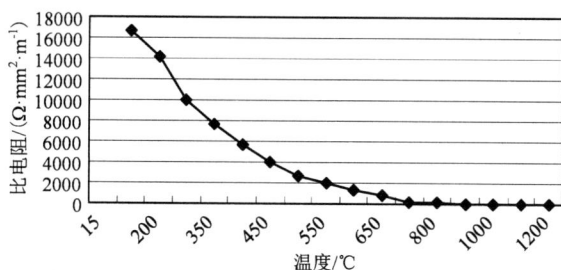

图 8-2　随着温度的升高，制品比电阻的变化情况

3. 对假密度的影响

当温度升高至200℃以上时，由于挥发分的排除，空隙度的增加，体积密度逐渐下降。当温度继续升高，制品的温度达500℃以后，由于黏结剂发生焦化，则体积密度有所增加，以后随着温度升高，由于挥发分略有排除，产品在不断的收缩，则体积密度也略有增加，但不显著。

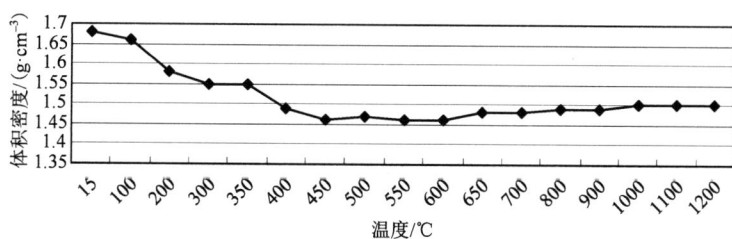

图 8-3　随着温度的升高，制品体积密度的变化情况

4. 对真密度的影响

当焙烧温度逐渐升高时，由于挥发分的大量排出，空隙度不断增加，黏结剂发生焦化、缩合反应、炭平面网的增大，制品发生收缩，致密性增加，也将会导致产品的真密度有所增加。

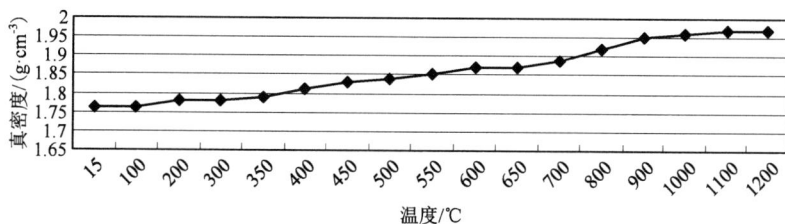

图 8-4　随着温度的升高，制品真密度的变化情况

5. 对抗压强度的影响

随着温度的增加，黏结剂开始软化，炭质颗粒间结合力的降低，制品的机械强度下降，

加热到400℃, 降低至最低点。因为这一阶段大量排出挥发分, 孔度增加, 颗粒间的结合作用变差, 所以制品的强度很低。450℃以后, 随着温度不断升高, 黏结剂发生焦化以及焦化网的形成和硬化, 所以制品的强度又逐渐升高。

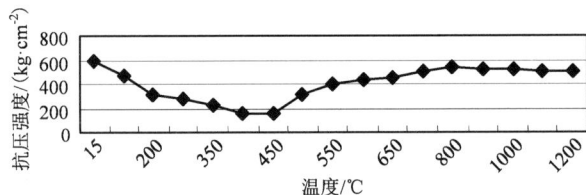

图8-5 随着温度的升高, 制品抗压强度的变化情况

8.4 焙烧的升温制度

温度制度是焙烧的重要方面, 要想对制品进行合理的焙烧, 应根据焙烧炉的具体情况和理论分析, 通过反复试验, 制定出适宜的升温曲线和焙烧操作规程。焙烧升温曲线的制定是焙烧炉正常操作和产品质量及产量的保证。

生坯的加热温度制度用温度与时间的关系曲线——升温曲线表示, 也可以用坐标或表格表示。

制定焙烧升温曲线必须考虑到以下几个方面:

1. 根据制品在加热过程中不同阶段的物理化学变化制定曲线

在低温预热阶段只有物理变化, 并且要抑制黏结剂的迁移, 所以升温速度应控制稍快些; 在黏结剂焦化阶段, 发生剧烈的物理化学变化, 为防止制品裂纹的产生, 以及提高黏结剂析焦率, 该阶段应缓慢升温; 高温烧结阶段, 黏结剂焦化反应基本结束, 升温速度可以快一些。即"两头快、中间慢"的原则。冷却阶段温度也要控制, 在实际生产中开始降温的阶段, 由于热传递的滞后性, 实际产品的温度仍然继续上升, 如降温太快, 会导致制品产生裂纹, 同时对焙烧炉墙体寿命产生不利影响。

2. 根据产品的种类及规格制定曲线

①对不需要石墨化的制品, 如阳极炭块, 焙烧温度稍高一些较好, 需要石墨化的制品, 焙烧温度可以稍低一些。

②大截面的制品, 热传递时间长, 内外温差较大, 为防止裂纹的产生, 升温要求慢一些; 小直径制品则相反。

③同规格产品, 体积密度大的制品, 升温速度要慢些。

④黏结剂用量大的制品, 升温速度要慢些。

3. 根据炉型结构制定曲线

如同一制品在敞开式环式焙烧炉和带盖式环式焙烧炉升温曲线差别就较大。

此外, 还要根据填充料种类和燃料的种类制定升温曲线, 以及根据焙烧块的质量要求和用途制定升温曲线。

8.5 填充料的作用

为了防止焙烧制品的变形和氧化,用粒状材料填充在制品四周,这种粒状材料成为填充料。在焙烧炉中,对所焙烧的制品是间接进行加热的,也就是通过料箱墙壁和填充料加热的,如图 8-6 所示:

可见把热量传给焙烧制品的难易与填充料的性质有关。所以在选择材料和制备填充料的方法都要求填充料具有良好的导热性、使用成本低、制备方便、化学性质稳定(不与制品和炉体耐火材料发生反应)。

填充料不但起保护功能,而且对焙烧炉中的烟气组成和压力也有很大的影响,排除的挥发分是沥青焦化的产物,一部分被填充料吸附,一部分热解,在填充料颗粒表面热解沉积为薄层炭质。根据其吸附性能,焙烧炉中的烟气气氛会发生变化,将对焙烧制品的品质发生影响。一般常用的填充料有冶

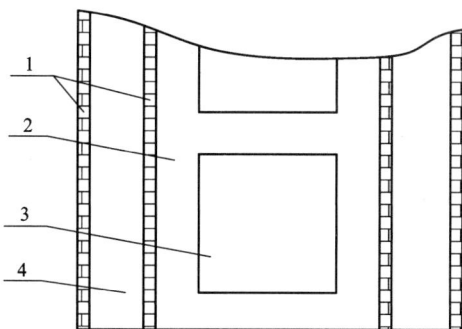

图 8-6 填充料加热示意图
1—耐火砖;2—填充料;3—制品;4—火焰道

金焦、燃烧无烟煤、煅后石油焦、炉渣、河沙、黄沙等。研究表明,用河沙和无烟煤做填充料效果较好,但在实际生产中对灰分含量控制严格的制品,为防止污染,应采用低灰分填充料。

装炉填充料粒度要求:

煅后石油焦:1~8 mm 料,>90%;≤1 mm 料,不超过 9%;>8 mm 料,不超过 1%。

冶金焦:12~9 mm 料,<10%;9~1 mm 料,<80%;≤1 mm 料,不超过 9%。

8.6 焙烧炉

用于炭素制品的焙烧炉窑很多,常用的有倒焰窑、隧道窑和环式炉。环式焙烧炉由若干相同结构的焙烧室组成,每个焙烧室按运行的操作图顺序进行装炉、加热、冷却和出炉。环式焙烧炉是多焙烧室串联在一起进行加热,低温炉室用高温炉室排出的高温烟气加热,这样可以充分利用余热,由于在每个焙烧室内温度较均匀,所以焙烧出来的制品质量高而且质量稳定。环式炉又分为带盖环式炉和不带盖环式炉,预焙阳极生产一般采用不带盖(敞开)环式焙烧炉,阴极生产通常采用带盖的环式焙烧炉。带盖式和不带盖式焙烧炉区别在于带盖焙烧炉冷却速度快,所以处于冷却状态的炉室要少些。

8.6.1 阳极敞开环式焙烧炉

现在国内铝用阳极焙烧炉基本都采用法国 PECHINEY 型敞开式环式焙烧炉炉型。该炉型因其产量大、能耗低、炉内温度分布均匀以及配合先进的加热控制技术,焙烧升温时,能使温度梯度得到有效控制,从而获得均匀的阳极质量,广泛运用于国内的预焙阳极生产。

1. 阳极敞开式焙烧炉结构

阳极敞开环式焙烧炉一般有 36 炉室、54 炉室等规格，每个炉室一般有 7~9 条火道，6~8 个料箱，每个料箱内立装 3 层炭块，每层 7 块。焙烧炉用保温材料及耐火材料砌筑，每个炉室间用横墙隔开，其平面布置如图 8-7 所示。

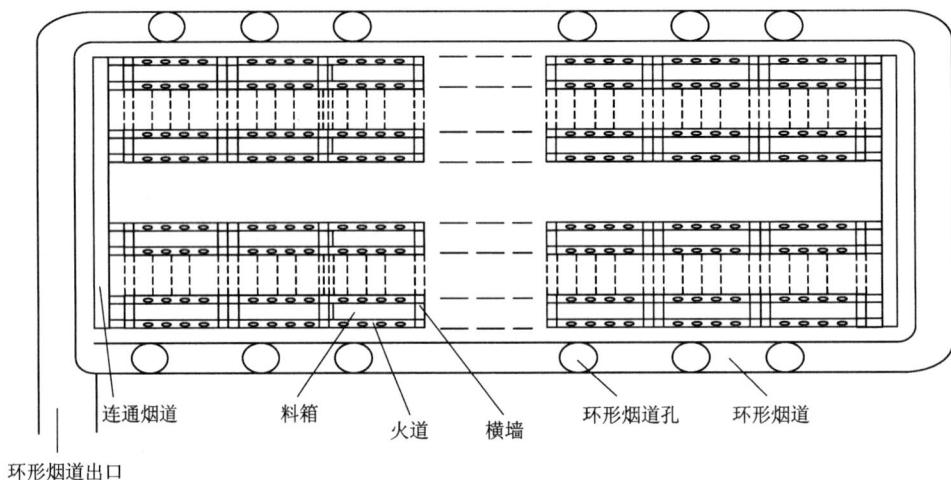

图 8-7 阳极敞开环式焙烧炉平面图

阳极敞开环式焙烧规格尺寸一般为：

料箱尺寸：5246 mm×703 mm×5360 mm

火道尺寸：5398 mm×530 mm×5360 mm

火道宽：530 mm（外尺寸），350 mm（内尺寸）。

为使阳极焙烧炉能适应加高和加长的阳极生产，部分厂家对以上尺寸有所改动。

2. 阳极焙烧炉的工作原理

阳极焙烧炉的一个火焰系统一般由 18 个炉室组成，其中 3 个工作炉室，用于装出炉作业，2 个密封炉室，6 个加热炉室，7 个冷却炉室。火焰系统间应保持相同的炉室间距，火焰系统间距可以通过临时延长或缩短火焰移动周期进行调整。

一个火焰系统配置有 1 个排气架（ER）、1 个温度压力架（TPR）、三个燃烧架（HR）、1 个零点压力架（ZPR）、1 个鼓风架（BR）、1 个冷却架（CR），在排气架（ER）放置炉室沿火焰方向下游的连续两个炉室的火道内插放有 2 排火道挡板，用于阻断气流，使烟气从排气架（ER）进入环形烟道内。

在生产过程中，按照规定的作业时间表，每经过一个燃烧周期炉面上的所有设备都顺次向前移动一个炉室，相应地有一个装炉炉室进入密封炉室，有一个密封炉室进入加热阶段，而有一个加热炉室进入冷却阶段，冷却阶段有一个炉室进入出炉作业炉室。在 6 个加热炉室中只有 4P、5P、6P 使用燃料加热，1P、2P、3P 利用高温炉室产生的烟气进行预热，冷却炉室采用强制冷却，冷却风经换热作为助燃空气，实现热能回收。

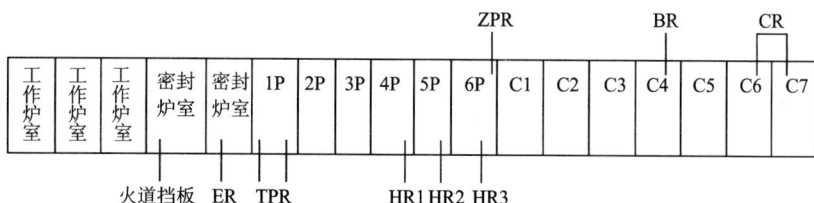

图 8-8 火焰系统配置图

3. 焙烧炉的烘炉

新砌筑的炉体,转入正常生产前必须进行烘炉。烘炉的目的在于排除砌体水分,烘干炉体,使砖与砖的缝隙经过焙烧成为一个牢固的整体,并转入正常生产。

烘炉时焙烧炉内装炉入填充料效果较好,在填充料不足的情况下可用熟块装炉,装炉时必须对炉室的料箱一层一层地装,禁止单个料箱先装满的现象,避免对未烧结的墙体造成过大的侧压,导致墙体变形,在烧结后形成不可逆的变形。

4. 焙烧炉的劣化表现、预防和维护

(1)焙烧炉的劣化表现

新焙烧炉在使用一段时期后,逐渐有劣化表现显现出来,具体有以下几类:

火道弯曲 火道幅度过大将造成装不进块。火道变形产生的原因,经验认为是冷却阶段各个火道冷却梯度差别加大,离地式焙烧炉边火道比中间火道冷却速度快得多,埋地式焙烧炉正好相反,采取缩小冷却阶段火道间温差可以延缓火道变形的程度,在装炉时应先装较窄的料箱,后装宽料箱,对火道的变形也有延缓作用。对变形较大的火道,在火道墙面好的情况下,可使用机械校直手段,一般采用静压校正和液压校正两种方法,静压校正对火道损害较小,但是花费时间较长。图 8-9、图 8-10 分别为离地式、埋地式焙烧炉火道变形规律。

火道墙火道鼓包、火道凹陷 火道墙火道鼓包、火道凹陷是燃烧器安装的观察孔下方,火道的该两处位置长期处于燃烧点,经测量该位置局部温度达到 $1300\sim1400℃$(燃料重油),造成局部大应力使耐火砖断裂以及长期高温条件下耐火砖发生蠕变,产生错位、鼓包和凹陷。

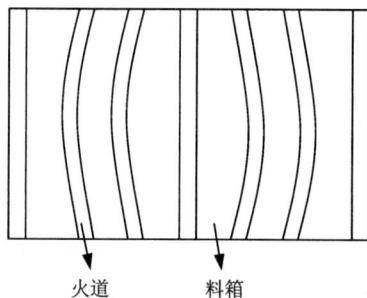

图 8-9 离地式焙烧炉火道变形规律

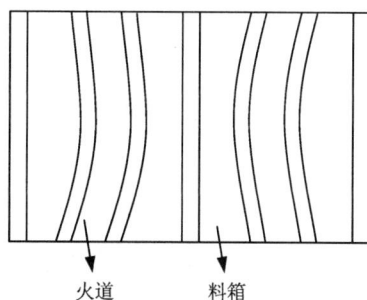

图 8-10 埋地式焙烧炉火道变形规律

防止措施：①要保持升温过程的连续性，中断燃烧后，突击升温容易造成局部温度超高。②勤检查燃烧情况，及时处理结焦。③禁止无喷嘴燃烧。④使用天然气、煤气作为燃料相对重油而言对耐火砖的损害更小。

火道墙开裂错位：其产生原因一方面是局部温度超高造成，另一个主要方面是冷却时急冷造成。

防止措施：控制火道局部超高温，分散冷却阶段强冷风注入量，比如采用两个小功率冷却风机替代一个大功率的冷却风机。

横墙的弯曲和长高：横墙长高呈现为火焰方向下游长高；横墙变形弯曲方向与火焰方向相反。

(2)焙烧炉的维护

一个炉室经过一个焙烧周期后，出完炉应对焙烧炉损坏情况进行检查和维护，主要工作如下：①火道损坏是否需要大修确认。②火道是否畅通，是否需吸料或打洞放料。③火道裂缝堵塞。④局部损坏严重部位挖补。⑤火道墙面黏敷料的清理。⑥伸缩接缝位置填充物的填实。⑦火道校直。

(3)定期对焙烧炉火焰系统反向

这是延长火道寿命的有效方法，即定期使焙烧炉火焰系统反向使燃烧点位置改变，避免火道局部耐火砖损坏严重，从而起到延长火道寿命的作用。同时对横墙变形有一定的抑制作用。

8.6.2 阴极带盖式环式焙烧炉

1. 环式焙烧炉的结构及工作原理

中铝贵州分公司有三台 2×16 炉室的带盖环式炉，其中 32 炉室两台，18 炉室一台，每台炉有两条侧部烟道、一条主烟道构成，按工艺要求，每台炉配有一定数量的炉盖，炉中的每个炉室又由 4(5)个燃烧室(也称火井)及 8 个(10 个)尺寸完全相同的料箱、炉底烟道和斜坡烟道组成。料箱用于装填充焦及炭块，它的四壁都由空心的异型耐火砖(空心格子砖)砌成。在同一炉室之中，格子砖的空心形成的垂直火道与炉底烟道相通，而炉底烟道又与该炉室的斜坡烟道相通，而火井开口于炉面，其底部与本炉室的炉底烟道是隔开的，而与前一炉室的炉底烟道又是相通的。当装满填充焦及炭块的炉室上盖后，在炉面和炉盖之间形成一个拱形空间，在这个拱形空间里燃烧后，高温火焰通过格子砖的火道垂直下流，通过炉底烟道进入下一炉室的火井，在火井中上升，经过第二个拱形空间沿格子砖火道垂直下流，即从第二个炉室出来又进入第三炉室。这样依次对串联在一起(相连炉室上盖后即串联在一起)的若干个炉室进行加热焙烧，最后，废气由连通烟罩从斜坡烟道引入侧部烟道，再经过主烟道流向净化系统，烟气经过净化后排入大气。

32 炉室带盖式焙烧炉分为两个火焰系统，在实际生产中称为两个系列(A、B 系列)，每个系列一般由 8~9 个串联加热炉室、4 个带盖冷却炉室、1 个开盖冷却炉室组成。两个系列首尾间各有 3~4 个无盖炉室供装炉和出炉用。一个系列的炉室在提盖冷却后即可出炉，将炉室中的填充焦和焙烧好的炭块取出后再进行装炉，重新放入填充焦和生块，成为另一系列的预热炉，这样两个系列的每个炉室都是在不停的变换，即每个炉室在一个系列中经过预热、明火加热、冷却，在出炉和重新装炉后进入另一系列中，再经过同样的过程，周期循环。

出炉后要对空炉进行检查,有料箱或其他部位裂纹影响焙烧时要进行修理或大修。

2. 环式焙烧炉规格(32 炉室)

焙烧炉全长:96.122 m

焙烧炉总宽度:19.22 m

炉室尺寸:长 4.14 m,宽 4.03 m

火井尺寸:长 0.705 m,宽 0.515 m

料箱尺寸:长 1.75 m,宽 0.75 m,高 3.844 m

炉底面积:1259.19 m²

炉盖结构:长 5.48 m,宽 4.85 m,重 11960 kg/个

每个炉盖有燃烧孔 4 个(18 室的 5 个),用于喷燃料,有观察孔 9 个,分别可以观测炉室各个部位的温度。

8.7　焙烧炉专用设备

阳极焙烧的专用设备主要有编组机、解组机、多功能天车、堆垛天车、燃烧系统设备。

1. 编组机

编组机的功能是将运输机上的生炭块由平放单块编成正反交错竖直放立 7 块一组。

2. 解组机

解组机的功能是将焙烧好的正反交错竖直放立 7 块一组的炭块解散成平放单块,并完成对炭块上黏敷的填充料清理,最后由运输机送至仓库。

3. 多功能天车

多功能天车的功能是:①炉内填充料的填充和取出。②炉内炭块的装入和取出。③火焰系统设备的移动。④吊运工作。

4. 堆垛天车

堆垛天车的功能是:①入库的生块和熟块按划分的区域堆垛储存。②熟块出库。③吊运工作。④零散块的整理。

5. 燃烧系统设备

燃烧系统设备包含总供油系统(供气系统)、中央控制设备(二级站)、火焰系统设备。

(1)总供油系统(供气系统)主要功能是向燃烧系统供应具有一定压力和温度的重油(燃气)。

(2)中央控制设备主要功能是对焙烧炉所有火焰系统进行集中控制。

(3)火焰系统设备

①燃烧架的功能是向火道内提供燃料,并按设定的升温程序自动控制温度。

②排气架的功能是将火道内燃烧产生的废气排出火道,通过支管挡板的开度自动调节火道内负压,按设定的预热升温程序控制预热温度。

③零点压力架的功能是检测助燃热空气的压力。

④鼓风架的功能是根据设定的助燃热空气压力曲线,以及零点压力架检测的助燃热空气的压力情况,通过变频风机调节鼓入火道内的风量,以实现零点压力架位置助燃热空气的压力按曲线运行。

⑤冷却架的功能是向火道内鼓入冷却空气,使火道以及炭块强制冷却。

8.8 焙烧操作及控制

8.8.1 阳极焙烧的操作和控制

1. 燃烧系统的操作和控制

(1)移动操作

移动作业是指在完成一个火焰周期后,把火焰系统所有设备顺次沿火焰方向移动一个炉室,使一个装好炉的炉室进入焙烧状态,同时一个已经冷却好的炉室进入出炉状态。

具体步骤:

①将备用排烟架 ER2 提前安装到指定炉室。

②移动时间到达时,在 HR 或 ER 操作屏幕上用上下翻页键(F6、F7)进入移动屏幕,按 F1 发出移动请求,并按 F10 确认,待屏幕出现"FIRE MOVING"闪烁时,说明系统接受了移动请求。

③将正在使用的 ER1 后的所有火道密封挡板取出,并在备用 ER2 后相应位置放置好,再同时进行两个操作,一是缓慢关闭现使用的 ER1 所在位置的环形烟道挡板;二是缓慢打开备用 ER2 所在位置环形烟道的挡板。

④停止 ER 运行,关掉电源,依次撤除使用的 ER1 及 TPR 的电源线、DH+网线、通讯线,并盘好固定在 ER 或 TPR 上,指挥天车吊走现使用的 ER1,并将其放置到下一个移动系统的备用 ER 位置。将 TPR 架的热电偶架从火道中取出,并挂好,盖上炉盖,推动 TPR 到下一个炉室,在指定位置揭开炉盖,并放置好热电偶架,连接 ER2 与 TPR、电源线、控制柜、DH+网线、通讯线。启动 ER,所有火道设定"R"方式运行。

⑤停止 HR3 运行,关掉电源,依次撤除电源线、DH+网线、ZPR 连接通讯线及重油软管,并盘好固定在 HR3 和 ZPR 上,将 HR3 的热电偶架从火道中取出,挂好,盖上炉盖,将 ZPR 的负压架从火道中取出,挂好,盖上炉盖,指挥天车将 HR3 吊运到 4P 炉室,变成 HR1,连接 HR1 的电源线,DH+网线,重油软管,放置热电偶架到相应火道,启动 HR1,所有火道设定"R"方式运行。推动 ZPR 到下一炉室,放置好各个火道负压架,并连接 ZPR 与现 HR3(原 HR2)通讯线。

⑥停止 BR 运行,依次撤除电源线、DH+网线,并将各个风机金属软管挂好,指挥天车吊运到下一个炉室,连接电源线、DH+网线,并将各个风机金属软管放置在相应火道孔,启动 BR 运行,所有火道设定"R"方式运行。

⑦在 HR 或 ER 操作屏幕上用上下翻页键(F6、F7)进入移动屏幕,按 F2 发出移动请求结束,并按 F10 确认,待屏幕"FIRE MOVING"消失,说明系统接受了移动结束请求。

⑧停止 CR 运行,撤除电源线,并将各个风机金属软管挂好,指挥天车吊运到下一个炉室,连接电源线,并将各个风机金属软管放置在相应火道孔,启动 CR 运行,移动作业完成。

⑨对预热炉室进行密封,根据具体情况对 ER 总负压调整,以及 HR 油温、油压调整,促使火焰系统尽快恢复正常状态。

（2）燃烧系统控制

火焰周期：26~28 h（通常采用 28 h）

主环路烟道负压：不低于 1500 Pa

最高火道烟气温度：>1140℃

炭块最终焙烧温度：1080~1150℃

排气架总管温度：<300℃

炭块出炉温度：<350℃

2. 装出炉操作

（1）装炉作业顺序

原则上装炉时应先铺设好所有料箱的底料，并在确保底料平整的条件下，所有料箱装入第一层炭块，依次铺设第一层层间料，装入第二层炭块，再依次铺设第二层层间料，装入第三层块，最后铺设覆盖料。出炉顺序相对装炉顺序逆向操作。

（2）装炉控制要求

每炉每料箱内装 3 层炭块，每层 7 块，每箱装 21 块。

每排相邻两块炭块正反面交错放置。

装炉填充料厚度要求：① 底料厚度 100 mm；② 层间料厚度 50~100 mm；③ 覆盖料厚度 >600 mm。

装炉时炉室内温度要求<60℃。

炭块在料箱中要求垂直平整，四周对称。

新旧填充料搭配使用。

8.8.2 阴极焙烧的操作和控制

带盖环式炉主要进行装炉、上盖、加热、冷却、出炉操作。

1. 上盖

上盖是阴极焙烧很重要的日常操作，每一火焰系列的上盖周期是 48 h，两个系列的进度相差 24 h，因此，从整体看每天都要进行相同的操作，从而形成了程序化的生产作业。一台焙烧炉、正常情况下每天装一炉出一炉，两个火焰系列共有 25~26 个炉室，每个炉室在 24 h 内有一个确定的升温阶段，合起来 25~25 个首尾相接的升温阶段，正好组成焙烧升温的全过程，而完成这个全过程要需 25×24 h＝600 h，则每个炉室在经历全部升温阶段后就完成了焙烧过程，其所需的时间为 600 h，因此，我们通常说制品在焙烧炉炉内的焙烧周期就为 600 h，而上盖就是开始焙烧的第一步，具体作业内容：

（1）进行下一炉室火井的密封工作，通常用焦油纸或其他不容易破的软布用板条进行固定密封。

（2）铺纤维毡，在将要上盖的炉室边缘均匀水平地铺设硅酸铝纤维毡，以保护炉盖和炉室，同时可防止冷空气的渗入，又可减少炉内负压的损失。

（3）炉盖的吊移。用 20 t 天车和炉盖吊架把另一系列提盖炉室的炉盖缓慢、平稳地吊运至上盖炉室，调好方向和位置，使炉盖的 4 个（或 5 个）燃烧孔分别对准 4 个（或 5 个）火井的中心位置，缓慢放下炉盖，压在已经铺好的纤维毡上。

（4）对已上好盖的炉室进行密封状况的二次检查，发现漏点应及时用砂或纤维毡进行堵塞。

（5）提盖。用20 t天车和炉盖吊架把本系列的最后一个冷却炉室的炉盖吊起来，放在摆好的炉盖支架上，从天车吊钩上取下吊架的吊环，将吊架放在炉盖上。

（6）吊连通烟罩。揭开上盖炉室铁盖板，取出斜坡烟道出口和侧部烟到进口的两个盖板，将之移动到本系列的下一连通口旁，并安装好，坚持安装质量及密封状况。

2. 预热

预热分为预热前期、焦油挥发期、预热后期三个阶段，温度从120~830℃，总时间250 h，10.5 d左右的时间。以下为焙烧预热期曲线：

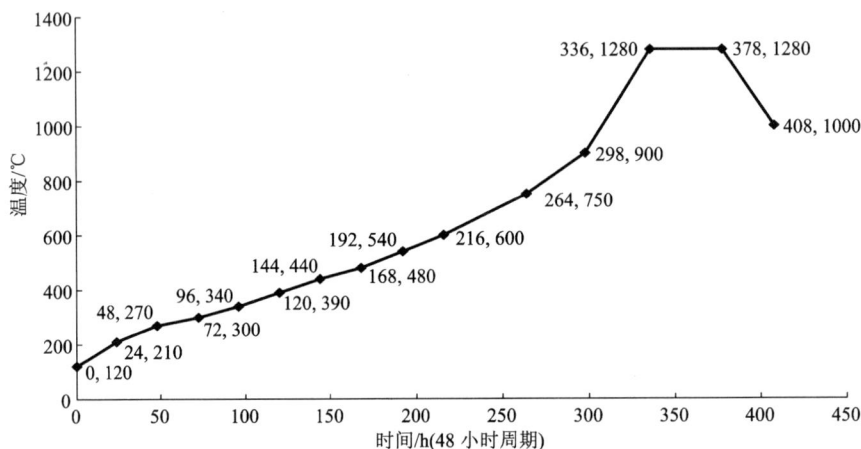

图8-11　焙烧预热期曲线

（1）预热前期

温度为120~350℃，标准时间为72 h，也叫低温预热期，此期间，制品内黏结剂软化，制品处于热塑性状态，因受重力作用有下沉、流动的趋势，因此这一时期的升温速度应该适当加快，否则会出现以下情况：①制品沿垂直方向膨胀过大，而沿长度方向下沉，如果塑性过大，就可能导致变形；②部分黏结剂排出，从制品的表面渗入周围的填充焦中，会造成黏结剂的烧损，使炭块的析焦量降低；③增加了填充焦在制品表面结焦的可能性，该时期主要排出的是水分。

（2）焦油挥发期（挥发分排出期）

炉温在350~600℃，时间120 h，我们称之为"变化剧烈的中温阶段"。这一时期是制品中黏结剂进行分解、聚合、焦化的重要阶段，根据黏结剂主要的化学反应的变化，这一阶段又分为两个阶段，一个是350~500℃，这一期间黏结剂中的有机小分子分解、释放出轻质馏分，游离基原子团开始发生缩聚反应，而从整体看来制品排除、出挥发分还没有达到剧烈的程度，因此这一时期升温速度仍然可保持预热前期的速度不变；另一时期是500~600℃，这一时期是黏结剂有机大分子进行分解和缩聚反应，并随着温度的升高而加剧，同时制品的体积开始收缩，释放出大量的气体，因此在这一阶段升温速度要缓慢。通常控制在1.4℃/h，即每班升温11℃左右，这一阶段如果升温速度过快，会出现以下情况：①过快分解使大量的碳随着挥发分一起排出，这样使黏结剂的结焦量降低；②黏结剂形成的半焦中间相时间短，经过分解和聚合生成的大分子来不及进行有序的排列和组合就已经焦化定型,影响制品微观结构的完善,这样会降低制品的机械强度和导电性能;③升温速度过快会造成室内外温差大,因温度应力而产生裂纹。

另外、当炉内温度达到500℃左右时,由于制品正处于挥发分和焦油大量的排出期,有些轻质组分和H_2,CO_3,在这样的温度下达到了着火点,此时如果烟气中含有足够的O_2,就会出现炉底挥发分燃烧的现象,为了节约燃烧能源,我们可以创造条件让炉低的挥发分进行燃烧,以补充系统温度,一般来说,炉低挥发分燃烧基本条件如下:

挥发分燃烧燃烧的条件:①炉底温度要达到挥发分的着火点;②炉底挥发分浓度要达到最大值,由于炉底由格子砖相间排列砌筑,有较大的燃烧空间;当浓度和炉底温度达到最佳值时,挥发分是完全可以燃烧的。

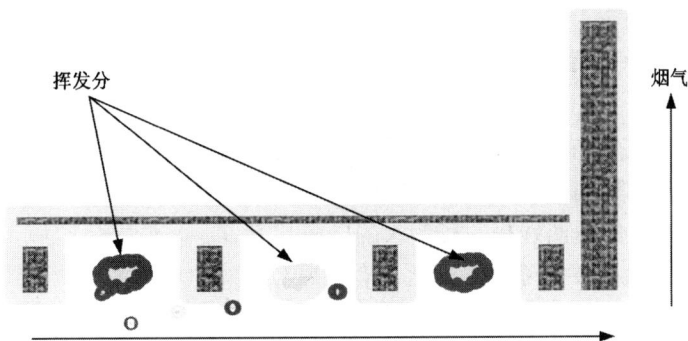

图 8-12 炉底挥发分燃烧示意图

(3)预热后期

温度为600~830℃,时间为58 h,这一时期制品内挥发分已经基本排出完毕,黏结剂由半焦开始焦化成为沥青焦,此时制品的体积已经稳定,可以进行快速的升温,速度可以控制为4~5℃/h。

(4)主加热

温度保持在1280℃(制品特殊要求可以到1300℃),时间为42 h,此阶段也称保温期,保温的主要目的是缩小炉室水平及垂直温差,以使制品的各部位均匀受热,保证质量均衡稳定。

(5)后加热

温度为1280~1000℃,时间为29~30 h,保温阶段后,制品的整个焙烧就基本完成,但由于直接熄火冷却会造成急剧降温,可能使制品因内外温度差产生温度应力,使制品产生裂纹而报废,需要缓慢进行降温,一般以-10℃/h左右。

8.8.3 焙烧块的装出炉

(1)装炉作业开始之前,要明确装炉炭块的规格,选择相宜的钢丝绳,将安全平台放于所装的炉室上面再进行装炉作业,先铺炉底料,再装炭块,如果要装两层块,先装下层,放中间料后,再装上层炭块。

(2)装炉作业中要注意调整制品之间的距离、制品与墙壁之间的距离,一般情况下,制品与墙壁之间的距离应控制在 100 mm 以上，制品与制品之间之间的距离应在 30 mm 以上。

（3）炭块垂直进入炉室，做到不歪、不斜、不靠、不相连以免造成炭块变形、鼓包、裂纹和黏结等废块。

（4）装炉完毕后，应立即用填充焦填充，以防碳快弯曲变形，同时填充焦的温度要小于 60℃，当装到炭块高度的 1/4 时应该停止下料，用专用锹棍拨动炭块，使所下的填充焦夯实，没有空隙，然后进行二次下料。

（5）所装的填充焦必须是经过处理后而且分析合格后的填充焦，标准为：1 mm 以下 ≤ 10%、1~9 mm ≥ 80%、9 mm 以上 ≤ 10%，炉底铺料厚度 ≥ 150 mm，覆盖料厚度 ≥ 300 mm，中部料厚度 ≥ 50 mm。

（6）每装一块炭块，要立即进行块的位置和编号的记录，以便在出炉时进行质量的准确跟踪。

8.9 焙烧烟气净化

铝用炭素焙烧烟气中有害物主要有三类，第一类是重油、天然气、煤气燃料和填充焦中的硫以 SO_2、SO_3 进入烟气；第二类是沥青焦化反应产生的焦油；第三类是填充焦粉尘；另外，阳极生产因配有电解返回残极，其带入的电解质氟盐，高温焙烧时以 HF 等形式进入烟气。烟气净化的目的就是要排除烟气中上述有害成分，减少环境污染，达到国家规定的排放标准。

阳极焙烧烟气净化方式有干式和湿式两种。

8.9.1 干式净化

干式净化较湿式净化投资小，流程简单，但净化效果不及湿法净化。常用的有干式电捕法。该系统流程如图 8-13 所示：

烟气 → 全蒸发冷却塔 → 电铺焦油器 → 电铺焦油气 → 风机 → 大气

图 8-13 干式净化系统流程

8.9.2 湿式净化

焙烧对烟气采取三级净化，第一级：重力除尘；第二级：洗涤吸收；第三级：静电收尘。来自焙烧炉的烟气，先经重力沉降室将粗粒炭尘沉降分离；再进入洗涤塔，与塔顶喷淋下来的氢氧化钠溶液在逆向流动中充分接触，使烟气中的氟和硫被氢氧化钠溶液吸收，一部分粉尘和焦油也被洗涤；洗涤塔排出的烟气中仍含有细小的粉尘和焦油，再经湿式电收尘器净化，最后经烟囱排入大气，流程如图 8-14 所示：

1. 重力除尘
利用重力让烟气中的大颗粒自然沉降。

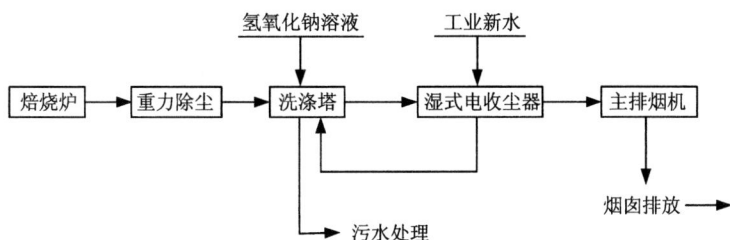

图 8-14 湿式净化系统流程

2. 洗涤吸收

使用洗涤塔,捕集烟气中的 HF、SO_2、SO_3、部分焦油和粉尘。在洗涤塔内,烟气由下至上,洗涤液由上至下,两者充分接触和吸收,而达到吸收有害物、洗涤和降温作用。吸收剂为 NaOH,在洗涤塔内主要发生下列两个化学反应:

$$SO_3+2NaOH ===Na_2SO_4+H_2O$$
$$HF+NaOH ===NaF+H_2O$$

如不用 NaOH 溶液而用水作为吸收剂,其也能将 HF 转为氢氟酸,但 HF 溶液腐蚀性较强,会腐蚀设备,且 SO_3 不易吸收,SO_2 在水溶液中只能生存不稳定的亚硫酸:

$$SO_2+H_2 ===H_3SO_3$$
$$H_3SO_3 ===SO_2+H_2$$

故在净化过程中吸收剂 pH 应保持在 6 · 9 之间。

3. 静电除尘

使用湿式电收尘器,捕集烟气在重力沉降室和洗涤塔内没有收集下来的剩余粉尘和焦油,以及在洗涤塔内进入烟气中的液态氟和硫。

湿式电收尘是使烟气通过高压直流电场,利用静电分离,使粉尘、焦油、液粒荷电,在电场力作用下运动到收尘极上被捕集,并被洗涤液从极板上冲洗下来,汇集到排污渠中。

4. 污水处理

烟气净化废水用 $CaCl_2 \cdot 2H_2O$ 凝集剂化学处理,达标后排放,而污泥用压滤机处理成为滤饼后排出。系统流程如图 8-15 所示:

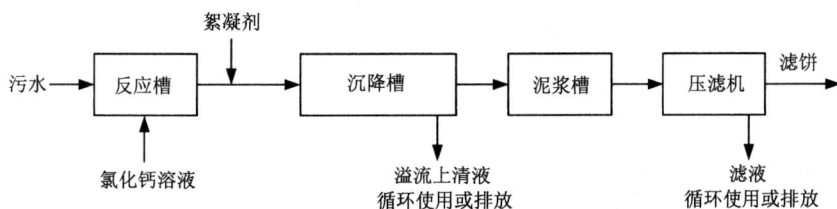

图 8-15 污水系统处理流程

第9章 组装和加工

9.1 组装和加工的目的意义

铝电解生产用的炭素制品主要是预焙阳极、阳极糊、阴极炭块和各类筑炉用糊料。对于糊料生产，经混捏机混捏冷却后即为成品，不需要再作进一步的加工。焙烧后得到的阳极炭块必须与钢爪、铝导杆用熔化铸铁及爆炸焊连接组装，成为具有一定机械强度、较小比电阻的整体，才能到电解槽上使用。预焙阳极大小由铝电解生产工艺技术条件等所决定。铝电解用阴极炭块和高炉用炭块为满足使用要求均需加工成一定的大小、形状和规格，所以要对焙烧后的炭块进行铣面、掏槽、划痕、锯断等来达到所需形状、尺寸、精度以满足砌筑需要。有的产品还要根据用户使用上的工艺需要加工成特殊的形状和规格，甚至要求较低的表面粗糙度。

9.2 磷生铁的质量要求和配比

磷生铁是用于浇铸(导杆组架与阳极炭块的连接)用的主要原料，由返回磷生铁和补充的硅铁、锰铁、磷铁、生铁等配置而成。磷生铁配方根据实际电解返回磷生铁成分含量加以配比。

9.2.1 铸造用铁基础知识

浇铸用的铁水由硅铁、锰铁、磷铁、铸铁、返回铁环等按不同的比例配制而成，通过加热使之熔化，并具有良好的流动性和脆性。铁水的主要成分是铸铁、返回铁环，锰、磷、硅是作为铁水组成调整材料使用。铁水成分对于铸造性能以及钢—碳接触点电压降关系甚为密切，要求流动性好、热膨胀性强、比电阻低、冷态下易脆裂，铁水中常规控制的化学成分为碳、硅、锰、磷、硫。其中碳是影响铸铁的凝固过程、组织和力学性能的重要元素，在熔炼过程中要尽量控制含碳量在所需范围。铁液内碳的饱和度愈低，则吸碳速度愈快，硅和磷元素对铁液吸收碳分有阻滞作用，而锰对此具有促进作用；硅的主要作用是促进铁液按稳定性转变，对铁的组织和性能产生重要影响，当硅大于3%时，基体组织通常为稳定的铁素体，具有高温稳定性，同时硅促进铸铁表面形成一种含有硅酸铁的致密氧化膜，降低铸铁在高温下的氧化速度，不足是强度降低；锰是稳定珠光体、阻碍石墨化的元素，铸铁中含有适量的锰可提高珠光体含量，强化基本组织；磷使铸铁的共晶点左移，其作用程度与硅相似。

1. 铸铁

(1)化学性质。铸铁 GB/T 718—1982 见表9-1。

表 9-1　铸铁化学性质

铁种		铸造用生铁					
铁号	牌号	铸 34	铸 30	铸 26	铸 22	铸 18	铸 14
	代号	Z34	Z30	Z26	Z22	Z18	Z14
$w(C)/\%$		>3.3					
$w(Si)/\%$		>3.30~3.60	>2.80~3.20	>2.40~2.80	>2.00~2.40	>1.60~2.00	>1.25~1.60
$w(Mn)$ /%	1 组	≤0.50					
	2 组	>0.50~0.90					
	3 组	>0.90~1.30					
$w(P)$ /%	1 级	≤0.06					
	2 级	>0.06~0.10					
	3 级	>0.10~0.20					
	4 级	>0.20~0.40					
	5 级	>0.40~0.90					
$w(S)$ /%	1 类	≤0.03				≤0.04	
	2 类	≤0.04				≤0.05	
	3 类	≤0.05					

（2）根据供需双方协议，Z34 号生铁含硅量允许量为 3.60%~6.00%，但装入一个车厢内的生铁，其含硅量的差别应不大于 0.40%。

（3）根据供需双方协议，方可供应第一组含锰量的生铁。经供需双方协议，可供应含锰量大于 1.3% 的生铁。

（4）各号生铁均应铸成 5±2 kg 小块，而大于 7 kg 与小于 2 kg 的铁块之和，每批中应不超过总质量的 10%，

（5）铁块表面要洁净，如表面有炉渣和砂粒，应清除掉，但允许附有石灰和石墨。

2．硅铁

（1）化学性质。硅铁 UDC 669.15 782、GB/T 2272—1987 见表 9-2。

表 9-2　硅铁化学性质

牌号	化学成分/%							
	Si	Al	Ca	Mn	Cr	P	S	C
	范围	不大于						
FeSi90Al1.5	87.0~95.0	1.5	1.5	0.4	0.2	0.04	0.02	0.2
FeSi90Al3	87.0~95.0	3	1.5	0.4	0.2	0.04	0.02	0.2

续表 9-2

牌号	化学成分/%							
	Si	Al	Ca	Mn	Cr	P	S	C
	范围	不大于						
FeSi75Al0.5-A	74.0~80.0	0.5	1.0	0.4	0.3	0.035	0.02	0.1
FeSi75Al0.5-B	72.0~80.0	0.5	1.0	0.5	0.5	0.04	0.02	0.2
FeSi75Al1.0-A	74.0~80.0	1.0	1.0	0.4	0.3	0.035	0.02	0.1
FeSi75Al1.0-B	72.0~80.0	1.0	1.0	0.5	0.5	0.04	0.02	0.2
FeSi75Al1.5-A	74.0~80.0	1.5	1.0	0.4	0.3	0.035	0.02	0.1
FeSi75Al1.5-B	72.0~80.0	1.5	1.0	0.5	0.5	0.04	0.02	0.2
FeSi75Al2.0-A	74.0~80.0	2.0	1.0	0.4	0.3	0.035	0.02	0.1
FeSi75Al2.0-B	74.0~80.0	2.0	1.0	0.4	0.3	0.04	0.02	0.1
FeSi75Al2.0-C	72.0~80.0	2.0	—	0.5	0.5	0.04	0.02	0.2
FeSi75-A	74.0~80.0	—	—	0.4	0.3	0.035	0.02	0.1
FeSi75-B	74.0~80.0	—	—	0.4	0.3	0.04	0.02	0.1
FeSi75-C	72.0~80.0	—	—	0.5	0.5	0.04	0.02	0.2
FeSi65	65.0~72.0	—	—	0.6	0.5	0.04	0.02	—
FeSi45	40.0~47.0	—	—	0.7	0.5	0.04	0.02	—

（2）硅铁浇铸厚度。

FeSi75 系列各牌号硅铁锭不得超过 100 mm；FeSi65 锭不得超过 80 mm。硅的偏析不大于 4%。

（3）硅铁供货粒度要求见表 9-3。

表 9-3 硅铁供货粒度要求

级别	规格/mm	筛上物和筛下物之和/%
一般块状	未经人工破碎的自然块状	<20 mm×20 mm 的数量≤8
大粒度	50~350	不大于10
中粒度	20~200	不大于10
小粒度	10~100	不大于10
最小粒度	10~50	不大于10

3. 锰铁

锰铁根据其含碳量的不同。分为 3 类：低碳类，碳质量分数不大于 0.7%；中碳类，碳质量分数为 0.7%至 2.0%；高碳类，碳质量分数为 2.0%至 8.0%。

（1）化学性质。锰铁 GB/T 3795—1996 见表 9-4。

表 9-4　锰铁化学性质

类别	牌号	化学成分/%							
		Mn	C	Si		P		S	
				I	II	I	II		
				不大于					
低碳锰铁	FeMn88C0.2	85.0~92.0	0.2	1.0	2.0	0.10	0.30	0.02	
	FeMn84C0.4	80.0~87.0	0.4	1.0	2.0	0.15	0.30	0.02	
	FeMn84C0.7	80.0~87.0	0.7	1.0	2.0	0.20	0.30	0.02	
中碳锰铁	FeMn82C1.0	78.0~85.0	1.0	1.5	2.5	0.20	0.35	0.03	
	FeMn82C1.5	78.0~85.0	1.5	1.5	2.5	0.20	0.35	0.03	
	FeMn78C2.0	75.0~82.0	2.0	1.5	2.5	0.20	0.40	0.03	
高碳锰铁	FeMn78C8.0	75.0~82.0	8.0	1.5	2.5	0.20	0.33	0.03	
	FeMn74C7.5	70.0~77.0	7.5	2.0	3.0	0.25	0.38	0.03	
	FeMn68C7.0	65.0~72.0	7.0	2.5	4.5	0.25	0.40	0.03	

（2）锰铁以块状交货，其粒度范围符合表 9-5 的规定。

表 9-5　粒度范围

等级	粒度/mm	偏差/%		
		筛上物	筛下物	
		不大于		
1	20~250	—	中低碳类	10
			高碳类	8
2	50~150	5	5	
3	10~50	5	5	
4[①]	0.097~0.45	5	30	

注：①为碳锰铁粉剂。

（3）散装锰铁组堆按锰含量不大于 4%波动范围内的同牌号、同组级的归为一批交货，桶装产品以同牌号、同组级进行组批。

4. 磷铁

(1)化学性质。磷铁 YB/T 5036—1993 见表 9-6。

表 9-6 磷铁化学性质

牌号	化 学 成 分 /%				
	P	Si	C	S	Mn
		不 大 于			
FeP24	23.0~25.0	3.0	1.0	0.5	2.0
FeP21	20.0~23.0	3.0	1.0	0.5	2.0
FeP18	17.0~20.0	3.0	1.0	0.5	2.5
FeP16	15.0~17.0	3.0	1.0	0.5	2.5

(2)磷铁应成块状供货,最大块质量应不超过 30 kg,小于 20 mm×20 mm 的块度,其数量不得超过该批总质量的 10%。

5. 增碳剂

增碳剂作为铸铁组成的调整材料。

(1)物理化学性质(表 9-7)。

表 9-7 增碳剂化学性质

固定碳	挥发分	灰分	硫分	真密度
99.73%	0.23%	0.04%	0.00%	2.25g/cm^3

(2)粒度要求为:3.0~1.0 mm 40%;1.0~0.5 mm 30%;0.5~0.15 mm 25%;<0.15 mm 5%。

6. 除渣材料

作为铸铁除渣使用的除渣材料,化学组成见表 9-8。

表 9-8 除渣材料化学组成　　　　　　　　　　%

SiO$_2$	Al$_2$O$_3$	Fe$_2$O$_3$	CaO	K$_2$O	Na$_2$O
75.5	15.3	0.9	0.12	4.0	3.5

9.2.2 磷生铁的质量要求

阳极组装用于浇铸的铁水质量一般是控制碳、硅、锰、磷、硫五大常规元素。因为要使炭块与导杆组架的连接体要求有较好的导电性、较强的机械强度,并使浇铸过程中有良好的流动性和具有一定的脆性,所以要对铁水的这五大元素进行调整。磷生铁的质量要求也一般以其五大元素含量表示。

表 9-9　磷生铁化学成分控制要求

元素	C	Si	Mn	P	S
质量分数/%	3.0~3.5	1.2~1.8	0.1~0.3	0.8~1.2	<0.3

9.2.3　磷生铁的配比

1. 配方计算

当铁水中明确了五大元素含量后，根据标准或要求要对铁水进行调整，使铁水达到标准或要求的范围。由下列公式可计算各元素添加量：

$$X = GX_1 - GX_2$$

式中：X 表示需配入量；X_1 表示标准含量；X_2 表示分析元素含量；G 表示铁水量。

当 X 为负值时，说明该元素含量超标，这里的 X 表示需配入元素的含量为 100%。

【例题】　现有熔化的一炉铁水，容重为 3 t，经分析它的磷含量为 0.3%（标准质量分数 0.8%~1.8%），达不到工艺要求，现有含磷量 23% 的磷，需配入多少千克磷才能达到工艺要求？

解：（1）磷含量为 100% 时：

设最低配入量为 X_1 kg；最高配入量为 X_2 kg。

$X_1 = 3000×0.8% - 3000×0.3% = 15$ kg

$X_2 = 3000×1.8% - 3000×0.3% = 45$ kg

（2）磷含量为 23% 时：

设最低配入量为 X_3 kg；最高配入量为 X_4 kg。

$X_3 = 15÷23% ≈ 65$ kg

$X_4 = 45÷23% ≈ 196$ kg

答：含磷量 23% 的磷，需配入 65~196 kg。

2. 配料添加顺序

当炉内加入熔化料时，此时可随同加入磷和锰一并熔化，便于铁液的吸收。但因为硅的烧损极大，故而一般在铁水使用前才配入。

9.3　阳极组装工艺

组装是铝电解用预焙阳极生产的最后一道工序，其主要任务是根据预焙电解槽阳极导电设计及工艺的要求，把焙烧后的合格阳极炭块、钢爪和铝导电杆用熔化铸铁及爆炸焊连成为具有一定机械强度、较小比电阻的整体。由于电解槽的容量不同，对预焙阳极的形状与规格要求也就不相同，但组装工艺都是相同的。

在实际生产中，电解后的残极导杆和钢爪经校正后循环使用。电解返回的残极在组装工序进行极上电解质清理、残极压脱、铁环压脱等，对残极电解质进行破碎筛分。此外，成型和焙烧的废品要破碎,返回供配料作用。

对于新导杆(钢爪和铝导杆一体)和焙烧块在组装时,导杆钢爪头涂石墨后用熔化 1400~1500℃铸铁液浇注连成一体就完成组装工程。

9.3.1 预焙阳极组装工艺流程

预焙阳极组装工艺流程如图9-1。

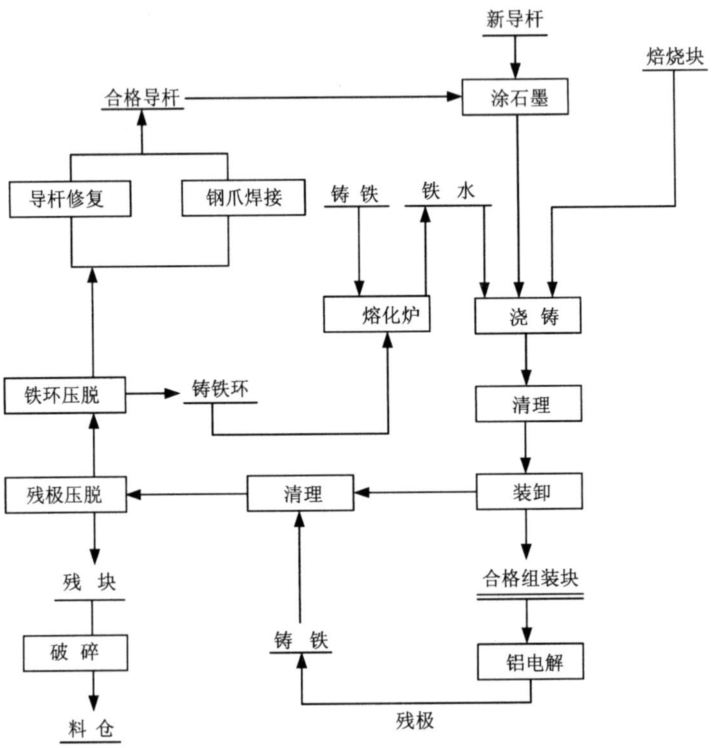

图9-1 预焙阳极组装工艺流程图

如图9-1所示,从电解返回的残极,用叉车将残极装运到装卸站的装极平台(装极平台可移动和升降,并能对托盘进行翻倒清理)。平台上升把残极挂上悬链运输机上的挂斗,运至残极清理站,对残极表面的电解质(清理出的电解质通过皮带运输机运至电解质破碎系统)进行清理;清理完的残极送入残极压脱站,压脱后的残极通过运输机(板式或皮带式运输机)运到残极破碎系统破碎,导杆进入钢爪清理,把残留在钢爪和铁环上的残极、电解质清理干净,然后进入铁环压脱站进行铁环压脱,压脱的铁环通过皮带运输机运至铁环打磨机,把铁环上的杂质打磨掉减少杂质对工频炉内衬的影响。导杆进入导杆检测站,经检查判断进行分类排放(合格的排入导杆清刷,不合格的分别排入钢爪修理或下线修理),清刷后的导杆进入钢爪涂石墨站;涂好石墨的导杆进入咬合站,与运输机运来的合格焙烧块进行咬合,咬合好的组装块进入步进式推块机,等待浇铸车从化铁炉出铁水浇铸;浇铸好的组装块必须清理(一般采用人工清理)流淌到炭块孔碗外的铁渣;最后进入装卸站的卸极处,卸在空托盘内,由叉车叉运到仓库的存放处,供电解使用。

9.3.2　阳极组装主要工艺说明

1. 涂石墨

为使阳极组装块钢爪爪头铸铁环在二次压脱时容易脱落，钢爪与炭块浇铸前必须在钢爪外表涂上一层石墨。由于石墨是良导体，铁环和钢爪之间的电阻很小，故钢爪与焙烧块之间电压降很低。涂石墨工艺由涂石墨机完成。所用石墨油用磷状石墨粉与轻油、废机油搅拌配制。

2. 浇铸

预焙阳极组装的浇铸就是将经检验合格的涂石墨后导杆组架上的钢爪，按工艺要求，在咬合站放入焙烧块的炭碗中，然后将熔化的铁水注入钢爪周围的空隙使其组合为一体，成为具有一定强度和良好导电性能的合格的阳极组装块的过程。铸铁一般用工频感应炉熔化，浇铸一般由咬合站、浇铸台和浇铸车三部分组成的浇铸站完成。浇铸过程在步进式浇铸站或浇铸转台完成。

根据设计，现时所建预焙阳极组装生产线一般实行人工连续浇铸，班产一般可达到250~550块/班，能满足年产10~20万吨电解铝对预焙阳极组装块的需要。

3. 装卸

装卸既是组装工艺的起点，又是终点，又称装卸站。装卸站负责将组装好的组装块下线装入托盘，发往电解厂（车间），同时将电解返回的残极装入单轨系统（或悬链系统）。该站分为装站、卸站及托盘清理三部分。

4. 残极电解质清理

对于电解返回的残极，一方面有一定高度的残极需要回收利用，另一方面对其表面上的电解质渣壳也要回收利用。故对返回残极必须进行清理，以使残极表面干净、无电解质。

5. 残极压脱

残极压脱主要是把残极从钢爪上脱落下来。一般分为自动和手动。当残极高度大于规定的高度时，将残极送入手动残极压脱机，压脱后的残极由破碎系统处理，供成型配料使用。钢爪通过清理机清理钢爪上电解质、铁锈及其他杂质。

6. 铁环压脱

铁环压脱是把带有铁环的钢爪进行铁环压脱，使原处于焙烧块和导杆之间的铸铁环从钢爪上脱落下来，以返回熔化炉再次回收利用。压脱后爪头无残缺铁环。

7. 导杆修复与钢爪修理

在导杆循环使用过程中，对受到不同程度外力以及电解槽高温的反复作用，发生弯曲、变形、氧化等一系列不能满足需要的缺陷导杆，需进行修复后才能投入使用。

钢爪修理是指对熔化、变形或脱焊的钢爪修复后再次利用。

9.3.3　阳极组装主要生产工序

1. 涂石墨

（1）涂石墨的作用

预焙阳极在电解槽的使用过程中，钢爪主要在电解母线与炭块之间起电流的传导作用，由于钢爪与炭块之间是通过铁水将其固定在一起的，因此，对于组装生产来说，涂石墨的作用如下：①浇铸后的组装块在搬运、运输以及电解过程中不会发生松动、脱落；②在电解过程中，铁环和钢爪、铁环和焙烧块之间的接触电压降要低，即电阻要小；③钢爪在电解、组装的循环使用过程时，钢爪上铁环不能与铁水熔化，压脱压力要小，循环使用周期要长。

由于这几点要求，因此在浇铸时：①在保证铁水流动性的情况下，铁水温度要尽量低，一般应控制在1450~1550℃之间；②浇铸时，铁水不能和钢爪之间发生熔化。

但在浇铸时钢爪是直接和高温铁水接触的部分，如果铁水温度过高，浇铸时钢爪和铁水之间易发生融合，铁环压脱困难甚至压不下，同时对铁环压脱机的使用寿命也将造成一定影响，导杆组架的使用周期将缩短，预焙阳极生产成本上升，直接后果是电解铝的整体效益降低。

解决方法根据国内外比较成熟的做法，就是在钢爪的表面均匀地涂上一层石墨粉。浇铸时，在铁水和钢爪之间，形成一层保护隔离层，将浇铸形成的铁环和钢爪分隔开，减少铁环压脱时的压脱力，提高钢爪使用寿命，同时由于石墨是良导体，铁环和钢爪之间的电阻很小，确保钢爪与焙烧块之间电压降很低。

（2）涂石墨液的方法

将石墨粉均匀地涂抹在钢爪上，一般有两种方法：

一是干涂，即将钢爪直接放在石墨粉中，黏上石墨粉，其优点是在浇铸时不会发生爆溅，但缺点也明显，即涂抹不均匀特别是使用几个周期后根本就涂抹不上，浇铸时，铁水易与钢爪融合，压脱困难，或压不掉。钢爪使用寿命短，国内已很少使用。

二是湿涂，即先将石墨粉与其液体溶剂混合，然后将钢爪插入液体溶剂中，沾上石墨粉。

优点：石墨粉容易涂上，不会产生涂抹不均匀和漏涂现象，故是当前国内外主要的涂石墨采用的方法。

缺点：如果与石墨粉混合的溶剂选用不当，浇铸时铁水易产生爆溅。

（3）石墨液的配制

石墨液的配制是保证涂石墨质量的关键，由于其对电解时导杆与焙烧块之间的电压降、钢爪的使用寿命、铁环压脱等的影响，因此，应做好石墨液的配制和浓度把握。

石墨液的浓度根据溶剂的不同应有一定的差别，当使用废机油和液压油的混合油作为溶剂时，其浓度应控制在25%至35%之间；当使用煤油作为溶剂时，由于煤油的黏度相对较低，其浓度可适当提高到30%~40%。

当第一次配制浓度为ρ的石墨液时，石墨粉的加入量为

$$m=\frac{\rho \cdot m_1}{1-\rho}$$

其中：m为需要加入的石墨粉的质量，kg；m_1为石墨槽溶剂的质量；ρ为工艺要求应达到的石墨液的浓度。

平时配制石墨液，应根据观察，估算来配制石墨液，一般每班次加石墨粉1~2次。

（4）石墨工艺要求

①配制石墨液时应根据工艺技术规程和溶剂特性来规定比例配制；

②在生产过程中应随时观察，发现石墨液浓度降低，应及时添加石墨粉对石墨液进行调整；

③钢爪石墨液涂抹的高度应大于或等于焙烧块炭碗的深度（一般应大于100 mm）；

④所有钢爪不准有漏涂。

（5）石墨液标准

主要成分：石墨粉、柴油、废液压油；

配比浓度：石墨粉 20%、柴油 60%、废液压油 20%；

槽灌液面：石墨槽灌液面应随时保持在 70% 以上。

2. 熔化铁水及出铁水作业

（1）铁水熔化

该过程主要在化铁炉中进行，其作业程序主要包括以下三方面：

冷炉启动　因为坩埚冷却后会产生裂纹（热胀冷缩），故而冷却炉启动时，就必须使用低电流、低电压低温预热（工频炉要使用启动块，启动块尽可能的不靠炉壁，中频炉可加满炉料）。当炉内温度达到启动块发红时，此时可用稍强电流循序渐进化铁。

铁水温度控制　铁水熔化作业，应根据生产需要合理安排温升时间，避免高电流，强电压升温给炉内衬带来的损伤。控制好浇铸温度（1450℃左右）。在熔化过程中，通过测温仪的监控并通过抽头的转换对温度进行控制。

停炉　当生产完毕，必须倒空炉内的铁水。如残留铁水，冷却后，因铁和坩埚材料的性质不同，收缩也不同，会造成坩埚的微损；当需要再次启动炉子化铁时，膨胀系数也不一样，也会对坩埚损伤。停炉时，工频炉可把下次启动炉的启动块加入炉内，用稍强电流将启动块烘烤（500~650℃）。此时停止化铁炉的供电，即为停炉。

（2）加料、除渣、取样、出铁水作业

加料　加料前岗位人员应穿戴好本岗位所规定的劳动保护用品如眼镜、面罩，同时对料斗和炉料进行检查，确保料斗和炉料干燥，无其他杂质；

用料斗将铸铁、返回铁环加入化铁炉内，要缓慢加入；

根据分析数据加入锰铁、磷铁、硅铁，确保铁水充分满足工艺要求。

除渣　铁水熔化后，铸铁内及表面附着的杂质因密度不同而分离，为确保浇铸质量必须除渣。当铁水温度达到 1350~1400℃ 时，铁水与杂质充分分离，此时开始除渣较为合适。除渣前应将除渣瓢烘干、停电；第二，使用除渣剂，将炉内的铁水中的渣凝结；第三，用渣瓢把炉内的渣除尽，除渣时，尽可能做到渣瓢与铁水接触时间短，防止渣瓢被铁水熔化。除渣完毕恢复供电升温，直至达到浇铸温度。

取样　为确保浇铸质量，满足工艺技术要求，应对铁水取样分析。取样前应穿戴好本岗位所规定的劳动保护用品，取样勺应烘干，取样模应干燥；取样模放置应平稳，周围无易燃易爆物品；用取样勺从炉内舀取铁水，注入取样模内，与模具上沿口面持平；多余的铁水倒入化铁炉内；铁水凝固后，用取样钳打开取样模具，取出样品，供分析用。

出铁水　炉子设置有液压倾炉装置，其操作在炉面设有操作控制柜，当浇铸车的台包与炉嘴对好位，启动液压倾炉装置，此时液压泵开始做功，利用手动控制，向活塞注油，使炉体倾动（在化铁炉停电后进行）。当铁水流向炉口向浇铸车台包流动时，逐渐加大出铁水量，当台包快满时，降低出铁水速度。当不需再倾动炉体时，可停液压油泵的电，因该活塞采用的是马洛式，当手动控制线向反方向开起后，通过炉体自身的质量，就能回复到原位。当炉体快回复到原位时，要逐步放慢下降速度。

3. 浇铸铁水

(1)准备工作

确认组装台在低位，炭块定位、导杆定位打开，与其他各站联系畅通。此时滚筒运输机将焙烧块送入组装台，焙烧块到位后，炭块定位装置关闭定位对中；导杆进入，定位对中，组装台上升，钢爪进入炭块相应的炭碗内，从而完成炭块与导杆组架的咬合，由推进油缸将其推入浇铸台，由轨道步进机构输送到浇铸台进行浇铸。

(2)出铁水作业

出铁水(如图 9-2)前，应对浇铸车行走系统、台包升降与倾翻葫芦电机与链轮进行确认；台包浇铸口应完好，否则必须用相应的筑炉材料(一般用16K)进行修补；台包内应干燥、无水等易引起铁水爆炸的其他杂质。

图 9-2 出铁水作业

按浇铸控制室内相应按钮，将浇铸台车开到出铁水的工频炉处，调整好台包位置，配合炉上操作员出铁水，铁水出满后，将浇铸车开到浇铸区。

(3)浇铸作业

当从咬台站组合好的阳极总成经过步进推进机进入组装(浇铸)台后，便可进行浇铸操作。

在浇铸车操作室的操作盘上，先按组装台"导杆夹持定位装置"关闭，使总成固定在浇铸台上，可确保：①导杆与炭块平面垂直，避免了因钢爪长短的变化及变形出现浇铸后的爪架不平衡；②可降低浇铸时因铁水的冲刷而出现的钢爪偏中心现象。

通过操作手柄，调整台包位置，应尽量避免台包浇铸口直接正对钢爪进行浇铸；因铁水直接对钢爪进行冲刷，很容易将其表面涂抹的石墨粉冲刷掉，同时也将使钢爪冲刷点局部温度偏高，这样铁水将在冲刷点与钢爪熔化，造成返回残极的脱铁环困难。正确的浇铸方法是将浇铸点选择在钢爪与炭碗之间进行。

倾斜装置前进，铁水包向前倾斜，浇铸第一孔；倾斜装置后退，台车前进一个孔间距，倾斜装置前进浇铸第二孔。按上述步骤，浇做第三孔、第四孔；第四孔浇铸完后，按"导杆夹持定位装置器"打开，同时将信号传导给步进推进机，由步进推进机向前推进一个浇铸位；当浇铸后的组装块到达浇铸台的排出口时，此时排出口升降平台在高位，组装块进入后，升降平台下降，组装块进入悬链系统。

当第二块炭块和导杆组合进入后，浇铸顺序是先浇第四孔、第三孔、第二孔、第一孔；第三块炭块的浇铸程序和第一块炭块一样。

一般情况下，预焙阳极组装块都是在自动生产线上进行浇铸，部分厂家也同时进行线外浇铸(土法浇铸)。

4. 外浇铸作业

所谓外浇铸就是在阳极组装自动线以外，用简单的设备、工具等进行阳极块组装。此种方法劳动强度大、污染严重、安全隐患多，尤其是对人身安全。因而在有条件时一般都不用外浇铸阳极组装块。

（1）外浇铸组装块工艺流程

外浇铸组装块工艺流程（如图 9-3）相对简单，但是，它的处理残极和处理导杆相当困难，劳动强度大，安全系数低。

（2）外浇铸的操作

第一步是焙烧块的装盘；第二步是导杆的涂石墨；第三步是焙烧块与导杆的咬合；第四步是焙烧块与导杆的校正；第五步是出铁水浇铸；第六步是铁渣清理；最后是卸极。操作过程中，根据不同的场地，相互之间的配合不同，主要是天车、叉车与人的配合。

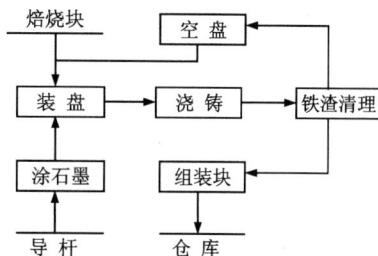

图 9-3　外浇铸组装块工艺流程

（3）外浇铸的工器具

托盘　如图 9-4 所示为外浇铸的托盘，其尺寸需要根据焙烧块、导杆尺寸进行确定。托盘与焙烧块的间隙一般以 50 mm 左右为宜，导杆与导杆固定的间隙一般以 10 mm 左右为宜，导杆固定架是活动的，可上下搬动。

浇铸台包　如图 9-5 所示为外浇铸台包。一般都是手动盘控制，盛装铁水量为 500～700 kg，台包内衬使用耐火材料修筑。使用时可加温烘干。

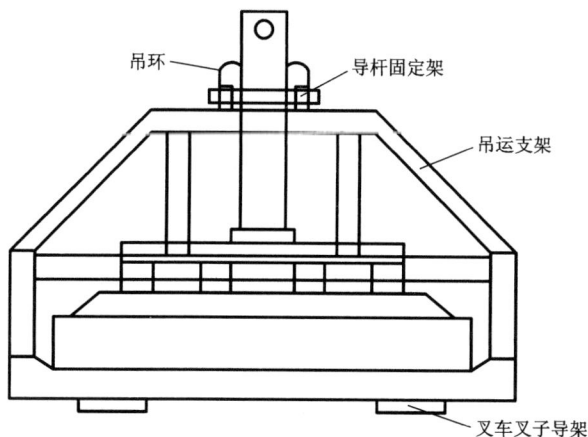

图 9-4　外浇阳极组装块托盘示意图

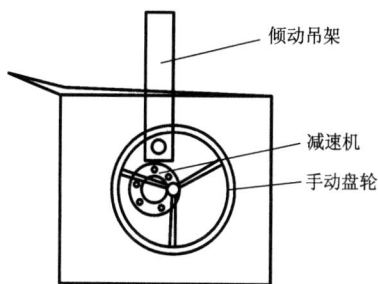

图 9-5　外浇铸台包示意图

外浇铸作业安全注意事项　①钢爪、炭块孔碗必须保持干燥，石墨液必须无水分。②经常检查托盘的焊接部位，不能有脱焊出现。③卸极时防止损伤，不能碰撞和震动过大。④防止铁水飞溅、爆炸伤人。

5.组装块、残极的装卸及托盘的清理

（1）装卸站工作内容及程序

装卸站负责将电解返回的残极上线，同时将组装好的组装块下线装入托盘，发往电解的作业。如图 9-6 所示，该站分为装站、卸站及托盘清理三部分。在装站，叉车将装有残极的托盘放置于升降台上，升降台上升，将残极上导杆通过导杆扶正装置插入悬链小车钟罩，自动闭锁锁紧，通过悬链小车提出本站，进入残极清理。在托盘清理站，倾倒托盘内的电解质并通过输送皮带或斗提输送进入电解质料仓或收集点,供电解回收利用,产生的粉尘由集尘罩收集,防止粉尘扩散。卸站同样设有升降台和卸极平台。卸极时,升降台上升,组装块放置于托盘内,借助升降台上升之力,组装块导杆顶升钟罩,钟罩自动解锁,组装块与悬链小车分离,卸下组装块。

图 9-6 装站实物图

(2)装极站操作与运行

操作步骤 ①叉车将残极托盘运送装盘平台上;②可移动式升降机接收托盘并输送到挂钩线上;③导杆纵向扶正;④导杆横向扶正;⑤升降台上升;⑥升降台下降;⑦扶正系统打开;⑧排走小车;⑨将托盘输送到清盘台车上;⑩挂钩台降下并回来,等待装运另一个托盘。

系统运行初始条件 ①系统运行条件满足;②紧急停止 ON;③无机器停止及故障;④机器运行条件准备好;⑤压缩空气正常;⑥液压系统正常。

其他操作 ①如果设备在自动方式下运行,并且在装极站等待负荷,超过设定时间,将从"自动方式"转入"手动方式",液压机组停止运行。②一个 3 位数字显示器,给出装极故障信号和显示升降台高度位置的特征值。按"故障分类"PB,将接通三位数字显示器,显示故障特征值。按"台面位置显示"PB,将接通三位数字显示器显示台面位置。

(3)卸极站操作与运行

操作步骤 ①卸盘台车从清盘台车上搬取托盘;②托盘被输送到脱钩中心线;③导杆扶正;④升降台上升;⑤足够的阳极脱钩;⑥装有足够的阳极组装块的升降台下降;⑦组装块被输送出来;⑧卸盘台车返回到初始位置。

系统运行初始条件 ①系统运行条件满足;②紧急停止 ON;③无机器停止及故障;④机器运行条件准备好;⑤压缩空气正常;⑥液压系统正常;⑦负荷出现在本站的停止站下方。

其他操作 ①如果设备在"自动方式"下运行,并且在等待设计时间后无负荷出现,超过设定时间,设备将从"自动方式"转换为"手动方式"。对应液压机组停止运行。②按"故障分类"按钮,将接通三位数字显示器,显示故障特征值。③按"台面显示"按钮,将接通三位数字显示器显示台面位置。④导杆呼叫操作,如果"上游站锁死"开关在 ON 位置,那么,在手动方式下可按"导杆呼叫",请求导杆送入,这个请求不保留在存储器中,必须等待上游站打开,确信请求被寄存。

(4)托盘清理的操作与运行

托盘放到叉车上以后,等待从升降台上出来→带托盘的小车输送到清理站→托盘翻转→空托盘由卸盘台车排出。

(5)工艺要求

①残极在上线之前,残极摆放要平稳,确保导杆能够装入小车钟罩。

②不允许高温残极上线(温度大于 70℃)。如果设备设计允许则例外,目前有设计成能够处理刚从电解槽内移出的高温残极。

③要对托盘进行检查,剔除托盘中的垃圾。

④残极上线后,要确认导杆与钟罩夹具扣紧后方能操作。

⑤托盘翻转机坑内不能掉进导杆及残极。

6.残极压脱

残极压脱(如图9-7)主要是把残极从钢爪上脱落下来,使钢爪不带有碎块残极。

(1)操作步骤

如果负荷到达本站,则导杆定中关闭→上部阻挡器前移→横向阻挡器前移→破碎冲头提升→破碎冲头下降→上部阻挡器后退→横向阻挡器后退→导杆定中打开→排除负荷

(2)其他操作

①如果是自动方式,并且在规定的时间未见负荷出现,设备自动转向手动方式,或人为按"手动"进入手动方式。

图9-7　自动残极压脱机动实物图

②废炭块排出运输机,在自动方式结束后,只能靠手动按"停止"按钮。

③导杆呼叫操作同前。

④对部分因导杆铝-铝脱焊、钢爪脱焊不能用设备进行处理的,需用人工进行处理。

(3)工艺要求

①表面带有电解质渣壳的残极不能进入残极压脱机。

②本工序压脱过程中压脱的磷铁环不能进入破碎设备,因此,在进入破碎设备前,应使用吸铁器。

③对夹在钢爪之间的残极必须清理,不允许带入下道工序。

④超高残极一定要用手动压脱机处理。

7.铁环压脱

铁环压脱是残极压脱后的导杆所作的进一步的处理,如图9-8所示,其是使原处于焙烧块和导杆之间的铸铁环脱落。经压脱的铁环通过皮带运输到滚筒打磨机进一步去除铁锈和杂质,有条件的话,可以增设吸铁器,确保为工频炉提供无杂质的铁环。

(1)操作步骤

当负荷出现后,导杆移动装置的后臂关闭,然后导杆移动系统使前进达到压脱"第一爪"的位置,鄂口关闭→冲头上升→冲头下降→鄂口打开。接着压第二爪,直到压脱完所有的爪后,导杆移动装置后臂、前臂关闭→移动装置返回到返回位置→前臂关闭。

(2)其他操作

①如果设备在自动方式下运行,等待负荷小车的时间又太长,液压装置将收到一个停机脉冲,

图9-8　铁环压脱实物图

机器将从自动方式转为手动方式。

②如果要求关闭颚口，当已经达到高压，颚口仍不能达到关闭位置时，那么打开颚口试着进行一次新的关闭动作，在三次尝试后，"铸铁环不能压脱"的故障，信息出现，操作者必须按手动按钮，消除故障后，按自动按钮进行新的周期尝试。或者按导杆移动装置前进按钮到达下一个位置，然后再按自动按钮，在压脱铁环后，周期将继续进行。

③运行过程中出现故障后，禁止设备在自动方式下进行，但允许在手动方式下进行，故障消除只能在手动方式下进行。在自动方式下，如果导杆移动装置前进，但不能停在要求的位置上，则操作者必须：按手动按钮；按导杆移动装置返回按钮；按自动按钮，重新进行一次停在要求位置上的尝试。

（3）工艺要求

①温度超过60℃以上的钢爪不能进入压环机压脱。

②钢爪铁环必须压干净，爪头无残缺铁环。

③炸片脱焊大于5 mm的钢爪不能进入压脱机。

④下料槽、皮带运输机保持畅通、不堵塞。

8. 导杆修复与钢爪修理

根据修复的区域，导杆修复分为导杆校直和导杆组架修复

（1）导杆校直

①基本常识：导杆校直是指：当返回残极在进行装卸、残极、铁环压脱作业以及运输、电解的换极作业时受外力作用导杆发生弯曲时，通过相反的外力作用而使其恢复到垂直状态的过程。

导杆校直的目的是将经导杆检查后属于导杆弯曲的导杆进行校正，提高导杆的使用周期，降低阳极生产组装成本。

导杆的校直一般可分为人工手动校直和自动机械校直两种。未浇铸之前对导杆的校直都可采用自动机械校直；浇铸之后发现导杆弯曲由于无法上线则只能采用人工手动校直。

②导杆校直设备工作原理：导杆校直机由升降系统、校直旋转平台以及校直油缸组成，校直系统由两个定校直点和一个动校直油缸组成，动校直油缸在定校直点的对面且在两定校直点的中间，当弯曲的导杆人工放入校直机，启动升降系统可保证上下各部分的校直，移动弯曲点与动校直点反向，启动油泵，动校直油缸向导杆施加压力，从而达到导杆校直的目的。导杆校直实物如图9-9所示。

③导杆机械校直操作步骤及要点：当需要校直的导杆进入校直机，人工转动旋转平台，选择好需要校直面，放入导杆，关闭导杆入口，出口导向关闭，启动升降台，选择校直部位和受力点，启动校直油缸，施加压力，对导杆进行校直。通过人工的判断，达到规定要求，再校直下一个

图9-9　导杆校直实物图

面或者对下一根导杆进行校直。

④人工手动校直操作：一般导杆校直设备只能进行手动操作，不能进行自动操作。

人工手动操作时，用钢丝绳将校直机挂在天车上，指挥天车，将校直机从导杆上部放入，找准需要校直的导杆面和部位，人工摇动摇泵摇臂加压，达到校直导杆的目的。

（2）导杆组架修复

导杆组架修复一般分为在线修复和下线修复。

在线修复 主要针对导杆组架在生产使用过程中，如导杆弯曲度不大、导杆与爆炸焊板之间、导杆与爪架之间出现小的裂隙采取的临时性焊接补救措施。由于是临时性的补救措施，现在的一些工厂对导杆的在线修复只进行导杆的校直，而对导杆与爆炸焊板之间、导杆与爪架之间的临时性补焊等，大多数工厂已不再进行，改为下线修复，这样可提高修复质量。

下线修复 这是当前预焙阳极组装生产导杆修复的主要手段，当导杆组架表面出现凹凸不平，钢爪、爪架外形尺寸发生变化以及各焊接点出现裂纹等不能满足明确或潜在需要时，则必须对导杆组架进行下线修复。

（3）钢爪修理

钢爪修理包括两个方面，一是对钢爪相对尺寸发生变化的校直；二是对钢爪以及各焊接点等的修复。

钢爪的弯曲变形 如图 9-10 所示，钢爪相对尺寸的变化，主要是爪架两侧钢爪向内收缩，发生内弯变形，三爪组架钢爪的变形量比四爪变形小。钢爪内弯变形的主要原因是导杆组架在电解与组装生产的循环使用过程中，钢爪、爪架的温度也随着不断升高、降低，导致钢爪、爪架强度降低。电解时，钢爪、爪架受热应力、磁场力、重力的共同作用，发生内弯变形。

图 9-10 变形钢爪

钢爪内弯变形的修复 钢爪内弯变形的修复一般有机械校直和切除两种方法：

机械校直法是利用阳极钢爪校直机进行校直，即将需要校直的钢爪放入由中频感应线圈制成的加热炉内，迅速加热升温至 1000~1050℃，然后再利用外力使其恢复到原始状态，如西安科技大学研制的 XKJZ-1 阳极钢爪校直机已在生产中进行了运用。

切除法，即将内弯变形爪头部分切除。从图 9-10 我们可以看出，钢爪的内弯变形，不论是三爪或者四爪，发生内弯变形的都在两侧，而中间的爪一般不发生变形，即使变形，其变形量也很小，且在工艺技术要求控制范围之内，不影响导杆组架的使用。因此，对钢爪变形的修复，主要是对爪架两侧钢爪发生内弯变形爪的修复。对这种钢爪的修复，国内普遍的做法是对内弯变形钢爪的爪头进行部分切除。

对内弯变形爪头进行部分切除时根据切割方向与钢爪中轴线的相对位置，又可将其分为：

a）横切法：即切割方向与钢爪中轴线方向成直角。由于其切割方向与钢爪中轴线方向成直角，即其与钢爪的压脱方向垂直。由于切割时切割面不平整，浇铸时铁水与钢爪的接触面增大，铁水侵入钢爪的切割面之中，铁环压脱时压力增大，压脱困难。

b) 竖切法：即切割方向与钢爪中轴线方向基本一致。浇铸时铁水也要进入切割的沟槽内，但由于沟槽的方向与铁环压脱力的方向一致，铁环压脱相对容易。因此，当钢爪变形需要切割修复时，最好采用竖切法。

c) 当钢爪上的铁环无法压脱干净且不能压脱的面积≤整个铁环面积的 1/10，也可对钢爪表面的铁环进行切割修复，此种钢爪的修复采用气割对钢爪上的铁环进行吹割。

d) 脱焊的修复：导杆组架的脱焊包括钢爪与爪架的 Fe-Fe 脱焊、爆炸焊板与导杆之间的 Al-Al 脱焊以及爆炸焊板之间的 Fe-Al 脱焊三种。

① 钢爪脱焊的修复：当钢爪头焊接点脱焊时，如裂口宽度≤1 mm，长度≤30 mm 时，可采取在脱焊点进行补焊的方法进行修复。

当钢爪严重锈蚀，锈蚀层厚≥1 mm，表面出现凹坑麻面，凹坑深度≥3 mm，直径≤原有直径的 85% 时，或者钢爪相对尺寸变化较大，无法进行校正、钢爪脱焊，裂口宽度≥1 mm、长度≥30 mm 以及不能压脱的铁环超过钢爪表面积的 1/10 时则必须将钢爪和爪架切割分离，重新进行焊接。焊接标准及工艺要求可参见各工厂的《阳极组装铝导杆、钢爪架制作修复、报废标准》。

② 爆炸焊板脱焊：由于其工艺要求较高，则只能进行切割重新进行焊接。

③ Al-Al 脱焊的修复：当导杆组架 Al-Al 脱焊时，应根据具体情况进行相应的处理。在铁环压脱后，一般都设有专人对导杆组架进行检查，此时如发现 Al-Al 脱焊，无论其脱焊程度如何，都应下线进行处理。如果浇铸后发现其脱焊，且其脱焊宽度≤0.5 mm，长度≤10 mm 时，可对其进行补焊，但必须作出标识。如脱焊宽度≥0.5 mm，长度≥10 mm，则必须将导杆与爪架进行分离，按照新组架的焊接制作标准重新焊接。

9. 残极破碎

(1) 残极破碎工艺

残极破碎就是将由残极压脱机压脱的残极进行破碎，达到规定的粒度，送往成型作为生产用原料。由于其破碎比比较大，实际生产中，对残极的破碎一般采取两级破碎。初碎一般使用颚式破碎机(挤压式破碎机)，中碎采用圆锥破碎机(反击式破碎机或锤式破碎机)，其典型工艺流程如图 9-11。

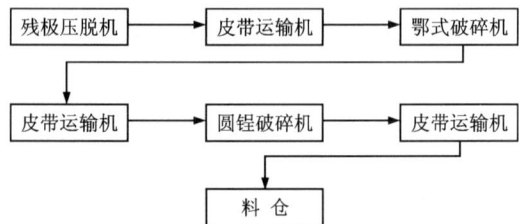

图 9-11　残极破碎工艺流程图

(2) 操作要点

① 对各设备检查确认正确无误后，启动液压站，当温度、压力符合要求时，指示灯亮；

② 按"回路试验"按钮，如无故障，各灯正常，若有设备故障电笛报警灯闪烁，并指示出故障，当故障消除，同时向自动残极压脱和手动残极压脱发出已准备好信号；

③ 按"启动"按钮，岗位预告铃响，操作盘上相应运行灯亮，若有故障，则模拟屏终端应预显示，同时报警，故障排除后应重新启动，若无故障，则按下述步骤启动整个设备；

④ 收尘系统启动，其启动顺序为输灰机、卸灰机，收尘风机和脉冲装置，其时间间隔一般为 5 s；

⑤ 除铁器、圆锥破碎机(反击式破碎机或锤式破碎机)、皮带运输机、颚式破碎机等按一

定间隔启动；

⑥当上述设备启动完成后，残极破碎系统处于待机状态，残极压脱机可进行残极压脱操作；

⑦工作完毕，按"停机"按钮，设备按启动的相反顺序按一定的时间间隔逐步停机；

⑧在生产过程中，应经常检查颚式破碎机、圆锥破碎机(反击式破碎机或锤式破碎机)的出、入口物料粒度，严格按工艺技术规程要求调整出料口宽度，确保破碎粒度符合技术要求；

⑨工作完毕应做好本岗位的文明卫生和岗位原始记录的填写。

(3)残极破碎基本工艺要求

①破碎的残极内应无电解质及其他杂质，灰分≤1.5%。

②残极破碎粒度 20~50 mm 的应不能小于 65%。

9.3.4 阳极组装质量标准

阳极组装块的质量由四个部分构成，焙烧块质量、磷生铁质量、导杆组架质量及浇铸质量。焙烧块质量及磷生铁质量前面章节已介绍，本部分主要为导杆组架和浇铸质量标准。

1. 导杆组架质量标准

(1)铝导杆

铝导杆长度方向的不垂直度≤15 mm，导杆上端面开 10×45°坡口，焊接端面开 18×45°坡口，垂直度 90°±2°

(2)爪架

铸钢爪架不得有气孔、砂眼、夹渣、裂纹等缺陷。

(3)爆炸焊片

界面弯切强度≥70 N/mm²，界面结合率 100%。

(4)钢爪

钢爪锈蚀层厚≤1 mm，凹坑麻面≤10%，凹坑深度≤5 mm，钢爪底面与侧面垂直度控制在 90°±0.2°范围内。

(5)焊接要求

铝—铝焊缝外观应无焊瘤，未熔合和裂纹，焊缝内部不应有假焊等缺陷。

钢—钢焊缝内部不得有未焊透、裂纹、假焊等缺陷，夹渣、气孔缺陷的数量及尺寸应符合 GB 3323 中Ⅲ级焊缝要求。焊脚尺寸≥18 mm，焊缝有效截面尺寸≥12 mm。

2. 浇铸质量

①铁水浇铸饱满平整，冷却后铸环表面与碳碗上缘的高度差应在±5 mm 范围内。表面无灰渣，不附着磷铁溅渣。

②浇铸冷却后的铁环松动程度，以上提导杆时磷生铁环脱出炭块上升的高度计算，应小于 10 mm。

③组装后钢爪的偏心度以铁环厚度表示，不得小于 15 mm。

9.4 阳极组装设备

组装工艺是机械设备、电气设备最多的工艺,该工序设备由两大部分组成,一是悬链系统(以前使用单轨小车系统),负责担负阳极组装各工序间的运输任务,形成组装自动流水线;二是完成特定工序而设置的各作业站机电设备,如残极压脱机、铁环压脱机、工频感应炉、残极清理装置等。本节对组装工艺主要设备做以下介绍。

9.4.1 悬链系统

1.单轨小车向悬链系统的发展

20世纪70年代至80年代设计的阳极组装系统采用单轨小车作为运输系统。单轨线路各站供电按区间分段进行,整个系统分为若干个区间,而这若干个区间又分属若干个电器控制站控制,每个区间的供电又有启动后的常时通电段和控制通电段。控制段的通电与停电是由单轨上受控制段接近开关来完成的。全系统供电根据生产分为若干个滑线分段,有控制盘和现场操作盘控制指挥全系统的作业。在整个单轨上安装有接近开关,小车运行到某一个区域就由该区域的控制盘供电,利用接近开关来检测单轨小车的到达或通过,由电气控制滑线系统的通断电来决定小车的运行或停止,单轨小车上的天线用于检测前方有无小车,在向前运行的小车如检测到前方有小车时,可弹性伸缩的前触角天线顶开限位开关切断小车内的电器回路,小车立即停止,避免与前方的小车发生碰撞。与地面各站对应的单轨线路上安装有控制接近开关,当接近开关检测到小车到达时,小车就停止在该站的上方,完成该站的工作任务后小车就自动排除到下道作业工序运行。由于分设区间多,每一小车均为一独立设备,供电复杂,设备故障高,现基本上已被淘汰。进而采用控制更为先进、设备故障少的PLC控制的悬链运输小车系统。它的工作特点是:悬链根据生产需要分为若干个区域,根据地面设备及工艺要求悬链上分布有停止站和道岔及位置和信号开关、光电开关、电磁阀。停止站用于小车的停靠。道岔用于将运输物导入相应的区域。在压缩空气达到设计要求后,启动悬链,电机带动减速机,减速机带动驱动链运转,运输链条与驱动链咬合,最终带动运输链条的运转。悬链处于连续运行状态,小车在悬链的牵引下运行。当小车到达停止站,各项条件满足,需要停止时,停止站插板前进,将小车与悬链分离,当插板后退后,小车与悬链连接,继续运行。插板的前进、后退由行程开关控制。PLC控制的悬链系统,控制精确,设备故障少,是当前组装生产线的主要设备,故而主要介绍悬链运输系统。

2.悬链系统的生产作用

悬链系统是阳极组装车间运行的动力机构,用于运送残极、导杆及阳极组装块,使其成为封闭的自动流水线。悬链系统根据生产需要分为若干个区域,每个区域有独立的控制装置和驱动装置,区域之间在输送过程中通过过度轨道使悬链小车完成整个工艺流程。悬链上设有停止站,其上的道岔可使小车根据工作需要进行直线或曲线前进。悬链运输机的操作一般设在主控室内,内设PLC控制柜、终端设备,可编程彩色显示器,操作平台等。

3.悬链运输系统设备构造

悬链运输系统包括两个部分:悬链运输机及悬挂小车。

（1）悬链运输机的结构

驱动装置 包括运输链条、驱动链、电机、减速机、带轮、三角皮带、链轮、压条、压条螺杆、顶丝等组成，用于驱动设备。

输送链 包括凸链节、平空链节、锁扣、夹板、滑架、螺栓，用于输送。

气动张紧装置 包括气缸、减压阀，用于链的张紧。

轨道 分为载货轨及牵引轨，用于载货和牵引。

停止站 包括插板、插座、换向阀、调压阀、气缸、油雾器等，用于实现小车的就位。

（2）悬挂小车的结构

首部小车 其上装有驱动卡子，驱动卡的上部与悬链接触，可被带动前进。

端部小车 装有尾翼，与首部小车接触。

回转杆 安装在两个小车的中心线上。用于导杆转向。

操纵杆 安装在回转杆中央，允许回路位置变化。

支撑链 用于悬挂钟罩.

钟罩卡爪 装有锁紧杆，可避免导杆脱钩。

4.悬链系统工作原理

（1）悬链运输机工作原理

如图9-12所示，悬链运输机链条通过与一个履带式驱动装置的驱动链咬合传递动力，减速装置安装在一个固定的支架上，并配有扭矩限制装置。一旦运输机通道出现阻塞现象，相切的力量超过规定值，该装置便作为一个安全装置，悬链自动停车，悬链运输机的负荷依靠停止站在各工作站就位。

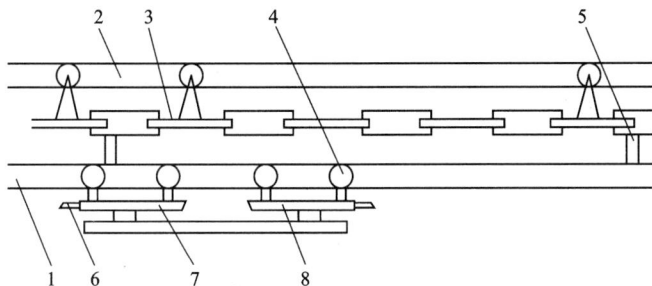

图9-12 悬链运输机简图

（2）悬挂小车工作原理

悬挂小车的首部小车，装有驱动卡子，该驱动卡子上部与悬链接触，可被带动前进；其前部可与前面装载小车的尾部接触，由机械装置操纵驱动卡与悬链脱开，停止运行；同时，悬链小车在运线上的运行或停止是由停止站来完成的。悬链运输机和其上的所有停止站、道岔全部由PLC控制。悬链结构见图9-13。部分厂矿也在采用单轨小车作为运输设备。

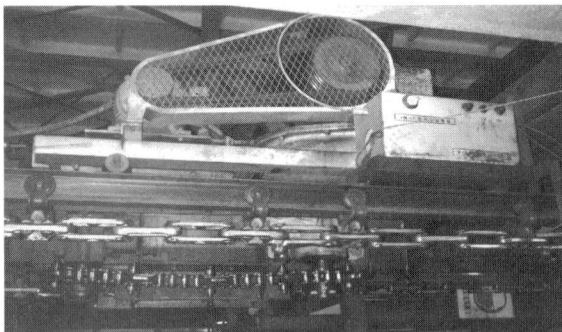

图 9-13　悬链运输机驱动装置

5. 悬链系统常见故障和排除方法(表 9-10)

表 9-10　悬链运输机常见故障和排除方法

常见故障	产生原因	处理方法
悬链驱动装置启动困难	链条被卡死,皮带打滑,减速机内部卡阻	调整更换皮带,更换或修复减速机
悬链驱动装置声音异常	驱动链条拉断,驱动链磨损严重,轨道脱焊	更换驱动链,补焊轨道
停止站打不开	换向阀不换向,气缸活塞脱落,插入板卡死,气压太低,插入板螺栓掉落	更换换向阀,紧固活塞或更换气缸,清除杂物或校正插入板,调整减压阀,紧固插入板
悬挂小车不动作	小车打架,导向掉落,行走滚子脱槽	先后排除小车,安装导向轮,更换行走滚子

9.4.2　装卸站

1. 装卸站设备构造

装卸站由平台、移动式升降台、扶正装置,锁定装置、重锤、机架、定位导向轨道,提升油缸、提升链条、阀座、气动元件及液压站组等构成。其各部件作用如下:

①装站用于残极的装载。

②卸站用于阳极组装块的卸载。

③托盘清理用于托盘的翻转,使松散材料落入地坑。

④装盘平台用于承载残极和托盘。

⑤重锤用于将阳极组装块从钟罩内脱落。

⑥卸盘平台用于承载阳极组装块和托盘。

⑦移动式升降台用于运送残极、组装块,并将其升起挂在钟罩内。

⑧导杆扶正装置(见图 9-14)用于将导杆在装卸过程中向悬链运输机的中心线推进并扶

正夹紧,使导杆能准确地送入钟罩。

⑨锁定装置用于装盘台车行走装置的锁定。

2. 工作原理

装卸站是阳极组装自动线的起始点,又是阳极组装自动线的终点。残极的装载是通过移动式升降机上升将导杆插入钟罩并通过挂钩控制装置得以固定。组装块卸载是通过重锤装置使阳极组装块从钟罩内脱钩。托盘的翻转是通过液压传动方式使清盘台车倾斜达到清理托盘的目的(见图 9-15)。装卸站设备配置见图 9-16。

图 9-14　导杆扶正实物图

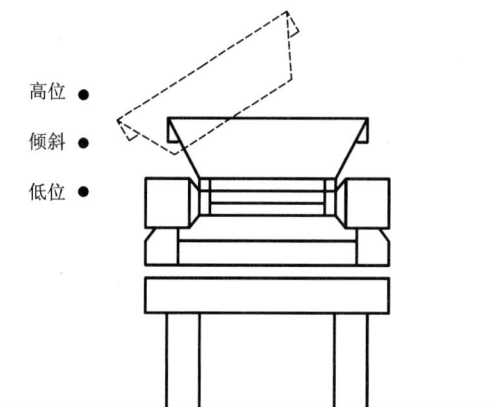

图 9-15　托盘清理设备配置

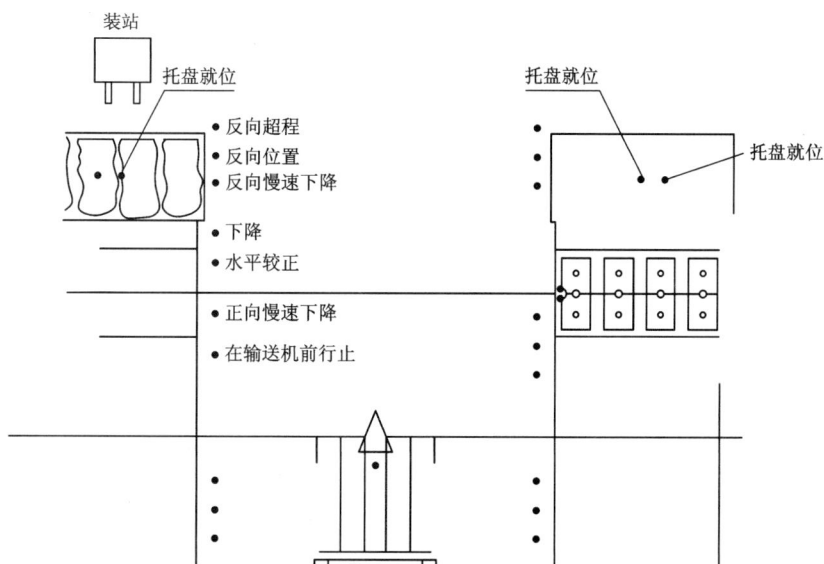

图 9-16　装卸站设备配置

3. 操作注意事项

①设备操作过程中,应严格按操作程序进行操作。PLC 监视着一系列控制操作的顺利进行,由于位置传感器及内部可调时间控制器的配合使用,当操作开始至指定时间未返回信号

或信号出错时,则送出故障信号。

②操作前要确认天车、叉车,指挥叉车将阳极放置托盘指定位置。

③装残极时,必须将小车挂斗两孔挂好方可排出,严禁小车单孔挂残极。

④作业时严禁在平台车托盘上站人,平台车行走区域严禁站人。

⑤对倾斜残极,不准人工扶杆进行组装,必须用电葫芦或天车吊正后方可进行。

⑥装卸导杆时,不能用脚踏小车导杆锁扣,正确使用工具。

4.装卸站常见故障及处理(表 9-11)

表 9-11 装卸站常见故障及处理

常见故障	产生原因	处理方法
升降装置倾斜或脱轨或升降不到位	传动链条被拉长变形;压力开关设定值变化,导向轨道间距增大	调整链条长度;调整压力开关设定值;调整轨道间距
导杆脱钩机器挂小车链	联接螺栓松动;轨道卡死;气缸复位不到位	紧固螺栓;矫正轨道;检查气缸系统是否正常
液压机启动系统泄漏	密封件损坏;紧固件松动;缸体起槽,活塞磨损	更换密封件;紧固松动的紧固件;更换油缸
油温过高	负载压力过大,工作压力变动;卸荷阀损坏;阀路堵塞;液压油量过少或油质变质	调整压力到规定值;更换或修复阀件;更换或疏通阀路和管道;补充油到刻度上限位或换新油
运行周期程序混乱,执行受阻	操作不当;控制元件故障	手动操作或检查控制元件

9.4.3 涂石墨设备

1.涂石墨设备构成

涂石墨设备构成见图 9-17~图 9-19。

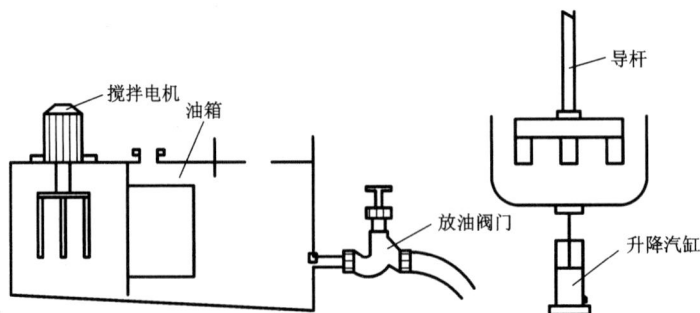

图 9-17 涂石墨站设备配置图

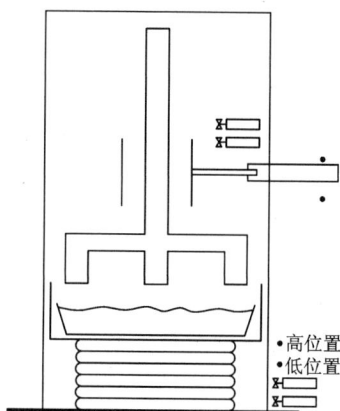

图 9-18　涂石墨站设备示意图

图 9-19　涂石墨站实物图

涂石墨机主要由机架、石墨槽、搅拌器、升降装置和定位装置组成。

2.各部件的作用

①机架：固定与支撑设备。

②石墨槽：盛装石墨液。

③搅拌器：在石墨槽内，分两种。一种为机械式搅拌，在石墨槽内安装有两个旋转方向相反的搅刀，大小不一，转速不同，当搅拌器旋转时，搅刀也同时旋转，从而达到将石墨槽内石墨粉与溶剂的充分混合；另一种为风力搅拌，搅拌器为两根或者多根具有多个小孔的安装在石墨槽底部的钢管，当打开与钢管相连的高压空气时，高压空气从小孔内溢出，从而达到石墨粉与溶剂的充分混合。

④升降装置：升降石墨槽，从而达到将钢爪伸入石墨液中。

⑤导杆定位装置：将进入的钢爪定位并固定，便于涂石墨。

3.涂石墨设备常见故障与处理(表 9-12)

表 9-12　涂石墨设备常见故障与处理

故障现象	故障原因	排除方法
石墨槽不上升涂石墨	(1)整个气压管路气压不足； (2)气缸内泄； (3)电磁阀坏； (4)光电管未感应到导杆进入信号	(1)对整个气压管路进行检查，找出原因进行相应的处理； (2)更换气缸； (3)更换电磁阀； (4)调整光电管位置或更换光电管
搅拌器不动作	(1)电磁阀损坏； (2)气动管路堵塞； (3)停气	(1)对电磁阀进行检修或者更换； (2)清理或者更换气动管路； (3)打开气源
导杆进入定位装置不动作	(1)电磁阀损坏； (2)接近开关坏或松动未能接受信号	(1)对电磁阀进行检修或者更换； (2)调整或者更换接近开关

9.4.4 化铁炉

化铁炉主要用于熔化铸铁，供焙烧块和导杆浇铸连成一体用。目前国内阳极组装生产中使用的化铁炉大多数为无芯工频感应炉，但随着大功率晶闸管变频电源的开发和可靠性的提高，中频感应炉正在逐步替代工频感应炉。目前世界上最大的变频电源功率已达 8000 kW。在我国已投产应用的中频感应电炉已达 20 t(配置 5000 kW/200 Hz 变频电源)。

1. 化铁炉的结构组成及用途

(1)化铁炉的结构

它主要部件有：线圈、轭铁、水管、电缆、水温表等，附属包括冷却水系统、液压倾动炉体系统、电气控制系统。每台炉设一台高压电源柜、一组变压器、一组电容器。

(2)各主要部件的用途

线圈：把电能转化为热能的装置。

轭铁：固定线圈的装置。

水管：给线圈冷却供水管。

电缆：给线圈供电线路。

水温表：检测线圈出水温度。

冷却水系统：供给线圈的冷却水软化装置。

液压倾动炉体系统：炉子出铁水时的动力源。

电气控制系统：向炉子发出的如升温通电、降温停电等指令控制。

(3)液压倾炉系统结构

如图 9-20 所示，液压倾炉装置每台化铁炉有一套，其由油泵、油箱、控制阀、活塞等组成，其使用的活塞为马洛式。在系统中还设置一套手动液压倾炉装置。

2. 感应化铁炉的工作原理

感应加热的基本原理可以用电磁感应定律和焦耳楞次定律来描述。

当穿过任何一闭合回路所限定的面的磁通量随时间改变时，回路上总会产生感应电动势 e：

$$e = d_0/d_t$$

式中：d_0/d_t 为磁通量变化，表示新的电动势的作用是阻碍该磁通量变化的。

焦耳-楞次定律：

$$Q = I^2RT$$

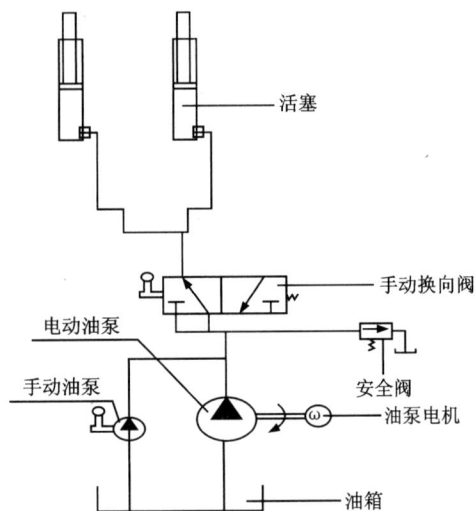

图 9-20 液压倾炉系统结构示意图

式中：Q 为当电流流过具有电阻 R 的回路时，由零到 t 一段时间内，电阻所消耗的电能转变成的热量，J；I 为流过电阻 R 的电流，A；R 为回路电阻，Ω；T 为时间，s。

在感应炉体周围装有线圈，当交流电通过感应炉的线圈时，在其周围激起交变磁场，穿过炉内被加热的铸铁，使在其中产生感应电动势，从而产生强大的感应电流。由于加入的铸铁本身具有电阻,电流热效应而使电能转化成热能,并达到所需的温度,实现铸铁熔化的目的。如果炉内不放铸铁,则不会产生热能。

3. 化铁炉的日常维护及故障处理(表 9-13)

表 9-13　化铁炉的日常维护及故障处理

故障现象	维护及处理
水温过高	线圈堵塞,停炉降温,酸洗线圈
水压过低或过高	调整冷却水泵及管路的阀门
水池水位低	向水池内补充水(软化水)
接地漏泄报警	检查电器或检测天线,如是炉衬漏,倒空铁水
过电流,过电压	功率因素补偿调节
炉倾动到位油泵不停止	到位限位调整或更换
变压器或电器室温度过高	打开换气扇

9.4.5　浇铸站

浇铸站设备由咬合、浇铸和输出三部分构成,故对本站设备按照工艺走向分别介绍。

1. 咬合站

将经检验合格并涂好石墨的导杆组架上的钢爪放入合格的焙烧块的碳碗中,此过程称为咬合。根据工艺技术规范,咬合时,炭块、导杆组架以及它们咬合后应满足下列要求:

(1)碳碗内填充焦清理干净;

(2)钢爪质量、涂石墨高度符合要求;

(3)咬合后所有钢爪(三爪、四爪或以上)应与炭块底部接触,无偏中心现象。

咬合站设备(如图 9-21)由滚筒输送机、咬合升降平台、炭块定位装置、钢爪定位装置等组成。

其工作原理如下所述:

经滚筒运输机将焙烧块送入组装台,此时组装台在低位,焙烧块到位后,炭块定位装置关闭定位对中;导杆进入,定位对中;此时组装台上升,钢爪进入炭块相应的炭碗内,从而完成炭块与导杆组架的咬合,由推进油缸将其推入浇铸台,由轨道步进机构输送到浇铸台进行浇铸。

2. 浇铸台及浇铸车

(1)浇铸台由步进推进机机架、推进油缸、升降油缸、夹持机构、扶正对中装置组成。

(2)浇铸车主要由行走机构、提升机构、台包顷翻机构(图 9-22)、操作控制室、电器控制系统等组成。

行走机构包括行走小车、电动机、减速机;提升机构包括提升葫芦、提升机架;台包顷翻机构有顷翻葫芦、顷翻机架和导向板。

图 9-21 咬合站实物图

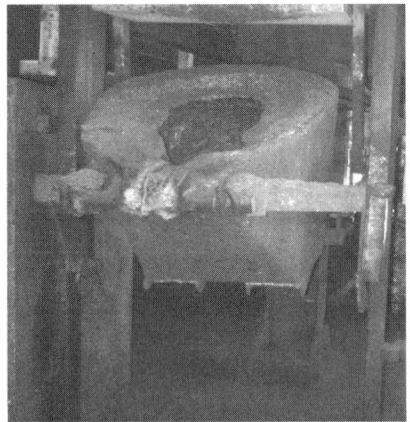

图 9-22 浇铸台包实物图

（3）输出平台：输出平台是将浇铸完后的阳极组装块，从步进式推进机上卸载，进入动力悬链。

3. 设备常见故障及处理（表 9-14）

表 9-14 咬合站设备常见故障及处理

故障现象	故障原因	排除方法
咬合升降平台不动作	1. 电磁阀故障或坏 2. 油泵故障	1. 清除电磁阀故障或更换电磁阀 2. 针对油泵故障进行处理
行走机构不动作	1. 滚键 2. 抱闸抱死 3. 线路短路	1. 对键槽重新进行处理 2. 修复抱闸 3. 查找电器故障并排除
提升机构不动作	1. 抱闸抱死	1. 修复或更换抱闸
顷翻架偏斜或卡死	1. 架子变形以及导向板变形 2. 抱闸失效	1. 修复机架导向板 2. 修复抱闸

9.4.6 残极压脱机

1. 残极压脱机部件构成及作用

（1）设备构成

残极压脱系统由工作台、机架、导杆定位夹具机构、上部阻挡器、横向阻挡器、破碎刀、液压传动装置等组成。

（2）各结构部件的作用

工作台　进行操作的场所。

导杆定位夹具机构　固定并夹紧导杆。

上部阻挡器　阻止压脱过程中残极在纵向运动。

横向阻挡器　阻止压脱过程中残极在水平方向运动。

破碎刀　用于挤压残极,使其成为碎块。

2. 工作原理

残极压脱过程中,上部刀头固定,下部刀头做垂直运动,当残极进入到上下刀头之间时,依靠下部刀头挤压力将残极从钢爪上压下并破碎,破碎的残极经下料口通过皮带运输机(或板式输送机)送往残极破碎系统。自动残极压脱(如图 9-23)通过破碎刀的上升实现残极的压脱。手动压脱机(如图 9-24)通过压脱装置的下压实现残极的脱落。残极压脱的压力来自液压装置。

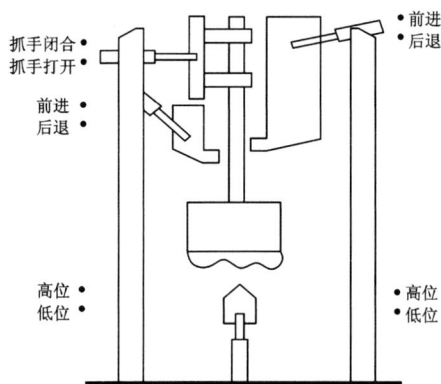

图 9-23　自动残极压脱机原理图

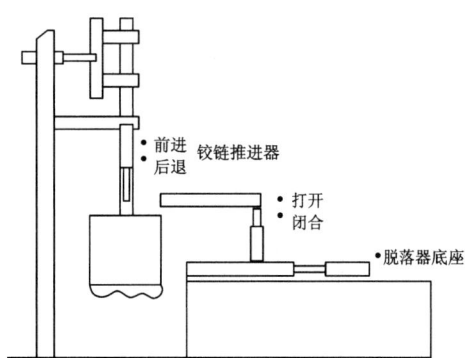

图 9-24　手动残极压脱机原理图

3. 常见故障及排除方法(表 9-15)

表 9-15　常见故障及排除方法

常见故障	产生原因	处理方法
下刀头不动作	换向阀不动作,缸头断,连接销子脱落,导向槽机构变形卡死	更换换向阀,焊接缸头或换缸,安装销子,矫正更换导向槽
下刀头动作不到位	限位开关错位,缸头外泄,导向槽轨道有杂质卡阻	调整限位开关,更换缸头及活塞环密封,清除杂质
下刀头油缸不同位	1. 液压油压力未达要求 2. 同步阀芯断裂	1. 调整压力至要求 2. 更换同步阀或阀芯
导杆定位夹具不动作	换向阀不动作,缸头断,连接销子脱落,滚键	更换换向阀,焊接缸头或换缸,安装销子,换键
导杆定位夹具动作不到位	限位开关错位,缸头外泄,缸内泄。两齿轮有卡阻杂物	调整限位开关,更换缸头及活塞环密封,清除卡阻物
油泵噪音大	油泵腔混入空气	可重新灌泵加油
油温高	1. 输出阻力大 2. 内部元件磨损 3. 安全阀溢流	1. 检查输出管件有无阻塞 2. 换内部元件,换泵 3. 调整安全阀压力值

9.4.6 铁环压脱机

1.铁环压脱机设备构成及各部件作用

铁环压脱机结构部件用途分别为：

机座 压力机主体。

冲头 用于冲压铸铁环。

鄂口 用于夹紧钢爪头。

导杆固定对中装置 用于固定导杆。

导杆移动装置 用于移动导杆。

下料槽 将压脱后的铁环送入皮带运输机。

皮带运输机 将铁环运至铁环滚筒打磨机。

图9-25 铁环压脱实物图

筒体 用于放置铁环，并通过筒体的旋转，达到清理铁环的目的。

铁环压脱实物图如图9-25所示。

2.工作原理

铁环压脱的压力来自液压设备，当鄂口夹紧机构抓住铁环的顶部后，一个垂直液压缸推动冲头，冲头上升工作只要不受到(压)力，就在低压力,高流量下进行。如果受到一定的力，则冲头就以高压力和低流量顶起，直到没有压力为止，在同一时间内，只能有一个冲头顶起将钢爪上的铁环压下。导杆的输送装置是一个由制动电机带动的往复式支梁来进行的，支梁作水平运动，由安装在两边的滚轮导向。压下的铁环由运输皮带运输到滚筒打磨机，通过筒体的旋转，使里面的铁环旋转并相互撞击、磨擦以达到清理铁环的目的，以利于铁环的再次回收。铁环打磨使用类似于建筑业中的混凝土搅拌机，一般采用在筒体内加橡胶垫达到降噪的目的，同时还可以缓冲铁环对筒体内壁的冲击。

3.铁环压脱机常见故障及处理(表9-16)

表9-16 铁环压脱机常见故障及处理

常见故障	产生原因	处理方法
冲头不动作	(1)换向阀不换向； (2)压力不够； (3)油缸内泄； (4)冲头轴卡死； (5)泵不动作或无压力输出； (6)溢流阀泄压	(1)清洗更换换向阀； (2)重新调整压力； (3)清洗油缸,更换密封； (4)取出冲头轴,重新研磨更换导向套； (5)修理更换油泵； (6)调整或更换溢流阀
鄂口不动作	(1)换向阀不换向； (2)压力不够； (3)油缸内泄； (4)机械卡死； (5)液控单向阀失灵	(1)清洗更换换向阀； (2)重新调整压力； (3)清洗油缸,更换密封； (4)润滑卡阻,调整缸行程； (5)更换修理换向阀

续表 9-16

常见故障	产生原因	处理方法
导杆移动装置前后臂不动作	(1)气动阀不换向; (2)气缸不动作; (3)转臂螺栓掉落	(1)更换换向阀; (2)拆卸更换气缸密封; (3)更换、紧固螺栓
导杆移动装置不动作	(1)电机故障; (2)减速机卡死; (3)传动链条断; (4)杂物卡死	(1)处理电机故障; (2)更换减速机; (3)更换链条; (4)清除杂物
皮带运输机不动作	(1)电机不动作; (2)减速机故障; (3)传动滚筒故障,如轴承座、轴承坏。皮带与滚筒打滑	(1)检查处理电机故障; (2)更换减速机; (3)检查处理传动滚筒,更换轴承,张紧皮带

9.4.7　常用残极破碎设备

常用残极破碎设备主要有颚式破碎机、反击式破碎机、圆锥破碎机、挤压破碎机等,其结构工作原理参见 4.2 节。

9.5　阴极加工的工艺及设备

9.5.1　阴极制品加工目的和特点

阴极制品在压型后已经具有一定的规格形状,但经过焙烧又有一定程度的变形或弯曲、碰损或缺角,表面上还黏附一些填充料或保温料而显得粗糙不平。若不经过加工就满足不了铝电解槽或炼铁高炉的使用要求。因此要求对炭块进行铣面、掏槽、划痕、锯断等来达到所需形状、尺寸、精度以满足砌筑需要,有的产品还要根据用户使用上的工艺需要加工成特殊的形状和规格,甚至要求较低的表面粗糙度。

阴极制品在结构上属于非均质结构的脆性材料,硬度不高,易于加工和研磨,并且在加工中切削细粉,导致加工表面粗糙并有颗粒剥落的凹坑。所以加工时有如下特点:易产生振动、易切削、易磨损刀具,易产生粉尘。

炭块在加工过程中出现振动是由于以下 4 个方面的因素造成的:①炭块变形;②加工截面的瞬息变化;③机床精度不高;④刀具与炭块之间的摩擦。

阴极制品是一种脆性的材料,由于它们的硬度不高,故易于加工和研磨、并且在加工中切削量很大,且含有碳化矽、金刚砂等杂质,刀具在加工中磨损很大,故炭块加工一般采用硬质合金作为刀具。

9.5.2 阴极制品加工流程

合格焙烧块经铣床、锯床按要求的外观尺寸进行机械加工，得到合格的阴极炭块和高炉炭块，加工工艺流程见图9-26：

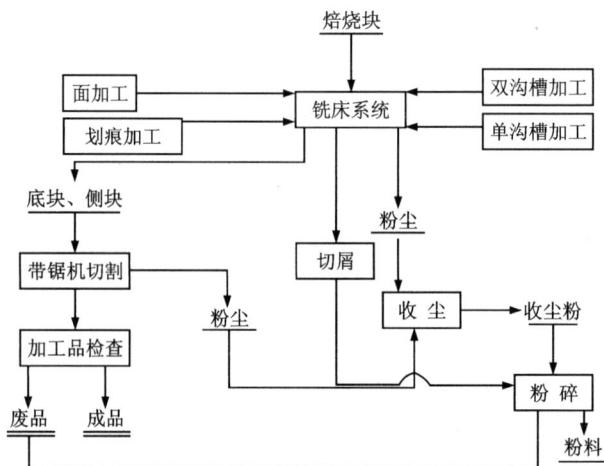

图9-26 阴极制品加工工艺流程图

9.5.3 阴极制品加工生产操作

阴极加工设备主要包括铣床、炭块搬运系统、切削破碎搬运贮藏系统、收尘系统和金刚石带锯机，铣床和锯床共用一套收尘系统。铣床具有铣面、划痕、开槽等功能；锯床主要用于炭块切断，具有底部自动两端切断、侧部炭块三等分切断、多等分自动切断和角部炭块切断等功能。对于一些特殊形状的炭块可以按照用户的要求进行手动加工。

1. 铣床操作要点

（1）操作准备

①按待加工块的尺寸选用合适的架台并确定架台间距，固定架台；

②更换刀片，根据切削面的粗糙度、刀片磨损程度及电流表指针的摆动情况更换平面刀片或双沟槽刀片或单沟槽刀片或划痕刀片。

（2）铣床自动运转

铣床自动运转根据待加工块的尺寸进行数字开关的设定方式。铣床自动运转方式有4种：自动运转A—铣面；自动运转B—铣面和划痕；自动运转C—开单沟槽；自动运转D—开双沟槽。

2. 铣面加工项目及过程

（1）面加工

由于阴极炭块的尺寸和形状在焙烧后都发生了一定变化，加上表面带有填充料，故需要对焙烧块的四个面进行加工。选择自动运转A—进行两个面加工。

（2）面加工及划痕加工

选择自动运转B，对底部炭块进行面加工及划痕加工。

（3）双沟槽加工

四个面的加工完成后，为了在底部炭块上插入阴极钢棒而进行双沟槽加工，选择自动运转 D 开双沟槽。

（4）单沟槽加工

四个面的加工完成后，选择自动运转 C 进行插入阴极钢棒的单沟槽加工。

3. 金刚石带锯机操作要点

（1）操作准备

根据待加工块的尺寸换上相应的撞块限位，调整锯片的升降行程，在规定的位置装上相应的架台，用手盘踞一周，确认锯片的完好性。

（2）操作内容

在铣床进行了四面及沟加工的底部炭块和四面加工的侧部炭块送入带锯机按规定的尺寸切断。底部炭块两端切断；侧部炭块三等分切断；侧部炭块多等分切断；异性炭块切断。

（3）带锯片的更换

金刚石带锯片在使用前必须进行辊压，调整背部及中部松弛量，才能保证锯片的最长使用寿命。目前，锯片报废的主要原因在金刚石锯需磨平、锯质基质产生裂纹超标。当裂纹小于 20 mm，应该在裂纹前端两面冲样打孔，防止裂纹延伸；当裂纹大于 20 mm 则应更换。

带锯片更换操作步骤如下：①手动将带锯片滑轮罩降到带锯更换适宜的高度；②卸下滑轮罩的上部盖；③安上带锯片安装夹具；④松开导轨张紧手轮（返时针旋转 5～10 圈）；⑤按按钮带锯片张紧关；⑥切断主断路器；⑦卸下安装夹具，从滑轮上轻轻将带锯片取出。

9.5.4　加工自身废品的种类及产生的原因

由于加工过程中自身因素的影响造成的废品有麻面、掉棱、掉角、尺寸不良、面缺、铣削表面不平整（起台、花纹）等。

1. 麻面

麻面是指炭块表面有局部加工不到位而呈现的粗糙表面，主要是由于毛坯变形严重或铣削前未找正造成的。

2. 掉棱、掉角

炭块的掉棱、掉角主要因为在搬运过程中炭块与炭块、炭块与叉子及炭块与其他硬物碰撞，或者是铣刀太钝、刀头、刀片松动时造成的。

3. 尺寸不良

尺寸不良的形式有多种，长度、宽度、高度、垂直度及沟槽的深度、宽度、中心线等超出公差范围的要求均可视为尺寸不良。

尺寸不良产生的因素较多，主要有：①刀盘刀头、刀片（特别是 GV 刀盘）夹持固定不紧，加工过程中刀头或刀片松动；②量具使用不当，自检不力；③架台安装不牢，加工过程出现松动现象等。

9.5.5　加工块的外观尺寸标准

1. 半石墨质铝电解用阴极炭块加工后尺寸允许偏差（表 9-17）

表 9-17 半石墨质铝电解用阴极炭块加工后尺寸允许偏差

名称		炭块规格/(mm×mm×mm)	允许偏差				
			宽度/mm	厚度/mm	长度/mm	沟槽宽、深/mm	直角度/(°)
底部炭块		515×450×3280 515×450×3250	±2	±4	±12	±3	±0.4
		400×400×2500 400×400×2100 400×400×1800 400×400×1600	±3	±3	±12	±3	±0.4
侧部炭块	非角部炭块	355×123×520 400×123×550 400×115×560 400×115×550 400×115×500	±3	±3	±5		±0.4
		360/204×123×520	±5	±5	±5		

2. 半石墨质阴极炭块允许缺陷(表 9-18)

表 9-18 半石墨质阴极炭块允许缺陷

缺陷名称	缺陷尺寸/mm
缺角	$a+b+c \leqslant 150$ 不多于 2 处, 小于 40 的不计
缺棱	$a+b+c \leqslant 150$, 不多于 2 处, 小于 40 的不计
表面缺陷	近似周长 $(a+b+c) \leqslant 100$, 深度 $\leqslant 5$
裂纹(宽度 0.5 mm 以下)	长度(a 或 $a+b$)$\leqslant 60$

3. 半石墨质高炉炭块的尺寸及允许偏差(表 9-19)

表 9-19 半石墨质高炉炭块的尺寸及允许偏差

加工截面规格/(mm×mm)	可达长度/mm	允许偏差/mm		
		宽度	高度	长度
515×450	3200	+2 −2	+2 −2	±2
520×355	3200	+2 −1	+2 −2	±2
550×400	3200	+2 −1	+2 −1	±2
400×400	2500	+2 −1	+2 −1	±2

注: 如对炭块尺寸有特殊要求, 由供需双方另行协商。

4. 半石墨质高炉炭块的允许缺陷(表9-20)

表9-20　半石墨质高炉炭块的允许缺陷

缺陷名称	缺陷尺寸/mm	
	自由端	非自由端
缺角部分(a+b+c)不大于	180	130
缺棱部分(a+b+c)不大于	180	130
表面缺陷:近似周长(a+b+c)不大于	100	100
深度不大于	5	5
裂纹(宽度0.5 mm以下)长度不大于(a+b)	60	60

注:(1)跨棱裂纹连续计算$(a+b)\leqslant60$ mm;(2)缺角和缺棱深度小于5 mm不计;(3)自由端缺角、缺棱和表面缺陷不得多于两处,非自由端的缺角、缺棱和表面缺陷不得多于一处;(4)满铺炉底炭块的缺角、缺棱和表面缺陷不得多于一处。

5. a、b、c的计算(见图9-27)

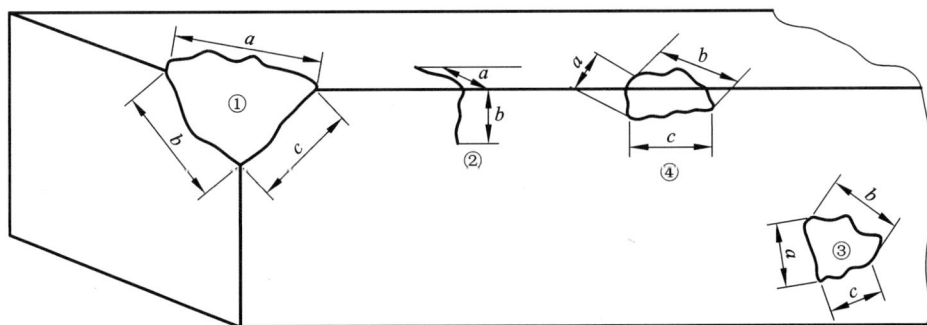

图9-27　加工块缺陷和裂纹示意图

注:①缺角:$a+b+c$;②缺棱:$a+b+c$;
③表面缺陷:周围长度$(a+b+c)$及深度;④平面裂纹:a或者b;跨棱裂纹:$(a+b)$

9.5.6　阴极制品加工设备

加工设备一般由五个系统组成,第一部分为切削设备,即铣床和锯床;第二部分为输送搬运设备,以辊道输送机、翻转机、桥式天车及各种吊夹具组成;第三部分为通风除尘设备,以布袋收尘器含螺旋机、回转阀、通风机和各种规格的管道板等组成;第四部分为刀具修磨设备,有锯带校直机、牛头刨床、电解磨床等;第五部分为液压气动设备,主要为铣床、锯床液压站及各类汽缸、油缸等。炭素制品加工设备多种多样,千差万别,本节主要以贵州分公司炭素厂用于加工铝电解槽用阴极炭块和高炉块的设备为例进行讲解。

1. 铣床

铣床是铝电解用底部炭块和侧部炭块加工的主要设备。铣床主要由床身、工作台、床头泵和液压装置组成。

（1）床身

床身总长 20 m，宽 1 m，为钢焊接结构，由二段组成在中部连接，连接处端面用橡胶 O 型密封带密封，床身上面一侧开有 V 形导轨槽，另一侧开有凹形导轨槽，均经过精加工然后人工研刮，工作时由床身中部油泵供给槽面润滑以保护导轨槽，为防止铣削粉尘进入导轨槽面，床身上表面和两侧面铺设了二层防尘罩，分别连接于工作台二端和床身二端，防尘罩内部通过设于厂房边的二台内压风机由内向外鼓风吹出粉尘以保护床身和导轨表面。

（2）工作台

工作台宽 1 m，长 5 m，通过置于床身侧中部的一套蜗轮减速箱传动，以驱动工作台前进后退。工作台最大行程 10 m。工部两侧加工成 V 形和凹形导轨以配合床身导轨槽，上表面平台桁架上部的压紧油缸（通过液压站驱动）压紧待加工块，通过和蜗轮减速箱啮合的工作台下部齿板使工作台前进后退，对加工块进行铣削加工。

（3）床头箱

划痕床头箱 2 个，平头床头箱两个，单沟槽床头箱和双沟槽床头箱各一个，由电机驱动箱内齿轮传装置，可变换箱外端刀盘转速对加工块进行铣削，床头箱的前进后退靠箱尾部电机通过丝杆装置调整，一经定位即由液压锁紧，以保证工作时整个箱体位置不变，保证被加工块的侧部尺寸。两个平面床头箱还可以在床身两侧的立柱上通过立柱顶部的两台蜗轮减速装置驱动丝杆进行上下移动。

（4）液压装置

液压装置由电机、油箱、压力油管及各种液压阀件、电气仪表等组成和控制，V38-A2R 型柱塞箱通过电机驱动箱约 70 kg/cm² 的压力油（工作油压力可调整），由各种电磁阀、溢流阀及仪表控制压力油进出分支油路，分别负责对压紧油缸的压紧、平面床头箱油马达对其刀盘大轴套的锁紧和升降定位的锁紧，液压油及阀类工作压力的设定和调整，要通过一系列较繁杂的调试工作，一经调定，不许随意更改，否则会对液压站元件及机床造成损害。

2. 锯床

（1）炭块锯床

锯床主要由床身导轨、工作台（能前进后退及旋转）、锯带旋转升降张紧装置、油压装置等部分组成。

床身导轨　总长 7 m，两侧导轨上开有油槽，储存导轨面润滑油，润滑油由床身尾部地坑油箱油泵出，对床身 V 型导轨进行润滑然后经回油管流回油箱。为防粉尘进入导轨工作表面，床身上表面装有防尘罩，内压风机由罩内向外鼓风以保护工作导轨。

工作台　由液压油缸驱动使工作台在床身导轨 V 型槽上滑动，工作台旋转靠液压油马达驱动，旋转到位后限位板控制锁紧。

锯带旋升降张紧装置　旋转电机驱动皮带轮和锯带轮一起旋转，水平旋转的两个锯带轮待装入锯带片后张紧被动锯带轮端，靠液压油缸的作用可使皮带轮箱和锯带轮在 4 个空心立柱上同步升降，可根据待锯炭块的尺寸要求调整锯的升降高度。

液压装置　该装置由油箱电机、液压油管、液压元件（如：阀类、油缸、油马达）、电气仪表等组成。该装置由油箱电机驱动，能控制整个液压回路，控制工作台的前进后退、旋转、锁紧及锯带轮的升降等。

（2）数控锯床

数控锯床除具备上述锯床的各种功能外，技术上更为先进，主要体现在：

a）切削速度、切削平直等均由数控电路来控制，减少了手工调整，有调整更快、控制更精确的特点。

b）床身导轨为镶嵌式的四段，导轨可拆卸。工作台和床身间的位置移动（即工作台前进后退）由滚动摩擦代替了原滑动摩擦。

c）用滚珠丝杆配以蜗轮减速装置能够较快地使工作台前进后退。

d）六套线轴承、滚道、工作台旋转装置的齿轮齿圈等各种元件的润滑全部靠置于床身侧部的手动油泵来进行，设备的润滑工作特别重要。

e）本设备特别适合于加工规格下、形状特殊的炭块。

3. 炭加工设备的维护检修

炭加工设备中以铣床、锯床较为关键，现就其维护检修需要注意的问题分别叙述如下：

（1）炭块铣床

a）设备及机组的启动或停止，一定要按顺序逐项进行，否则易发身堵料或损坏；

b）铣床润滑部位较多，一定要按润滑周期表适时加换润滑油（脂）；

c）刀盘上的刀片是切削的重要工具，一定要安装齐全，精心调整，否则铣削出的炭块表面质量差，各刀片因负荷不一会影响设备；

d）各部位限位较多，要经常注意检查，发现异常要及时处理以免损坏设备；

e）双沟槽床头箱工作时负荷较大，安装于刀盘上锥轴锥套间的保险方键能有效保护箱内齿轮轴承等部件，要经常检查修换，这样箱内零件可以延长使用寿命；

f）每班的粉尘积料要及时清理，并要检查润滑油管。发现渗漏或损坏时，要及时处理，注意不要碰坏碰扁油管。

（2）锯床

a）液压油是锯床工作台前进后退的动力，要注意检查保护外露液压油管以防碰坏、泄露或损坏；

b）置于 4 个立柱上部的油杯是保护立柱外表配合面的润滑油贮存装置，每班要检查杯内积油情况及立柱润滑情况，要按时注油和调整润滑油量；

c）工作台前进后退靠其下表面油缸连接板驱动，若操作时突然前进或后退将给连接板上螺栓增加突发剪应力，螺栓一经损坏则工作台不能动作；

d）各班要注意检查床身前地坑内油箱润滑油油质、油量及油箱工作情况，避免油中进灰或杂质，以延长导轨使用寿命；

e）收尘管用来吸收锯削粉尘保护环境，注意收尘效果并采取措施，若收尘效果差，将使床身防尘罩内进灰加速导轨磨损。

4. 常见设备故障及处理

（1）铣床

a）工作台不能前进后退　①检查液压站仪表压力显示是否达到设定压力 70 kg/cm²，若未达到则调整；②检查下侧部蜗轮箱零件是否损坏；③检查电气控制是否失灵。

b）平面床头箱不能升（降）：①检查上限位是否松动需要调整；②检查床顶蜗轮箱零件是否损坏；③检查床头箱电控部分是否有问题。

c)床头箱前进后退需手盘手轮：①检查箱尾电机部电磁制动器制动片是否损坏，电磁线圈是否断线；②导轨润滑不好、丝杆润滑不好或进退阻力太大时要清洗导轨或润滑。

（2）锯床

a)锯带轮不能上升下降　①检查液压阀是否损坏；②检查电控部分是否有掉头、触点接线断等问题；③检查锁紧定位是否彻底解除。

b)工作台不能前进后退　①检查工作台下部和油缸连接板上螺栓是否损坏或脱落，可揭开防尘罩检查处理；②检查液压油是否达到压力或油管渗泄，油缸内是否内泄；③检查电控液压部分各表阀是否达到设定要求。

c)工作台旋转不到位锁不紧　①检查限位板碰限位情况；②检查液压锁紧缸动作是否灵活；③听声音判断齿轮油马达及齿圈是否异常，可拆开工作台检查。

9.5.7　炭加工用刀具

要使炭块机械加工获得高产、优质低耗的理想效果，除了机床和工艺装置的精度外，对切削刀的合理选择是一个重要条件。在同等操作条件下，刀具顺利切削的因素有：刀具的结构、刀具的材料和刀具的几何角度等。刀具一般分为标准刀具和非标准刀具两大类。标准刀具是由国家专业化工具厂制造和供应，如：高速钢成型整体螺纹铣刀；非标准刀具，如硬质合金镶焊铣刀，则是要根据用户的工件及加工条件由炭素厂自行设计和制造。

1. **刀具材料应具备的性能**

（1）硬度高：一般刀具材料的硬度越高，耐磨性越好。

（2）足够的强度和韧性。在切削过程中会产生大的冲击和振动。刀具材料应能承受这样的条件而不损坏刀刃，延长刀具寿命。

（3）高的耐热性。耐热性是指刀具材料在高速切削或强力切削环境中，产生高速切削热的情况下还能保持硬度、耐磨性、强度和韧性的性能，也称为红硬性。耐热性越好，切削性能越好，切削速度越快。

（4）导热性好。能很快地将切削热传出，降低切削区温度。

（5）化学性能稳定。刀具材料化学性能稳定，产生的氧化磨损小和扩散磨损也小。

2. **刀具的材料**

加工炭素制品的刀具一般使用硬质合金（YG_8）或高速钢（牌号 W18Cr4V）来制成。

（1）硬质合金

钨钴类硬质合金　主要成分是 W 和 Co，具有较大的冲击韧性及抗弯强度，使用于加工非金属材料和脆性金属，如：铸铁、青铜及非金属材料。

钨钴钛硬质合金　主要成分有 W、Ti 和 Co 三种主要元素，它的红硬性及钢的熔接温度较高，摩擦系数亦小，因而最适宜于切削钢材等韧性金属，一般炭素制品的加工不用它。

钨钴类硬质合金目前有五个牌号，各国不尽相同，因为碳和石墨制品是由不同大小的焦炭颗粒或无烟煤颗粒状依赖黏结剂连接在一起的非均质结构的脆性材料，硬度比较小，所以碳和石墨制品加工一般常用钨钴类硬质合金（牌号 YG_8）。

（2）高速钢

石墨制品加工的成型整体铣刀都采用高速钢（W18Cr4V）。钢中钨和铬的含量较多，其化学成分见表 9-21。这种钢作的刀具在 600℃ 的高温下仍不失去它的切削性能。

表 9-21 高速钢化学成分及用途

材料编号	化学成分/%	用途
W18Cr4V	碳 0.70~0.80 铬 3.80~4.40 钨 17.5~19.0 钒 1.00~1.40 锰硅各 ≤0.40 钼 ≤0.30 硫磷各 ≤0.03	仅用于成型铣刀, 切削抗拉强度大于 85 kg/mm² 的钢件和布氏硬度大于 229 的铸铁件。

(3)硬质合金与高速钢刀具的比较

1)硬质合金刀具

①硬度和红硬性都很高, 在高温下具有良好的切削性能, 如硬质合金刀具切削钢料, 切削速度可以达到 1500 m/min 左右或者更高, 对碳和石墨制品加工切削速度一般都可以到 3500 m/min 以上。

②性脆、怕振、坚韧性差。

2)高速钢刀具

①坚韧性好能承受较大的冲击力。

②刃磨方便, 磨得锋利。

③红硬性不如硬质合金。

3. 车刀的刀头组成

车刀是最常见、最简单的切削刀具之一, 而其他刀具都可视为由若干把车刀所组成。因此, 研究刀具的几何形状一般都从车刀入手, 可以说了解车刀的几何形状之后, 其他刀具的几何形状也就可知了。

车刀是由刀体(夹持部分)和刀头(切削部分)组成, 如图 9-28 所示。

前刀面:排除切削的表面。

后刀面:刀头下端向着工件表面, 它有着主后面和副后面之分。

主刀刃:主后面与前面相交的线叫主刀刃, 它担任主要切削工作。

副刀刃:副后面与前面相交的线叫副刀刃。

刀尖:主刀刃与副刀刃相交的点叫刀尖。

4. 刀头的前后角选择

(1)前角

前角的作用是减少切削变形, 减少刀具前面与切削的摩擦, 使刀刃锋利, 容易切下切屑。

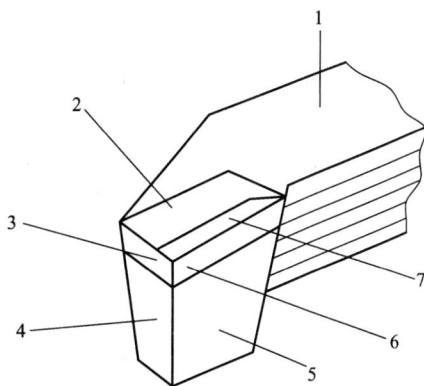

图 9-28 车刀主要组成部分

1—刀体;2—前刀面;3—副切削刃;
4—副后刀面;5—主后刀面;6—刀尖;7—主切削刃

前角大小与工作材料、刀具材料、加工性质有关, 但影响最大的是工件材料。切削炭素制品时, 由于得到的切屑变形不大, 并不从刀具前面流过, 而集中于刀刃附近。为了保护刀刃,所以应取较小前角。加工炭素制品时的前角一般为 0~10℃。

(2)后角

后角是为了减少刀具后面与工件之间的摩擦。后角的选择原则是在保证刀具具有足够的散热性和强度的基础上尽可能使刀具锋利和减少与工件摩擦。加工炭素制品后角则可取小些。加工石墨电极时刀头后角一般为 10~20℃。而加工炭块等较硬的产品时后角应更小一些。

5. 切削量的选择

切削用量，也即是吃刀深度、走刀量和切削速度。

如果增大吃刀深度、走刀量和切削速度就会提高生产效率。但是，过分地增大切削用量，将会造成废品，撞坏车刀，加快车刀磨损甚至损坏车床。

在通常情况下，影响刀具耐用度最小的是吃刀深度，而影响最大的是切削速度。因此，应尽可能地选择较大的吃刀深度，这是提高加工效率的最有效的措施。不过，吃刀深度过大会引起车床振动，甚至损坏车刀及车床。

当走刀量太大时，可能会引起机床最薄弱的零件的损坏，刀片破裂，工作表面粗糙度增大。

一般来说，选择了适当的吃刀深度和走刀量后，应尽可能地把切削速度选择得大一些。但也不是越大越好，要根据车床新旧、操作人员的技术水平等各方面的条件来灵活掌握。

9.6 残极清理工艺

9.6.1 残极电解质清理工艺概述

1. 工艺简述

从电解厂返回的残极，表面覆盖着一层电解质。对于该残极，一方面有一定高度的残极要回收投入阳极生产，另一方面对电解质渣壳回收利用。而从实际生产情况来看，残极带入的电解质是焙烧块灰分增大的主要原因。据分析资料表明，残极细粒的灰分是粗粒灰分含量的 4 倍。预焙阳极中灰分主要是钠、铁、钙、钒、镍、硅等金属氧化物，对预焙阳极反应都是很强的催化剂，对电解阳极消耗、电流效率、电解槽操作工艺等有着直接影响，此外，由于阳极消耗，铁、硅、镍、钒等还被还原成金属进入原铝中，还影响原铝质量。因此，无论从循环使用残极和电解质、降低生产成本角度出发，还是从严格控制阳极灰分含量、减少杂质侵入考虑角度考虑，都必须对电解返回残极上的电解质渣壳进行清理。

2. 残极电解质清理主要内容

残极清理主要包括三方面内容：残极上表面的电解质清理、钢爪之间及钢爪上的电解质清理和底掌部分的电解质清理。按生产流程分为预清理(一次清理)和二次清理两个层次。

电解质预清理系统主要是清除电解返回残极表面残留的大块电解质及清理钢爪之间的电解质，是初级清理，也称一次清理；二次清理主要是针对底部难于清理、渗入残极内部、凝固在表面的电解质或生成的碳化物、氧化物等进一步的精细清理，也是近些年新发展的清理技术。

电解质的清理主要通过设备上的铣刀，液压锤、液压铲和甩链等分别对电解质进行初碎和终碎,并采用压缩空气将残极上残余电解质粉尘清理干净,最后由残极喷丸、抛丸等系统进行深入的二次清理。一旦电解质清理机出现故障,实际生产中,还设有用于紧急情况下的人工清理。

9.6.2 残极清理工艺流程

1. 残极电解质清理工艺流程

如图 9-29 所示为残极电解质清理工艺流程。

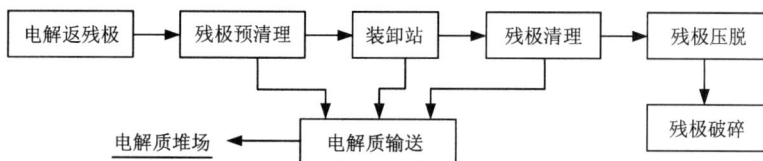

图 9-29 电解质清理工艺流程图

2. 电解质清理要求

工艺要求:①正确操作设备进行电解质清理,不能只图省事用人工清理;②残极电解质清理完后要扫净,条件允许可用气吹;③使用振动台清理必须导杆脱钩。

标准:①清理完后的残极表面干净、无电解质及其他杂质,灰分含量≤1.5%;②料斗内无残极碎块;③现场无导杆、钢爪头、残极、电解质,保持场所干净。

9.6.3 上线残极的判定

1. 残极

预焙阳极在电解槽上经过一个周期(25~30天)使用后,由于阳极在电解槽上参与电化学反应,并在空气和二氧化碳气体中发生的反应,消耗大约 85%,厚度变薄,一般在 14 cm 左右,从电解槽上取下来的使用后的阳极,其表面覆盖有氧化铝和氟化盐。根据电解工艺,不能再继续使用的阳极,称为残极。

2. 上线残极的判定

电解返回的残极(如图 9-30),往往具有一定的温度,并被烧损,同时,在电解及运输过程中,导杆组架可能会发生一定损坏。因此,由于

图 9-30 残极

设备的限制,操作人员要对残极进行检查,当出现下面的情况时不能上线。

①对于歪斜的残极应由天车配合进行扶正,以便导杆能准确插入小车钟罩内。

②对残极温度进行判断,温度高于 60℃的残极不能上线,凭经验看,残极的上方有流动的气流。这样的残极必须进行标识,待冷却方可上线,以避免运输皮(橡胶)带遇高温受损和引发料仓火灾。

③遇钢爪脱焊、铝—铝脱焊,钢—钢脱焊程度严重的,在残极处理过程中可能脱落的不能上线,以避免造成设备故障。

④整个不合格尺寸的残极(比如底掌不全,甚至是完全消耗的残极)。

9.6.4 残极电解质预清理

1.电解质预清理目的及作用

电解质预清理系统主要目的是将电解厂返回的残极表面的电解质清理干净,清理后的残极由叉车输送到组装生产线回收利用,清掉的电解质经破碎、筛分后储存于电解质料仓回收利用。电解质预清理主要是清除残极上表面覆盖的电解质,属于初级清理,故有时也称作一次清理。

2.电解质预清理工艺流程

如图9-31所示为残极电解质预清理工艺流程,其工作主要在液压铲刮破碎、甩链清理、吹扫三个处理站进行。第一个站用相对布置的刀片组件破碎并清除残极上的电解质;第二个站用旋转甩链组件来清除残极表面电解质;第三个站是用空气吹扫系统来吹扫残极和刚爪上的残留电解质。

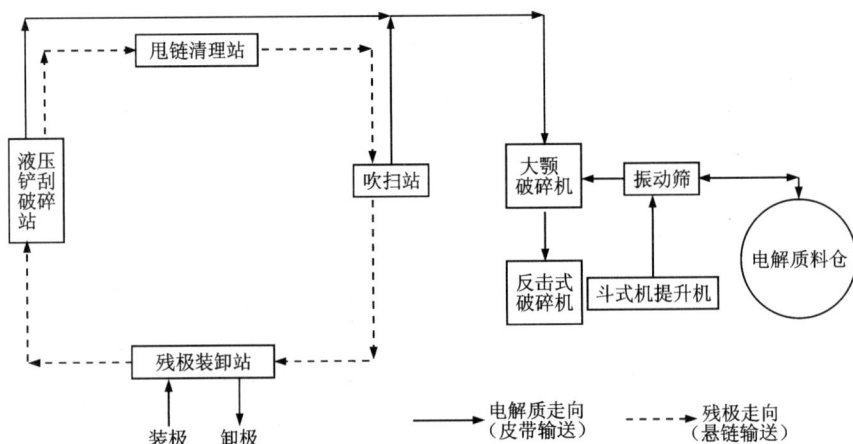

图9-31 残极电解质预清理工艺流程图

3.残极预清理操作步骤及要点

(1)选择液压铲设备进行预清理操作步骤及要点

①确认该系统具备联动启动条件后,在液压铲刮站操作屏或甩链清理站操作屏上先启动收尘系统,再启动输送系统。系统具体启动程序如下:风机启动→风机风门正转开启动(正转开到位)→振动筛启动→斗提机启动→螺旋启动→反击式破碎机启动→颚式破碎机启动→输送皮带启动。

②启动悬链输送系统:在PLC主控室或液压铲刮站操作屏上启动悬链运输系统。

③悬链启动后,指挥叉车开始手动装极作业。检查导杆挂稳后,托盘下降,将残极排出,进入液压铲刮站。

④启动PLC1液压铲刮系统进行残极电解质铲刮清理:确认收尘系统,输送系统启动后,启动液压系统。液压系统启动后,在操作屏上选择自动或手动。系统按以下程序作业:导杆→夹具伸出→气囊提升→铲刮刀片合拢→铲刮刀片复位→气囊下降→夹具收回→放导杆。

（2）选择甩链系统进行预清理操作步骤及要点

①确认收尘系统，输送系统启动后，在操作屏上启动甩链电机。按以下程序作业：确认无小车和进出门在关闭位后，打开进门，请求导杆。导杆到位后，进门关闭。进行甩链清理，打开出口门。导杆走出到下一站。当小车确认通过第 2 个门后，门关闭。小车到位后吹气 10 s，打开第 3 个门。小车确认通过第 3 个门后，门关闭。

②残极清理完毕进入装卸站，由叉车进行卸极作业。

③当料仓高位及故障时系统将在 15 min 之后等料全进了料仓后自动停止。

9.6.5 残极电解质二次清理

1. 电解质二次清理主要工作内容

电解质二次清理是在电解质清理机处理完残极后，采用喷（抛）丸清理技术装备进行进一步的清理，清除残留在残极和钢爪阳极组件上的电解质和锈蚀，其主要是针对底部难于清理、渗入残极内部、凝固在表面的电解质或生成的碳化物、氧化物等进行精细清理。

电解质清理后的残极进入压脱和破碎系统，并作为原料进入阳极生产流程。

2. 残极二次清理工艺流程（图 9-32）

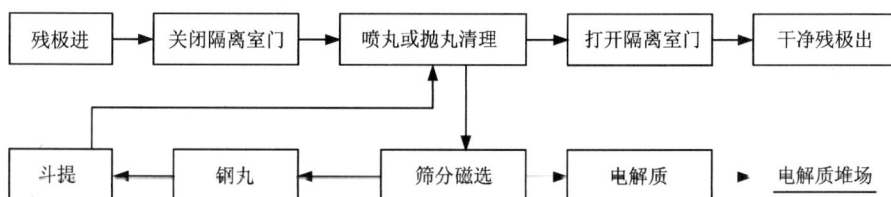

图 9-32 残极电解质二次清理工艺流程图

3. 残极喷丸清理工作步骤

（1）喷丸室进口电动门打开，喷丸室顶盖打开，悬挂输送链将残极送入喷丸室内。

（2）当残极达到喷丸区域时，电动门及喷丸室顶盖关闭。

（3）自动移动机构及喷枪摆动机构启动，喷丸主机启动，开始进行喷丸作业。

（4）喷丸作业完毕后，喷丸清理室的电动门打开，喷丸室顶盖打开，悬挂输送链将喷丸清理完毕的残极送出喷丸室。

（5）喷丸机另一端同时将待清残极送入喷丸室。

4. 残极抛丸清理工作步骤

（1）安装在抛丸仓顶部的上部密封、密封抛丸仓入口侧和出口侧的两套门，按如下顺序打开：左侧上部密封-右侧上部密封-左侧抛丸仓门-右侧抛丸仓门。由于门上配有迷宫密封，设备一侧的顶部密封和门首先打开，然后再打开设备另一侧的顶部密封和门。

（2）抛丸仓的密封和门在 10 s 的时间内打开，同时悬链拉车伸出，与旋转器区域的小车咬合。

（3）悬链拉车缩回原始位置，小车从旋转器区域的设备内拉出，并将其从入口停止位置拉至抛丸仓。

（4）残极处于工作位置上，顶部密封和抛丸仓门再次关闭。具体为先关闭设备右侧的两扇门，后关闭设备左侧的两扇门，保证门能正确重叠。关门过程中，推车缩回其原始位置。

（5）残极就位，门和顶部密封关闭后，喷丸轮内的钢丸开始抛出，同时，直接在抛丸仓上的悬链旋转。按设定时间对残极进行抛丸清理。

（6）停止抛出钢丸，旋转器返回其原始位置。

（7）吹扫阀打开，压缩空气将残极表面的粉尘和钢丸吹扫干净，同时悬链运输机的旋转器转动进行不同角度吹扫。

（8）吹扫清理完毕，关闭吹扫阀。

（9）整个循环完成，可开始下一个循环。

9.7　残极清理设备

9.7.1　液压铲刮破碎机

液压铲刮破碎机由导杆夹具、提升装置和两片旋转刀片组成。

液压铲刮破碎机主要将残极夹紧并提升至固定高度，再通过一套液压剪切动作刀片将电解质破碎并清除。

液压铲刮破碎机清理工作过程为：悬链输送机将残极运至破碎站，残极导杆沿滑条导入导杆预破碎站提升框架的导杆夹紧组件。两个液压缸动作，将两夹爪伸出，在钢棒位置夹紧导杆。气动囊形缸伸出，提升倾斜框架和夹紧导杆。液压缸将两旋转刀片高速伸出至中间位置，确认两旋转刀片处于中间位置时，进一步伸出，与电解质接触，并将电解质从阳极表面分离。从残极上清除的电解质从倾斜刀片上滑落，进入溜槽，并进入电解质收集输送机。然后，气动提升装置收缩，液压夹紧缸收回，残极沿悬链输送机进入甩链站，下一块残极开始进入预破碎站。

在预破碎清理过程中，落下的大块料被收集输送机收集，并从输送机端部落入溜槽，溜槽负责将收集到的大颗粒导入底部运动的输送机。

9.7.2　甩链清理机

甩链清理机主要由4个齿轮电机旋转轴组成，轴上配有重型链条段，甩链组件用保险剪力销固定在枢轴上。

悬链运输机慢速运送残极通过甩链站，一套四条旋转的甩链与残极上表面和钢爪接触，残极上面的电解质受甩链的冲击和刮擦作用从表面清除。甩链组件用保险剪刀销固定在枢轴上，保险剪力销允许超过最大允许尺寸时，从电解质上移开而不产生机械损坏。

用高速空气对甩链清理机出来的残极进行连续吹扫，清除残极表面松散电解质料和粉尘。

9.7.3　喷丸清理机

1.设备构成

喷丸机设备主要由喷丸、丸料回收、分选及除尘系统组成，各系统构成分别如下：

（1）喷丸室体系统由喷丸房室体、消音装置、照明系统、工件通过门及通过槽、检修门、自动喷丸装置等组成。喷丸装置又具体由喷丸罐、自动加丸系统、喷枪及喷枪移动机构等组成。

（2）丸料回收系统由蜂窝式丸料回收地板、丸料输送风管、地板隔栅等组成。

（3）丸料分选系统包括初级分选系统和二级分选系统，由分选器、磁选器和储丸斗组成。

（4）除尘系统由旋风除尘器和滤芯除尘器组成。

2. 工作原理

喷丸机的工作原理是：钢砂储存在喷丸罐内，当进行喷丸作业时，喷丸罐上的组合阀动作，将喷丸罐上的封砂托顶起、喷丸罐充压，与此同时、喷丸罐下面的砂阀打开、助推阀打开；这样，由于喷丸罐内已经充压，强行将砂料从砂阀的进砂口压出到出砂口，通过助推气流，将砂阀出砂口的砂料加速；加速后的砂料气流混合流通过喷丸管至高速喷丸枪，在高速喷丸枪内，进一步将砂料加速，之后被加速的砂料以很高的速度喷射到待处理的残极表面，实现喷丸作业的表面清理及强化目的。通过钢砂分离器，将钢砂和粉尘污染物分开，有用的钢砂进入喷丸罐循环使用，粉尘及污染物进入除尘系统处理。

9.7.2　抛丸清理机

1. 设备构成

抛丸清理机系统主要由抛丸仓、气动动作门、气动动作顶盖密封、斗式提升机、钢丸分离系统、喷射轮、钢丸添加斗、吹扫等组件组成。

2. 各结构部件的功能及作用

（1）抛丸仓：由钢板制作成，衬有可更换式锰铸瓦衬板，是抛丸清理的空间。

（2）气动动作门：两套锰板气动操作双门，形成屏障，避免钢丸和粉尘从抛丸仓内飞出。

（3）气动动作顶盖密封：含有两个铰链连接的盖子，导杆进入时盖子打开，导杆就位后盖子关闭。密封抛丸仓顶部中心线底部纵向槽内的导杆间隙，进一步密封旋转过程中的导杆。

（4）斗式提升机：收集螺旋输送机送来的钢丸，并将钢丸提起至刮鼓的高度，钢丸在此处直接卸入刮鼓的进料螺旋。

（5）钢丸分离系统：由刮鼓、缓冲斗、空气洗净分离器和旋流器组成，其功能是从废料、电解质和炭粉中回收可用钢丸，并将钢丸清干净。分离系统还起到钢丸储存装置的作用，保持系统内的钢丸平衡。

（6）喷射轮：抛丸仓的前壁上安装有三个喷射轮，各喷射轮均配有其自身的进料管和专用抛丸阀。喷射轮主要用于向设备内的残极抛射钢丸。

（7）钢丸添加斗：将补充用钢丸自动送入系统，即钢丸从钢丸斗底部向下流动进入斗式提升机。

（8）吹扫系统：在抛射轮抛射钢丸停止工作后，清除聚集在残极顶部和钢爪上的钢丸。

3. 工作原理

通过机械的方法把钢丸料以很高的速度和一定的角度抛射到残极表面上，让钢丸料冲击工作表面，依靠钢砂的动能将残极上的附着物清除，然后在抛丸机内部通过配套的吸尘器的气流清洗，将钢丸料和清理下来的杂质分别回收，并且使钢丸料可以再次利用。

4. 抛丸清理机常见故障及处理(表9-22)

表9-22 抛丸清理机常见故障及处理

故障现象	故障原因	处理方法
残极不能被彻底清理	抛射形状不正确 喷射轮不能抛射足够钢丸 喷射轮旋转方向不正确 喷射轮控制盒和叶轮磨损	试验抛射形状 使轮子电机在满负荷条件下工作,调节轮子,使其能在满负荷条件下抛射钢丸满负荷(或设定值)条件下,电机的电流必须稳定 检察喷射轮的旋转方向 更换磨损控制盒和/或叶轮
螺旋输送机或刮鼓不运行	轴上的键剪断 减速机损坏 驱动部件故障 螺旋因粒径过大的物料而卡塞 熔断器烧断 电机过载开关跳闸	按要求进行调整,修复/更换驱动轴或键;按制造商提供的数据检查电机/减速机/联轴器;从入口至出口大门检查螺旋输送机,找出卡塞位置,并消除卡塞现象;试验熔断器,按要求更换。找出过载原因,并按要求处理;复位过载,检查是否按满负荷电机调节过载
螺旋输送机的托架车不能找准位置,或在推车找准位置过程中卡死	空气压力低	调节空气调节器,且注意清除托架车的卡塞现象时,始终锁定设备并泄除空气压力
螺旋输送机的旋转器不能转动	轴上的键剪断 减速机损坏 驱动部件故障 熔断器烧断 电机过载开关调闸	按要求进行调整。修复/更换驱动轴或键;按制造商提供的数据检查电机、减速机、联轴器;找出卡塞部位,清除卡塞。试验熔断器,按要求更换;找出过载原因,并按要求处理。复位过载,检查是否按满负荷电机调节过载
大门和抛丸仓门不能打开	系统空气压力低 铰链组件磨损或损坏	调节压缩空气调节器; 拆除并更换损坏部件
顶部密封门不能抬起或放下	系统空气压力低 门的橡胶密封垫磨损,使门卡塞 枢销磨损或损坏	调节压缩空气调节器 将门放下,拆除检查盖 拆除并更换橡胶密封和所有其他磨损部件
磨蚀性物料不能进入喷射轮	工作滑门关闭 磨蚀性物料电磁阀不能打开 进料软管堵塞,进料喇叭或电磁阀堵塞	打开阀门;磨蚀性物料阀门故障,拆除并更换;主电气盘中的阀门控制装置故障,拆除并更换;关闭工作阀门,拆除电磁阀和软管组件;清除阀门和软管组件的堵塞;重新安装阀门和软管组件
电流下降	未有足够的磨蚀性物料进入喷射轮	检查补充斗内的磨蚀物料位。若料位太低,向系统补充磨蚀性物料。若补充斗内的磨蚀性物料位正常,检查磨蚀性物料门和喷射轮的抛射是否受到限制
磨蚀性物料中的粉尘太多	分离刮板的调节不正确,或分离器内没有足够的空气流动	将刮板移至接近磨蚀性物料流的位置,或调节抛射门来增大进入分离器的空气流量;调节挡板,形成正常的抛射流
喷射轮的振动过大	叶片破损或裂开	按要求更换喷射轮叶片

第 10 章　石墨化阴极

10.1　石墨化基本理论

经过焙烧后的炭制品，像铝用炭块、电炉块、高炉块，经过机械加工后，就可以作为成品供用户使用了。但对石墨制品来说，焙烧后还需进行石墨化处理，通常用石油焦、沥青焦制成的焙烧半成品，在 2000~3000℃ 温度下处理后，原来很硬的炭就转化成滑润、导电的人造石墨制品。

石墨化是把焙烧制品置于石墨化炉内保护介质中加热到高温，使六角碳原子平面网络从二维空间的无序重叠转变为三维空间的有序重叠，且具有石墨结构的高温热处理过程。

其目的是：①提高产品的热、电传导性；②提高产品的耐热冲击性和化学稳定性；③提高产品的润滑性、抗磨性；④排除杂质，提高产品强度。

10.1.1　石墨的基本结构

石墨具有层状结构，各层面中碳原子以 sp2 杂化轨道形成互成 120° 的三配位平面六角网络，呈共价键结合，碳原子面间距为 0.142 nm。六角碳原子平面网络平行堆叠，构成网状六角形的碳原子在上下面(第二层)相互平移到碳原子位于六角形的中心而有所错开，第三层碳原子的配置和第一层相同，这样，石墨的基本结构呈 ABABA 层重复排列，属六方晶系。石墨网层面间由分子之间成键，层间距为 0.3354 nm。六角碳原子平面网络内有离域的 π 电子在起作用。此外还存在 ABCABC 层堆叠结构的棱面体晶系石墨，他们混在六方晶系石墨中，不单独存在。

10.1.2　石墨化品和焙烧品在性能上的差异

石墨化品和焙烧品在性能上的主要差异在于：炭质焙烧品微观结构呈二维乱层结构排列，而石墨化品属于三维有序层状结构晶体。石墨化品的导电、导热性能远优于焙烧品，石墨化的高温使部分杂质气体逸出，因而石墨化品的灰分很低。石墨化品的硬度较低，易于切削加工。炭质焙烧品与石墨化品的理化性能对比列于表 10-1 中。

表 10-1 炭质焙烧品与石墨化品的理化性能对比

项目	焙烧品	石墨化品
电阻率/(μΩ·m)	30~60	5~12
真密度/(g·cm⁻³)	2~2.05	2.2~2.23
体积密度/(g·cm⁻³)	1.5~1.65	1.52~1.68
抗压强度/MPa	25~40	16~30
气孔率/%	18~25	20~30
灰分/%	<0.5	<0.3
热导率/(W·m⁻¹·K⁻¹)	3.6~6.7(175~675℃)	74.5(150~300℃)
线膨胀系数/K⁻¹	(1.6~4.5)×10⁻⁶ (20~500℃)	(1.1~2.5)×10⁻⁶ (20~600℃)
氧化开始温度/℃	450~500	600~700

从表中可以看出,焙烧品经过石墨化后,电阻率降低到只有原生坯的 1/4~1/5,真密度提高约 10%,导热性提高约 50%倍,线膨胀系数降低约为原来的 1/2,氧化开始温度提高,机械强度有所降低。

10.1.3 石墨化度

将乱层结构炭(d_{002} 值定为 0.344 nm)在超过 2000℃高温下进行热处理时,碳六角平面网层之间产生石墨结构的有序堆叠,网层的层间距 d_{002} 逐渐接近理想石墨的值(0.3354 nm),因此,通过测定炭网层面的堆叠具有何种程度的规则性,可求得石墨化程度,即石墨化度。

石墨化度反映了石墨晶体结构的完善程度,即石墨结构中碳原子排列的规整程度。

采用 X 射线衍射分析可求出石墨晶体的网层面间距 d_{002},然后按下式就可计算得到石墨化度:

$$G = (0.344 - d_{002})/(0.344 - 0.3354) \times 100\%$$

式中:G 为石墨化度,%;d_{002} 为层面间距,nm。

10.1.4 影响石墨化的因素

影响石墨化的主要因素是原料、温度、时间、压力和催化剂等。

1. 原料

在石墨化制品生产中,选择易石墨化的原料是先决条件,在同样热处理温度下,易石墨化炭更容易成长为石墨晶体。因此,高功率、超高功率电极都采用易石墨化的针状焦做原料。假如我们选择的原料质量不好,特别是含硫量高,那么在石墨化过程中,这些元素的原子就会不同程度地浸入碳原子的点阵,并在碳原子点阵中占据位置,造成石墨晶格缺陷,使制品石墨化程度降低。

2. 温度

温度决定着石墨化程度。不同的碳材料,开始石墨化温度不同。石油焦一般在 1700℃就开始进入石墨化,而沥青焦则要在 2000℃左右才能进入石墨化的转化阶段,对石油焦而言,石墨化温度应大于 2500℃。

3. 时间

石墨化程度和高温下的停留时间也有一定的关系，但是效果远没有提高温度明显。当温度太低时，即使热处理时间很长，石墨化程度也不好。而在 3000℃，时间很短，电阻率很快就下降了。

4. 压力

加压对石墨化有明显的促进作用。研究者把石油焦等碳化物在 1~10 GPa 的压力下加热时发现，在 1400~1500℃ 的低温下就开始石墨化。相反，减压石墨化时，对石墨化有抑制作用。实践证明，如果石墨化在真空条件下进行，则它将达不到一般大气压下能够达到的石墨化程度。

5. 催化剂

在一定的条件下，添加一定数量的催化剂，可以促进石墨化的进行，如硼、铁、硅、钛、镍、镁及其某些化合物等。但催化剂的添加有其最佳加入量。过多地添加必将适得其反。目前在炼钢用的始末电极中常添加铁粉或铁的氧化物做添加剂。

10.2　浸渍和二次焙烧

10.2.1　浸渍

浸渍是将碳材料置于压力容器中，在一定的压力和温度条件下迫使液态浸渍剂（如沥青、树脂、低熔点金属和润滑剂等）浸入渗透到制品孔隙中，从而减少产品孔度，提高密度，增加抗压强度，降低成品电阻率，改变产品理化性能的工艺过程。

一般需要浸渍处理的碳材料包括：①石墨电极的接头焙烧坯料；②高功率和超高功率石墨电极的焙烧本体；③化工石墨设备用不透性石墨的石墨坯料；④某些特殊用途电炭制品的坯料。

经过压型后的生制品孔度很低，在焙烧以后，由于煤沥青在焙烧过程中一部分分解成气体逸出，另一部分焦化为沥青焦。生成沥青焦的体积远远小于煤沥青原来占有的体积，虽然在焙烧过程中稍有收缩，但仍在产品内部形成许多不规则的并且孔径大小不等的微小气孔。如石墨化制品的总孔径一般达 25%~32%，炭素制品的总孔径一般为 16%~25%。由于大量气孔的存在必然会对产品的理化性能产生一定的影响。一般说来，石墨化制品的孔度增加，其体积密度下降，电阻率上升，机械强度减少，在一定的温度下氧化速度加快，耐腐蚀也变坏，气体和液体更容易渗透。

10.2.2　浸渍工艺操作

由于浸渍目的和选用的浸渍剂不同，各种炭素制品的浸渍工艺也有差别，但其基本操作步骤是一致的。先将待浸渍制品在预热炉内加热至规定温度，目的在于脱除吸附在制品微孔中的气体和水分，并使之与浸渍剂的加热温度相适应。预热后立即装入浸渍罐内，在保持一定温度下，抽真空以进一步除去气孔中的空气。达到一定真空度后，加入浸渍剂。在加压情况下将浸渍剂强制浸入制品的气孔中去，维持加压一定时间后，应取出被浸制品，或立即进行固化处理，以防止浸渍剂的反渗而流出。

浸渍前在预热炉中对待浸渍炭坯进行预热处理，排出炭坯气孔中吸附的气体和水分是为了浸渍剂沥青顺利进入炭坯气孔内部创造条件，充分地对炭坯进行预热处理，使炭坯本体温度高于浸渍剂沥青温度，才能保证浸渍时煤沥青保持很好的流变状态，有利于浸渍效果的提高。否则，当液态浸渍剂沥青遇到较低温度的炭坯时，煤沥青的温度就会相应的下降，导致浸渍剂沥青的黏度变高，从而使其流变性能变差而降低浸渍效果。

浸渍剂沥青可以反复使用数次，每次需补充减少的量。若浸渍剂沥青使用时间过长，那么沥青在浸渍过程中不断受到升温、加压抽真空的反复作用而发生缩合反应和氧化，轻质组分不断减少，重质组分不断增多，沥青软化温度不断升高；另外，被焙烧炭坯上未清除尽的保温料、炭坯碰撞产生的炭渣也不断融入浸渍剂沥青中，从而增加了浸渍剂沥青的 QI 含量，使浸渍剂沥青质量逐渐变差，这时需要更换浸渍剂沥青。如果浸渍剂沥青更换不及时，就会造成大量残渣存留，影响煤沥青的浸渍效果。

通常在浸渍前的工序中降低碳材料的气孔率，可以减少浸渍和二次焙烧的次数，从而为降低生产成本的实现短工艺流程创造条件。

1. 碳材料浸渍工艺

采用煤沥青做浸渍剂时，浸渍工艺流程为：将表面清理后的焙烧炭坯进行预热处理，预热好的炭坯放入浸渍罐里，对浸渍罐进行抽真空，达到一定真空度后向浸渍罐内注入液态沥青浸渍剂，然后进行加压操作，加压结束后将沥青浸渍剂返回储罐内，对浸渍品进行水冷却，冷却完毕后对浸渍品进行检验。

2. 碳材料浸渍生产系统的分类

按浸渍工艺条件划分，可将浸渍生产系统分为：低真空、低压浸渍和高真空、高压浸渍两类。按浸渍操作的连续性划分，可将浸渍生产系统分为：间歇操作和半连续操作两类生产线。

（1）低真空、低压浸渍生产系统（间歇生产）

浸渍罐为卧式或立式，浸渍罐容积为 5.8 m^3（$L3300 \times \phi1500$ mm），一般用压缩空气加压，加压压力为 $0.45 \sim 0.5$ Pa，真空度为 15 Pa 左右，每次浸渍炭坯量为 2 t 左右，第一次浸渍增重率为 $12\% \sim 15\%$，年生产能力为 3000 t。此生产系统对密度较低的中小直径炭坯可以渗透，但对中等密度的中直径或大直径炭坯一般只能达到 $30\% \sim 70\%$ 的浸入深度。

（2）卧式高真空、高压浸渍系统（间歇生产）

此系统增加了副罐，采用高真空泵抽气和高压氮气加压。副罐所起的作用包括：控制主罐内的压力，补充沥青的消耗，在向主罐注入沥青时可不停止真空排气，对主罐的压力起平衡和稳定作用，以及避免液体沥青误抽至真空系统内。

浸渍罐容量为 26 或 36 m^3，加压压力为 1.2 MPa，真空度为 8.7 kPa 或 8.9 kPa，每次浸渍炭坯量为 12 t 或 15 t，第一次浸渍增重率为 $12\% \sim 18\%$，年生产能力为 8000 t 或 12000 t。

（3）半连续高真空、高压浸渍生产系统

所谓半连续生产系统，是将预热炉、浸渍罐及浸渍产品的冷却室等设备水平地布置在一条直线上，加上换托架机构，形成"单回路"或"双回路"工艺流程。此系统采用氮气或沥青泵加压和冷却时淋水冷却，加压压力为 1.5 MPa，真空度为 $1.5 \sim 2.7$ kPa，每次浸渍炭坯量为 $12 \sim 16$ t，第一次浸渍增重率为 $12\% \sim 18\%$，年生产能力为 18000 t。

（4）半连续冷进—冷出浸渍生产系统

此系统取消了预热炉，将炭坯的预热、浸渍和冷却合并在同一台浸渍罐内进行。氮气加压压力为 1.5 MPa，真空度为 1.5 kPa，每次浸渍炭坯量为 40 t 左右，第一次浸渍增重率为 12% ~ 18%，年生产能力为 9000 ~ 11000 t。

此外，还有半连续热进—冷出浸渍生产系统和半连续热进—热出浸渍生产系统。

（5）半连续单管式浸渍生产系统

专门用于对直径 600 mm 的电极焙烧坯进行浸渍。系统由一台加热炉和一台内径 700 mm、长 10 ~ 20 m 的浸渍管组成。沥青泵加压压力为 1.5 ~ 1.6 MPa，一次浸渍周期为 3 ~ 4 h。

3. 前序工艺中降低碳材料气孔率的措施

①选择气孔率较低的优质固体炭质原料；

②提高煅烧质量以保证固体炭质物料结构的充分收缩；

③优化选择配方以保证骨料颗粒间的充分从而达到最紧密堆积；

④采用具有高结焦值的改质沥青作为黏接剂；

⑤选择合适的焙烧方法（如加压焙烧）及焙烧窑炉，调整焙烧工艺过程和优化焙烧曲线，从而使煤沥青黏结剂的结焦值得以提高。

4. 浸渍质量和浸渍效果评价

评价碳材料浸渍质量和浸渍效果的方法主要有以下几种：

（1）增重率

评价浸渍质量，常通过测定浸渍后制品的增重率大小来判断。增重率即同一根炭坯在浸渍后的增重（即浸入浸渍剂的质量）与浸渍前炭坯质量的比值。浸渍增重率越高，说明浸渍效果越好，浸渍增重率随着浸渍次数的增加的迅速下降。

（2）填孔率

评价浸渍效果可测定浸渍的填孔率。填孔率即浸渍剂沥青浸入填充炭坯气孔所占据的体积与全部气孔总体积之比值。浸渍填孔率越高，浸渍效果越好。

（3）浸渍深度

上述两种方法均存在一定程度的局限性，衡量浸渍质量还应着重评价是否将炭坯浸透，即是否保证炭坯里外密度的均一性，通常炭坯应该被浸透且气孔内的煤沥青达到饱和状态。在生产中，可将浸渍品打断，从断面观察煤沥青对炭坯的浸入深度，合格的浸渍品应该看不见有未浸渍到的断面。

（4）超声波检测

根据超声波在炭坯中的扩散速度与炭坯密度有关的原理，可通过超声波技术来鉴定炭坯的浸渍质量。

（5）理论增重率

国内外还采用理论增重率来判断浸渍效果。所谓理论增重率，是指浸渍剂沥青进入到炭坯内部所有气孔或孔隙中所计算出来的最大增重率。理论增重率只与浸渍剂沥青的性质和焙烧炭坯的性质（体积密度和真密度）相关，浸渍剂沥青的密度越大，则理论增重率越大。

在实际生产中若检查炭坯断面能够浸透，但增重率达不到要求，则说明浸渍质量还没有达到最佳效果，即浸渍剂沥青没有达到饱和状态，还有进一步提高的潜力。

浸渍增重率的计算公式：

$$G = [(W_2 - W_1)/W_1] \times 100\%$$

式中：G 为浸渍增重率，%；W_1 为浸渍前炭坯质量，kg；W_2 为浸渍前炭坯质量，kg。

浸渍填孔率的计算公式：

$$K = (D_1 \times G)/(D_2 \times P) \times 100\%$$

式中：K 为浸渍填孔率，%；D_1 为浸渍前炭坯的体积密度，g/cm³；D_2 为浸渍剂沥青的密度，g/cm³；G 为浸渍增重率，%；P 为浸渍前炭坯的开口气孔率，%。

10.2.3　浸渍设备

浸渍生产系统的主要设备有：浸渍罐（高压釜）；其他附属设备有：预热炉、真空排气设备（真空泵）、加压设备（空压机、高压氮气容器和沥青泵）、浸渍品冷却设备、浸渍剂注入设备、剩余浸渍剂排送设备，以及沥青熔化和贮罐设备等。同时还包括炭坯移载运输、供热和环境保护的辅助设备系统。

1. 浸渍罐

浸渍罐是浸渍过程中的主体设备。它是一个带有加热夹套的耐真空、耐压力容器。形状为圆筒形，由钢板制成，根据浸渍制品的尺寸、加热方式和浸渍方式的不同，浸渍罐有多种规格。从结构上分，有立式和卧式浸渍罐两种。

浸渍罐的加热方式有蒸气加热、电加热、燃料燃烧直接加热、废气加热及有机热载体加热等多种。浸渍罐内加压可以使用压缩空气或高压氮气等。

2. 沥青熔化槽与贮罐

炭素厂购入的沥青都是固体，在使用前必须在熔化槽中熔化为液体，经过脱水，加焦油或蒽油调整黏度后，保存在贮罐中。

沥青熔化槽实质上是一个钢质换热器，形状为圆筒形或立方形，内设加热排管或螺旋管，外壁衬有保温层。工作时，固体沥青从槽顶加料口加入，蒸气或其他载热体流过加热管时，通过管壁间接给热，使固体沥青受热而熔化。

沥青贮罐又称为搅拌罐，外形有圆筒形和立方形两种。其容积视生产规模而定，我国常用的沥青贮罐有 φ2500×3360 和 φ4100×8500 两种，后者多与大型浸渍罐配套使用。贮罐内搅拌装置可以用机械搅拌，也可以用压缩空气搅拌，但压缩空气搅拌易导致沥青氧化。

10.2.4　影响浸渍效果的因素

影响浸渍效果的因素是相当复杂的，可以归纳为三方面。

1. 浸渍剂的性能

浸渍剂的性能是决定浸渍效果的主要影响因素。浸渍剂主要的物理性质包括 7 个方面：即相对密度，黏度，表面张力，浸渍剂对制品表面的接触角，浸渍剂中悬浮物的形状和大小，热处理后浸渍剂的变化，结焦残炭率。

浸渍效果通常用增重来衡量，浸渍剂的相对密度与增重有直接关系。浸渍剂的相对密度愈大，结焦残炭率愈高，浸渍效果愈好。

黏度是影响浸渍效果的主要因素之一。浸渍剂在一定温度下能够进入炭素制品的气孔中，主要靠黏滞流动。所以，使用低黏度的浸渍剂在达到同样增重时，所需浸渍压力及时间可适当减少。对煤沥青，采用一定温度下浸渍，也可降低其黏度。有时也可加入蒽油或煤焦油等稀释剂来降低其黏度。

表面张力及接触角对浸渍过程有一定作用。一般浸渍剂润湿炭和石墨的接触角小于 90°，在 200℃时，煤沥青与石墨接触角为 72°~80°，表面张力为 $(55~102)×10^{-7}$ N/M。降低黏度，使接触角变小，表面张力增大，有利于浸渍。

浸渍剂中的杂质及悬浮物容易堵塞气孔，使浸渍难以进行，因此浸渍用沥青的喹啉不溶物要比较低，对于多次使用过的浸渍剂需经过清除杂质处理再使用，或更换新的浸渍剂。

浸渍剂焦化后的析焦率应该愈高愈好。析焦率高，浸后产品体积密度大、强度高、气孔率低、导电性好。一般都用中温沥青浸渍，其析焦率高于 50%。

2. 制品的结构及状态

浸渍只能在开气孔内进行，因此对开气孔率高的制品，易于浸渍达到较好效果。对于被浸制品具有较大外表面积时，浸渍剂与气孔接触机会多，可达到较好浸渍效果，为此，在设计制品形状时应考虑这个因素。例如采用不规则形状、车成空心圆、尽量采用小规格制品等。另外，在浸渍作业时，制品采用不规整的堆积方式等以扩大浸渍剂与制品的接触面。对已浸渍、焙烧过的制品在再次浸渍前，为提高浸渍效果，经常把外层硬壳加工除去。

3. 浸渍的工艺条件

（1）浸渍温度

当用沥青作浸渍剂时，需在一定的浸渍温度下进行。适当提高温度，有利于降低沥青的黏度，提高沥青的流动性。但若温度过高，由于沥青产生热解，影响沥青的组成，且分解产生的气体进入制品气孔内，妨碍了沥青的渗透。

（2）浸渍前真空度与浸渍时压力

为减少浸渍剂向气孔内渗透时的阻力，浸渍前必须在浸渍罐内抽真空，以排除气孔内空气。试验结果表明，真空度愈大，浸渍效果愈好。

为促使浸渍剂更好地渗透到制品内部，在浸渍时，需施加一定压力。随着压力升高，浸渍效果提高显著，使浸渍深度增加。但当压力增加到一定值时，浸渍量将达到饱和状态。一般小规格的制品，浸渍压力可低一些，规格较大的制品或高密度制品，需要较高的浸渍压力。目前使用的浸渍压力一般为 0.5~1.5 MPa，对于一些高密度制品，浸渍压力需提高到 1.96 MPa 以上。

（3）浸渍时间

浸渍时间是指加压时间，不包括制品预热和浸后冷却所需时间。浸渍时间取决于浸渍压力、浸渍前真空度及制品的尺寸等。浸渍前真空度大，浸渍压力高及被浸制品尺寸小，都可以缩短浸渍时间；反之，应延长浸渍时间。当浸渍压力为 0.5 MPa 时，浸渍时间不应少于 2~4 h。

10.2.5　二次焙烧

所谓二次焙烧是指焙烧品经过浸渍后进行再次焙烧，使浸渍焙烧品内部孔隙中的浸渍剂沥青炭化的热处理工艺过程。

1. 二次焙烧方式

①浸渍品数量不大时可随生坯同时装炉焙烧，并采用相同的焙烧升温曲线。

②浸渍品数量较大时则单独组织二次焙烧有利，这是因为二次焙烧温度较低且升温速率

较快。

③已达到要求而无需再浸渍处理的浸渍品可直接装入石墨化炉中在直接石墨化过程中完成浸渍剂沥青的炭化，但此方法存在许多问题，一般不予采用。

④大批量浸渍品的二次焙烧以采用隧道窑焙烧比较理想。其特点是：沥青分解产生的挥发分可以作为加热燃料，因而大大降低了燃料消耗；沥青排出的挥发分经过充分燃烧后，有害成分大为减少，处理废气的环保设备得以简化；不需要填充料，生产操作比一次焙烧简单得多。

2. 二次焙烧的技术要求

（1）温度制度

焙烧时间为 138 h，最高温度为 700℃，保温 2 h。两侧温差等于或者小于 30℃。上下温度差等于或小于 120℃。温度波动为正负 10℃。

（2）压力

窑内压力：

车位	2/3	4/5	9/10	13/14	17/18
负压/Pa	−39.2	−41.2	−27.4	−15.7	−5.9
车位	18/19	19/20	20/21	22/23	
负压/Pa	−2.9	±0	+4.9	+13.7	

煤气压力：等于或不大于 4900 Pa，煤气压力不低于 490 Pa。

总管烟道压力：−392~1176 Pa。

3. 与浸渍品直接石墨化比较

浸渍品经过二次焙烧再进行石墨化的优点如下：

（1）可以提高石墨化工序的成品率，缩短了石墨化时间；

（2）可降低石墨化工序的电力消耗；

（3）可大量减少石墨化过程中排出的沥青分解有害气体，改善生产环境；

（4）有利于增加浸渍剂沥青的结焦残炭率，提高制品的体积密度。

10.3 石墨化炉

10.3.1 石墨化炉的类型

（1）石墨化炉按加热方式划分，可分为直接加热炉和间接加热炉。直接加热是指电流直接通过被石墨化的炭坯而产生高温，是以炭坯本身为电阻的电阻炉型。直接加热石墨化炉有两种炉型，一种是艾奇逊石墨化炉，另一种是内热串接石墨化炉（LWG 炉）。间接加热炉是指电流不通过制品，制品石墨化所需热量或者由电感应产生，或者靠传热而获得，前者称为感应石墨化炉，后者为炭管炉。

（2）按石墨化炉和供电装置的相对位置来分，可以分为移动式石墨化炉和固定式石墨化炉。

（3）按运行方式划分，可以分为间歇式生产石墨化炉和连续生产石墨化炉。

（4）按用电性质划分，可以分为直流石墨化炉和交流石墨化炉。

（5）按功能分，可以分为单一式石墨化炉和联合式石墨化炉。联合式石墨化炉是指在一台炉子内能同时完成焙烧和石墨化两个工序的多功能炉子。

（6）按炉身走向划分，可以分为直线形石墨化炉和 U 形石墨化炉。U 形石墨化炉是将纵长的艾奇逊石墨化炉从中间折弯 180° 成为炉头和炉尾位于同一侧的炉型，在炉身中间砌一道隔墙，将其分成两个平行的装料区，与炉头和炉尾砌体相对的一面墙内侧砌石墨块，使电流能从一个装料区经过石墨块砌体导入另一个装料区。

（7）按是否通入气体划分，可以分为通气石墨化炉，其在炉芯的底部增设石墨通气管，管上开有多个小孔，以放散纯化气体；是侧墙成为固定式，并加密封，以避免有害气体逸出；增设有害气体的排气系统和纯化气体的供气系统。

10.3.2　艾奇逊石墨化炉和内串式石墨化炉

1. 艾奇逊石墨化炉

艾奇逊石墨化炉由耐火材料铺砌的槽型炉底（砌在钢筋混凝土基础上）和两个装砌有导电电极组的端墙组成，成长方形分布，其示意图如图 10-1 所示。

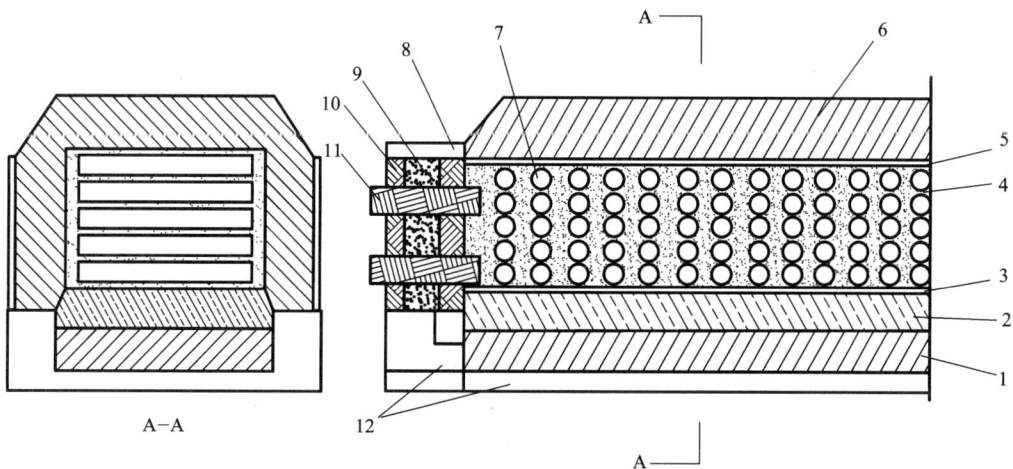

图 10-1　艾奇逊石墨化炉示意图

1—石英砂；2—炉底料；3—炉底电阻料；4—电阻料；5—覆盖电阻料；6—保温料；
7—产品；8—石墨块；9—石墨粉；10—炭块；11—炉头导电电极；12—耐火砖

端墙的作用是固定导电电极组，其外侧砌耐火砖或炭块，内侧砌石墨块，墙体中部用石墨粉填充构成密封填料空间，数根导电电极（石墨电极）穿过端墙，导电电极直径和数量根据石墨炉通电时间由电流而定。在通电期电极温度不断升高，因此要对导电电极进行冷却，炉身两旁用耐火砖砌成侧墙，也可用耐热混凝土制成的墙板立放在炉两侧代替炉墙。侧墙的作用是保证所装制品和辅助料所占据的空间。

小型艾奇逊石墨化炉炉身长 10~12 m，炉身宽 1 m 左右，每次可装 20 t 左右焙烧品；中型艾奇逊石墨化炉炉身长 14~16 m，炉身宽 3 m 左右，每次可装 40~50 t 焙烧品；大型艾奇逊石墨化炉炉身长 18~20 m，炉身宽 4 m 左右，每次可装 100 t 左右焙烧品。

艾奇逊石墨化炉是世界上应用最广泛的石墨化炉，自 1895 年发明后，在世界各国得到迅速推广，在相当长的一段时间内，一直占据着石墨化炉的主导地位。艾奇逊石墨化炉问世百年来也在不断地改进和完善，从交流炉发展到直流炉是其重大的技术突破。一些主要的技术指标(如送电时间、单位电耗)及产品质量都得到大幅度的改善，但艾奇逊石墨化炉的固有缺点，如热效率低、单产能力小、温度不均匀等缺点依然存在。

具体来说艾奇逊石墨化炉的缺点有：

①通电时间长，热损失大，能量利用率低。大量电能用来加热电阻料，保温料和端墙砌体，而且炉面散热很大，仅有 30% 左右的电能用于碳材料的石墨化；

②炉芯各处温差较大(高达数百度)，容易导致产品出现裂纹和质量不均；

③装卸炉时粉尘大，石墨化期间还会产生空气污染；

④生产周期长。一台石墨化炉从清炉开始到装入制品、通电加热、冷却、卸出产品，生产周期长达 12~14 d，而其中通电加热只需 2~3 d，虽然每个炉组设有 6~8 台石墨化炉，但每台石墨化炉在一个月内只能周转 2~2.5 次；

⑤必须使用大量冶金焦作电阻料，每吨焙烧品的石墨化要消耗冶金焦 300 g 左右。

2. 内串式石墨化炉

内串石墨化炉的应用结束了艾奇逊石墨化炉一统天下的局面。

"内串"石墨化为内热串接石墨化，又称纵向石墨化(LWG)，即不用电阻料，电流直接通过由焙烧炭块纵向串接的电极柱产生高温使其石墨化的生产工艺，其工艺示意图如下：

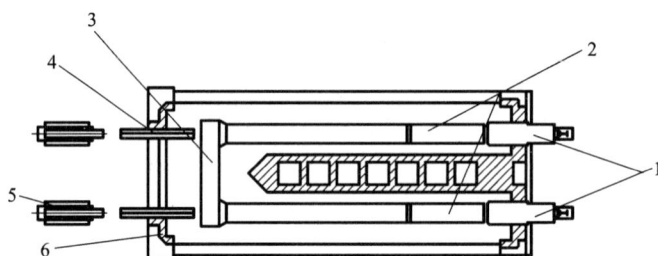

图 10-2　内串式石墨化炉工艺示意图

1—炉头电极；2—炭块；3—跨接电极；4—顶推电极；5—液压顶推装置；6—耐火砖

内串式石墨化炉是一种不用电阻料、电流直接通过由数根焙烧品纵向串接的电极柱所产生的高温使其石墨化的电加热炉，其关键技术为串接、加压和通电。

中型串接石墨化炉的供电装置由一台自耦调压变压器和一台带平衡电抗器的正反星形整流电路组成，输出直流电压可调范围为 30~200 V，最大输出直流电流为 120 kA，石墨化的焙烧品直径为 300~600 mm，通过焙烧品的电流密度为 35~50 A/cm^2，通电时间为 6~12 h，最高温度可达 3000℃，每吨焙烧品石墨化电耗为 3150 kWh。

大型串接石墨化炉的变压器、整流柜及开关等全部装在可移动的台车上，石墨化炉则固定在地面上，通过大电流水冷母线与需通电的石墨化炉连接，整流柜输出功率为 22000 kVA，直流输出电压为 35~210 V，最大输出直流为 120 kA，石墨化的焙烧品直径为 400~600 mm，炉子全长 24.5 m，其中炉芯长 21 m。

"内串"石墨化工艺具有如下特点：①内热，"内热"是不用电阻料，电流沿焙烧电极的轴向通入电极，以电极本身作为发热体直接加热；②串接，即将电极沿其轴线头对头地串联起来；③通电时间短，一般是 10 h 左右；④产品质量均匀；⑤电耗低；⑥石墨化温度高；⑦石墨化程度高；⑧工艺操作简化，劳动条件得到改善。

3. 内串式石墨化炉与艾奇逊石墨化炉相比具有的优点

虽然目前串接石墨化炉还不能完全取代艾奇逊石墨化炉，但是串接石墨化炉有着艾奇逊石墨化炉无法比拟的优点(以 16000 kV·A 直流供电机组为例)：

(1)内串炉升温速率高，送电周期短

由于它利用焙烧电极本身作发热体，电极内部电流及温度分布比较均匀，热应力很小，这就使得内串工艺比直流艾其逊工艺有高得多的升温速率而不致产生裂纹。内串炉工艺升温速率最快可达 600℃/h，这就大大缩短了通电加热时间。通电时间只需 8~12 h，而艾奇逊石墨化炉通电时间长达 45~60 h。

(2)电耗很低

由于内串炉送电时间短，不用电阻料，这两者使得内串工艺热损小，电耗大幅度降低，每吨焙烧品耗电量为 2800~3200 kW·h，而艾奇逊石墨化炉每吨焙烧品耗电量为 3800~4400 kW·h，比较而言，内串式石墨化炉的耗电量要节省 30% 左右，比直流艾其逊炉用电单耗每吨至少节省 1000 kW·h。对于年产 5000 t 的中小炭素厂每年可节电 500 万 kW·h，每年还可节省大量的用于作电阻料的冶金焦和石墨化焦，经济效益十分显著。

(3)电极质量均匀而且稳定

在内串石墨化过程中，电极温度可达 3000℃，电极边缘和中心间温度差别很小，所以质量分布都很均匀。电流密度人，石墨化温度高，石墨化程度均匀。炉心电流密度为 30~50 A/cm²，炉芯最高温度为 2500~2700℃。

(4)特别适合生产大规格产品

用内串炉生产 ϕ400 mm 以上的石墨化电极，一是使单炉产量提高；二是电极直径越大工艺技术指标越好；三是可降低热损。内串工艺最主要的热损是通过电极表面传给保温层的那一部分损耗，可称之为"保温热损"。保温热损是与电极的比侧表面(m²/t)成正比的，也就是说，保温热损随电极比侧表面的缩小而减少。而电极直径越大比侧表面越小，因而热损越低。我国已陆续取缔 10t 以下小容量高能耗的电弧炼钢炉，ϕ350 mm 以下小规格石墨化电极的用量将会减少。大型高功率、超高功率电弧炼钢炉将会发展很快，大规格高功率、超高功率石墨电极将增大需求。而内串石墨化工艺恰恰能满足生产大规格高功率、超高功率石墨电极的需求。内串炉通电最高电流密度在 30~50 A/cm²，而电炉炼钢使用电极的最高电流密度也不过于此。所以采用内串石墨化工艺与装备是我国石墨电极厂的必然趋势，且省掉了电阻料，有利于降低石墨化生产成本。

总之，内串石墨化技术和艾奇逊石墨化技术相比有其明显的特点。尤其在生产大规格、长电极时更有其优势，是值得推广的节能技术。两种炉型的年生产能力相差不大，内热串接石墨化炉每 kV·A 变压器容量的年产量为 0.54~0.6 t，艾奇逊石墨化炉每 kV·A 变压器容量的年产量为 0.7~0.8 t。

10.3.3　石墨化炉的加热原理

碳材料的石墨化需要 2200℃ 以上的高温，采用外热源加热的炉型是无法达到的，同时，除采用电热外,其他的类型的加热方式也很难达到石墨化的目的,因此,碳材料的石墨化是采用炭坯制品和电阻料做"内热源"的电阻炉,各种类型的石墨化炉获得的方法都是利用电流通过导体时所产生的热效应。

石墨化炉的电热规律遵循焦耳-楞次定律:电流通过导体时产生的热量与通过的电流平方、导体本身电阻以及通电时间成正比,其计算公式如下:

$$Q = I^2 Rt$$

式中:Q 为电流通过导体产生的热量,J;I 为电流,A;R 为导体电阻,Ω;t 为通电时间,s。

石墨化炉在运行过程中,其炉阻,电流、电压都在不断地变化,功率也在不断地变化,因此,实际计算应采用下式:

$$Q = \bar{P} t$$

式中:$\bar{P}$ 为平均功率,J/s;t 为通电时间,s。

10.3.4　石墨化炉供电装置的特点

石墨化炉供电装置主要包括调压变压器、整流变压器、整流柜以及相关的附属设备,变压器为三相调压,安装调压开关使低压侧的输出电压和输出电流可以在一定范围内调整,采用硅元件整流。

每组石墨化炉配用一套供电装置,生产时只对其中一台石墨化炉供电。石墨化供电有其特殊性,即由于炉阻的变化,通入石墨化炉的电流和电压一直在相当大的范围内变化,因此,石墨化炉用变压器的最大特点是:二次侧电压低,一般为数十伏左右,电流很大,一般达上百千安,能够按照石墨化工艺的要求,利用频繁的电压调整,达到控制负荷和控制炉温的目的。石墨化炉炉芯截面积的大小、炉芯长度和供电装置的输出电压、输出电流等电气参数的调节范围必须匹配,才能保证产品质量和达到经济运行。

石墨化炉的温度必须达到 2200℃ 以上,因此导入炉内的电流强度是很大的,大型石墨化炉通电后期的电流高达 150 kA 以上,并且石墨化炉通电过程中电压、电流、炉阻及功率都在相当大的范围内变化,这是一般供电设备所达不到的。

例如 16000 kV·A 直流石墨化供电机组的整流变压器采用 66 kV 直降,27 级有载调压,变压器二次电压为 145~38 V,经大电流开关可倒串并联运行,串联时直流电压为 340~90 V。采用双反星形带平衡电抗器的整流电路,输出直流电压为 170~45 V,输出直流电流为 125 kA。

目前,国内石墨化整流机组都向着大电流、低电压、增大炉芯电流密度方面发展,以便缩短送电时间,节约电量和提高生产效率。

10.3.5　石墨化炉炉头导电电极的冷却方式

(1)淋水冷却

用钻孔水管横架于导电电极上,浇水于导电电极,使之冷却。

(2)冷却水筒

在电极端部镗一圆孔,镶上一个铝(或铜)的冷却水套,再插入两根小直径的铁管,较长的一根进水,较短的一根出水。这是一种间接冷却方式。

（3）冷却水套

冷却水套也是一种间接冷却方式，在导电电极的一段套上一铝制的夹套，冷却水在夹套内流动。

（4）直接内冷

导电电极镗孔后不放圆筒，而是用丝堵堵上，再接上一长一短的水管，让水直接流到电极的圆孔内再排出。

（5）喷流内冷

在导电电极外端开两个横向贯通的孔道，两端用压盖封闭，形成水冷内腔。在轴线上安装一根芯管，它与压盖间套扣联接。芯管内塞入堵塞，把它分为两段，冷却水进入后，经许多小孔喷出，形成细小流股，冲击导电电极孔腔内壁。然后冷却水经芯管上的出水口排除。

10.3.6 石墨化炉的散热

石墨化炉最大的热损失是石墨化炉向周围散失的热量，其约占石墨化电量消耗总量的22%，特别是炉子通电后期，这部分散热比例相当大，通电后期输入的电功率只有一小部分用于提高炉芯温度，大部分消耗于向炉子周围散失的热量。

减少石墨化炉散热的主要方法有：

①增加炉子上部和侧部保温料的厚度，但这样对会对装炉量有影响；

②采用热导率较低的保温料，如在保温料中加入少量木屑有利于降低热导率；

③提高石墨化通电的上升功率，使炉芯温度尽快达到所需的最高温度，并适时停电，但是要防止裂纹废品的增加。

10.3.7 石墨化炉的测温

石墨化炉的准确测温是尚未解决的难题，其原因是没有找到合适的热电偶来测量如此高的石墨化温度（2000~3000℃）以及石墨化炉环境的复杂性。目前石墨化炉温控制主要通过"开始功率""上升功率"和全炉计划消耗电量进行间接控制。

有时为了试验新的通电曲线，了解炉芯温度分布及研究温度与产品质量的关系，可采用以下方式进行炉温大概测定：1600℃以下可用铂铑—铂或者铂铑—铂铑热电偶测定，1600℃以上可用光学高温计或者光电高温计测定，一般最大量程可达3200℃。由于石墨化炉内烟气较多，测温时需要采取相应的措施，如采用空心石墨化管作为测温孔道、用氮气或者氩气吹扫烟气和对测温仪器的某些部件进行水冷却保护等。

10.4 石墨化操作与控制

10.4.1 碳材料石墨化的实现

碳材料的石墨化是在2200~3000℃高温下进行的，故工业上只有通过电加热才能实现，一般采用通电电阻加热或感应加热。在电阻加热炉中已实用化的有艾奇逊石墨化炉、直接通电的内热串接式石墨化炉和管状电阻炉等。在感应加热炉是通过高频感应电流由石墨加热台加热或利用被加热体直接发热。

目前石墨电极的生产广泛采用直接电加热石墨化炉,即电流直接通过被石墨化的焙烧品,这时装入炉内的焙烧品既是通过电流产生高温的导体,又是被加热高温的对象。

10.4.2 不同石墨电极所需的石墨化温度

生产普通功率石墨电极(电阻率为 $7\sim9$ $\mu\Omega\cdot m$)时,产品应到达的石墨化温度为 2500℃ 左右,生产高功率石墨电极(电阻率为 $6\sim7$ $\mu\Omega\cdot m$)时,产品应到达的石墨化温度为 $2600\sim2800$℃,而生成超高功率石墨电极(电阻率为 $4.5\sim6$ $\mu\Omega\cdot m$)时,产品应到达的石墨化温度为 $2800\sim3000$℃。

10.4.3 石墨化过程的三个阶段以及各阶段升温速度的控制

碳材料的石墨化过程实际上是一个温度控制过程,按温度特性划分,大致可以分为 3 个阶段:

1. 重复焙烧阶段

室温至 1250℃ 为重复焙烧阶段。经过 1250℃ 左右焙烧的炭坯具有一定的热电性能和耐热冲击性能,采用较快的升温速率,使焙烧品在石墨化初期完成预热过渡阶段,炭坯结构不会发生很大的变化,制品本身也不会产生裂纹。

2. 严控升温阶段

$1250\sim1800$℃ 为升温重点控制阶段。在此石墨化关键温度区间内,炭坯的物理结构和化学组成发生了很大的变化,无定形碳的乱层结构有逐渐向石墨晶体结构转变的趋势,同时伴随着无定形碳微晶结构边缘结合的不稳定低分子烃类和杂质元素集团不断地分解逸出,并产生结构缺陷,也促使热应力相对集中,极易产生裂纹废品。为减缓热应力的作用,防止热应力过于集中,避免炭坯产生裂纹,同时也为了保持一定的保温时间,应该严格控制此阶段的升温速率。

3. 自由升温阶段

1800℃ 至石墨化最高温度为自由升温阶段。在此温度区间,碳材料的石墨晶体结构雏形已经基本形成,继续升温,促使其石墨化度进一步提高。石墨晶体的完善程度主要取决于最高温度,保温时间的影响已经很小,此阶段升温速率可以加快。

以艾奇逊石墨化炉为例,由于送电开始时,炉阻较大,以及保温料和电阻料含有一定的水分需耗费能量,第一阶段的实际升温并不快,开始时的升温速率只能达到 $30\sim40$℃/h,以后逐渐加快,可达到 $70\sim80$℃/h。第二阶段的升温速率要求控制在 $30\sim50$℃/h,控制不妥,就会产生大量裂纹废品。实际上第二阶段的升温最不容易控制,这是目前实际采用的曲线比计算曲线保守得多的主要原因。炉芯温度超过 1800℃ 后,进入石墨化后期阶段可以加快升温速率,然而由于高温下热损失增大,因此实际升温速率提高有一定难度。

10.4.4 石墨化供电的特点

1. 大功率

开始功率和上升功率大的选择影响着石墨化的质量和电耗,开始功率大上升功率快,石墨化炉升温就快,下达同样的电量,通电时间就可以缩短,减少了热量损失,这样有利于降低石墨化品的电阻率。

2. 高电流密度

电流密度越大，炉芯温度就越高，产品的石墨化程度就越好。目前大型石墨化炉的炉芯电流密度倾向于提高到 2 A/cm² 以上，从而使通电后期的炉芯温度达到 2600℃ 以上。

3. 快曲线

快曲线是指以最短的送电时间完成计划用电量，减少了炉子表面的热损失，提高了炉温，并降低了电耗。

石墨化通电制度是石墨化工序的关键技术之一，石墨化通电曲线是为石墨化炉通入电流时的电功率变化曲线。石墨化炉通电前根据所确定的开始功率和上升功率制定电功率上升曲线，通电开始后将每小时电流、电压、功率因素和炉阻变化的实际测量或计算结果同时绘制在坐标图上，该曲线称为通电曲线图。

石墨化炉通入炉内的电流和电压是随着通电过程的进行在相当大的范围内变化的，如开始通电时，因炉芯电阻比较大，启用的电压比较高，但电流不大，以后炉温逐渐上升，炉芯电阻逐渐下降，输入到炉内的电流不断增加，为了保持规定的电功率，就需要相应的降低输入电压。根据炉温上升的要求制定出相应的通电曲线，不同尺寸的石墨化炉（供电变压器容量不同）及不同规格的制品要使用不同的通电曲线。

那么如何选择开始功率和上升功率？开始功率大，上升功率快，石墨化炉的炉温上升就快，供电变压器就能很快达到满负荷运转，因而下达同样的电量，通电时间将缩短，热损失就小，这样有利于产品电阻率的降低。但炉温上升过快，产生裂纹废品的概率会增加，特别是大规格制品容易产生裂纹，故一般中小规格制品可以采用较高的开始功率和上升功率，而对于大规格制品或经过浸渍后密度较高的制品（如接头炭坯），开始功率应该低一些，上升功率也应该小一些，这样做有利于提高石墨化成品率。

开始功率和上升功率是根据变压器特性、石墨化炉大小、装炉制品规格、电阻料种类、石墨化过程中的温度特性等综合考虑来确定的。选择开始功率时，一般应保持每吨制品有 10~30 kW 的功率负荷。选择上升功率时，主要注重石墨化过程中的温度特性，通过温度控制来提高上升功率。根据制品规格和电阻料类型的不同，对小功率直流石墨化炉，开始功率为 600~800 kW，上升功率为 50~80 kW；对于大功率直流石墨化炉，开始功率为 1500~4000 kW，上升功率为 80~400 kW。

在石墨化通电过程中，电流、电压、功率和功率因数都会在一定范围内发生变化，其变化趋势如下：

(1) 电流。送电前期，由于炉内电阻料和保温料含有水分，因此炉阻较大，电流上升得较慢。到了送电中期，制品处于结构转变阶段，要求升温速率适当控制，此阶段电流增加缓慢。送电后期，要求炉芯温度快速升至高温，电流可迅速增至最大值，并且要求恒定一定时间。

(2) 电压。通电开始时，炉芯电阻较大，必须馈入一定电压值，炉芯才能通过适当电流。当炉体水分蒸发完毕以后，炉阻才到达正常值，此时电阻值也上升到一个峰值。以后电压随着炉阻的逐渐衰减而降低，直至停止送电。

(3) 功率。送电前期，不断调节升高电压档次，来保证功率上升。送电中期，电流逐渐增大，功率也随着逐渐上升。到送电后期，功率随着电流的逐渐增大而自由上升到最大值，恒定一段时间以后，再逐渐下降至停炉。

(4) 功率因数。送电初期和中期，直流石墨化炉的功率因数较高，一般为 0.96 左右，送电后期，当炉阻不断下降，功率因数也随着下降，待由串联到并联后，功率因数才又提高到送电初期的水平，之后又逐渐下降到送电结束为止。

10.4.5 石墨化炉的运行方式

石墨化炉的一个生产周期一般是 8~12 d，其中通电只需要 1~2 d，为了充分利用供电变压器的能力，通常每套供电装置往往配置 8~10 台石墨化炉，以保证供电装置的连续运行，只是在每台炉通电结束时有 1 h 左右倒换输电母线接点和检查供电设备的停电时间。

每台石墨化炉的生产周期包括：装炉、送电、冷却、出炉、清炉、小修等过程，石墨化炉按次顺序进行循环生产。一套供电设备与 8~10 台石墨化炉构成一个石墨化组，每台石墨化炉中总有一台组处于通电运行状态，其他炉子分别处于装炉、待通电、冷却、出炉、清炉、小修等操作中，每个炉组的生产按事先编好的运行计划进行，每个环节必须在规定的时间内完成，才能确保石墨化生产顺利进行。

1. 石墨化炉的装炉

(1) 石墨化炉的装炉方法

主要有以下四种：

①立装法。其特点是将炭坯沿轴向垂直于石墨化炉底成排装入炉内。大中规格制品采用立装，因为此装炉方法较省力而且效率较高。但是立装法对制品的长度有所限制，制品高出端墙，则会影响产品质量；制品低于导电电极时，又会降低设备能力，提高电能消耗。

②卧装法。其特点是炭坯与炉芯纵长方向垂直并且水平放置在底垫上。小规格制品、短尺寸制品和板材多采用卧装。内热串接石墨化炉的装炉是一种特殊的卧装法，待石墨化的焙烧电极与炉芯纵长方向平行水平串接在一起，并夹在两端墙导电电极之间构成一条长条形整体。

③混合装炉法。对于如接头坯料、石墨块坯料等长度比较短的焙烧品，采用上述单一的装炉法都不能充分利用炉芯的空间，可采用立装和卧装的交叉混合装炉。

④错位装炉法。为了使炉芯各处的炉阻尽量均匀，防止炉芯局部温度上升过快，可将不同规格的制品沿着石墨化炉的轴向布置，搭配错位装入炉内，以达到缩小温差，减少裂纹废品的目的。其特点是装炉操作比较麻烦。

装炉是石墨化工序的关键技术之一，这是因为，装入石墨化炉的碳制品既是发热电阻，又是被加热对象，其与选配的电阻料共同构成炉芯电阻，而适当的炉芯电阻是碳制品石墨化的必要条件，因此，合理的装炉工艺是碳制品石墨化的保障。

以内热串接石墨化炉的卧装为例，石墨化的装炉顺序是：铺炉底、放炉底料、装入制品、毛坯挤紧、填充两侧保温料和覆盖上部保温料。

石墨化保温料在石墨化炉中起到保温和电绝缘双重作用。保温料对石墨化炉的炉温上升及炉芯两侧和顶部的最终温度都有影响，保温料的质量和厚度在很大程度上决定了石墨化炉热能的利用效率和炉子各个部位的温差，并决定了碳制品在石墨化时的能耗。保温料还关系到耐火材料砌体和炉体建筑结构的安全性和使用性能。保温料的电绝缘性是确保电流有效作用于炉芯电阻的关键。

(2) 对石墨化保温料的要求

①含水分量低。含水分量高的保温料，其热导率增加，促使电流和热流大量损失，导致

炉芯温度分布的破坏, 并且降低石墨化最高温度, 增加了电耗量, 降低了优级品率, 采用含水分 3%~4% 的保温料较为合适。

②热导率和电导率较低, 保温性能好。如果采用热导率和电导率较高的保温料, 送电曲线就会拉长, 因为它的保温性能不佳, 破坏了炉芯温度制度, 造成炉芯各部分之间的温差增大。如果太低了, 增加了石墨化电耗量。而且炉芯温差大, 极易产生裂纹。

③电阻率大, 电绝缘性能好; 石墨化时虽然本身会发生一定的化学反应, 但形成的是多孔材料, 不妨碍炉内气体的排除; 在高温下一般不与炉内碳制品起反应。

④控制保温料的粒度组成, 小于 3 mm 的粒度不少于 75%。粒度小, 其接触电阻大, 则电导率低。同时, 粒度小, 保温性能好。

⑤保温料体积配比要恰当; 价格便宜并易于大量采购。

2. 阴极串接石墨化炉装、出炉操作

①装炉毛坯平端头, 挤压成型的毛坯必须将剪切时形成的不平整端头切除, 并保持两端头的平行。振动成型毛坯必须将两端头黏附的填充焦清理干净, 带拔模斜度的炭块必须一正一反装炉。

②焦床铺设, 铺设高度应使毛坯中心与炉头中心对准, 并将焦床适当夯实, 以避免毛坯放置后下陷。

③设置跨接电极, 跨接电极用软带吊入炉内, 放置在预设的石墨滑块上, 并留出足够的制品放置空间。起吊过程必须小心放置, 以免将电极震裂。

④石墨垫块和电流分布板设置, 每块毛坯下部放置两块石墨垫块并要求距离均匀。电流分布板要根据毛坯装炉表总长度确定适当的厚度, 放置在毛坯与炉头电极、跨接电极接触部位。

⑤毛坯标识, 毛坯装炉前必须实测长度并做好对中标记, 按实测长度列表调整, 使左右两柱总长度相差少于 3 mm。按列表顺序对毛坯编号, 然后按编号装炉。

⑥毛坯装炉, 按编好的序号将毛坯吊入炉内放置在预设好的石墨滑块上。并将挠性石墨垫插入接缝中(含电流分布板与毛坯的接缝)。

⑦保温料掩埋, 将符合要求的保温料吊入炉内, 填充在毛坯的两侧, 让毛坯上部露出 1/4。

⑧毛坯挤紧, 用 4~5 MPa 的压力将毛坯压紧, 检查接头连接情况和毛坯对中情况, 发现问题进行调整。

⑨保温料覆盖, 将符号要求的保温料吊入炉内覆盖在毛坯、电极上, 厚度不小于 600 mm。

⑩炉芯加压, 用顶推装置向炉芯加压, 压力在 8 MPa 左右, 检查止推墩处是否压紧? 如果压紧不好, 适当调整压力。

⑪供电装置联结, 将供电台车移动到炉头定位, 并将台车动接头与炉头稳固联结。

⑫炉头冷却, 开启炉头循环冷却水和喷淋冷却水。

⑬供电, 按照预先指定好的供电曲线供电。供电过程中巡视供电装置运行情况、炉头和炉尾工作情况。

⑭停电、执行完供电曲线, 停止供电。

⑮将炉头连结装置断开, 台车移动到其他需要送电的炉头前。

⑯顶推装置松开，停电后约 8 h，将顶推装置压力卸掉并松开。

⑰炉上喷淋冷却，停电后约 12 h 对保温料喷水冷却，采用蒸发冷却方式，要求间断式喷水，不允许水渗到制品上，也不允许水滞留在保温料中，必须保证喷淋水蒸发掉。喷水约 8 h 停止。

⑱自然冷却，喷淋冷却结束后让炉子自然冷却约 24 h。

⑲保温料排除，用抓斗或吸料天车将覆盖料移出。

⑳出炉，将制品从炉内吊出堆放。

㉑焦床卸料，为了保证炉床的绝缘性能，要将经过高温的保温料移出更换新料。

㉒炉用石墨件清理，将跨接电极、石墨垫块、电流分布板、挠性石墨垫等从炉中移出并清理。

㉓检查炉子情况，准备下一次装炉。

10.4.6 石墨化炉正确配电的要求和停止送电的依据

1. 正确配电要求

(1)依据给定的送电制度，作出标准配电曲线。

(2)实际配电过程中，常控制功率在一定范围。一般允许功率曲线超出标准曲线 10%，叫正线；允许功率曲线低于标准曲线 5%，叫负线。

(3)正常操作过程中，在正线与负线之间配电就可以了。

2. 石墨化炉停止送电的依据

(1)依据产品计划电耗来确定停电

目前石墨化炉的停止送电主要以单位制品的计划电耗来确定的，即每种规格制品有一个基本的电耗定额，以此计算下达整炉制品的计划用电量，通电达到计划用电量即可停电。确定计划电量时，要根据同类同规格制品石墨化后电阻率的大小来进行调整，同时也要参考炉室的状态、供电曲线快慢、供电设备的运行情况、炉芯电阻的变化、输出的最大功率、二次电流、功率因数以及最大电流的恒流时间等。

(2)依据电阻的变化、功率因素、最高电流值及最大电流下的持续时间来确定停电

当石墨化炉的加入热量与热损失达到平衡，炉芯温度不再升高，其炉阻也不再变化，电器参数(电流、电压、功率及功率因数)都趋于稳定时，再运行一段时间，便可停电。这是由于当电流达到额定值时，石墨化炉的炉芯温度也接近最高，但整个炉芯温度仍处于不平衡状态，还要继续送电，直到全炉的温度趋于一致，方可停电，这样才能保证石墨化产品的质量均匀。

(3)根据炉温来确定停电

石墨化炉较为理想的停电方式应根据炉温来确定，但由于石墨化炉炉芯温度的不均一性，高温控制难度大以及连续自动测温没有实现等因素，因此暂时还无法实现根据炉温来确定石墨化炉的运行。

10.4.7 石墨化产品工艺电单耗、半成品工艺电单耗、通电时间和石墨化炉热效率的计算

石墨化产品电耗分产品工艺电单耗和石墨化半成品工艺电单耗。产品工艺电单耗式是指每吨成品消耗的工艺电。而石墨化半成品工艺电单耗是指每吨石墨化出炉半成品在石墨化工

艺的工艺电单耗。其计算公式分别为：

$$产品工艺电单耗(kW \cdot h/t) = \frac{石墨化半成品工艺电单耗(kW \cdot h/t)}{加工成品率(\%)}$$

$$石墨化半成品工艺电单耗(kW \cdot h/t) = \frac{石墨化半成品工艺电总耗(kW \cdot h)}{石墨化半成品合格量(t)}$$

石墨化工序习惯上计算每吨焙烧品的通电时间。计算公式为：

$$每吨焙烧品的通电时间(min/t) = \frac{通电小时数 \times 60(min)}{石墨化炉装入的焙烧品总量(t)}$$

例如：某炉次石墨化炉装入焙烧品 100.8 t，总通电时间为 51 h，该炉次每吨焙烧品的通电时间为：

$$每吨焙烧品的通电时间(min/t) = \frac{通电小时数 \times 60(min)}{石墨化炉装入的焙烧品总量(5)} = \frac{51 \times 60}{100.8} = 30.4 \ min/t$$

就石墨化炉本身而言，其热效率应该按下式计算：

$$\eta_{热} = \frac{Q_2}{Q_1} \times 100\%$$

式中：$\eta_{热}$ 为热效率，$\%$；Q_2 为石墨化产品热耗量，kJ；Q_1 为总热收入，kJ。

艾奇逊石墨化炉热效率较低，很大一部分热量消耗在加热保温料、电阻料和维持石墨化炉的热平衡上，炉体本身母线等也消耗大量的热量。

10.4.8　石墨化炉通电注意事项

送电前首先把向石墨化炉通电的母线挂好，将各个接点擦光、上紧。然后检查整个回路中是否有开路或者接地的情况，冷却水是否畅通，炉头粉是否填满。检查完毕，在炉上放上烟罩，即可通知送电。

通电过程中要经常巡视检查石墨化炉运行状态，炉头、炉尾导电电极及接点是否发红过热，炉子是否漏料和冒火，炉子是否出现接地，冷却水是否出现堵塞，炉头和炉墙是否有烧穿等。

石墨化炉在运行过程中发生的冒顶（冲顶）现象，要立即指挥并配合天车用抓斗抓填充焦（熟焦）进行覆盖，人要远离冒顶（冲顶）处，以免发生烫伤事故。必要时可立即停止炉室供电及停止高压电源供电。

10.4.9　石墨化产品质量的评价

石墨化后应按工序技术条件规定对产品进行外观检查和测量电阻率，然后取样送实验室测定真密度、体积密度、灰分、抗折强度、弹性模量和热膨胀系数等性能指标。

10.4.10　石墨化成品率的计算

石墨化品成品率是指石墨化品的检验合格量占装入本期炉内焙烧品（含浸渍品）的百分比。但石墨化工序本期产生的性能指标不合格品（包括电阻率不合格品、机械强度不合格品和体积密度不合格品）不作为工序的最终废品（经过一定的工艺处理后转变为合格品），不参与成品率的计算，需从计算式分母项扣除。

石墨化品成品率计算公式为：

石墨化品成品率(%)=石墨化合格品量(t)/(用于石墨化焙烧品的总量(t)-石墨化性能指标不合格品所对应的焙烧品量(t))×100%。

10.4.11 石墨化品废品产生的原因

石墨化品废品主要有裂纹废品、氧化废品、电阻率不合格、弯曲变形、碰撞或折断等。

1. 石墨化品的裂纹废品

石墨化过程中产生的裂纹废品出现在产品的侧面和内部，其原因是加热时温差引起的热应力。产品表面观察到的裂纹有纵裂纹、横裂纹和网状裂纹三种。一般认为，纵裂纹是焙烧品质量较差所致，与石墨化前的几道工序有关，而横裂纹或网状裂纹与石墨化工艺关系较大。

石墨化过程中产生裂纹废品的主要原因有：

①装炉时制品排列不整齐，电阻料填充不均匀，甚至有电阻料"棚料"现象，通电时各处电流分布不均，导致加热时制品温差较大；

②送电制度不合格，选择的通电开始功率和上升功率偏高，导致升温速率过快，制品表面和内部温差加大，温差引起的热应力导致裂纹产生；

③采用冶金焦和石墨化冶金焦混合料作电阻料时，如果混合不均匀，炉芯电流产生走偏现象，造成炉芯各部位温度不均匀，就易产生大批量裂纹废品；

④石墨化前几道工序生产不稳定，如煅烧料温度低、焙烧品温度低、浸渍品增重率不合格等，其引起的炭坯质量波动会在石墨化工序中集中暴露出来，即在石墨化高温处理时，制品内部骨料二次收缩或收缩不均匀，极易产生裂纹废品；

⑤石墨化炉芯电流的偏流，有时也会产生横裂纹。

2. 石墨化品的氧化废品

石墨化人为废品以氧化废品为主。氧化废品通常指在石墨化高温条件下，制品表面或端部与空气或水蒸气发生氧化反应，破坏了产品表面结构甚至局部被烧蚀，以致不能按标准尺寸加工。氧化废品分为"风氧化"和"水氧化"两种类型，产品与空气中氧发生反应所造成的氧化称为风氧化，产品与水蒸气中的氧发生反应所造成的氧化称为水氧化。

被风氧化的产品表面氧化部位比较光滑、硬实，有微小的蜂窝状。造成风氧化的原因是：

①炉头墙有裂纹或烧损严重而透进空气；

②炉头冒火而没有及时处理；

③通电后期保温料覆盖层产生裂纹，未及时处理，空气进入炉芯；

④卧装炉冷却时外壳出现裂纹，没有及时堵严，因而串入空气。立装炉冷却时，高温产品裸露在空气中，由于浇水不及时，会造成氧化；

⑤产品出炉温度过高，又紧靠在一起，由于产品自身温度高于产品氧化温度，从而造成氧化；

水氧化的产品表面呈疏松状态，不光滑，擦蹭即成粉末而掉落。造成水氧化的原因是：

①炉头墙有裂纹，冷却导电电极的水渗入炉内；

②冷却导电电极的水排泄不好，渗入炉内；

③停电后冷却时浇水方法不当或浇水过多, 从而造成水氧化。

3. 石墨化品的电阻率不合格废品

石墨化电阻率不合格, 除与采用的原料质量有关外, 主要是石墨化温度没有达到要求, 这类产品不是最终废品, 经工艺处理后可以成为合格品。

造成石墨化品电阻率不合格的主要原因是:

①装炉炉芯过大, 电流密度低, 炉芯达不到规定的温度;

②外部短网及接点等部位压降过大, 电损失增加, 石墨化炉电效率低;

③保温料厚度不符合工艺要求, 两侧及顶部保温料太薄, 保温性能差, 散热损失大;

④炉体或供电母线接地, 石墨化炉或输电母线有漏电之处, 使部分电能流失, 从而造成炉温偏低;

⑤制备炭坯的原料选择不合理(如不易石墨化), 同时未能及时调整用电量, 产品石墨化程度达不到要求;

⑥装炉工艺不合理, 操作质量不好, 电阻率填充不均匀, 炉阻不均, 从而造成炉芯偏流, 炉芯局部温度低, 电流密度小的地方易出现不合格品;

⑦供电制度不合理, 开始功率和上升功率太小, 送电时间过长, 大量电能消耗在热平衡上, 致使炉温偏低;

⑧炉芯电阻过大, 输入功率无法提高, 炉芯电阻过小, 给定的能耗无法实现, 造成"死炉", 均会产生大量电阻率不合格品;

⑨保温料和电阻料含水量过大, 造成电能大量浪费;

⑩计划电量不足, 通电中途有长时间停电而没有相应增加电量。

4. 石墨化过程中弯曲变形、碰损或折断的废品

石墨化出炉后发现大规格产品有弯曲变形, 一般是焙烧品本身的缺陷, 装炉前检查不严混入的。发现中小规格产品弯曲变形, 除焙烧品本身带来缺陷外, 与石墨化装炉操作也有一定的关联, 如炉底铺得不平和不实, 炉底在通电过程中有局部下沉。卧装的制品有可能产生弯曲变形。对于细长的小规格制品, 如采用立装, 有时也会产生弯曲变形。

碰损(又称掉块)和折断等为人为废品, 是由于操作不当产生的。在制品吊运、装炉或出炉过程中指挥不当, 粗心大意, 或因吊械机械失灵, 导致制品碰损、折断。对于小规格产品, 在清理不慎时, 也会造成碰伤或折断。少量的碰损不影响加工尺寸符合规定的成品, 严重的碰损或折断只能作废品处理或用于加工非标准制品。

第11章　铝用炭素生产环境保护

　　炭素材料生产过程中的主要污染物有：沥青烟、含炭粉尘、含炭固体废渣、含粉尘的废油、废水和噪声等。在整个铝工业生产中，铝用炭素生产过程中的治污减排、环境保护是一项不容忽视的重要工作。炭素焙烧过程是沥青烟气污染最严重的过程，敞开、密闭焙烧炉的基本统计结果如表11-1所示。

表11-1　炭素焙烧炉烟气成分统计结果

项　目	单　位	敞开焙烧炉	密闭焙烧炉
烟气体积	m^3/t	5000	3500
CO	mg/m^3	<1200	<1500
总含碳量	mg/m^3	100～300	<1000
焦油冷凝物	mg/m^3	200～400	800～1200
PHA	mg/m^3	20～200	40～500
煤烟灰尘	mg/m^3	100～200	50～100
SO_x	mg/m^3	100～800	100～800
HF	mg/m^3	5～300	5～300

　　注：表内数据均为标准状态。

11.1　沥青烟的产生与治理

11.1.1　沥青烟气的成分

　　炭素制品生产中一般使用液体或固体沥青作黏结剂，在固体沥青熔化成液体沥青过程中有大量的挥发分排出。阳极炭块配方中通常需要14%～17%的煤沥青，在生阳极焙烧过程中，当加热到200～600℃时，煤沥青进行固—液—固体转化，并发生裂解和缩合等复杂的物理化学反应，伴有40%左右的挥发物释放。沥青烟中含有炭粉尘、沥青焦油、HF和SO_2等。其中沥青焦油挥发物中含有10多种对动植物有危害的多环芳香烃，其中包括可致癌的3、4苯并芘；SO_2来自于原料石油焦和填充料、HF主要来自于回收利用的残极。

　　焙烧沥青烟大部分应在焙烧炉内作为燃料燃烧，焙烧炉型不同，操作水平不同，焙烧挥发排出的沥青烟气浓度和数量差异很大。据国外资料报道，焙烧炉生产每吨阳极炭块的外排烟量：密闭炉为$0.3～0.5×10^5$ Nm^3/t，敞开式焙烧炉为$0.9～1.15×10^5$ Nm^3/t。在我国，由于炉体密封、炉体结构及操作等原因差异较大，每吨产品的排烟量有的相差10倍以上，有的敞开炉气体烟量超过$2.0×10^5$ Nm^3/t。一般情况下，密闭炉烟气中沥青焦油含量为150～300 mg/Nm^3，或每吨产品烟气焦油含量为4.5～15 kg/t；敞开炉排出烟气中焦油为80～120 mg/Nm^3，或每吨产品烟气中焦油含量为7.2～24 kg/t。焙烧炉烟气的温度一般为90～

130℃(密闭炉)或 190~280℃(敞开炉)，有时温度更高。焙烧烟气中的 HF 气体主要来自残极，残极使用越多，HF 越多。一般残极配入量为 20%左右，氟气化率为 65 %，烟气中的 HF 含量为 1.0~1.5 kg/t。从石油焦和填充料带入的硫，以 SO₂ 形式排放，含量一般低于 1.6 kg/t。

此外，沥青熔化、混捏及成型等工序都会产生少量的沥青烟，这些沥青烟中主要为沥青的轻组分挥发物。沥青熔化时，熔化槽中产生的沥青烟气还含有一定量的水蒸气。

11.1.2　沥青烟气的危害及排放要求

煤焦油沥青加热过程中散发的挥发物成分非常复杂，其中有十多种多环芳香烃对动植物有一定危害。多环芳香烃对人体的危害部位主要是呼吸道和皮肤，人体在浓度为 0.75 mg/t 的环芳香烃空气中停留 10~15 min，上呼吸道黏膜及眼睛就会受到刺激，即使在 0.05~0.1 mg/t 浓度下长期刺激，也会引起日光性皮炎、痤疮性皮炎等。多环芳香烃还会引起人头晕、乏力、咳嗽、流泪等；多环芳烃落在植物叶上，使其变色、萎缩、叶尖发黄、卷曲直到脱落。多环芳烃中的 3、4 苯并芘质量浓度为 3~5 mg/m³，3、4 苯并芘是强致癌性物质，会诱发皮癌、肺癌、喉癌等。

所有煤焦油沥青都含有 PAH(多环芳烃)组分，这些 PAH 组分中多数是有毒化合物。表 11-2 是"Norwegian 16"对 PAH 临床分析含有的化合物种类的相关数据。

表 11-2　"Norwegian 16" PAH 种类临床毒性因子分析数据

PAH 种类	缩写	临床数据	毒性因子数
菲	PH	U	0
蒽	A	N	0
荧蒽	FA	U	0.034
芘	PH	N	0
苯并芴(a)	BaF	U	—
苯并芴(b)	BbF	U	—
苯并蒽	BaA	S	0.033
屈	C	S	0.26
苯并荧蒽(b)	BbFA	S	0.1
苯并荧蒽(k)	BbFK	S	0.01
苯并芘(e)	BeP	U	0.05
苯并芘(a)	BeP	S	1
茚并芘(123cd)	IP	S	0.1
二苯并蒽	DBA	S	1.4
苯并二萘嵌苯	BPE	U	—
二苯并芘	DBP	S	1

注：N：在动物中没有致癌证据；U：在动物中致癌证据不足；S：在动物中有致癌的足够证据。摘自《Light Metal 2005》。

氟是构成人体的微量元素之一，正常的新陈代谢每人每天需要 2 mg 氟，超过生理必需量的氟则对人体有害。如每天饮用水中含氟 1 mg 可预防龋齿；含氟大于 2 mg 时则引起牙釉斑点疾患；大于 8 mg 时，会引起骨质硬化。人体摄入过量氟可导致骨氟中毒、甲状腺患疾及肾疾病。动物若食氟过量，会引起骨骼病变、跛足、瘫痪等。氟对植物的危害比 SO_2 大 10～1000 倍，水稻、小麦、玉米对氟最为敏感，特别是授粉期，氟污染会明显导致作物颗粒减少，产量下降。

SO_2 对人体的危害是多方面的。长期接触低浓度 SO_2 的人，会乏力、呼吸不适，出现鼻炎、喉炎等，吸入高浓度 SO_2 可引起支气管炎、肺炎等。SO_2 可使植物生长缓慢、落叶过早，当 SO_2 浓度超过 0.19～0.2 mg/m^3 时，松树就难以生存。大气中 SO_2 会形成酸雨，对植物、建筑物、机器设备等造成的危害，酸雨对环境的破坏已引起了社会广泛的关注。

鉴于焙烧炉烟气中的沥青烟及 HF、SO_2 等对动植物及环境的危害，各国都制定了严格的排放标准，以强化烟气治理。如俄罗斯规定 3、4 苯并芘的允许标准小于 0.15 mg/m^3；瑞典规定 3、4 苯并芘排放标准是 1 μg/m^3；美国则规定，溶于苯或环己烷的多环芳烃小于 0.1～0.2 mg/m^3，规定的采样方法是将烟气冷却到 35℃，用滤纸采样，再用苯或环己烷冲洗滤纸和冷凝在过滤壁面的焦油，然后进行分析。此方法不能测定 35℃ 以下仍然是气体的焦油物。我国 GB 16297—1996《大气污染物综合治理排放标准》中，对沥青烟尚未明确规定排放标准，但是，在"车间有害物质允许浓度中"有相应规定（表 11-3，表 11-4）。我国预焙阳极厂设计中，沥青烟净化后烟气排放浓度为焦油物质低于 50 mg/m^3。湿法治理沥青烟时，按 GB 8978—1996《污水综合排放标准》规定，污染物苯并芘最高允许排入浓度为 0.00003 mg/t。

表 11-3 大气污染物综合排放标准（GB 16297—1996）

序号	污染物	允许排放浓度 /(mg·m^{-3})	最高允许排放速率/(kg·h^{-1})				无组织排放监控浓度限值	
			排气筒高度/m	一级	二级	三级	监控点	浓度/(mg·m^{-3})
1	二氧化硫	700	60	33	64	98	无组织排放源上风向设置参照点，下风向设监控点	0.50（监控点与参照点浓度差）
			70	47	91	140		
			80	63	120	190		
			90	82	160	240		
			100	100	200	310		
7	氟化物	11	50	禁排	1.8	2.7	无组织排放源上风向设置参照点，下风向设监控点	20 μg/m^3（监控点与参照点浓度差）
			60		2.6	3.9		
			70		3.6	5.5		
			80		4.9	7.5		
29	苯并芘	0.50×10^{-3}（沥青、炭素制品生产与加工）	15	禁排	0.06×10^{-3}	0.09×10^{-3}	周围外界最高浓度 0.01 μg/m^3	
			20		0.10×10^{-3}	0.15×10^{-3}		
			30		0.34×10^{-3}	0.51×10^{-3}		
			40		0.59×10^{-3}	0.89×10^{-3}		
			50		0.90×10^{-3}	1.4×10^{-3}		
			60		1.3×10^{-3}	2.0×10^{-3}		

续表 11-3

序号	污染物	允许排放浓度/(mg·m⁻³)	最高允许排放速率/(kg·h⁻¹)				无组织排放监控浓度限值	
			排气筒高度/m	一级	二级	三级	监控点	浓度/(mg·m⁻³)
31	沥青烟	80(熔炼、浸涂)	40	1.4	2.8	4.2	生产设备不得有明显无组织排放存在	
			50	2.2	4.3	6.6		
			60	3.0	5.9	9.0		

表 11-4 车间空气中有害物质的最高允许浓度

编号	污染物	最高允许浓度/(mg·m⁻³)	编号	污染物	最高允许浓度/(mg·m⁻³)
1	一氧化碳	30	52	苯	40
6	二甲苯	100	64	氟化氢	1.0
9	二氧化硫	15			

11.1.3 沥青烟气的治理

焙烧炉等处的沥青烟治理，是预焙阳极生产厂最重要的环保项目。目前主要治理方法有：

(1)水洗法。德国 KHD 公司在 1970 年使用水洗法。因水与焦油不相溶，净化效率为 70%~80%，吸附焦油的水不经过处理不能排放，造成水的二次污染，很难处理。经过技术的不断改进，现代用水洗法与静电捕集焦油法联合使用，用水净化吸收 SO₂、HF 并降低烟气温度，再中和去除 SO₂ 和 HF，然后经静电捕集器将焦油捕集下来。

(2)焚烧法。美国、加拿大、日本等国在 20 世纪 70 年代使用过此法，将沥青烟直接燃烧。由于敞开式环式焙烧炉烟气量大，焦油浓度低，处理需外加燃料，不经济，现代阳极生产厂已不采用此法。

(3)静电捕集焦油法。用高压静电捕集焦油是当前国内外广泛使用的焙烧炉沥青烟净化法，世界上 80% 以上的阳极焙烧炉使用此法。电捕焦油法与其他方法联合使用，焦油捕集效率可达 98% 以上。

(4)干法吸附。用煅后焦粉或活性氧化铝作吸附剂，在稀相移动床或 VRI 反应塔内吸附沥青烟，吸附后的炭粉或氧化铝粉经脉冲式布袋收尘器分离，炭粉返回阳极生产流程，氧化铝粉返回电解铝厂使用。表 11-5 为国内外部分炭素厂焙烧炉烟气净化的预期效果。

对焙烧炉沥青烟的治理必须十分重视焙烧炉各部位的负压控制、烟气量及烟气浓度、烟气温度等问题。由于炉结构及操作原因，某些时候，烟气温度剧烈变动，烟气中焦油浓度数倍波动，使净化效果变差，而使用燃烧自动控制新技术的焙烧炉，沥青烟 98% 以上可以作为燃料在焙烧炉内自动燃烧，既减少了污染，也降低了焙烧能耗。

表 11-5　焙烧炉烟气净化效果

企业名称	焙烧炉型	净化方法	污染物	烟气初始浓度 /(mg·Nm^{-3})	烟气排放浓度 /(mg·Nm^{-3})
中铝贵州分公司	密闭炉	静电捕集法	沥青烟	500	7
	敞开炉	湿法	氟	12.2	0.17
			沥青烟	45.7	1.37
			颗粒物	515	61.4
中铝广西分公司	敞开炉	湿法	气氟	0.92	1.14
			固氟	51.74	
			沥青烟	67.8	24.56
			颗粒物	40.3	6.23
中铝青海分公司	敞开炉	氧化铝干法吸附	氟	14.82	2.22
			沥青烟	248.8	6.24
			颗粒物	322.2	14.63
抚顺铝厂	敞开炉	静电捕集	氟	—	4.03
			沥青烟	454	20
			颗粒物	621	29.8
山西丹源炭素厂	敞开炉	静电捕集	沥青烟	63.51	2.37
			颗粒物	134.9	15.0
焦作万方铝业	敞开炉	静电捕集	气氟	1.13	0.658
			固氟	33.7	0.342
			沥青烟	188.4	10.4
			颗粒物	417	3.9
美国 PEC 公司	敞开炉	氧化铝干法吸附	氟	70	1
法国 AIR 公司	敞开炉	氧化铝干法吸附	氟	80	2
包头铝厂	敞开炉	干法净化	沥青烟	120	5
日本轻金属公司	敞开炉	碱吸收湿法	氟	72	1.2

11.1.4　静电除尘工艺与设备

1. 焙烧炉的静电除尘工艺

如图 11-1 为焙烧炉烟气静电除尘工艺配置。来自焙烧炉的高温烟气首先进入蒸发冷却塔进行喷雾降温，其目的在于降低烟气的比电阻，将一部分气态焦油冷凝成液态焦油，控制烟气的温度在 90±5℃，使静电除尘器的净化效率达到最佳。冷却后的烟气经静电除尘器净化后，通过引风机送入烟囱排入大气。电捕焦油器捕集下来的焦油，经排放口定期排入贮油罐内。

静电除尘系统通常设置三条烟气通道。

（1）正常运行时，焙烧炉出口烟气温度小于 250℃，烟气通过喷雾冷却塔使温度降低到 90±5℃后进入电捕，净化后的烟气经排烟机和烟囱排入大气。

（2）冷却系统或电捕检修时，烟气经旁通烟道由排烟机引入烟囱后排入大气，此时关闭去冷却塔的烟道阀门、电捕与风机间的阀门以及直接通往烟囱的烟道阀门。

（3）当烟气温度高于 250℃、风机检修或烟道着火时，烟气直接通过烟囱排入大气，关闭通往冷却塔和旁通风机的阀门。

上述烟道阀门的开启与关闭，均通过自动控制系统，由电动或启动执行机构自动执行。温度信号是由设在冷却塔入口及出口、两条副烟道阀门前、电捕内的热电偶采集，当焙烧炉出口烟气温度高于 250℃或低于 90℃时，系统会发出报警信号。

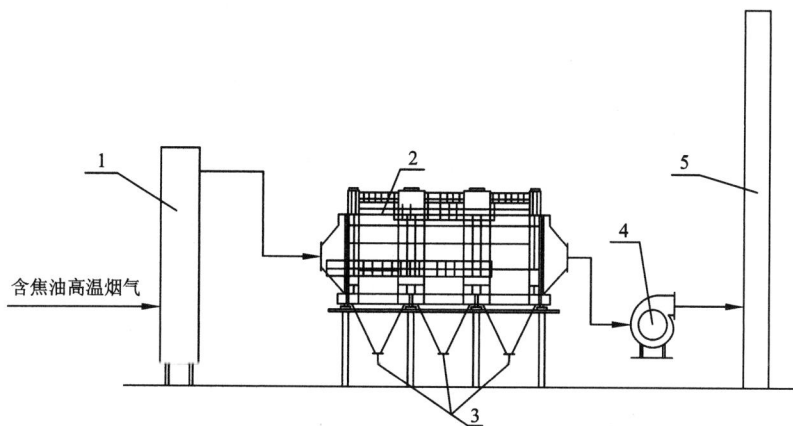

图 11-1 静电捕集焦油工艺配置

1—蒸发冷却塔；2—静电除尘器；3—焦油排放口；4—风机；5—烟囱

2.静电除尘设备

（1）静电除尘器的工作原理

由于辐射摩擦等原因，空气中含有少量的自由离子，单靠这些自由离子是不可能使含尘空气中的尘粒充分荷电的。因此，要利用静电使粉尘分离须具备两个基本条件：一是存在使粉尘荷电的电场；二是存在使荷电粉尘颗粒分离的电场。一般的静电除尘器采用荷电电场和分离电场合一的方法，如图 11-2 所示的高压电场，放电极接高压直流电源的负极，集尘极接地为正极，集尘极可以采用平板，也可以采用圆管。

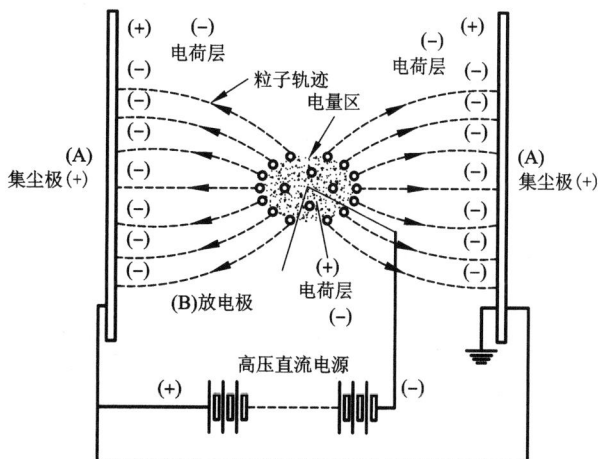

图 11-2 静电除尘器的工作原理

在电场作用下,空气中的自由离子要向两极移动,电压愈高、电场强度愈高,离子的运动速度愈快。由于离子的运动,极间形成了电流。开始时,空气中的自由离子少,电流较小。电压升高到一定值后,放电极附近的离子获得了较高的能量和速度,它们撞击空气中的中性原子时,中性原子会分解成正、负离子,这种现象称为空气电离。空气电离后,由于连锁反应,在极间运动的离子数大大增加,表现为极间的电流(称之为电晕电流)急剧增加,空气成了导体。放电极周围的空气全部电离后,在放电极周围可以看见一圈淡蓝色的光环,这个光环称为电晕。因此,这个放电的导线被称为电晕极。

在离电晕极较远的地方,电场强度小,离子的运动速度也较小,那里的空气还没有被电离。如果进一步提高电压,空气电离(电晕)的范围逐渐扩大,最后极间空气全部电离,这种现象称为电场击穿。电场击穿时,发生火花放电,电气短路,电除尘器停止工作。为了保证电除尘器的正常运动,电晕的范围不宜过大,一般应局限于电晕极附近。

开始产生电晕放电的电压称为起晕电压。对于集尘极为圆管的管式电除尘器在放电极表面上的起晕电压按下式计算:

$$V_c = 3 \times 10^6 m R_1 (\delta + 0.03 \sqrt{\delta/R_1}) \ln R_2/R_1 \qquad (11-1)$$

式中:m 为放电线表面粗糙度系数,对于光滑表面 $m=1$,对于实际的放电线,表面较为粗糙,$m=0.5 \sim 0.9$;R_1 为放电导线半径,m;R_2 为集尘圆管的半径,m;δ 为相对空气密度。

$$\delta = \frac{T_0}{T} \cdot \frac{P}{P_0}$$

式中:T_0、P_0 为标准状态下气体的绝对温度和压力;T、P 为实际状态下气体的绝对温度和压力。

从公式(11-1)可以看出,起晕电压可以通过调整放电极的几何尺寸来实现。电晕线越细,起晕电压越低。电除尘器达到火花击穿的电压称为击穿电压。击穿电压除与放电极的形式有关外,还取决于正、负电极间的距离和放电极的极性。

(2)除尘效率

电除尘器的除尘效率与粉尘性质、电场强度、气流速度、气体性质及除尘器结构等因素有关,要严格地从理论上推导除尘效率方程式是困难的,假设:

①电除尘器横断面上有两个区域,集尘极附近的层流边界层和几乎占有整个断面的紊流区。

②尘粒运动受紊流的控制,整个断面上的浓度分布是均匀的。

③在边界层尘粒具有垂直于壁面的分速度 ω。

④忽略电风、气流分布不均匀、二次扬尘等因素的影响。

在以上假设条件下,除尘效率为:

$$\eta = 1 - \exp\left[-\frac{A}{L}\omega\right] \qquad (11-2)$$

式中:L 为除尘器处理风量,m^3/s;A 为集尘极总集尘面积,m^2;ω 为尘粒驱进速度,m/s。

表 11-6 中列出了不同 $A\omega/L$ 的值时的除尘效率。

表 11-6　不同 $(A\omega/L)$ 值下的除尘效率

$A\omega/L$	0	1.0	2.0	2.3	3.0	3.91	4.61	6.91
$\eta/\%$	0	63.2	86.5	90	95	98	99	99.9

公式(11-1)是在一系列假设的前提下得出的，和实际情况并不完全相符，它忽略了气流分布不均匀、粉尘性质、振打清灰时的二次扬尘因素的影响，因此理论效率值要比实际值高。为了解决这一矛盾，提出有效驱进速度的概念。

所谓有效驱进速度，就是根据某一除尘器实际测定的除尘效率和它的集尘极总面积 A、气体流量 L，利用公式(11-2)倒算出驱进速度。我们把这个速度称为有效驱进速度。有效驱进速度要通过大量的经验积累，它的数值与理论驱进速度相差较大。表 11-7 是某部门实测的有效驱进速度 ω_e 值。

表 11-7　某些粉尘的有效驱进速度 ω_e

粉尘种类	$\omega_e/(\mathrm{cm \cdot s^{-1}})$	粉尘种类	$\omega_e/(\mathrm{cm \cdot s^{-1}})$
锅炉飞灰	8~12.2	镁砂	4.7
水泥	9.5	氧化锌、氧化铅	4
铁矿烧结粉尘	6~20	石膏	19.5
氧化亚铁	7~22	氧化铝熟料	13
焦油	8~23	氧化铝	6.4
平炉	5.7		

3. 静电除尘器的结构

图 11-3 为静电除尘器结构图。它是由本体和供电电源两部分组成。本体包括除尘器壳体、灰斗、放电极、集尘极、气流分布装置、振打清灰装置、绝缘子及保温箱等等。

(1) 集尘极板

对集尘极板的基本要求是板面场强分布和板面电流分布要尽可能均匀；防止二次场尘的性能好。在气流速度较高或振打清灰时产生的二次场尘少；振打性能好；在较小的振打力作用下，在板面各点能获得足够的振打加速度，

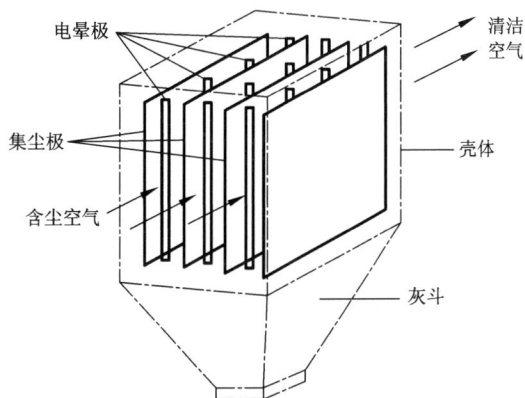

图 11-3　静电除尘器结构图

且分布较均匀；机械强度好(主要是刚度)、耐高温和耐腐蚀。具有足够的刚度才能保证极板间距及极板与极线的间距的准确性；容纳粉尘量大，消耗钢材少，加工及安装精度高。

集尘极板的极板用厚度为 1.2~2.0 mm 的钢板在专用轧机上轧制而成，为了增大容纳粉

尘量,通常将集尘极做成各种断面形状。常用的断面形状如图 11-4 所示。

极板高度一般为 2~15 m。每个电场的有效电场长度一般为 3~4.5 m,由多块极板拼装而成。

常规电除尘器集尘极板的间距通常采用 300 mm。国内、外研究结果表明,加大极板间距,增大了绝缘距离,可以抑止电场火花放电;同时可以提高电除尘器的工作电压,增大粉尘的驱进速度;另外还可使电极板面积也相应减小。由于这种除尘器的工作电压比常规的高,故称为宽间距超高压电除尘器。宽间距电除尘器的极板间距一般为 400~600 mm。根据目前的试验研究,采用 400 mm 为好,其工作电压为 120~80 kV。

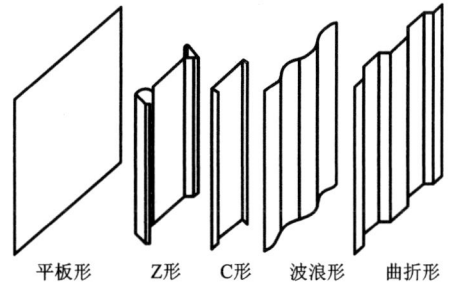

图 11-4 集尘极板的结构形式

（2）电晕极（放电极）

对放电极的基本要求是放电性能好;机械强度高、耐腐蚀、耐高温、不易断线;清灰性能好;振打时,粉尘易于脱落,不产生结瘤和肥大现象。

电晕极的结构形式很多,常见的形式如图 11-5 所示。

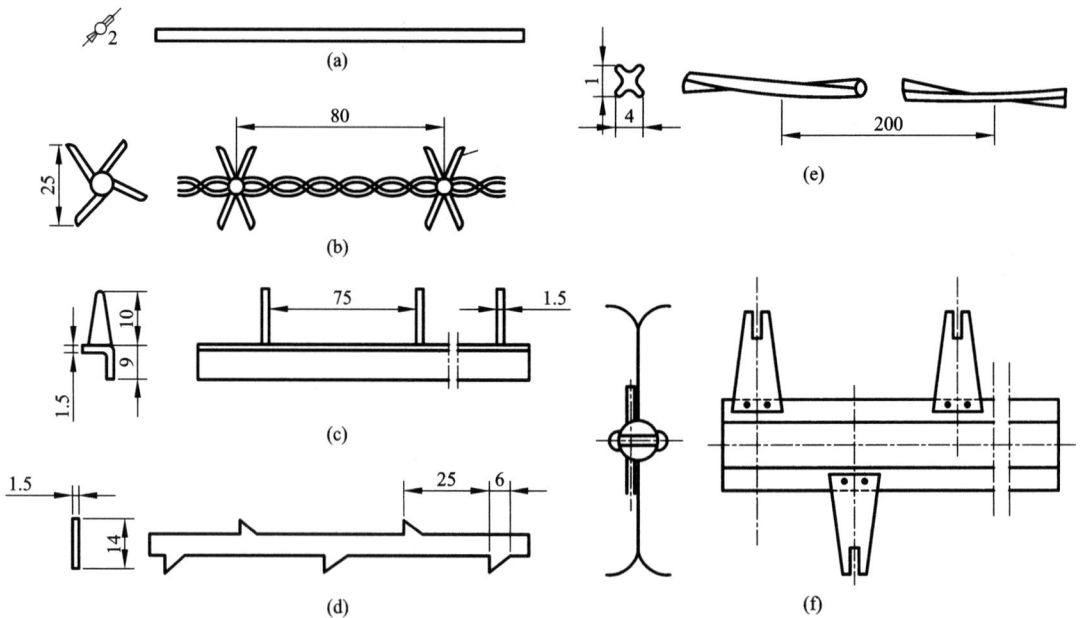

图 11-5 常见的电晕极结构形式

圆形——采用直径 1.5~2.5 mm 的高强度镍铬合金制作,上部悬挂在框架上,下部用重锤保持其垂直位置。

星形——它是用 4~6 mm 的圆钢冷拉成星形断面的导线,利用极线全长的四个尖角放电,放电效果比光线好。星形线容易黏灰,适用于含尘浓度低的烟气。

　　锯齿形——用薄钢条(厚约 1.5 mm)制作,在其两侧冲出锯齿,形成锯齿形电极。锯齿形的放电强度高,是应用较多的一种放电极。

　　芒刺式——芒刺型电晕线是依靠芒刺的尖端进行放电。形成芒刺的方式很多,R—S 是目前采用较多的一种,它是以直径为 20 mm 的圆管作支撑,两侧伸出交叉的芒刺。这种线的机械强度高,放电强。

　　(3)振打清灰装置

　　沉积在电晕极和集尘极上的粉尘必须通过振打及时清除,电晕极上积灰过多,会影响放电。集尘极上积灰过多,会影响尘粒的驱进速度,及时清灰是防止电晕的措施之一。常用的振打方式是锤击振打。

　　为了防止比电阻小的粉尘产生二次飞扬,有的电除尘器专门在集尘极的表面淋水,形成一层水膜,用水膜把粉尘带走,这种电除尘器称为湿式电除尘器。用湿法清灰虽解决了粉尘的二次飞扬问题,但是也带来了泥浆和废水的处理问题。

　　(4)气流分布装置

　　电除尘器中气流分布的均匀性对除尘效率有较大影响。除尘效率与气流速度成反比,当气流速度分布不均匀时,流速低处增加的除尘效率远不足以弥补流速高处效率的下降,因而总的效率是下降的。

　　气流分布的均匀程度与除尘器进出口的管道形式及气流分布装置的结构有密切关系。在电除尘器的安装位置不受限制时,气流经渐扩管进入除尘器,然后再经 1~2 块平行的气流分布板进入除尘器电场。

　　气流分布板有多种形式,常用的是圆孔形气流分布板,采用 3~5 mm 钢板制作,孔径约为 40~60 mm,开孔率为 50%~65%。

　　(5)电除尘器的供电装置

　　升压变压器是将工频 380 V 或 220 V 交流电压升到除尘器所需的高电压,通常工作电压为 50~60 kV。

　　整流器将高压交流电变为直流电,目前都采用半导体硅整流器。

　　控制装置是控制电除尘器中烟气的温度、湿度、烟气量、烟气成分及含尘浓度等工况条件的,这些变化直接影响到电压、电流的稳定性。因而要求供电装置随着烟气工况的改变而自动调整电压,使工作电压始终在接近击穿电压下工作,从而保证除尘器的高效稳定运行。

　　目前采用的自动调压的方式有:火花频率控制,火花积分值控制,平均电压控制,定电流控制等。

　　4. 影响静电除尘器除尘效果的因素

　　(1)粉尘的比电阻

　　如图 11-6 所示,比电阻在 $10^4 \sim 10^{11}\ \Omega \cdot cm$ 之间的粉尘,电除尘效果好。当粉尘比电阻小于 $10^4\ \Omega \cdot cm$ 时,由于粉尘导电性能好,到达集尘极后,释放负电荷的时间快,容易感应出与集尘极同性的正电荷,降低除尘效率。当粉尘比电阻大于 $10^{11}\ \Omega \cdot cm$ 时,粉尘释放负电荷慢,粉尘层内形成较强的电场强度而使粉尘空隙中的空气电离,出现反电晕现象而使除尘效率下降。

　　烟气的温度和湿度是影响粉尘比电阻的两个重要因素。图 11-7 是不同温度和含湿量下,烟气的比电阻。从该图可以看出,温度较低时,粉尘的比电阻是随温度升高而增加的,比电阻达到某一最大值后,又随温度的增加而下降。这是因为在低温的范围内,粉尘的导电是在表面进行的,电子沿尘粒表面的吸附层(如水蒸气或其他吸附层)传送。温度低,尘粒表面吸附的水蒸气多,因此,表面导电性好,比电阻低。随着温度的升高,尘粒表面吸附的水蒸气因受热蒸发,比电阻逐渐增加。

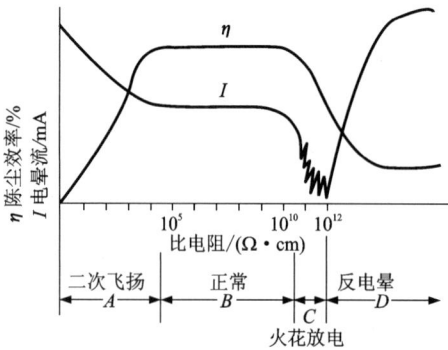

图 11-6　粉尘比电阻与除尘效率之间的关系

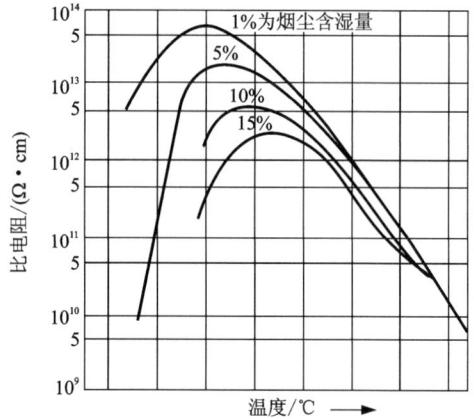

图 11-7　烟尘比电阻与温度的关系

从图 11-7 还可以看出,在低温的范围内,粉尘的比电阻是随烟气含湿量的增加而下降的,温度较高时,烟气的含湿量对比电阻基本上没有影响。

(2)气体含尘浓度

粉尘浓度过高,粉尘阻挡离子运动,电晕电流降低,严重时为零,出现电晕闭塞,除尘效果急剧恶化。气体的含尘浓度超过 30 g/m³ 时,必须设置预净化设备。

(3)气流速度

随气流速度的增大,除尘效率降低,其原因是,风速增大,粉尘在除尘器内停留的时间缩短,荷电的机会降低。同时,风速增大二次扬尘量也增大。电场风速最高不宜超过 1.5~2.0 m/s,除尘效率要求高的除尘器不宜超过 1.0~1.5 m/s。

5. 静电除尘器的类型

静电除尘器按集尘极形式不同,分为板式静电除尘器和管式静电除尘器。按气流流动分卧式电除尘器(气流水平运动)和立式电除尘器(气流垂直运动)。按清灰方式分干式电除尘器(振打清灰)和湿式电除尘器(集尘极上的粉尘靠水流排出)。表 11-8~表 11-10 为几种电捕焦油器的技术参数。

表 11-8　管式电捕焦油器技术参数

规格型号	处理气量 /(m³·h⁻¹)	管数	电场截面积/m²	直径 /m	高度 /m	工作温度 /℃	工作压力 /kPa	工作效率 /%	配用电源 /(A·kV⁻¹)
GD19-I	5000~6000	19	1.42	2	11.6	20~80	<50	≥98	0.15/72
GD24-I	6500~7800	24	1.8	2.4	12	20~80	<50	≥98	0.15/72

续表11-8

规格型号	处理气量 /(m³·h⁻¹)	管数	电场截面积/m²	直径 /m	高度 /m	工作温度 /℃	工作压力 /kPa	工作效率 /%	配用电源 /(A·kV⁻¹)
GD30-I	8000~9800	30	2.25	2.6	12.1	20~80	<50	≥98	0.15/72
GD37-I	10000~12000	37	2.77	2.75	12.2	20~80	<50	≥98	0.2/72
GD48-I	13000~15500	48	3.6	3.1	12.4	20~80	<50	≥98	0.2/72
GD61-I	16000~20000	61	4.57	3.45	12.6	20~80	<50	≥98	0.3/72
GD76-I	20000~24500	76	5.7	3.8	12.8	20~80	<50	≥98	0.4/72
GD90-I	24500~29000	90	6.74	4.4	13	20~80	<50	≥98	0.4/72
GD102-I	28000~33000	102	7.65	4.6	13.2	20~80	<50	≥98	0.4/72
GD114-I	32000~38000	114	8.54	4.9	13.4	20~80	<50	≥98	0.5/72
GD126-I	36000~41000	126	9.44	4.95	13.4	20~80	<50	≥98	0.6/72
GD138-I	39000~45000	138	10.34	5.1	13.5	20~80	<50	≥98	0.6/72
GD154-I	44000~50000	154	11.5	5.6	13.6	20~80	<50	≥98	0.8/72
GD172-I	49000~56000	172	12.9	5.6	13.6	20~80	<50	≥98	0.8/72
GD192-I	54000~62000	192	14.4	5.95	13.8	20~80	<50	≥98	1.0/72
GD214-I	60000~70000	214	16	6.25	13.8	20~80	<50	≥98	1.2/72
GD248-I	60000~70000	214	16	6.25	13.8	20~80	<50	≥98	1.2/72

表 11-9　湿式电捕焦油器技术参数

名　称	单位	SC-21	SC-37	SC-45	SC-72	SC-100
外　径	mm	2020	2780	3120	4420	5200
高　度	mm	8950	9500	10690	10800	11370
沉淀极管长度	mm	4000	4000	4000	4000	4000
电晕极数	根	21	37	45	72	100
有效断面积	m²	1.08	1.91	2.4	3.72	5.18
设备质量	t	10	12	13.5	18	32.85
处理能力	m³/h	2000~3000	4000~6000	5000~7000	7000~10000	12000~18000
供电电压(直流)	kV	60	60	60	60	60
供电电流	mA	100	150	150	200	300
连续冲水量	t/h	15	20	22	40	50
间断冲水量	t/h	20	30	75	50	60
工作温度	℃	<50				
除尘效率	%	>95(粉尘浓度为 200 mg/m³)				

表 11-10　干式电捕焦油器技术参数

名　称	单位	C-21	C-28	C-39	C-61	C-72	C-97	C-140
外　径	mm	1820	2020	2416	3080	3316	3916	4216
高　度	m	10.93	11.57	10.7	10.5	12.8	12.8	12.8
沉淀极数	根	21	28	39	61	72	97	140
电晕极数	根	21	28	39	61	72	97	140
沉淀极管	mm×mm				$\phi254\times2$			
沉淀极长度	m	3.8	3.8	3.8	3.8	3.8	3.8	3.8
有效断面积	m²	1.02	1.37	1.91	2.99	3.53	4.76	6.86
设备质量	t	7.2	7.25	10.98	13	15	22	24.8
处理能力	m³/h	2000	2700	3800	6000	7000	9500	14000
供电电流	mA	100	100	100	150	150	200	300
供电电压	kV				直流60			
工作温度	℃				60~80			
除焦油效率	%				>95			

11.2　粉尘的产生与治理

11.2.1　粉尘的产生及危害

粉尘是阳极厂第二大污染物。阳极制备成分中含有 1/3 以上的石油焦粉，数以万吨计的焦粉制备、运输、配料、混合，以及阳极焙烧品的清理、装出炉、填充料的制备和使用，煅烧炉的装料和排料，阳极生产全过程有 2/3 以上工序会产生粉尘。阳极厂设计中，总的粉尘损失超过 3%，即年产 10 万吨阳极的企业，每年产生粉尘量 3000 t 以上。表 11-11 是阳极生产过程中一些工序的实收率，其中混捏、成型、焙烧的损失，除与粉尘损失有关外，更主要的是挥发损失、废品损失。

表 11-11　预焙阳极生产过程中一些工序的实收率

工序	实收率/%	损失方式	工序	实收率/%	损失方式
磨粉	99	粉尘	成型	97	挥发物及粉尘
配料	99.5	粉尘	焙烧	92~96	挥发物和废品
混捏	99	挥发物和粉尘			

粉尘是指直径介于 1~100 μm 的固体颗粒，是在工业生产中由于破碎、筛分、堆放、转运或其他机械处理而产生的。研究表明，直径 0.4~10 μm 的飘浮尘，可随人的呼吸进入鼻腔，

有 80%被纤毛分离，余下的进入气管和支气管，甚至进入肺泡内，被吸收到血液或淋巴液内，会引起"尘肺"、鼻炎或呼吸道病变，危害人的健康。另外粉尘还影响光线，危害植物生长。我国大气环境质量标准对总悬浮颗粒规定是不大于 1.5 mg/m³。

11.2.2　除尘系统

除尘系统主要是由密封罩、抽风罩、各种管道、管接头、除尘器和风机组成（图 11-8）。在除尘系统中通常把风机设在除尘器之后，这样可以减轻粉尘对风机的磨损和避免风管接头处粉尘外逸。

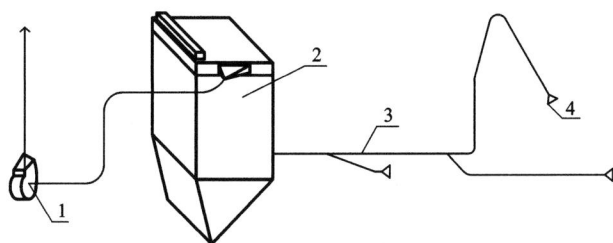

图 11-8　除尘系统示意图

1—风机；2—除尘器；3—管道；4—抽风罩

1. 密封罩

密封罩的作用是将散尘处密闭起来，有三种形式。

(1)局部密封罩　将设备尘源处用罩子密闭起来，这种罩子的特点是仅密闭产生粉尘的局部地点，容积小，观察和操作比较方便。它适用于产生粉尘固定、气流速度不大的连续产尘地点，如带式运输机的转运地点等。

(2)整体密封罩　将产尘地点全部和产尘设备的大部分用罩子密闭起来，而把设备需要经常观察维护的部位（如设备的传动部分）留在罩外。它的特点是罩子容积大，可以通过观察窗和检查门监视设备的运行情况，中小修可在罩内进行，不必拆罩。它适用于产生气流较分散或局部气流速度较大的产尘设备，如振动筛等。

(3)密闭室　将产尘设备或地点用罩子全部密闭起来。它的特点是容积大，可以在罩内对设备进行维修，在罩外通过门窗监视设备运行情况，它适用于分散产尘点、脉冲或阵发式产尘点、产生较大热压和冲击气流的产尘设备。

设备的密闭型式，主要是根据设备的散尘原因、程度和生产操作条件来选择，并应充分考虑到罩内的气流特性。

2. 抽风罩

抽风罩是将风管与密闭罩联系起来的接头，其形状和位置对除尘性能有直接影响。正确地确定抽风罩的位置和形式能够减少抽出空气中含尘量，而又能保持密闭罩内均匀的负压，并可使抽风量为最小。常用设备密闭罩中的最小负压值见表 11-12。

表 11-12　常用设备密闭罩中的最小负压

序号	设备名称	密闭方式	最小负压/Pa
1	胶带运输机	局部密闭上部罩(仅对热料)	5
		下部罩	8
		整体密封	5
2	振动筛	局部密封	1.5
		整体密封	1
3	颚式破碎机	上部罩	2
		下部罩(胶带运输机)	8
4	圆锥破碎机	上部罩	2
		下部罩(胶带运输机)	8
5	对辊破碎机	上部罩	2
		下部罩(胶带运输机)	6
6	圆盘给料机	局部密闭上部罩(仅对热料)	6
		下部局部密封	8
		给料机与设备整体密封	2.5
7	电磁振动给料机	与受料胶带运输机整体密封	2.5

3. 管道

管道是除尘系统中的重要组成部分。管道设计的合理性,直接影响到整个系统的除尘效果,除尘系统的管道通常用铸铁管或者钢管。

4. 除尘器

除尘器是除尘系统的主体设备,它的性能直接影响除尘效率,因而可根据粉尘的浓度、性质等来选取。阳极厂常用除尘器性能见表 11-13。

炭素厂常用的除尘器有旋风除尘器、脉冲袋式除尘器、电除尘器以及喷淋塔等。

除尘器的除尘效率指除尘器捕集下来的粉尘量与进入除尘器的粉尘量之比。根据总除尘效率,除尘器可分为:低效除尘器(50%~80%),中效除尘器(80%~95%)和高效除尘器(95%以上)。出尘效率的计算方法如下。

(1)质量算法

含尘气体通过除尘器时捕集的粉尘量占进入除尘器的粉尘总量的百分数称为除尘器全效率,以 η 表示。如图 11-9 所示,全效率 η 的定义式为:

$$\eta = \frac{G_3}{G_1} \times 100\% = \frac{G_1 - G_2}{G_1} \times 100\% \tag{11-3}$$

式中:G_1 为进入除尘器的粉尘量,g/s;G_2 为从除尘器排风口排出的粉尘量,g/s;G_3 为除尘器所捕集的粉尘量,g/s。

(2)浓度算法

如果除尘器结构严密,没有漏风,除尘器入口风量与排气口风量相等,均为 L,则式

(11-3)可改写为

$$\eta = \frac{Ly_1 - Ly_2}{Ly_1} \times 100\% \tag{11-4}$$

式中：L 为除尘器处理的空气量，m^3/s；y_1 为除尘器进口的空气含尘浓度，g/m^3；y_2 为除尘器出口的空气含尘浓度，g/m^3。

（3）多台除尘器串联总效率

在除尘系统中为提高除尘效率常把两个除尘器串联使用（图 11-10），两个除尘器串联时的总除尘效率为

$$\eta_0 = \eta_1 + \eta_2(1 - \eta_1) = 1 - (1 - \eta_1)(1 - \eta_2) \tag{11-5}$$

式中：η_0 为除尘系统的除尘总效率；η_1 为第一级除尘器效率；η_2 为第二级除尘器效率。

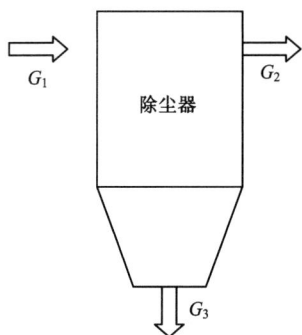

图 11-9　除尘器粉尘量之间的关系

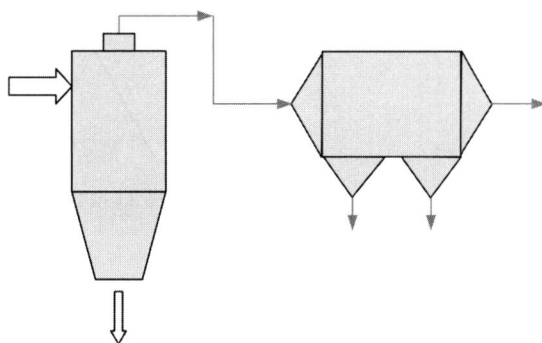

图 11-10　两级除尘器除尘系统

表 11-13　阳极厂常用除尘器的性能

序号	种类	除尘原理	除尘器形式	适宜风量 /(m³·h⁻¹)	风速 /(m·s⁻¹)	阻力 /Pa	应用范围 粉尘类别	粉尘粒度 /μm	粉尘浓度 /(g·m⁻³)	耐温 /℃	净化效率/% 粒径/μm <1	1~5	5~10	使用净化程度
1	重力	重力	重力沉降室	<50000	<0.5	50~100	干粉尘	>20	>10	<450	<5	<10	<10	粗净化
2	重力惰性		惰性除尘器	<50000	5~10	100~500		>10	>10	<400	<5	<16	<40	
3	离心力,惰性	干式除尘器	旋风除尘器 小型 大型	1500< 100000	进口 10~20 10~20	500~1500 400~1000	各种非纤维性干粉尘	>5	<1.5 或 >20	<400	<10 <10	<40 <20	60~90 40~70	
4		过滤,惰性	袋式除尘器 简易袋式 机械振打 脉冲 气环	对滤袋 0.2~0.7 1~3 2~5 2~6 按设计		400~800 800~1000 800~1200 1000~1500		>1.0	<5 3~5 3~5 5~10	按滤料棉布70,玻璃纤维280,合成纤维130	<30 <90 <90 <90	<80 <99 <99 <99	<95 <99 <99 <99	中细净化
5			颗粒层过滤			800~2000		>1.0	<10	450				
6	干式	静电,惰性	干式电除尘器	<300000	0.5~3	100~500	比电阻 <10⁴ ~10¹⁰	>0.01	<30	<350	<90	<99		约100
7	湿式	凝聚	湿式电除尘器	<300000	0.5~3	100~500				<80	<95	<99		

5. 风机

风机是除尘系统的动力源,是除尘系统的心脏,它直接关系到除尘系统的正常运行,因而正确选择风机十分重要。除尘系统常用的风机有离心风机、罗茨风机等。

11. 2. 3 重力沉降室与惯性除尘器

重力沉降室的结构与工作原理见图 11-11 所示。

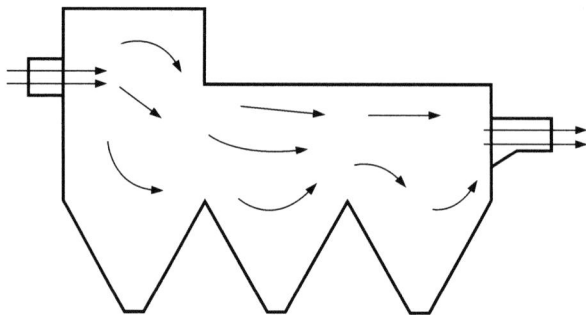

图 11-11 重力沉降室工作原理

重力沉降室是通过重力使尘粒从气流中分离的,含尘气流进入重力沉降室后,流速迅速下降,在层流或接近层流的状态下运动,其中的尘粒在重力作用下缓慢向灰斗沉降。这种装置结构最简单,空气阻力小,能捕集大于 50 μm 的粉尘,但体积庞大,净化效率低,因而通常用它来作初步处理。

1. 尘粒的沉降速度

尘粒在静止空气中自由沉降时,其末端沉降速度按下式计算:

$$v_s = \frac{g\rho_c d_c^2}{18\mu} \tag{11-6}$$

式中:ρ_c 为尘粒密度, kg/m³; g 为重力加速度, m/s²; d_c 为尘粒直径, m; μ 为空气的动力黏度, Pa·s。

如果已知尘粒的沉降速度,可用下式求得对应的尘粒直径:

$$d_c = \sqrt{\frac{18\mu v_s}{g(\rho_c - \rho)}} \tag{11-7}$$

2. 重力沉降室的结构与性能

图 11-12(a)所示为普通重力沉降室,图 11-12(b)为多层沉降室。从图 11-12 可以看出,重力沉降室结构简单,可用砖砌,因而造价低廉,施工容易,管理方便。

在设计上,若使沉降室含尘气流保持层流,达到以斯托克斯定律确定的尘粒沉降速度,则它的结构就相当庞大可观。现实工程上很少这样做,一般是在沉降室内部构造上采取一些辅助性措施,如设置垂直于或倾斜于气流方向的挡板、护板等,使气流造成紊流或涡流、改变收尘状况,以减小结构尺寸。实践证明,这样的措施是行之有效的。

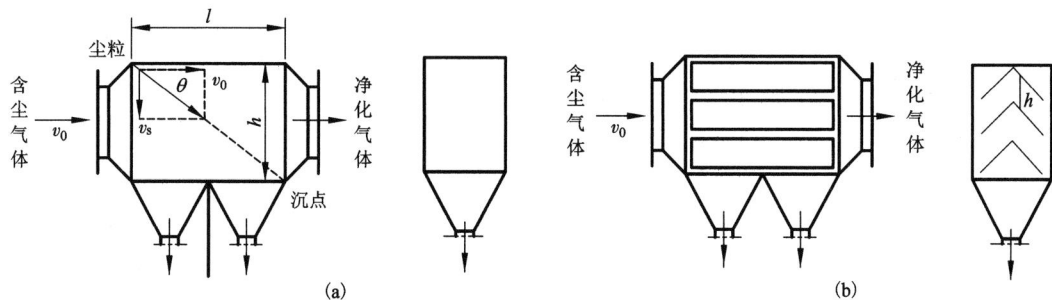

图 11-12　重力沉降室示意图

（a）普通重力沉降室；（b）多层重力沉降室

　　沉降室的突出优点是空气阻力损失较小，设备磨损很小，因而某些厂成功地用于处理高浓度的含尘气体，以沉降室代替第一级净化设备旋风除尘器，收到了很好的效果。

　　3. 惯性除尘器

　　为了改善重力沉降室的除尘效果，可在其中设置各种形式挡板，使气流方向发生急剧转变，利用尘粒的惯性或使其和挡板发生碰撞而捕集，这种除尘器称为惯性除尘器。惯性除尘器主要用于捕集 $20 \sim 30~\mu m$ 以上的粗大尘粒，常用作多级除尘中的第一级除尘。

　　图 11-13 为几种惯性除尘器的结构形式。

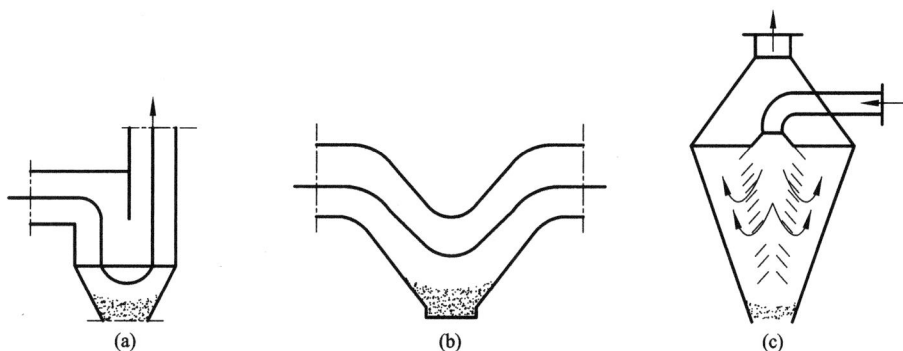

图 11-13　惯性除尘器的结构形式

（a）—挡板式；（b）—反转式；（c）—百叶式

　　在惯性除尘器中，百叶窗除尘器与其他粗净化设备不同，主要表现在含尘气体通过它以后，浓度反而升高。利用百叶窗除尘器可以减少第二级除尘设备的处理量，其浓缩流约占总气体的 $10\% \sim 20\%$，可使第二级的规格缩小很多。如果第二级除尘器堵塞或其他原因使浓缩流的百分比发生改变，它的净化效果也发生变化，当浓缩流为零时，粉尘无其他出路便从百叶窗缝隙中大量排出。

　　百叶窗除尘器的压力降可按下式计算：

$$\Delta P = \frac{\rho}{2}\left(\frac{Q}{CA}\right)^2 \qquad\qquad (11-8)$$

式中：ΔP 为百叶式除尘器的压力降，Pa；ρ 为气体密度，kg/m³；Q 为进入的气体量，m³/s；A 为百叶板缝隙的总面积，m²；C 为百叶板缝隙的收缩系数，取 0.6~0.8。

如图 11-14 所示，百叶窗式惯性除尘器由百叶窗式拦灰栅和旋风除尘器组成，其中的百叶窗式拦灰栅主要起到浓缩粉尘颗粒的作用，有圆锥形和"V"形两种形式。当含尘气体进入百叶窗式拦灰栏 1 后，绝大部分气体通过拦灰栅叶片间的缝隙进入管道，并排入大气。这部分气体因突然改变方向，而与颗粒粉尘分离，得到了净化。颗粒粉尘由于惯性作用仍按原方向向前移动，绕过拦灰栅。得到净化的气体一般占总气体量的 90%，另含有浓缩了颗粒粉尘的 10% 气体进入粗粒去除室 3，依靠惯性作用除去，然后再进入旋风除尘器除去细微的粉尘。被处理的 10% 气体可通过风机 2 使其回到拦灰栅内，也可直接排入大气。

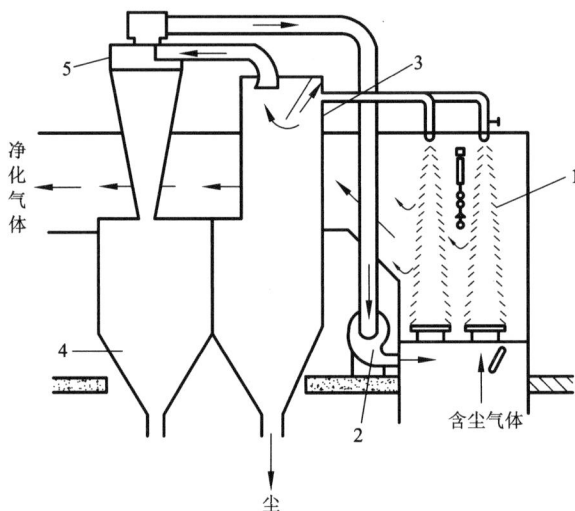

图 11-14　百叶窗式惯性除尘器

1—百叶窗式栏灰栅；2—风机；3—粗粒去除室；4—灰斗；5—旋风除尘器

11.2.4　旋风除尘器

1. 旋风除尘器的结构与工作原理

旋风除尘器的结构由进气口、圆筒体、圆锥体、排气管和排尘装置组成，如图 11-15 所示。当含尘气流由切线进口进入除尘器后，气流在除尘器内做旋转运动，气流中的尘粒在离心力作用下向外壁移动，到达壁面，并在气流和重力作用下沿壁落入灰斗而达到分离的目的。

2. 旋风除尘器的结构形式

（1）单管旋风除尘器

如图 11-16 所示为 CLT/A 螺旋型旋风除尘器，气体由切向引入，其顶盖为螺旋型的导向板、导向板倾斜角为 15°（也有 11°或 24°的），外形细而长，锥角较小，因此可以消除引入气体向上流动而形成的小旋涡气流，减少了动力消耗，提高了除尘效率。由于这种系列的除尘

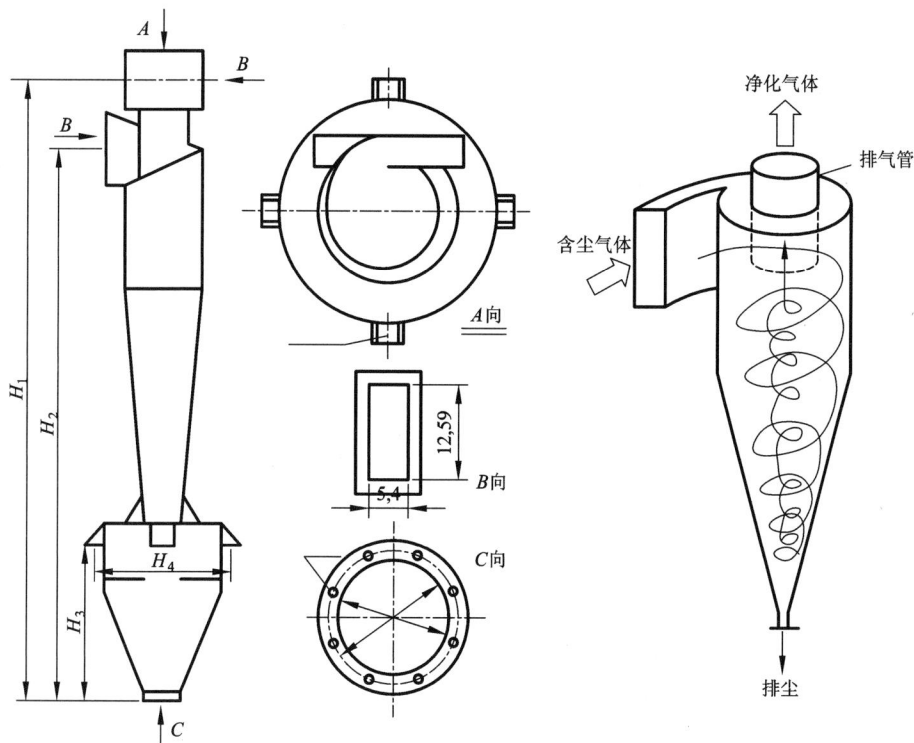

图 11-15 旋风除尘器组成结构图

器净化范围较宽为(170~42780 m³/h），能够满足不同需要，所以应用较为广泛。CLT/A 型螺旋型旋风除尘器的技术性能见表 11-14。

（2）组合式旋风除尘器

为了获得较高的净化效率或气体处理量较大时，旋风除尘器可以串联或并联使用。当净化效率要求较高，采用一般净化不能满足要求时，可将二台或三台除尘器串联起来使用，这种组合方式称为串联式旋风除尘器组。当处理气体量较大时，可将若干个小直径的除尘器并联起来，这种组合方式称为并联式旋风除尘器组。

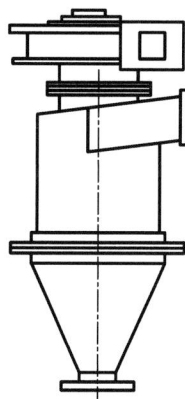

图 11-16 CLT/A 型旋风除尘器

表 11-14 CLT/A 型螺旋型旋风除尘器的技术参数

型号		进气速度 /(m·s⁻¹)	风量 /(m³·h⁻¹)	效率 /%	阻力/Pa		质量/kg	
					X	Y	X	Y
CLT/A-	1.5	12~18	170~250	90~98	860~1950	770~1740	12	9
	2.0	12~18	300~440				19	15
	2.5	12~18	460~490				27	21
	3.0	12~18	670~1000				37	29
	3.5	12~18	910~1360				53	43
	4.0	12~18	1180~1780				61	48
	4.5	12~18	1500~2250				102	80
	5.0	12~18	1860~2780				126	98
	5.5	12~18	2240~3360				152	120
	6.0	12~18	2670~4000				176	138
	6.5	12~18	3130~4700				201	159
	7.0	12~18	3630~5400				241	189
	7.5	12~18	4170~6250				267	210
	8.0	12~18	4750~7130				315	250
CLP/B-	3.0	12~20	700~1160		412~1327			
	4.2	12~20	1350~2250					
	5.4	12~20	2200~3700					
	7.0	12~20	3800~6350					
	8.2	12~20	5200~8650					
	9.4	12~20	6800~11300					
	10.6	12~20	8550~1430					

a) 旋风除尘器的串联。串联除尘器的目的是提高净化效果，因此，越是后段设置的除尘器，处理气体的粉尘浓度越低、细颗粒粉尘含量越多，因而对净化效率的要求也越高。串联旋风组的总处理风量为单个除尘器所处理的风量，总阻力为各单个除尘器阻力之和。旋风除尘器的串联可以是同类型的，也可以是不同类型的、可以是同直径的，也可以是不同直径的旋风除尘器，其中以同类型、同直径除尘器的串联组合效果最差，故很少采用。串联方式以组成机组式为最好，节省动力消耗，也可以分开设置。

图 11-17 为用同直径、不同锥体长度的三段串联的旋风除尘器组，这种方式布置紧凑，阻力消耗较小，第一级锥体部较短，阻力和除尘效率却较低，可净化粗颗粒粉尘，第二、三级除尘器锥体较长，可依次净化较细颗粒的粉尘。

b) 旋风除尘器的并联。并联除尘器的目的主要是增加含尘气体的处理量，但在处理量相同的情况下，以小直径的旋风除尘器代替大直径的旋风除尘器，也可以提高净化效率。并联的组合方式较多，常见的有下列两种：错列式并联旋风除尘器组［图 11-18(a)］和平列式并联旋风除尘器组［图 11-18(b)］。这两种组合方式的共同特点是布置紧凑，风量分配均匀，实际应用效果好。并联除尘器的阻力为单体阻力损失的 1.1 倍；气体总处理量为：

$$L = nL_单 \qquad (11-9)$$

式中：L 为气体总处理量，m^3/h；n 为旋风除尘器的筒数；$L_单$ 为单筒的处理量，m^3/h。

应该注意的是，不同类型或同类型但型号不同的旋风除尘器不能并联使用。

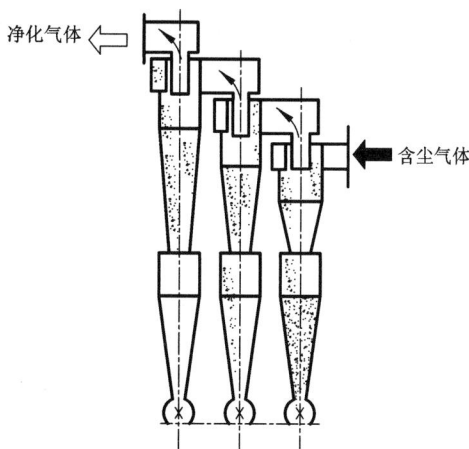

图 11-17　串联除尘器示意图

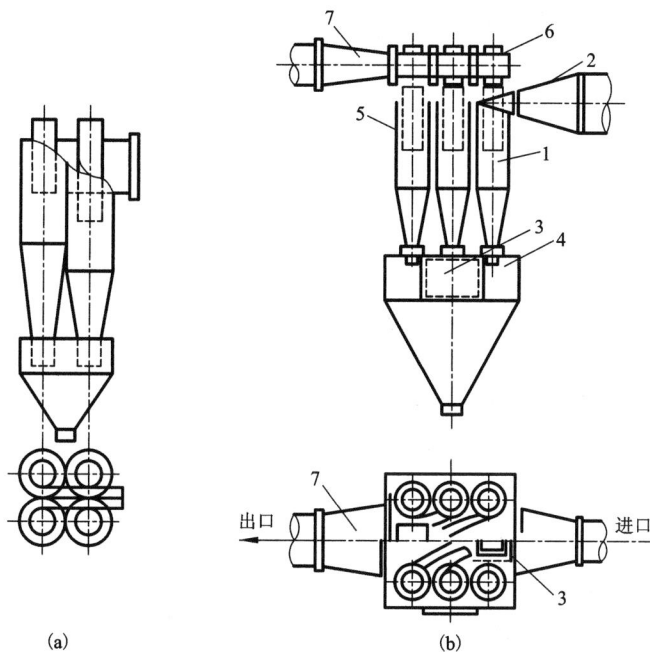

图 11-18　旋风除尘器的并联

a—错列式并联除尘器组；b—平列式并联除尘器组

1—旋风除尘器；2—进口管；3—人孔；4—灰斗；5—排气管；6—出口连接管；7—出口管

c)组合式多管除尘器。旋风除尘器还可以把它们组合在一个整体内并联使用，图 11-19 所示为立式多管除尘器。旋风子和外壳之间用填料(如矿渣)填充。含尘气体引入壳体后经扩散管和配气室均匀地分布于各个旋风子内，然后通过导向叶片使气体产生旋流，所捕集的粉尘落入灰斗，并经粉尘排出口排出。被净化后的气体从排气导管排出后，经过净气室和空气出口排出，净化后的气体由上部排出，也可从侧面排出。

多管除尘器的净化效率取决于旋风子直径 D 和对旋风子断面而言的假想速度 $v_假$，目前应用较广的是 $D = 250$ mm 的旋风子。对于一定的气体(密度一定的条件下)，其净化效率随假想速度的提高而增加，一般取 $2.2 \sim 2.5$ m/s；但接近或超过 $4.5 \sim 5.0$ m/s 时，阻力急增，而效率增加很少。

组合式多管除少器布置紧凑，外形尺寸小，可以用直径较小的旋风子来排列组合，能有效地捕集 $5 \sim 10$ μm 的粉尘。一般是用耐磨铸铁铸成，因而允许处理初始含尘浓度较高(100 g/m^3)的气体。

3.影响旋风除尘器性能的因素

(1)结构尺寸的影响

筒体直径　筒体直径越小，即旋流半径越小，则离心力越大，因而净化效率高，越可捕集较细小的尘粒，但其阻力较大。反之短而粗者，分离效率低，但阻力小，处理量大。

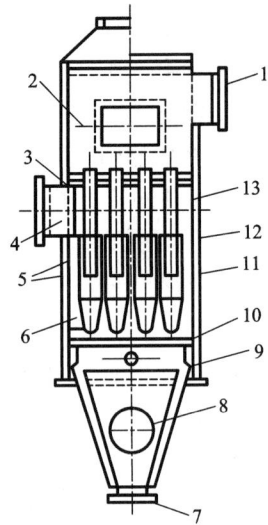

图 11-19　立式多管除尘器

1—空气出口；2—净气室；3—配气室；4—气体进口；
5—导向叶片；6—填料；7—粉尘排出口；8—灰斗；
9—支撑部分；10,14—支撑花板；11—外壳；
12—旋风子；13—排气导管

表 11-15　多管除尘器的规格性能

型号	形式		进气速度 /(m·s^{-1})	风量 /(m^3·h^{-1})	阻力 /Pa	效率 /%	设备质量 /t
CLG-9×1.5	X	吸入式	8.5	1910	630	60~75	0.26
	Y	压入式					
CLG-16×1.5	X	吸入式	8.5	2550	630	60~75	0.33
	Y	压入式					
CLG-12×1.5	X	吸入式	8.5	3400	630	60~75	0.50
	Y	压入式					
CLG-9×2.5	X	吸入式	8.5	5570	670	60~75	0.72
	Y	压入式					
CLG-12×2.5	X	吸入式	8.5	7370	670	60~75	1.23
	Y	压入式					
CLG-16×2.5	X	吸入式	8.5	9980	670	60~75	1.58
	Y	压入式					

筒体长度与锥体长度　旋风除尘器的筒体长度和锥体长度取决于排出壳与排灰口之间气流旋转的周数及每圈的高度。一般认为，在小直径的旋风除尘器中，采用较长的锥筒长度（在筒体总长度不变下），可以提高净化效率。一般筒体高度为 $H_1 = (0.9 \sim 1.5)D$，而锥体长度为 $H_2 = (2 \sim 3.5)D$。

排气管的插入深度　多数情况下都是采用插入深度约等于进气管高度，因为上下涡旋流的分界面在此处，分界面处的径向流速向外，可防止外旋流进入排气口。

排灰口直径　排灰口通常略小于出气口，这样有利于使下旋流早些离开沿筒壁滑下的粉尘而转入上流，然后在下流粉尘的推挤下挡住排灰口，比较理想的是能够接近满口出灰。

（2）运行参数的影响

由于尘粒和气流在旋风除尘器中的实际运动过程十分复杂，目前仅能依靠模型法来进行研究，许多因素还不能用数学式来表达。表 11-16 列出了旋风除尘器性能与诸因素的关系。

表 11-16　旋风除尘器性能与诸因素的关系

序号	因素	对减少压力损失，Δp	对提高除尘效率
1	进口速度	越小越好	有一最佳值，$v = 12 \sim 24$ m/s
2	相似尺寸	几何尺寸没有影响	越小越好
3	出口直径	越大越好	越小越好
4	圆柱体直径	偏小为好	偏小为好
5	圆柱体长度	越长越好	有一最佳值
6	圆锥体长度	偏小为好	偏长为好（圆锥角 20°）
7	入口面积	几乎无影响	影响小，有一最佳值
8	粉体密度	越高越好	越长越好
9	气体温度	越长越好	越低越好
10	气体黏度	偏小为好	越小越好
11	气体密度	偏小为好	几乎无影响
12	内部障碍物	偏小为好	越小越好
13	入口粉尘浓度	越长越好	稍偏大为好
14	集尘室空气密度	几乎无影响	要求绝对气密

临界粒径　旋风除尘器能够分离出物料的最小粒径，称为临界粒径。

普通除尘器能分离的临界粒径为 $5 \sim 10\ \mu m$，小型（多管）除尘器可分离 $5\ \mu m$ 以下微粒，根据对气流分布的研究，可得出如下临界粒径计算公式：

$$d_{临} = \sqrt{\frac{0.58\mu B}{v_{进} - (\rho_{尘} - \rho_{气})}} \qquad (11-10)$$

式中：$d_{临}$ 为临界直径，m；μ 为气体黏度，$N \cdot s/m^2$；B 为进口宽度，m；$v_{进}$ 为进口流速，m/s；$\rho_{尘}$ 为尘粒密度，kg/m^3；$\rho_{气}$ 为气体密度，kg/m^3。

压力损失　不同型式的旋风除尘器,所产生的压力损失亦不相同。旋风除尘器的压力损失通常用下式计算:

$$\Delta p = \xi \frac{v_{进}^2 \rho_{气}}{2} \tag{11-11}$$

$$\xi = \frac{KA\sqrt{D_1}}{D_2^2 \sqrt{H_1 + H_2}} \tag{11-12}$$

式中:Δp 为压力损失,Pa;$v_{进}$ 为入口速度,m/s;$\rho_{气}$ 为含尘气体密度,kg/m³;K 为常数(无因次),一般 K 取 20~40;A 为入口面积,m²;D_1 为圆筒部分直径,m;D_2 为出气管直径,m;H_1 为圆筒部分长度,m;H_2 为圆锥部分长度,m。

4. 选型计算

(1)需知条件

在选型时必须先了解粉尘性质(硬度、干湿程度、易燃性等),含尘浓度(g/m³),总处理量(m³/h),除尘前的粒度分布,即各粒级的含量比分数,对不同粒度有无特殊除尘要求、对压降和结构有无限制等。

(2)选型

当含尘浓度较小、粉尘粒径较小而除尘要求高时,应采用小直径旋风除尘器;当含尘浓度较大、处理量大、除尘要求不高时,可选用大直径的旋风除尘器。若处理量大净化要求高时,则可采用小直径旋风除尘器并联使用;若对各种粒度级别有分别收集的要求时,可考虑选择几种直径的旋风除尘器串联使用,选型时还应参考有关手册和资料,以帮助对旋风除尘器的性能和参数的了解。

(3)计算所需各型式旋风除尘器的数量

例如同类型除尘器并联的个数 n 可由下式计算:

$$n = \frac{Q}{Q_1} \tag{11-13}$$

式中:Q 为总处理量,m³/h;Q_1 为每个旋风除尘器处理量,m³/h。

计算结果取整数,但需考虑通过旋风除尘器的流速变化须在该型的性能范围以内,然后计算单个除尘器的进口风速。

(4)估算单个除尘器的除尘效率

(5)计算每个除尘器的压降,再计算总压降

用(11-13)算出单个除尘器的处理量 Q_1,亦可按下式计算:

$$\frac{Q_1}{Q_2} = \frac{v_1}{v_2} \tag{11-14}$$

式中:Q_1 为计算值;Q_2、v_2 自表中查出。

查出阻力系数后,计算压降。如果知道其他进口流速 v_2 时的压降 Δp_2,则可按下式计算:

$$\Delta p_1 = \frac{v_1^2}{v_2^2} \cdot \Delta p_2 \tag{11-15}$$

5. 旋风除尘器的使用要点

旋风除尘器在使用中应经常检查压力降,防止除尘器因堵塞而失效。

处理量 Q_1 严重不稳时,将会造成排放气体中含尘量增加。

多个旋风除尘器组合工作时,为使各除尘器处于正常工作状态,必要时需在管网上适当设置节流网,以便控制各除尘器的处理量。

当含尘浓度过高时容易造成小直径或小锥角旋风除尘器堵塞,筒体直径为 600 mm 的旋风除尘器,允许最高含尘浓度约为 200 mg/m^3,直径在 250 mm 时,为 75~100 mg/m^3。

黏性较大的粉尘不宜用多管除尘器,因为个别除尘管的堵塞改变了全体的工况,使除尘效率降低。

排灰口的密封至关重要,若排灰口漏风,将使除尘效率下降。据报道,排灰口漏风 1% 时,除尘效率降低 5%~10%,漏风 5% 时,除尘效率降低 50%,漏风 15% 时,除尘效率将趋于零。密封的方法有:排灰接入密封灰仓,仓内粉尘由密封性好的排灰器自动排出;在集尘斗下设置锁风阀,利用重力和真空吸力自动控制锁风门启闭。

收集磨琢性粉尘的旋风除尘器,在进口转弯处及内壁可涂以辉绿岩等耐磨材料胶泥作内衬或用混凝土、辉绿岩铸石板等作耐磨内衬。

管网应尽量采用封闭循环,以减少污染和利于收回物料。

对于有爆炸性的粉尘,如煤粉、沥青粉等,在收集器的适当位置设置防爆装置,以保障安全。宜采用吸入除尘、风机位置设置在除尘器之后。

11.2.5　袋式除尘器

袋式除尘器是一种利用纤维纺织品布制成的滤袋过滤气体中的粉尘的设备。它适用于捕集非黏结性、非纤维性的干的工业粉尘。

袋式除尘器是炭素材料工业中应用最广的一种除尘设备。它具有较高的净化效率,在允许的气体流速范围内工作性能比较稳定,若滤布选择和结构设计得当,对 5 μm 以下的粉尘除尘效率高达 99% 以上。它没有电除尘器那样多的复杂的附属设备和高的技术要求,造价较低,与湿式除尘器相比,粉尘的回收利用方便,不需要冬季防冻。因此作为高效率的净化设备来说,还是一种比较简单和便宜的除尘设备。它的缺点是耗费较多的织物;另外当气体中含水蒸气以及处理易吸水的亲水性粉尘(如氧化钙)时,容易使滤布黏着粉尘以致造成堵塞。因此使用范围受到了限制。

1.过滤机理

袋式除尘器通过由棉、毛、人造纤维所加工成的滤料进行过滤,主要依靠滤料表面形成的粉尘过滤层和集尘层进行过滤作用。它通过以下几种效应捕集粉尘。

(1)筛滤效应

当粉尘的粒径比滤料空隙或滤料上的过滤层孔隙大时,粉尘便被捕集下来。

(2)惯性碰撞效应

含尘气体流过滤料时,尘粒在惯性力作用下与滤料碰撞而被捕集。

(3)扩散效应

微细粉尘由于布朗运动与滤料接触而被捕集。

过滤过程如图 11-20 所示,含尘气体通过滤料时,随着它们深入滤料内部,使纤维间的空间逐渐减小,最终形成附着在滤料表面的粉尘层(称为过滤层)。袋式除尘器的过滤作用主要是依靠这个过滤层及以后逐渐堆积起来的粉尘层进行的。这时的滤料只是起着形成过滤层和支持它的骨架作用。随着粉尘在滤袋的积聚,滤袋两侧的压差增大,粉尘层内部的空隙变小,空气通过滤料孔眼时的流速增高。这样会把黏附在缝隙间的尘粒带走,使除尘效率下降。另外阻力过大,会使滤袋易于损坏,通风系统风量下降。因此除尘器运行一段时间后,要及时进行清灰,清灰时不能破坏过滤层,以免效率下降。

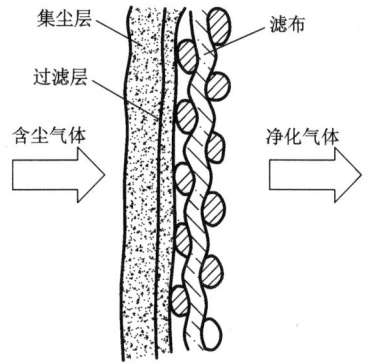

图 11-20　滤袋的过滤过程

2. 袋式除尘器的性能参数计算

(1)除尘效率

袋式除尘器的除尘效率与滤料表面的粉尘层有关,滤料表面的粉尘过滤层比滤料起着更重要的捕集作用,由于过滤过程复杂,难于从理论上求得袋式除尘器的除尘效率计算式。

(2)过滤风速

单位时间通过每平方米滤料表面积的空气体积,即过滤风速(v_F),单位为 $m^3/(m^2 \cdot min)$。计算式为:

$$v_F = L/(60F) \tag{11-16}$$

式中:L 为除尘器处理风量,m^3/h;F 为过滤面积,m^2。

过滤风速对除尘器的性能有很大的影响。过滤风速增大,过滤阻力增大,除尘效率下降,滤袋寿命降低;在低过滤风速的情况下,阻力低,效率高,但需设备尺寸增大。每一个过滤系统根据它的清灰方式、滤料、粉尘性质、处理气体温度等因素都有一个最佳的过滤风速。一般要求,细粉尘的过滤风速要比粗粉尘的低,大除尘器的过滤风速要比小除尘器的低(因大除尘器气流分布不均匀)。表 11-17 是袋式除尘器推荐的过滤风速。

表 11-17　袋式除尘器推荐的过滤风速　　　　　　　　m/min

等级	粉 尘 种 类	清灰方法		
		振打与逆气流联合	脉冲喷吹	反吸风
1	炭黑[①]氧化硅(白炭黑),铅[①]锌[①]的升华物以及其他气体中由于冷凝和化学及应形成的气溶胶,化妆粉,去污粉,奶粉,活性炭,由水泥窑排出的水泥[①]	0.45~0.6	0.8~2.0	0.33~0.45
2	铁[①]及铁合金[①]的升华物;铸造尘,氧化铝[①],由水泥磨排出的水泥[①]碳化炉升华物[①],石灰[①],刚玉,安福粉及其他肥料,塑料,淀粉	0.6~0.75	1.5~2.5	0.45~0.55
3	滑石粉,煤,喷砂清理尘,飞灰[①]陶瓷生产的粉尘,炭黑(二次加工)颜料,高岭土,石灰石[①],矿尘,铝土矿,水泥(来自冷却器)[①],搪瓷	0.7~0.8	2.0~3.5	0.6~0.9
4	石棉,纤维尘,石膏,珠光石,橡胶生产中的粉尘,盐,面粉,研磨工艺中的粉尘	0.8~1.5	2.5~4.5	—
5	烟草,皮革粉,混合饲料,木材加工的粉尘,粗植物纤维(大麻、黄麻等)	0.9~2.0	2.5~6.0	—

注:①指基本上为高温粉尘。

袋式除尘器阻力与除尘器结构、滤袋布置、粉尘层特性、清灰方法、过滤风速、粉尘浓度等因素有关。袋式除尘器的阻力(ΔP)一般由除尘器的结构阻力(ΔP_g)、滤料阻力(ΔP_0)和粉尘层阻力(ΔP_c)三部分组成，即：

$$\Delta P = \Delta P_g + \Delta P_0 + \Delta P_c \tag{11-17}$$

式中：ΔP_g 为除尘器结构阻力，Pa；ΔP_0 为滤料本身的阻力，Pa；ΔP_c 为粉尘层阻力，Pa。

除尘器结构阻力 ΔP_g 是指设备进、出口及内部流道内挡板等造成的流动阻力。通常

$$\Delta P_g = 200 \sim 500 \text{ Pa}$$

滤料阻力：

$$\Delta P_0 = \frac{\xi_0 \mu v_F}{60} \tag{11-18}$$

式中：μ 为空气的黏度，Pa·s；v_F 为过滤风速，即单位时间单位面积滤料表面积所通过的空气量，$\text{m}^3/(\text{m}^2 \cdot \text{min})$；$\xi_0$ 为滤料的阻力系数，m^{-1}。棉布 $\xi_0 = 1.0 \times 10^7 \text{ m}^{-1}$；呢料 $\xi_0 = 3.6 \times 10^7 \text{ m}^{-1}$；涤纶绒布 $\xi_0 = 4.8 \times 10^7 \text{ m}^{-1}$。

滤料上粉尘层阻力：

$$\Delta P_c = \alpha_m \left(\frac{G_c}{F}\right) \mu V_F / 60 \tag{11-19}$$

式中：δ_c 为滤料上粉尘层厚度，m；G_c 为滤料上堆积的粉尘量，kg；F 为滤料的表面积，m^2；α_m 为粉尘层的平均比阻，m/kg。

α_m 是随粉尘粒径、真密度及粉尘层内部孔隙率的减小而增加，这就是说，处理粉尘的粒径愈细小，ΔP_c 愈大。

为了使袋式除尘器保持高效运行，清灰不能过于彻底，要求在滤料表面保留一定的粉尘层（即过滤层），这时的阻力称为残留阻力。清灰后随滤料上粉尘的积聚，阻力也相应增大，当阻力达到允许值时又再次清灰。因此，在除尘器中积尘、清灰是不断循环进行的，除尘器阻力也是循环变化的。

3. 机械振打袋式除尘器

借助机械传动装置轮流振打各排滤袋，以清除袋上的积灰的袋式除尘器称为机械振打式布袋除尘器。这种除尘器过滤风速低，一般为 $0.5 \sim 0.8 \text{ m/min}$，阻力为 $400 \sim 800 \text{ Pa}$，除尘器进口浓度不宜超过 $3 \sim 5 \text{ g/m}^3$，适用于处理风量不大的场合。由于这种清灰方式结构简单，投资少，工作效率稳定。但是，由于滤袋经常受到机械力的作用，损坏较快，滤布的消耗较多，滤袋更换和检修工作量很大，所以近年来应用逐渐减少。属于此类的有 LD8/1 型、LD18 型等。它们所处理的初始浓度可在 200 mg/m^3 以上，当含尘浓度较高（$5 \sim 10 \text{ g/m}^3$ 以上）时，可作为第二级净化设备。阻力损失能稳定在 $800 \sim 1200 \text{ Pa}$ 范围以内，净化效率可稳定在 98% 以上。

图 11-21 为 LD8/1 型袋式除尘器。每排由 8 条长筒形滤袋组成，有 3、4 或 6 排，共有 24 条、32 条或 48 条滤袋，每条过滤面积为 1.2 m^2。含尘气体从进口管进入除尘器，并经过集尘斗进入滤袋内，由滤袋过滤后的干净空气经出口管排出。这一除尘过程对每排滤袋大约延续 $8 \sim 10 \text{ min}$（依滤排数而定），然后开始振打和清灰操作。为防止时落下的粉尘被进入的含尘气体吹起，振打前，振打传动机构使排风阀转到关闭状态，切断含尘气体通路，同时，反吹风量的进风阀转至开启状态；净化后的室内空气借助反吹系统风机所造成的压力比较高的速

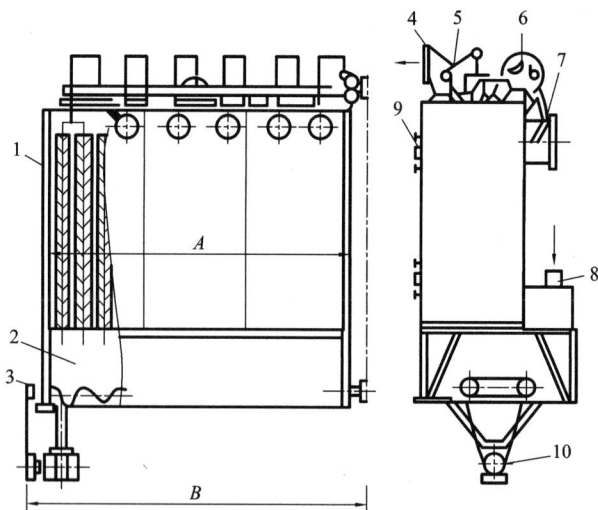

图 11-21　LD8/1 型袋式除尘器

1—滤袋；2—集灰斗；3—螺旋输送机；4—出口管；5—排风阀；
6—振打装置；7—进风阀；8—进口管；9—检查管；10—排风阀

度从滤袋外部反方向进入袋内。与此同时，通过机械振打装置抖动该排滤袋(7~10 次)，使附着滤布上的粉尘沉落于集尘斗中。然后重新开启阀门，继续进行除尘。

第一排滤袋的反吹风和振打操作刚结束，相邻的第二排滤袋便投入反吹风和振打操作。这样依次反复循环。由于清灰是反复不断进行的，因而布袋上的积尘较少，使过滤器的空气阻力、通过能力以及净化效率较为稳定。落在集尘斗中的粉尘通过螺旋运输机推到集尘器的一端，借助排料阀排出。LD8/1 除尘器技术参数见表 11-8。

表 11-18　LD8/1 除尘器技术参数

型号	滤袋/条	过滤面积/m²	风量/(m³·h⁻¹)	阻力/Pa	电机功率/kW	质量/t
LD8/1-24	24	28.8	4300	800~1000	1.1	1.28
LD8/1-32	32	38.4	5750	800~1000	1.1	1.81
LD8/1-48	48	57.6	8600	800~1000	1.1	2.52

4. 脉冲喷吹袋式除尘器

用机械振打的方法清灰，滤袋损坏较快，为了克服这一缺点，采用高压气体反吹滤袋，来清除袋上的粉尘，收到了很好的效果。脉冲喷吹袋式除尘器就是这样的一种高效干式净化设备，它的清灰实现了全自动化，净化效率高达 99% 以上，压力损失为 1000~1200 Pa，单位过滤面积的负荷较高，为 180~240 m³/(m²·h)，比机械振打式除尘器高出 1 倍多，同时设备内部没有任何可动部件，滤袋不受机械力的作用，滤布损坏较少，使用寿命长，机械维修量小，运行安全可靠，但要以 0.6~0.8 MPa 的压缩空气作清灰动力，故使用范围受到一定条件的限制。另外，清灰用的脉冲仪构造较复杂，需要较高的技术水平，对高浓度、潮湿粉尘效果不佳。

（1）脉冲喷吹袋式除尘器工作原理

如图 11-22 所示，含尘气体由进口管进入中部除尘箱，在通过滤袋时，粉尘被阻留在滤袋的外侧，净化后的气体透过滤袋，经上部文氏管和箱体，然后从排气口排出。在滤袋外部附着的粉尘，一部分借重力落至下部集灰斗内，留在滤袋上的粉尘是造成设备阻力的因素。为使设备正常运转，所以每隔一段时间须用压缩空气喷吹一次，使粉尘脱落下来。落进集尘斗的粉尘经排尘阀排出。

脉冲喷吹式除尘器的滤尘和清尘过程如图 11-23 所示。图（a）为过滤初期，滤袋表面黏附粉尘甚少；图（b）为过滤末期，滤袋表面黏附着一层较厚的粉尘，含尘气流由外向内通过滤袋，由于有钢丝框架支撑，滤袋呈多角星形。图（c）为喷吹清灰状态，气流由内向外反吹，将黏附在滤袋表面的尘粒吹落，此时滤袋呈圆形。每次清灰只有一排滤袋受到喷吹，时间仅 0.15 s，清灰周期以控制在 60 ~ 120 s 为佳。整个除尘器是连续工作的，且工作状态稳定。

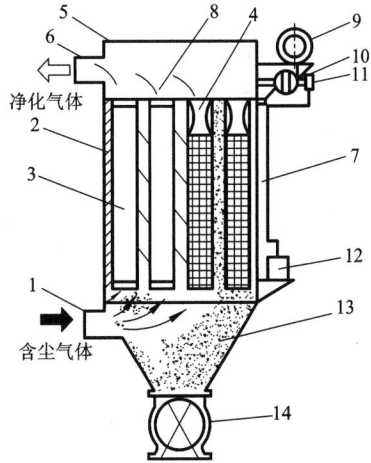

图 11-22　脉冲喷吹袋式除尘器的工作原理

1—气体入口；2—中部箱体；3—滤袋；4—文氏管；
5—上箱体；6—排气管；7—框架；8—喷吹管；
9—空气仓；10—脉冲阀；11—控制阀；
12—脉冲控制仪；13—集灰斗；14—排尘阀

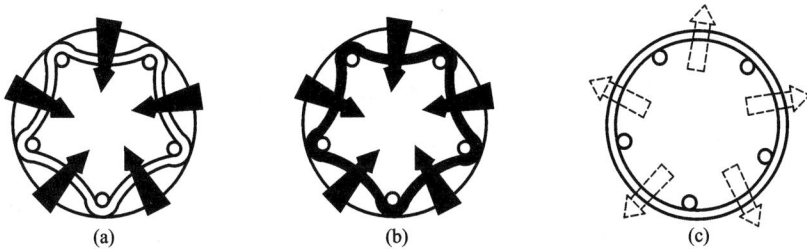

图 11-23　脉冲喷吹袋式除尘器滤尘和清灰周期

（a）过滤初期；（b）过滤末期；（c）喷吹清灰

（2）脉冲喷吹袋式除尘器的结构和性能

脉冲除尘器（图 11-22）机体是由三个部分组成的。上部箱体：由喷吹管和把压缩空气引进滤袋的文氏管 4，并附有压缩空气贮存气包、脉冲阀、控制阀和净化气体出口组成；中部箱体：由滤袋和滤袋支撑框架组成；下部箱体：由排灰斗和排灰装置及含尘气体进口组成。

脉冲喷吹袋式除尘器用脉冲阀作为喷吹气源开关，先由控制仪输出信号，通过控制阀实现脉冲喷吹。常用的脉冲阀 QMF—100 型。根据控制仪的不同，控制阀有电磁阀、气动阀和机控阀三种。

目前用于脉冲袋式除尘器的脉冲控制仪可分为机械脉冲控制仪、气动脉冲控制仪和无触点脉冲控制仪等。

机械脉冲控制仪 该控制仪的优点是输出脉冲宽度可靠，随机变化量小，容易实现系统输出，结构简单，成本低，安装调试方便，使用寿命长等优点。但它的体积较大，脉冲周期不便调节。

气动脉冲控制仪 该控制仪由内脉冲源和气动分配器等组成。脉冲发生器在有气源输入时，不断发生脉冲输出。气动分配器的用途是把程序控制信号分配给自动控制系统中的各个执行元件，即脉冲阀、以实现脉冲除尘器按程序进行喷吹清灰。

无触点脉冲控制仪 该控制仪的输出信号直接控制电磁阀的开闭，从而控制压缩空气的喷吹时间和间隔，实现袋式除尘器的自动程序控制。

脉冲袋式除尘器的滤袋可用工业涤纶绒布（901 或 208）、工业毛毡制作。这种滤料具有处理能力大，阻力小，除尘效率高等优点，其技术参数见表 11-19。

表 11-19　脉冲袋式除尘器的技术参数

型号		滤袋/条	过滤面积/m²	滤袋规格/(mm×mm)	阻力/kPa	除尘效率/%	风量/(m³·h⁻¹)	质量/t
DMC-	24	24	18	φ120×2000	1~1.2	99~99.5	2160~4320	0.85
	36	36	27	φ120×2000	1~1.2	99~99.5	3240~6480	1.12
	48	48	36	φ120×2000	1~1.2	99~99.5	4320~8640	1.26
	60	60	45	φ120×2000	1~1.2	99~99.5	5400~10800	1.57
	72	72	54	φ120×2000	1~1.2	99~99.5	6480~12960	1.78
	84	84	63	φ120×2000	1~1.2	99~99.5	7560~15120	2.03
	96	96	72	φ120×2000	1~1.2	99~99.5	8640~17280	2.18
	120	120	90	φ120×2000	1~1.2	99~99.5	10800~21600	2.61

5. 气环反吹袋式除尘器

气环反吹袋式除尘器与脉冲袋式除尘器几乎是同时发展的新型高效除尘器。它的工作原理如图 11-24 所示。该除尘器是由反吹装置、滤袋、泄尘装置和机体组成的。在滤袋外部紧套着气环箱，并作上下往复运动，气环箱内侧紧贴滤布处开有一条环形细缝，称为气环喷管。

含尘气体从入口处引入机体后，进入滤袋内部。粉尘被阻留在滤袋表面上。被净化的气体则透过滤袋，经出口管排出机体。贴附在滤袋表面的粉尘，由气环喷管喷射高压气流而吹落。由于气环箱靠机械传动装置做周期性的往复运动，因而清灰效果好，空气阻力恒定，过滤速度也较快。目前大多采用外部反吹风机，以便操作和维修。

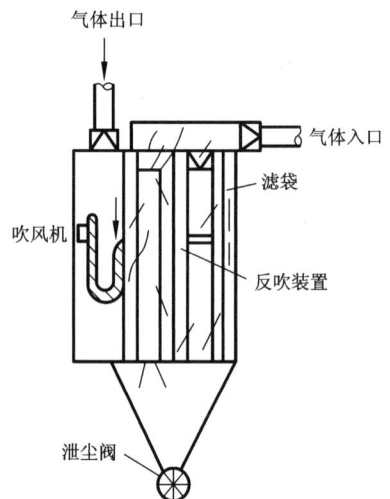

图 11-24　气环反吹袋式除尘器工作原理

气环反吹用的空气一般由专用高压风机供给，空气耗用量为总处理空气量的 8%~10%，风压为 8~10 kPa，空气量可自由调节，当含尘浓度高时，采用较高的空气压力，当处理较潮湿的粉尘或黏性粉尘时，反吹空气可用空气预热器事先顶热到 60℃ 左右，用热风吹，以提高清灰效果，因而适用范围较广。

气环反吹袋式除尘器具有下列优点：①除尘效率高(99% 以上)。②适用于高浓度和较潮湿的粉尘，应用范围广。③以小型高压风机作反吹气源，不受气源限制。④不需要高精度的控制仪表和较高的管理水平，造价低廉。

气环反吹袋式除尘器的技术规格见表 11-20。

表 11-20　气环反吹袋式除尘器的技术参数

型号	QH-24	QH-36	QH-48	QH-72
过滤面积/m²	2.30	34.5	46.0	69.0
滤袋数/条	24	36	48	72
滤袋规格/(mm×mm)	$\phi120\times2540$	$\phi120\times2540$	$\phi120\times2540$	$\phi120\times2540$
阻力/kPa	1~1.2	1~1.2	1~1.2	1~1.2
除尘效率/%	99	99	99	99
风量/(m³·h⁻¹)	5760~8290	8290~12410	11050~16550	16550~24510
气环箱内压/kPa	3.5~4.5	3.5~4.5	3.5~4.5	3.5~4.5
反吹风量/(m³·min⁻¹)	720	1080	1440	2160
电机功率/kW	5.5	5.5	7.5	7.5
设备质量/kg	1170	1480	1880	2200

11.2.6　除尘器的卸尘装置

卸尘装置是除尘设备的重要组成部分，它的性状直接影响除尘器净化效率。若卸尘出口处吸入大量空气，将破坏除尘器的气流运动，大大降低除尘效率；或者造成排灰口堵塞，使除尘系统瘫痪。若旋风除尘器卸尘装置漏风为 15%，除尘器净化效率趋近于零，而其他型式的除尘器漏风对净化效率均有重大影响，因而卸尘装置的重大作用是不容忽视的。

1. 干式卸尘装置

干式卸尘器装置用于干式除尘器。干式卸尘装置有手动式、机械式和电动式等。

(1)斜板式卸尘器

斜板式卸尘器是一种最简单的卸尘器，它分为单层和双层卸尘阀，单层卸尘阀的严密性较差，一般很少采用。它是由两层斜板装置组成的。斜板与杠杆系统连接，固定在轴上，在轴的另一端杠杆上配有平衡重锤，使斜板紧贴排灰口。当斜板上粉尘达到一定量时，斜板被压下，粉尘自动排出，然后依靠重锤作用复位，两层斜板交替工作，同时在与排灰口接触的一面黏有橡胶板，这样提高了密封程度。

（2）闪动式卸尘阀

闪动式卸尘阀是一种使用较好的机械式卸尘阀，应用极为广泛。阀板是一个伞形斜斗，用钢板制成，斜斗设在杠杆机构的顶针尖上，可以自由颤动，但因为有制动板，可不使它掉落。

当积尘管积有一定粉尘时，由于积尘不匀或除尘器内压力稍有波动，就使锥形阀产生颤动，粉尘便从阀板环缝连续排出，而不能使阀板突然开启。阀的严密性主要是靠灰柱高度来保证，并用重锤的距离加以调节。卸尘阀和杠杆系统在严密的外壳内，设有视孔和密封门，因而严密性较好。

干式卸尘阀还有真空式、电动(星形)式和电动螺旋式卸尘阀。

2. 湿式卸尘阀

湿式卸尘阀适用于湿式除尘器或干式除尘器采用水力排灰口场合。

（1）满流排水管

满流排水管是一种最简单的泄尘装置，使用对象必须是排灰连续和用水量稳定。该阀结构简单，操作方便，因而应用很广泛。

满流排水管[图11-25(a)]的一个圆锥形短管用法兰直接与除尘器相接，除尘器工作时，在锥形管内始终形成一定高度的水封，除尘器主要是依靠水封来密封的。

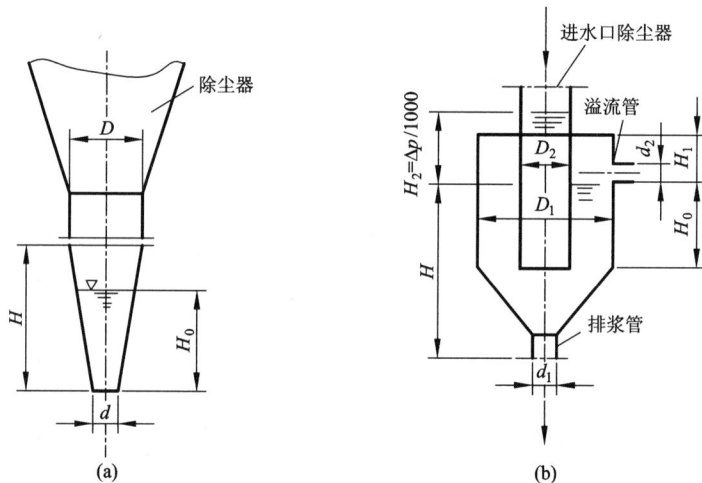

图 11-25 湿式卸灰阀

(a)满流排水管；(b)水封排污箱

（2）水封排污箱

水封排污箱的结构如图11-25(b)所示。它的特点是排浆管与进水口同心，且排水速度较大，不易堵塞，箱体上部为敞开口，也易清理。这种卸尘装置多用于水量较大的除尘器。

湿式卸尘器还有水封排浆阀、水冲式泄尘阀、水沉淀池等。

11.3 废渣、废液及其处理

炭阳极生产过程中，各工序清扫出灰分较高的含炭废弃物，不能利用的残极渣、废填充料、废耐火材料、落地黏有泥土的沥青块和建筑垃圾等通称为废渣。据国外资料统计，预焙阳极生产中的废耐火材料产生量平均为 18 kg/t（阳极），含炭废渣平均为 25 kg/t（阳极）。对废渣的处理，一部分是可以循环利用的，一部分可以焚烧或填埋。

煅烧冷却水、成型生坯的冷却水，以及各种高速运转或大型设备的冷却水，构成炭阳极生产中的大部分废水。而湿法烟气净化产生的废水废液，含有 3、4 苯并芘等有毒物质须作特殊处理。

环保法律规定，不允许将含油的废水进入排放系统或局部下水管网。而且，排放的废水中，只允许含有不超过 100 mg 的可皂化脂肪与油类，不超过 20 mg 的非皂化矿物性脂肪和油类。因此，原来只将水中的粗颗粒分离出去的简单处理方式，远远不能满足环保的要求，必须对水处理彻底。

11.3.1 闭路水处理系统

图 11-26 为闭路水处理流程图。来自冷却设备、生阳极冷却以及沥青烟净化设备的废水汇集到集水槽，然后用泵送到平流净化池中。一个产能大约为 20 t/h 的阳极厂，其循环水量约为 55 m^3/h。水通过全厂后，温度大约上升 5℃，固体和油的含量可达 1 g/L。净化池的单位负荷最大不应超过 1 m^3/($m^2 \cdot h$)，以便在不采用沉降措施的情况下也可保证固体物质不会积聚脂肪和油有充分的时间在一个油分离器前面聚集起来，定期地从该处清理出来，送到专门的废物处理车间。

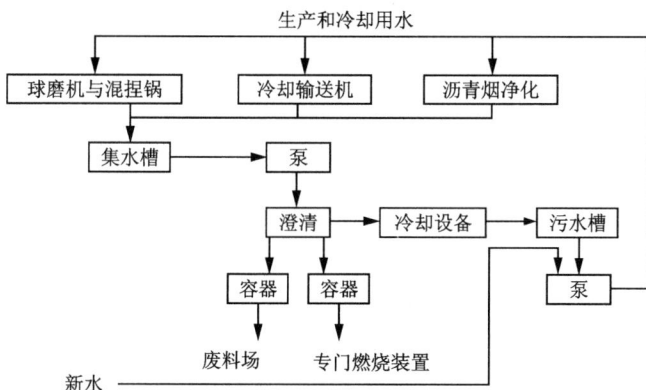

图 11-26 闭路水处理流程

经过大约 18 个月运行周期后，沉淀的固体应予清除，送到废料场去。净化后的水，在强制通风冷却塔中再次冷却到大约 20℃ 的使用温度。根据室外温度和湿度的不同，蒸发损失的水量为 0.4~0.7 m^3/h，通过浮球阀将干净水自动补充到集水槽里。

11.3.2 具有机械处理的闭路水处理系统

图 11-27 所示是具有机械处理和泥渣脱水的废水处理系统。平流池被带有耙泥机的圆形浓缩池所取代。由于使用絮凝剂，单位沉淀面积的负荷可提高到 $2.5 \sim 3.0 \ m^3/(m^2 \cdot h)$。对于一个产能为 20 t/h 的阳极厂，大约需要一台直径 4 m 的浓缩槽。

絮凝剂(聚丙烯胺)在一个小型容器内按一定的比例连续地加以混合。用量为 $0.5 \sim 1.0$ g/m^3。试验表明，阳极成型时喷淋的非矿物型油，可通过加碱液皂化，废水即可得到絮凝而净化。2 g 碱液可满足每升废水中 1 g 油的皂化需要。

浓缩槽的底流，用高压活塞泵喂入压滤机中脱水，直到可用铁锹挖掘的程度为止。此固体物料可先单独储存，再送到废物焚化厂去。

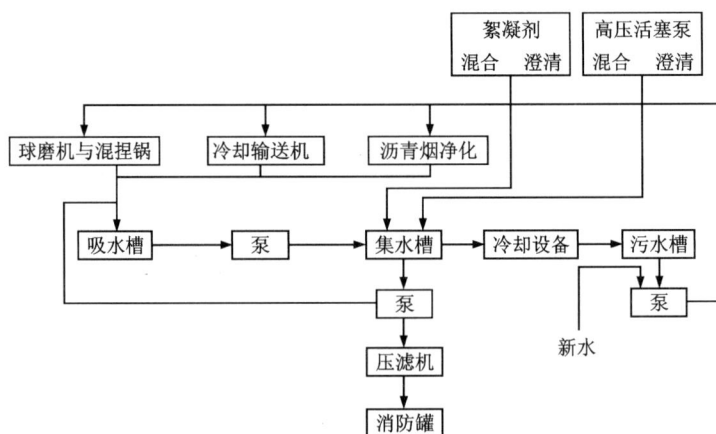

图 11-27　具有机械处理沉淀的水处理流程

净化后的水可以按前述流程图中同样的方法做进一步的处理。

这两种方法都有一最大的优点，这就是水呈闭路循环，不存在污染环境的问题。此外，水的消耗量也可降到最低限度。因为只需补充蒸发掉的附着于冷却阳极块上的水量。

11.4　噪声的危害及防治

凡是不需要的、使人厌烦并干扰人的正常生活、工作和休息的声音统称为噪声。噪声污染的特点：一是影响面广；二是它不同与水污染、大气污染和土壤污染，在环境中不会产生累积，当声源停止发声时，噪声污染立刻消失。

预焙阳极生产中的破碎设备和振动成型设备，能产生 60 dB 以上的噪声。国标 GB 12348—1994 制定了"工厂企业噪声标准"，对居民区(Ⅰ)，居住商业混杂区(Ⅱ)，工业区(Ⅲ)及交通干线道路两侧(Ⅳ)制定了噪声限值，见表 11-21。

表 11-21　工业企业噪声标准（DBA）

类别	昼间/dB	夜间/dB	类别	昼间/dB	夜间/dB
Ⅰ	55	45	Ⅲ	65	55
Ⅱ	60	50	Ⅳ	70	55

噪声创伤在现代社会中已极为常见，已被认为是世界性七大公害之一。噪声可能引起人的头痛、头晕、疲劳、注意力难于集中，并伴有听力减退、耳鸣等危害。

噪声的防治方法通常有：①控制噪声源；②采用消声装置；③采用隔音装置等。例如：在噪音产生较大的球磨机周围加装隔音罩；在大型罗茨风机的排风口加装消音器，在振动成型机的振动台下采用气囊减震等，都在消除噪音方面起到良好的作用。人们对声音超过 90 dB 的工厂被认为是噪声严重的工厂。

11.5　焙烧炉烟气净化技术举例

11.5.1　湿法净化技术举例

1. 湿法净化工艺流程

某厂净化系统流程如图 11-28 所示。

来自焙烧炉的烟气，先经重力沉降室将粗粒炭尘沉降分离。再进入洗涤塔，与塔顶喷淋下来的氢氧化钠溶液在逆向流动中充分接触，使烟气中的氟和硫被氢氧化钠溶液吸收，一部分粉尘和焦油也被洗涤。洗涤塔排出的烟气中仍含有细小的粉尘和焦油，再经湿式电收尘器净化，最后经高烟囱排入大气。

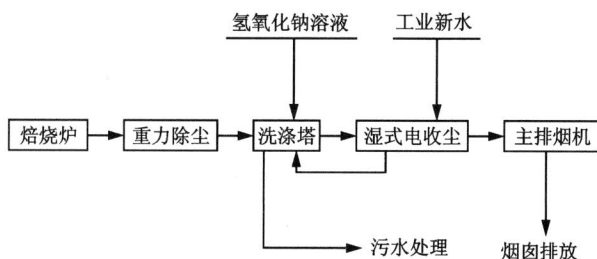

图 11-28　净化系统流程

2. 主要设备及技术参数

（1）重力除尘器

重力除尘器长 6 m、宽 5 m、高 5 m。烟气在沉降室中平均水平速度为 1.73 m/s，在沉降室中停留时间为 3.5 s。沉降室中间设有挡板。理论上，重力沉降室仅能去除粒径在 200 μm 以上的粒子。

（2）洗涤塔

塔高 25.7 m。塔径，上部为 φ3.8 m，下部为 φ5.7 m。气体流量 38 m³/s。塔室速度分别为 1.5 m/s(下部)和 3.4 m/s(上部)。匀气段高度为 3 m。喷淋液量 240 m³/h,液气比 4.0 L/m³。喷嘴为涡旋型,共 60 个,分 3 层配置。喷嘴直径 $D = 11$ mm,喷淋压力为 0.3 MPa。塔顶采用旋流叶片附除雾器。雾滴被旋向塔壁,顺壁流入塔底锥体洗涤液池中。塔阻力损失约为 350 Pa。

(3)湿式电收尘器

电收尘器为三菱-鲁奇 GL-340 型。装置类型:24/5/3+3/0.3;

电场中烟气通道数:24 列;

有效电场高度:5 m;

前电场每组集尘极极板数量:3 块;

同板间隔:0.3 m;

一次电压:380 V、50 Hz;

一次电流:82 A;

容量:31 kV·A;

二次电压:60 kV;

二次电流:340 mA;

有效电场长度:4.94 m(双电场);

阻力损失:500 Pa;

喷水量:32 m³/h;

喷水压力:0.3 MPa。

3. 设计技术参数及运行效果

设计技术参数见表 11-22。

某厂的该种焙烧烟气净化系统自 1989 年开始运行至今,技术条件成熟,运行效果令人满意,净化后污染物排放达国家排放标准。

表 11-22 设计技术参数

烟气量/(标态)(m³·h⁻¹)	污染物/(mg·m⁻³)(标态)							
	净化前				净化后			
70000	氟	沥青烟	硫	炭尘	氟	沥青烟	硫	炭尘
	60	89.7	96	120	1.0	16.3	6.7	8.74

11.5.2 干法净化技术举例

1. 干法净化工艺流程

青海铝厂焙烧车间来自焙烧炉的烟气,由地下烟道进入冷却塔进行喷水雾化冷却,冷却后的烟气由塔底部排出,经管道分别进入 4 组 VRI 反应器与氧化铝吸附反应,吸附反应后的氧化铝进袋式除尘器进行气固分离,分离下的氧化铝一部分循环使用,另一部分经风动溜槽、气力提升到吸附后氧化铝贮仓,定期输送到电解槽上料箱,同时向氧化铝贮仓补充新鲜氧化铝。分离后的干净烟气由主排烟机经烟囱排入大气,详见图 11-29。

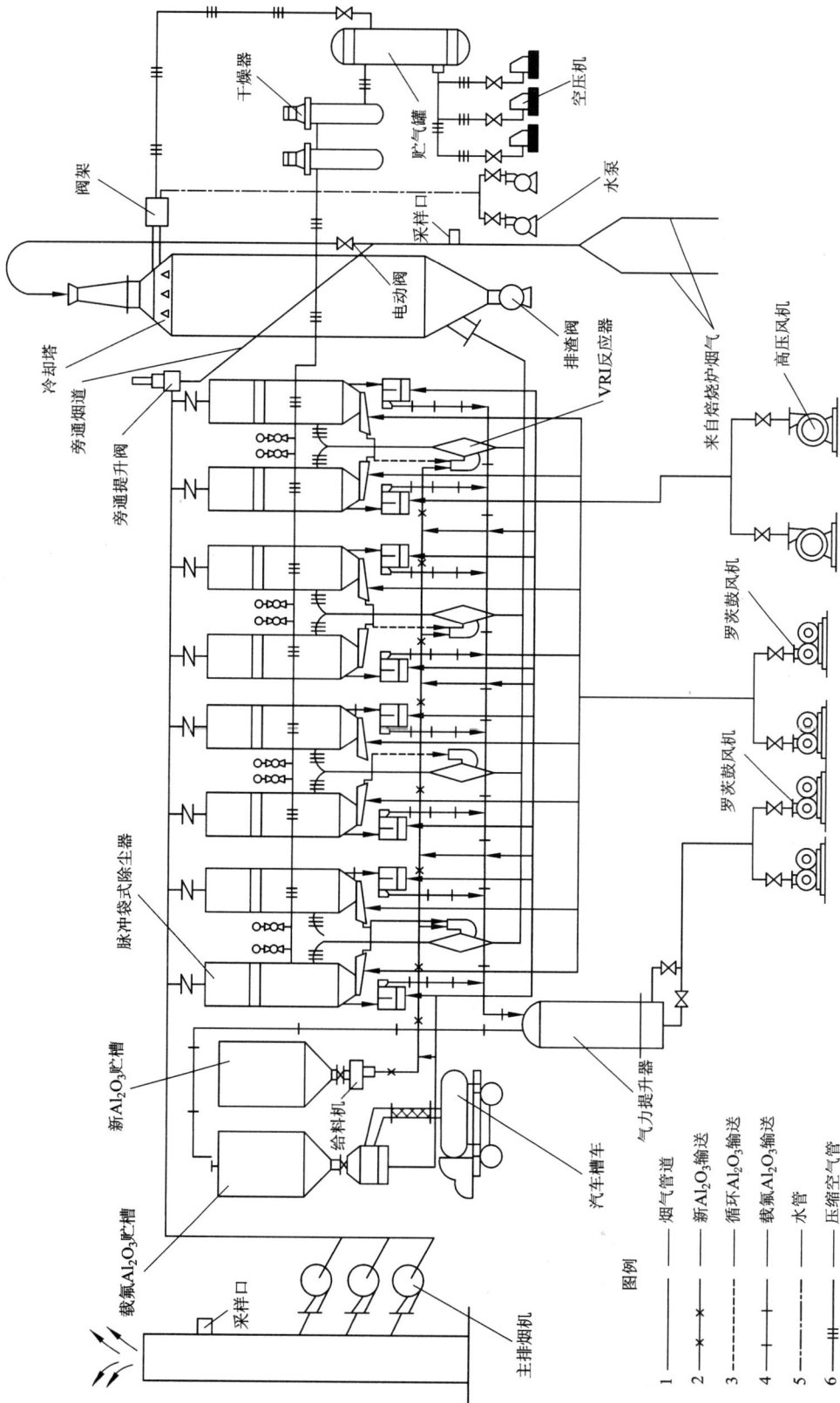

图11-29　阳极焙烧烟气净化工艺流程

2. 主要设计参数

主要设计参数如下：

a) 烟气量：125000 m³/h(标态)。

b) 烟气温度：最高 350℃，正常平均 150℃。

c) 烟气出炉负压：1961~2451 Pa。

d) 烟气中有害物含量：

①总含尘量：150 mg/m³(标态)。

②总含焦油量：150 mg/m³(标态)。

③总含氟化物量：70 mg/m³(标态)。

e) 吸附用氧化铝量：2~4 t/h。

f) 吸附用氧化铝物理性能：

①比表面积：26~37 m²/g。

②分散度：44 μm 占 32%~46%。

③安息角：35°~39°。

g) 排入大气有害物：

①总含尘量：10.0 mg/m³(标态)。

②总含焦油量：3.0 mg/m³(标态)。

③总含氟化物量：1.0 mg/m³(标态)。

3. 烟气冷却净化技术

(1) 烟气冷却

烟气冷却净化技术主要由烟气冷却、吸附反应、气固分离、烟气和氧化铝输送、电气自控等 5 部分组成。

烟气冷却是该系统的关键。它主要由两台流量 11.34 m³/h，扬程 85.5 m，电机功率 15 kW 的离心式水泵和两套压缩空气流量 15.3 m³(标态)/min，压力 0.49~0.69 MPa 电气动调节阀、仪表及管网等组成，统一安装在钢框架上，简称阀架，其中 1 套备用。它的操作全部由程序控制器控制，将水和压缩空气送到冷却塔内顶部喷枪输入喷嘴，利用水雾的汽化热达到雾化蒸发，将来自焙烧炉高温烟气冷却降温到 88±2℃，其目的是使烟气中的气态碳氢化合物变成固态，保护气固分离设备的滤袋。为防止塔壁腐蚀，必须保持塔壁各部位是干燥的，因此采用高压旋流雾化喷嘴。烟气与水是顺流的。

经测定水气压力为 0.29~0.49 MPa 时，气液比一般在 0.4~0.1 之间，其液雾的质量平均直径一般小于 25 μm，其雾化根部锥角为 70°~80°，锥体部分为 40°~50°，每个喷嘴容量为 45.46 L/min，共 9 个喷嘴。图 11-30 为喷嘴示意图。

喷水量与温度由程控器进行连锁控制，即当烟气温度达到 100~105℃ 时，自动打开水源气源，启动水泵进行喷水。此时供水阀开度大小与温度成正比，供水量和塔入出口温度相应在主控制盘上显示。当塔入口温度降至 100℃ 以下时，自动关闭水源气源，停止喷雾降温。当此套失灵或出现故障时，程控器自动启动备用设备；若备用设备亦失灵或出现故障，程控器立即发出警报，停止喷雾降温，将烟气自动转入旁道。

冷却塔的入口设一段较长的扩散管，将烟气均匀分布在塔内圆周边，可使塔壁有 1 层干热的气流，以达到保护塔壁不腐蚀的目的，所以塔的入口管不仅无气流分布板，塔内也无需任何防腐措施, 加工制造简单, 材质为一般炭素钢, 厚度 6~8 mm, 烟气流速约 3.7 m/s, 在塔内停留时间约 7 s, 塔体总重 38 t, 如图 11-31 所示。

(2) 吸附反应

VRI 反应器如图 11-32 所示。将沸腾状氧化铝由锥形喷射器中的多孔眼溢流出来, 呈一个很均匀的圆截面, 进入除尘器前流速降低, 氧化铝的流动也慢, 增加了与烟气的接触时间, 达到了氧化铝粉与烟气均匀混合的目的, 从而减少了氧化铝的破碎和阻力损失, 并且具有需要空气流量小的特点。

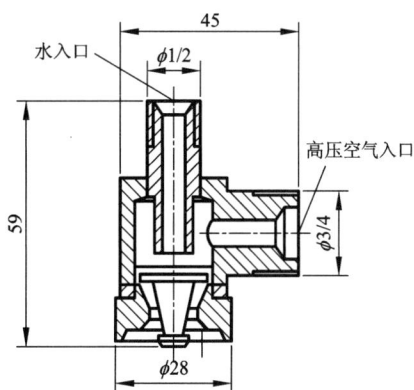

图 11-30　喷嘴

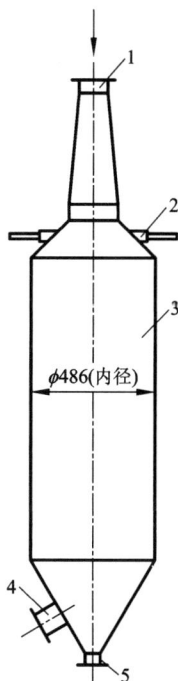

图 11-31　冷却塔

1—烟气进口扩散管; 2—喷嘴(9 个);
3—塔体; 4—烟气进口管; 5—排渣口

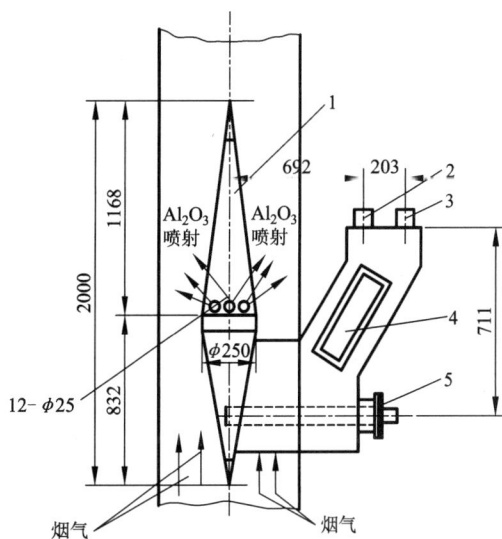

图 11-32　反应器

1—喷射器; 2—循环 Al₂O₃; 3—新环 Al₂O₃;
4—玻璃观察孔; 5—不锈钢流态化元件

(3) 气固分离

脉冲袋式除尘器, 将烟气与反应后氧化铝进行气固分离, 共 8 个室, 每室有 ϕ114 ~ 3050 mm 滤袋 400 个, 每 20 个滤袋配一个双膜片脉冲阀。滤袋采用质量 700 g/m² 聚酯纤维针刺呢, 清灰方式压差和定时均可, 主要技术参数如下:

过滤面积: 3200 m²。

处理烟气量: 125000(标态)m³/h。

过滤风速：1.1~1.2 m/min。

清灰压力：0.49~0.69 MPa。

控制压差：1471~1647 Pa。

脉冲时间：0.05~0.6 s可调。

脉冲间隔：1~30 s可调。

（4）烟气和氧化铝输送

烟气输送主要通过3台主排烟机进行，它根据焙烧炉的生产要求而确定，由BECK驱动机构自动调节排烟机进口挡板开度大小，通过SLC仪表负反馈功能对排烟机实行自动控制。排烟机主要技术性能如下：风量，84962 m³/h；全压，6472 Pa；电机功率，260 kW；正常耐温，150℃，不正常350℃。

氧化铝输送。新氧化铝料量根据焙烧烟气量及烟气中氧化物、沥青焦油量而确定，由安装在新氧化铝槽仓下的1台变速圆盘给料机供给，给料量可在主控制盘上显示并调整。若给料停止，程控器将发出警报。

循环氧化铝量由除尘器流态化漏斗设有不同孔径的孔板调节。

氧化铝水平输送采用配离心式鼓风机为动力的宽152 mm，斜度为3°的风动溜槽输送，垂直输送采用罗茨风机为动力的气力提升输送，提升量为1~5 t/h。

（5）自动控制系统

PEC公司自动控制水平较高，全系统有各种传感变送控制仪表一百多件。整个系统的逻辑控制由1台艾伦布莱得蕾公司（AB公司）的PLC-2/30可编程控制器（Pc），1台AB公司产Mini-PLC-2PC4个I/O机架及插件来实现的。控制器及电气仪表装配在1台比例适当、带图像且用不同颜色和文字显示的独立式NEM12型主控制盘上。在正常生产的情况下，系统使用PIC-2/30控制以下项目：①监视各设备的运行状态。②全系统净化运行及旁通的连动连锁控制。③布袋脉冲清灰控制。④备用设备的自动启动。⑤冷却塔喷水降温控制。

监视备用Mini-PLC-2PC化的工作状态，当PLC-2/30失灵或出故障时可由Mini-PLC-2备用PC来代替主机工作。

该系统同时采用了智能型可编程SLC控制器，3台主风机及冷却塔喷水量的调控等均使用带CPU的SLC仪表，并配有1台SLC系列4点式记录仪，采用热敏纸连续记录全系统负压、喷水量、塔入出口温度，同时用数码管进行数字显示。

在所有控制项目中，最重要的是联锁控制冷却塔出口温度和喷水量大小。

4.采用氧化铝吸附干法净化优越性

生产实践证明采用国产中间状氧化铝干法净化吸附焙烧炉烟气中沥青焦油、氟化物是完全可行成功的，与湿法相比具有如下优点：①干法净化回收工艺流程简单，易维护操作管理。②干法净化的吸附剂是铝电解原料氧化铝，吸附后的氧化铝可返回电解使用。③干法净化不需供水供汽，无废水、废渣及防腐蚀处理。④干法净化占地面积小，总投资省。⑤干法净化不仅不消耗原材料，而且回收了烟气中的氟化物。⑥可适用于各种气候条件，特别是在北方冬季，不存在保温防冻问题。

总之，该干法净化法设备运行可靠，技术先进，有害物排出量均达到国家标准要求。

11.6 煅烧烟气综合利用及现状

由于中国目前石油焦以生焦进行供应的现状，各个阳极制造厂均配有自己的石油焦煅烧系统。根据目前普遍采用延迟焦化的石油渣油处理工艺，生石油焦中挥发分含量普遍达 9%~16%，如何综合利用这部分挥发分产生热能，实现余热利用，各单位作了大量的工作。如回转窑煅烧设置二、三次配风装置在窑内充分利用挥发分作为回转煅烧的热源，以减少或无外加燃料进行煅烧；回转窑的尾气进入蒸气余热锅炉，产生蒸气用于冬天采暖、蒸气并网发电、自设发电设备等；回转窑的尾气进入余热导热油锅炉，可以省去原设计设置于生阳极制造的导热油加热炉。目前国内罐式炉可以直接煅烧挥发分含量 9%~11% 的生石油焦，在炉子结构上设置空气预热及挥发分收集通道，使煅烧过程挥发出的挥发分能够完全在炉子内燃烧，目前罐式煅烧炉可以做到无外加燃料煅烧；设置罐式煅烧炉的余热利用装置，如余热导热油炉。由于煅烧过程要排除生石油焦中总含硫量的 15%~20%，而随着高硫原油的更多使用，生石油焦中的含硫量也不断提高，达 2%~4% 甚至更高，烟气中的硫如不经过处理直接排入大气，这些气体会污染环境，在一个 120 kt/a 的炭阳极厂，每年排放 300~500 t 含硫烟气。目前国内大部分厂都没有对此部分硫作任何处理，部分厂仅在余热锅炉后设置 NaOH 溶液喷入装置，以中和烟气中的二氧化硫。

附录　铝用炭素原料及产品质量标准

附表 1　普通石油焦(生焦)的技术要求(SH/T 0527—2015)

项目	质量指标				
	1 号	2A	2B	3A	3B
硫含量(质量分数),≤/%	0.5	1.0	1.5	2.0	2.5
挥发分(质量分数),≤/%	12.0	12.0	12.0	14.0	14.0
灰分(质量分数),≤/%	0.3	0.4	0.5	0.6	0.6
总水分[①](质量分数),≤/%	报告				
真密度(煅烧 1300℃,5 h),≤/(g·cm^{-3})	2.04	—	—	—	—
粉焦量[②](质量分数),≤/%	35	报告	报告		
微量元素[③],≤/(μg·g^{-1})					
硅含量(质量分数)/%	300	报告	—	—	—
硅含量(质量分数)/%	150	报告	—	—	—
硅含量(质量分数)/%	250	报告	—	—	—
硅含量(质量分数)/%	200	报告	—	—	—
硅含量(质量分数)/%	150	报告	—	—	—
硅含量(质量分数)/%	100	报告	—	—	—
氮含量(质量分数),≤/%	报告	—	—	—	—

注:①扣水率由供需双方协商。
　　②该项目由供需双方协商确定,用户对普通石油焦有其他块粒大小的要求时,可与生产单位协商。
　　③改项目由供需双方协商确定。

附表 2　预焙阳极用石油焦原料理化性能指标(YS/T 834—2024)

牌号	硫含量(质量分数)/%	挥发分(质量分数)/%	灰分(质量分数)/%	粉焦量(<8 mm)(质量分数)/%	固定碳(质量分数)/%
	≤	≤	≤	≤	≥
YBYJJ-1	2.00	10.00	0.30	30.0	85.0
YBYJJ-2	3.00	12.00	0.50	40.0	85.0

附表 3　预焙阳极用煅后石油焦理化性能指标(YS/T 625—2012)

牌号	灰分(质量分数),≤/%	水分(质量分数),≤/%	挥发分(质量分数),≤/%	硫分(质量分数),≤/%	真密度,≥/(g·cm⁻³)	粉末电阻率/(μΩ·m⁻¹)	粉焦质量分数(-2 mm),≤/%	CO_2反应性,≤/%	空气反应性,≤/(%·min⁻¹)
DHJ-1	0.40	0.30	0.7	1.8	2.05	500	25	20	0.18
DHJ-2	0.60	0.30	1.0	3.0	2.02	600	35	28	0.35

*空气反应性的表示温度由点火温度的大小来确定。

附表 4　阴极炭块用电煅无烟煤理化性能指标(YS/T 966—2014)

牌号	理化性能		
	灰分/%	粉末电阻率/(uΩ·m)	真密度/(g·cm⁻³)
ECA1	≤7	450~600	≥1.84
ECA2	≤7	>600~750	≥1.80

附表 5　石墨化阴极炭块用石油焦原料理化性能指标(YS/T 842—2012)　　　　%

牌号	硫(质量分数),<	挥发分(质量分数),<	灰分(质量分数),<	粉焦量(<8 mm)(质量分数),<
YJTKJ-1	0.30	10.00	0.50	30.0
YJTKJ-2	0.50	12.00	0.50	40.0

附表 6　石墨化阴极炭块用煅后石油焦的理化性能(YS/T 763—2019)

牌号	灰分(质量分数),≤/%	硫分(质量分数),≤/%	粉末电阻率,≤/(μΩ·m)	真密度,≤/(g·cm⁻³)	石墨化度,≥/%
YJDS-1	0.5	0.5	450	2.08	—
YJDS-2	0.7	0.5	600	2.06	—
YJSM-1	0.7	0.2	130	2.16	80
YJSM-2	0.9	0.5	150	2.12	60

附表 7　煤沥青质量标准(GB/T 2290—2012)

指标名称	低温沥青		中温沥青		高温沥青	
	1 号	2 号	1 号	2 号	1 号	2 号
软化点/℃	35~45	46~75	80~90	75~95	95~100	95~120
甲苯不溶物(质量分数)/%	—	—	15~25	≤25	≥24	—
灰分(质量分数)/%	—	—	≤0.3	≤0.5	≤0.3	—
水分(质量分数)/%	—	—	≤5.0	≤5.0	≤4.0	≤5.0

续附表7

指标名称	低温沥青		中温沥青		高温沥青	
	1号	2号	1号	2号	1号	2号
喹啉不溶物(质量分数)/%	—	—	≤10	—	—	—
结焦值/%	—	—	≥45	—	≥52	—

附表8　铝电解用预焙阳极理化性能指标(YS/T 285—2022)

牌号	表观密度/(g·cm^{-3})	真密度/(g·cm^{-3})	耐压强度/MPa	CO_2反应性(残极率)/%	抗折强度/MPa	室温电阻率/(μΩ·m)	热膨胀系数/K	灰分质量分数/%
	不小于					不大于		
TY-1	1.56	2.05	35	85	9	57	4.5×10^{-6}	0.5
TY-2	1.53	2.03	32	80	8	62	5.0×10^{-6}	0.7

附表9　铝电解用石墨质阴极炭块的理化性能(YS/T 623—2021)

牌号	常规性能						参考性能			
	灰分(质量分数)/%	电阻率/(μΩ·m)	抗折强度/MPa	耐压强度/MPa	表观密度/(g·cm^{-3})	真密度/(g·cm^{-3})	钠膨胀率/%	热膨胀系数(300℃)×10^{-6}/℃	杨氏模量/GPa	热导率/[W·(m·K)$^{-1}$]
	不大于		不小于				不大于			不小于
GS-3	5	35	7	26	1.57	1.95	0.8	4.0	6.0	10
GS-5	4	30	7	25	1.58	1.99	0.7	4.0	6.0	18
GS-10	2	21	7.5	28	1.60	2.08	0.5	4.0	5.0	20
GS-C	8	—	—	32	1.56	1.91	1.0	4.2		

附表10　铝电解用石墨化阴极炭块理化性能指标(YS/T 699—2018)

常规理化性能指标						参考理化性能指标			
灰分(质量分数)/%	电阻率/(μΩ·m)	抗折强度/MPa	耐压强度/MPa	表观密度/(g·cm^{-3})	真密度/(g·cm^{-3})	钠膨胀率/%	热膨胀系数(25℃~300℃)×10^{-6}/K	杨氏模量/GPa	热导率/[W·(m·K)$^{-1}$]
不大于		不小于				不大于			不小于
0.50	12	7	20	1.60	2.18	0.35	3.3	2.8	120

附表 11 铝电解用阴极糊分类及牌号(YS/T 65—2019)

分类		牌号	使用位置	施工温度/℃
热捣糊	周围糊	BSZH	填充 GS-1 底部炭块与 GS-C 侧部炭块接缝及耐火砖等之间较宽缝隙	110±10
	炭间糊	BSTH	填充 GS-1 炭块与炭块之间缝隙	
	钢棒糊	BSGH	填充阴极钢棒与 GS-1 炭块之间缝隙	
	周围糊	GSZH	填充 GS-3、GS-5 和 GS-10 底部炭块与 GS-C 侧部炭块接缝及耐火砖等之间较宽缝隙	
	炭间糊	GSTH	填充 GS3、GS-5 和 GS-10 炭块与炭块之间缝隙	
	钢棒糊	GSGH	填充阴极钢棒与 GS-3、GS-5 和 GS-10 炭块之间缝隙	
温捣糊	内衬糊	BSNH	填充 GS-1 底部炭块与 GS-C 侧部炭块和耐火砖、GS-1 炭块与炭块之间的缝隙	室温~55
	钢棒糊	BSWGH	填充阴极钢棒与 GS-1 炭块之间缝隙	
	内衬糊	GSNH	填充 GS-3、GS-5 和 GS-10 底部炭块与 GS-C 侧部炭块和耐火砖、GS-3、GS-5 和 GS-10 炭块与炭块之间的缝隙	
	钢棒糊	GSWGH	填充阴极钢棒与 GS-3、GS-5 和 GS-10 炭块之间缝隙	
冷捣糊	内衬糊	LDNH	填充 Gs-1、Gs-3、GS-5、GS-10 和 SMH 底部炭块与 GS-C 侧部炭块和耐火砖、GS-1,GS-3、GS-5、GS-10 和 SMH 炭块与炭块之间的缝隙	17~42
	钢棒糊	LDGH	填充阴极钢棒与 GS-1、GS-3、GS-5、GS-10 和 SMH 炭块之间缝隙	
炭胶泥		BSTN	填充 GS-C 侧部炭块之间较小缝隙	60±10

附表 12 铝电解用阴极糊理化性能(YS/T 65—2019)

牌号	电阻率/(μΩ·m) ≤	挥发分/%	焙烧失重/% ≤	耐压强度/MPa ≥	表观密度/(g·cm⁻³) ≥	真密度/(g·cm⁻³) ≥	灰分/% ≤	膨胀/收缩率①/% ΔL_A−ΔL_B ≤	ΔL_A−ΔL_C ≤
BSZH	—	7~11	—	17	1.46	1.87	7	0.85	0.95
BSTH	72	8~12	—	18	1.44	1.87	7	0.85	0.95
BSGH	72	9~14	—	25	1.46	1.89	4	0.75	0.85
GSZH	—	7~12	—	16	1.48	1.92	5	0.55	0.65
GSTH	65	8~13	—	16	1.48	1.92	5	0.80	0.95
GSGH	65	9~14	—	20	1.48	1.92	3	0.70	0.85
BSNH	—	9~13	—	18	1.44	1.87	7	0.70	1.04
BSWGH	72	9~13	—	20	1.48	1.88	6	0.70	1.04

续附表12

牌号	电阻率 /(μΩ·m)	挥发分 /%	焙烧失重 /%	耐压强度 /MPa	表观密度 /(g·cm⁻³)	真密度 /(g·cm⁻³)	灰分 /%	膨胀/收缩率① /%	
								$\Delta L_A-\Delta L_B$	$\Delta L_A-\Delta L_C$
	≤		≤	≥	≥	≥	≤	≤	≤
GSNH	—	9~13	—	16	1.46	1.89	5	0.68	1.02
GSWGH	65	9~13	—	18	1.48	1.90	4	0.68	1.02
LDNH	75ᵇ	—	10	16	1.44	1.86	5	0.55	0.70
LDGH	65	—	13	16	1.44	1.88	5	0.55	0.70

注：①ΔL_A表示糊料结焦期的膨胀/收缩率(稳态或最大值)，表示恒温前最高温度点(950℃)时的膨胀/收缩率，ΔL_C表示在最高温度点(950℃)恒温3 h后的膨胀/收缩率。

LDNH 中电阻率要求只适用于填充炭块与炭块之间缝隙的内衬糊。

参考文献

[1] 姚广春. 冶金炭素材料性能及生产工艺. 北京：冶金工业出版社，1992.

[2] 刘业翔. 碳材料工程基础. 北京：冶金工业出版社，1992.

[3] 功能电极材料及其应用. 长沙：中南工业大学出版社，1996.

[4] 炭素材料工艺基础. 长沙：湖南大学出版社，1984.

[5] 中国冶金百科全书. 炭素材料篇. 北京：冶金工业出版社，1992.

[6] 李圣华. 炭和石墨制品. 北京：冶金工业出版社，1983.

[7] 张家埭. 碳材料工程基础. 北京：冶金工业出版社，1992.

[8] 钱湛芬. 炭素工艺学. 北京：冶金工业出版社，2004.

[9] 谢有赞. 炭石墨材料工艺. 长沙：湖南大学出版社，1988.

[10] 许斌，潘立惠. 炭材料用煤沥青的制备、性能和应用. 武汉：湖北科技大学出版社，2002.

[11] 李其祥. 炭素材料机械设备. 北京：冶金工业出版社，1993.

[12] 王平甫等. 铝电解炭阳极生产与应用. 北京：冶金工业出版社，2005.

[13] 邱竹贤. 预焙槽炼铝第三版. 北京：冶金工业出版社，2005.

[14] 冯乃祥. 铝电解. 北京：化学工业出版社，2006.

[15] 德 Matthias Hagen. Light Metals，2006.

图书在版编目(CIP)数据

铝用炭素生产技术／刘风琴主编. —长沙：中南大学
出版社，2011.3(2025.1重印)

ISBN 978-7-5487-0229-0

Ⅰ. ①铝… Ⅱ. ①刘… Ⅲ. ①炼铝－炭素材料－生产
工艺 Ⅳ. ①TF821.08

中国版本图书馆 CIP 数据核字(2010)第 044645 号

铝用炭素生产技术

刘风琴　主编

□出 版 人	林绵优
□责任编辑	史海燕
□责任印制	唐　曦
□出版发行	中南大学出版社
	社址：长沙市麓山南路　　　　邮编：410083
	发行科电话：0731-88876770　　传真：0731-88710482
□印　　装	长沙印通印刷有限公司

□开　　本	787 mm×1092 mm 1/16	□印张 18	□字数 439 千字
□版　　次	2010 年 12 月第 1 版	□印次 2025 年 1 月第 2 次印刷	
□书　　号	ISBN 978-7-5487-0229-0		
□定　　价	65.00 元		

图书出现印装问题，请与出版社调换